陕西省“十四五”职业教育规划教材 GZZK2023-1-052

液压与气压传动系统认知与故障诊断

主　编　刘　力　李会云　樊建荣

副主编　李明万　薛　威（企业）

主　审　李玉宝

北京理工大学出版社

BEIJING INSTITUTE OF TECHNOLOGY PRESS

内 容 简 介

本书教学内容共涉及液压千斤顶、磨床液压系统、公交车车门启闭气动系统等7个工程案例项目，每个项目都由若干个任务来驱动。主要内容包括：液压传动系统图的读取、液压传动基础理论知识、液压泵、液压缸、液压控制阀、液压基本回路的认知组建及故障诊断分析、气压传动系统的认知、气压传动元件认知、气压传动基本回路分析及故障诊断。本书配有同步线上课程、知识点学习视频、学习引导问题及行业最新国家标准，资源丰富多样、易学易懂。

本书可作为高等职业院校机械类、近机械类专业的通用教材，也可供职工大学、业余大学、函授大学、中等职业学校的师生及相关工程技术人员、企业管理人员选用或参考。

图书在版编目（CIP）数据

液压与气压传动系统认知与故障诊断 / 刘力，李会云，樊建荣主编．-- 北京：北京理工大学出版社，2023.3（2023.4重印）

ISBN 978-7-5763-2787-8

Ⅰ．①液…　Ⅱ．①刘…　②李…　③樊…　Ⅲ．①液压传动－故障诊断②气压传动－故障诊断　Ⅳ．① TH137 ② TH138

中国国家版本馆CIP数据核字(2023)第160187号

责任编辑：张鑫星　　**文案编辑**：张鑫星
责任校对：周瑞红　　**责任印制**：李志强

出版发行 / 北京理工大学出版社有限责任公司
社　　址 / 北京市丰台区四合庄路6号
邮　　编 / 100070
电　　话 /（010）68914026（教材售后服务热线）
（010）68944437（课件资源服务热线）
网　　址 / http://www. bitpress. com. cn

版 印 次 / 2023年4月第1版第2次印刷
印　　刷 / 唐山富达印务有限公司
开　　本 / 787 mm×1092 mm　1/16
印　　张 / 20
字　　数 / 466千字
定　　价 / 59.80元

前　言

“液压与气压传动”是高职机电一体化技术、汽车制造与试验技术等装备制造类专业的一门专业基础课程，也是培养高职学生掌握液压与气压维护维修岗位必备的实践能力和创新能力的一门重要课程。

为贯彻落实党的二十大精神，更好地培养造就大批爱党报国、敬业奉献、德才兼备的高素质高技能人才、大国工匠，编者根据液压与气压维护维修岗位需求和装备制造类专业人才培养目标要求，积极探索新时代大学生课程思政教育教学，结合多年来的教学经验，对课程内容进行了模块化重构，采用项目导向、任务驱动、思政元素全程渗透的方式组织本书内容。

本书以培养学生的液压与气压元件认知、系统回路分析、典型案例回路故障诊断等能力为核心，以液压千斤顶、磨床液压系统、公交车车门启闭气动系统等7个工程案例为载体，详细介绍了液压与气压系统图的识读、元件认知及回路组成分析与搭建、故障诊断等内容。

全书共分成7个项目、36个任务，按照“项目－任务”这一思路进行编排，力求将抽象的理论知识以具体案例的认识和实践行动表现出来。在内容编写方面，充分考虑高职学生的认知特点，配备有课前任务学习视频和课中知识点学习视频，以问题为启发引导，以例题进行深入分析，以个人总结实施系统评价，图文并茂、言简意赅地呈现课程内容。同时，根据内容编排和学生学习行动，以二维码形式嵌入了液压与气压行业新标准、新技术、新规范的应用及行业发展前瞻，以侧条引导的形式适时融入“自信自强、守正创新，踔厉奋发、勇毅前行”等二十大精神以及工匠精神、科学精神、职业素养等思政元素，注重学生的思维训练、能力提升和素质培养。

为了满足学生的个性化学习需求，本书每个项目都附有一定量的习题，可以帮助学生进一步巩固基础知识，同时配备同步线上学习课程（http://www.icourse163.org/course/YAPT-1460423162?tid=1470930487），动态更新液压与气压行业新标准、新技术和新规范等相关资源。本书的编排方式方便教师的教学组织，学生也可根据个人具体情况，灵活安排学习时间进行系统学习。

本书的参考学时为64学时，其中实训学时为20学时。各项目学时分配如下：

项目模块	课程内容	学时	
		理论	实训
项目一	液压千斤顶系统认知与故障诊断	4	2
项目二	磨床液压系统认知与故障诊断	12	6
项目三	汽车自卸装置液压系统认知与故障诊断	4	2
项目四	汽车 ABS 认知与故障诊断	4	2
项目五	组合机床动力滑台液压系统的认知与故障诊断	2	2
项目六	数控车床液压系统的认知与故障诊断	8	2
项目七	公交车车门启闭气动系统认知	10	4

本书由校企合作的5名老师组成团队编写完成。延安职业技术学院的刘力、李会云、樊建荣任主编，延安职业技术学院李明万和北方智扬教育科技有限公司薛威任副主编。编写分工如下：刘力编写了项目一和项目二的任务1至任务4；李明万编写了项目二的任务5至任务9、项目三及附录；薛威编写了项目四；李会云编写了项目五和项目六；樊建荣编写了项目七。本书配套视频的录制得到了延安职业技术学院张辉的鼎力协助。本书由江苏海事职业技术学院李玉宝博士主审。在编写过程中，编者参阅了大量同类教材，特别借鉴了国防科技大学高经纬老师的在线课程素材，在此对张辉、李玉宝、高经纬和其他教材编者表示衷心的感谢！

限于编者水平，书中难免有不妥之处，恳请读者批评指正。

编　者

目 录

项目一　液压千斤顶系统认知与故障诊断

项目描述

小王是一名货车驾驶员，修车时需要用如图 1-0-1 所示的液压千斤顶将货车顶起，在修车过程中使用液压千斤顶时，常会出现以下故障现象：

图 1-0-1　液压千斤顶

（1）液压千斤顶的顶杆不能完全伸出，不能达到预定的顶起高度；

（2）液压千斤顶长时间不用，再次使用时起升速度变慢；

（3）液压千斤顶的活塞杆伸出后抖动。

请同学们通过本项目学习，为液压千斤顶排除以上故障。

根据排障要求，本项目需完成以下 5 个任务（图 1-0-2）：

任务 1　认识液压千斤顶工作过程；

任务 2　认识液压油；

任务 3　解析液压系统压力的形成；

任务 4　认识单向阀；

任务 5　搭建液压千斤顶系统并排除故障。

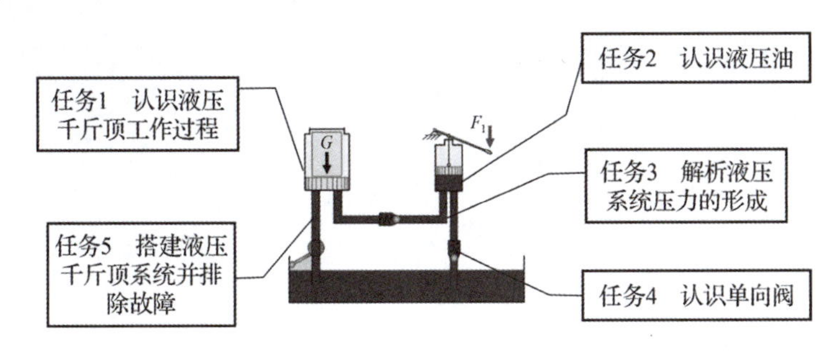

图 1-0-2　项目一学习任务

学习目标

知识目标：

掌握液压系统的基本组成；掌握液压油的物理性质及其对液压系统的影响；熟悉液压系统的表达方式；掌握液压形成机理；掌握单向阀的工作特点。

能力目标：

能为液压系统选用合适的液压油；会对液压油进行防护；能区分不同的压力表达方式；能够画出单向阀的标准符号，会对单向阀进行简单的故障诊断；会在 FluidSIM 仿真软件中搭建液压千斤顶系统；能排除液压千斤顶常见故障。

素质目标：

培养认识问题、分析问题和解决问题的能力；树立执行国家标准的意识；培养干一行、爱一行、专一行的工匠精神和团队协作能力。

任务1　认识液压千斤顶工作过程

任务描述

通过认识液压千斤顶的结构组成（图 1-1-1），分析其具体工作过程，归纳总结液压传动的基本概念，并以液压千斤顶为例进行知识拓展，熟悉一般液压系统的组成和工作特性。

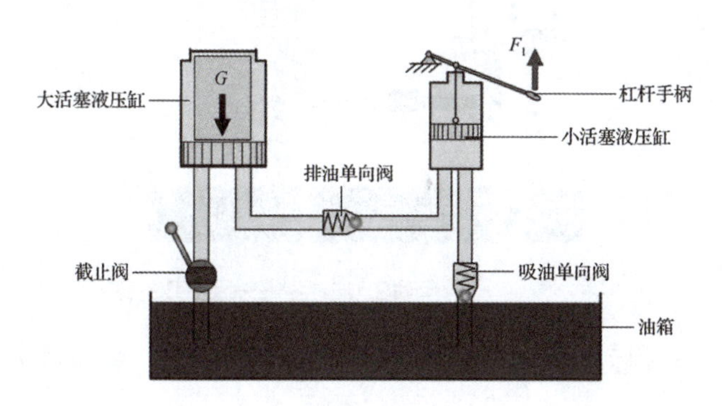

图 1-1-1　液压千斤顶的结构组成

任务目标

知识目标：

1. 熟悉液压千斤顶的结构组成；
2. 掌握液压传动的基本概念和液压系统的基本组成。

能力目标：

1. 会分析液压千斤顶的工作过程；
2. 能说出液压传动的特点。

素质目标：

1. 培养系统分析能力和团结协作能力；
2. 干一行、爱一行，树立遵守国家标准的职业素养。

任务内容

步骤 1：分析液压千斤顶的工作过程。
步骤 2：认识液压系统的组成。
步骤 3：总结液压传动的特点。

课前学习资源

液压千斤顶
工作过程：

思考讨论

护士为病人打针时，注射器是怎样吸入药液的？

____
____
____

边学边想

1. 什么是液压传动？

____
____

2. 液压系统一般由哪几部分组成？

____
____

3. 液压传动可以应用在哪些领域？

____
____
____

液压千斤顶工作过程：

步骤 1：分析液压千斤顶的工作过程

一、液压千斤顶的结构组成

如图 1–1–1 所示，液压千斤顶主要由杠杆手柄，小活塞液压缸，大活塞液压缸，吸油、排油单向阀，截止阀及油箱等组成。

二、液压千斤顶的工作过程

使用液压千斤顶**顶起重物**的动作分为两步：抬起杠杆手柄（图 1–1–1）和压下杠杆手柄（图 1–1–2）。

边学边想

在图 1–1–2 中抬起杠杆手柄将油箱中的油吸入小活塞液压缸时，左侧大活塞液压缸里的油液会不会也被吸进来？为什么？

______

______

______

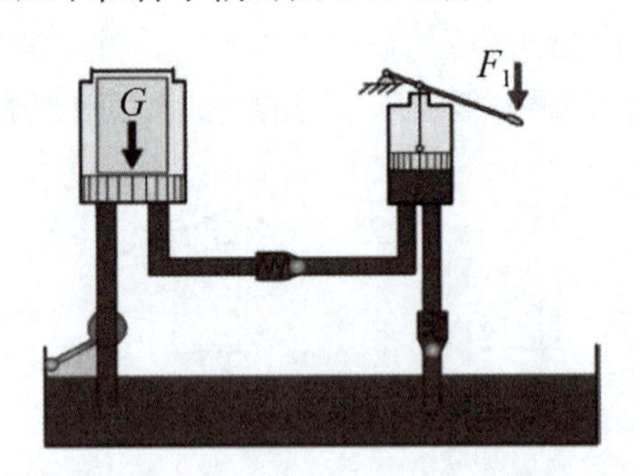

图 1–1–2　液压千斤顶工作过程——压下杠杆手柄

分析能力提升

以小组为单位，组内学生协作，完成液压千斤顶“抬起杠杆手柄”和“压下杠杆手柄”时的工作过程分析。

工作目标：多次循环抬起手柄、压下手柄，将重物 G 举升起来。

请结合左侧二维码中的视频，小组合作，完成液压千斤顶的工作过程分析。

（1）抬起杠杆手柄：

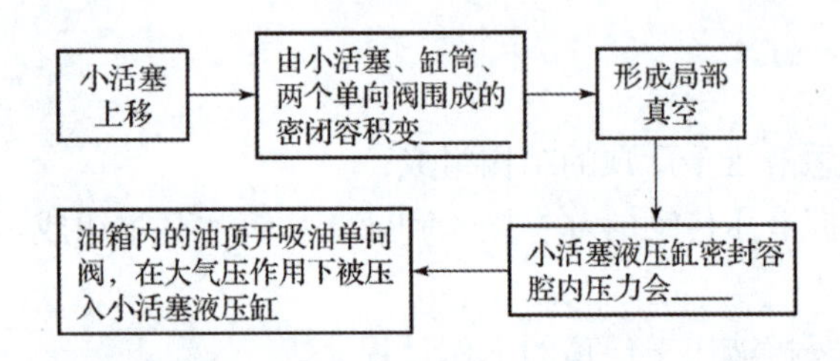

边学边想

在图 1–1–2 中压下杠杆手柄时，右侧小活塞液压缸里面的油液会不会被压回油箱？为什么？

______

______

（2）压下杠杆手柄：

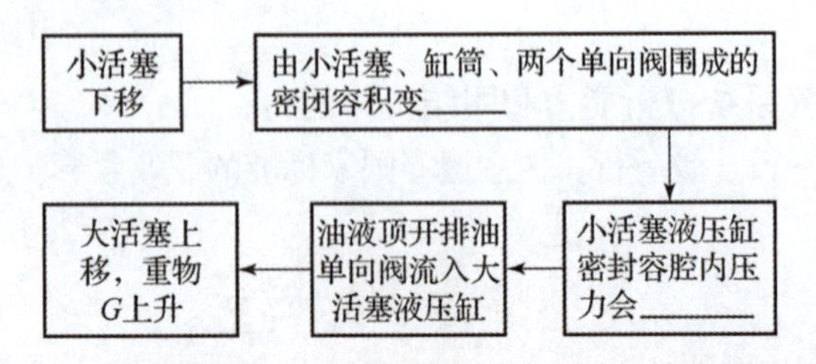

学习提示

使用液压千斤顶需要**放下重物**时，打开截止阀，将左侧大活塞液压缸的油液放回油箱即可。

【结论】液压传动是以**液体**作为**工作介质**，依靠运动液体的**压力能**来传递运动的**传动形式**。

步骤2：认识液压系统的组成

一、液压系统的组成

根据各组成元件所起的作用不同，液压系统一般由以下五部分组成。

动力元件：一种能量转换装置，将外部原动机输入的机械能转换为流体压力能的元件。它是系统的心脏，常见的液压系统的动力元件就是各式各样的液压泵。

执行元件：把流体的压力能转变为机械能以驱动外部工作机构的元件，如液压缸、液压马达。

控制元件：对液压系统中流体的压力、流量、流动方向进行控制和调节的元件，如溢流阀、节流阀、换向阀等。

辅助元件：上述三个部分以外的其他元件，如油箱、油管、压力表、过滤器等。

工作介质：传递运动和动力的流体，也就是液压油。

请根据以上描述，结合液压千斤顶工作过程分析，在图1-1-3中标出液压千斤顶各组成元件类别。

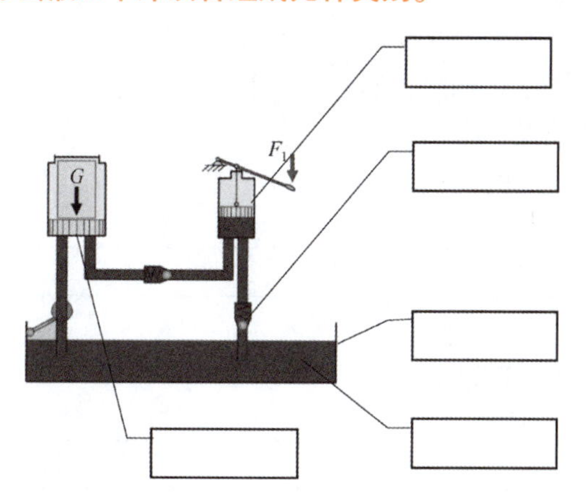

图1-1-3　液压系统的组成——以液压千斤顶为例

二、液压系统的表达

如图1-1-3所示，此液压系统的表达采用的是一种结构式的工作原理图，但在实际工作中，除少数特殊情况外，一般采用《流体传动系统及元件　图形符号和回路图》（GB/T 786.1—2021）所规定的液压图形符号来绘制。

采用国家标准符号表达的液压千斤顶系统图如图1-1-4所示。

采用图形符号表达各液压元件，需注意以下几点：

（1）图形符号只表示元件的职能及连接系统的通路，不表示元件的具体结构和参数，也不表示元件在系统中的实际安装位置。

液压系统基本组成：

思考讨论

复杂的液压系统组成是否有除这五种组成部分以外的元件？

____

思想火花

一般液压系统，不管是简单还是复杂，均由五大部分组成，缺一不可，因为这是一个科学的“系统”。你还能举出类似的系统吗？

液压系统的符号表达：

头脑风暴

在图1-1-4中：

1. 此液压系统配置了几个油箱？

____

2. 二位二通换向阀3接通时油液流向是怎样的？

____

国家标准认知

逐一认识图 1-1-4 所有符号名称，专注液压行业，干一行、爱一行，树立标准意识，养成遵守国家标准的习惯。

液压传动的特点：

思考总结

1. 液压传动适合用在要求传动比精确的场合吗？为什么？

____

____

2. 在你所了解的传动形式中，哪种传动形式更容易实现自动化控制？

____

中国第一台万吨水压机的诞生：

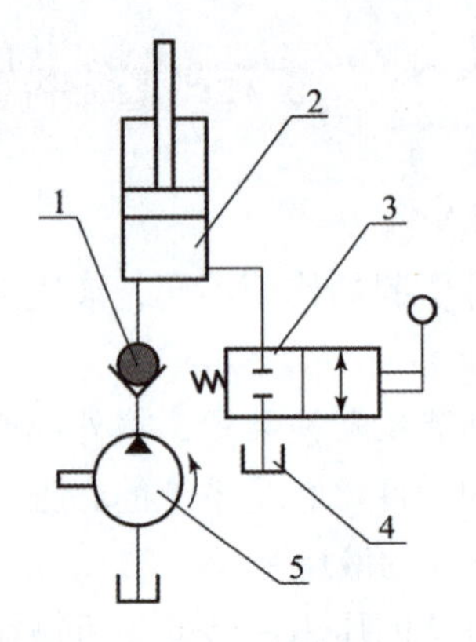

1—单向阀；2—液压缸；3—二位二通换向阀；4—油箱；5—液压泵。

图 1-1-4　采用国家标准符号表达的液压千斤顶系统图

（2）元件符号内的油液流动方向用箭头表示。通常，换向阀的箭头只表示油口连通，不表示实际流动方向。

（3）符号均以元件的静止位置或中间位置表示，当系统的动作另有说明时，可作例外。

步骤 3：总结液压传动的特点

借助于图书、网络资料、学习视频，小组讨论并总结液压传动的优点和缺点。

★液压传动的优点：

____

____

____

★液压传动的缺点：

____

____

____

拓展任务

【液力传动认知】

请借助于图书、网络，学习液力传动相关知识，并列出液压传动与液力传动的相似之处和不同之处。

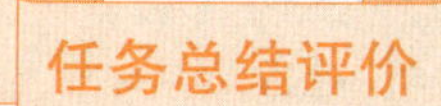

任务总结评价

请根据学习情况，完成个人学习评价表（表 1-1-1）。

表 1-1-1　个人学习评价表

序号	评价内容	分值	得　分		
			自评	组评	师评
1	能自主完成课前学习任务	10			
2	掌握液压千斤顶的基本组成	10			
3	掌握液压传动的概念	10			
4	掌握一般液压系统的基本组成	10			
5	会分析液压千斤顶的工作过程	15			
6	能根据液压传动的特点说出其适用场合	5			
7	能坚持出勤，遵守纪律	10			
8	能积极参与小组讨论	10			
9	能认识液压千斤顶各组成部分的国家标准符号	10			
10	能独立完成课后作业和拓展学习任务	10			
总　分		100			
自我总结					

任务2　认识液压油

课前学习资源

初步认识液压油：

认识液压油的性质：

选用与防护液压油：

边学边想

1. 你认识的油液有哪些？

______

2. 液压油的黏度有哪几种表达方式？

______

______

3. L-HL32 液压油中，32 的含义是什么？

______

4. 液压油被污染的途径有哪些？你能提出防止液压油污染的措施吗？

______

______

______

任务描述

液压千斤顶是以液压油为**工作介质**来传递运动和动力的液压装置。作为工作介质，液压油有哪些特性？在使用过程中我们又该如何防护液压油呢？通过实施本任务，应全面了解液压油的性质、常用类型，会对液压油进行正确的选用与防护。

任务目标

知识目标：

1. 了解液压油的密度、可压缩性和其他特性；
2. 掌握液压油黏度的物理意义及其随温度、压力变化的性质。

能力目标：

1. 能够识别区分不同牌号的液压油；
2. 会为液压系统选择合适的液压油；
3. 能够对液压油进行防护。

素质目标：

1. 认识事物的多样性，正确认识自我，树立自信心；
2. 锻炼分析问题、解决问题的能力，强化“干一行、爱一行”的意识。

任务内容

步骤1：认识液压油的作用和类型。

步骤2：认识液压油的物理性质。

步骤3：选用液压油。

步骤4：防护液压油。

步骤 1：认识液压油的作用和类型

一、液压油在液压系统中的作用

液压油在液压系统中的作用如下：

（1）传递运动和动力。

（2）吸收和传送系统所产生的热量。

（3）润滑运动部件，减少摩擦和磨损。

（4）防止部件锈蚀。

（5）净化液压系统。

（6）液压油本身的黏性对细小的间隙有密封作用。

二、液压油的类型

根据《润滑剂、工业用油和有关产品（L 类）的分类　第 1 部分：总分组》GB/T 7631.1—2008，我国将润滑油和有关产品（L 类产品）按应用场合分为 15 个组，H 组用于液压系统（即 L–H）。H 组可分为以下两个类型：

1. 矿物油系液压油

普通液压油是在精制矿物油基础上，加入抗氧化、抗腐蚀、抗泡沫、防锈等添加剂调和而成的，是当前我国供需量最大的主品种，用于一般液压系统，但只适用于 0 ℃以上的工作环境。

常见的牌号有：L–HL–15、L–HL–22、L–HL–32、L–HL–46、L–HL–68、L–HL–100。

在普通液压油基础上添加不同的添加剂，可得到相应性质的液压油，如图 1–2–1 所示。

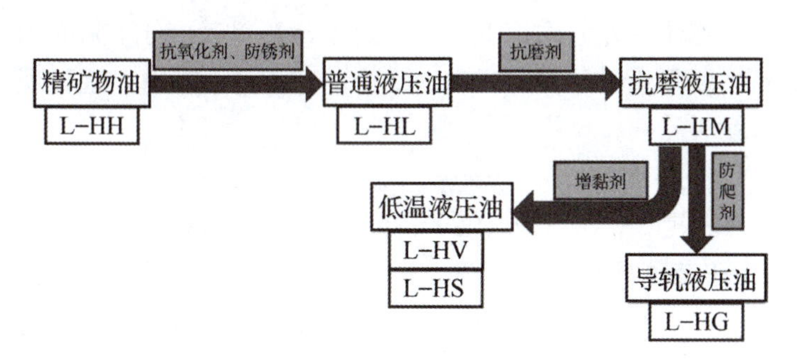

图 1–2–1　矿物油系液压油的类型

2. 耐火型液压油

耐火型液压油也称难燃型液压油，主要包括乳化液和合成型两大类，主要用于有引起火灾危险的场合，具体类型如图 1–2–2 所示。

液压油的类型：

学习规划

液压油看似简单，但其在液压系统中能起到很多作用。作为新时代的大学生，大学期间，你准备在哪些方面提升自己？

边学边想

1. 普通机床动力滑台液压系统适合选用哪种液压油？（　）

2. 冶金行业高温场合适合选用哪种液压油？（　）

A. 矿物油系液压油

B. 耐火型液压油

自我认知

认真剖析自我，将来的你，更适合在哪些岗位上工作呢？

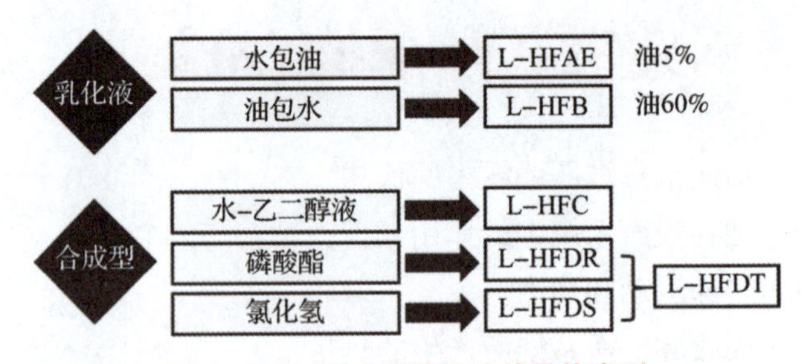

图 1-2-2 耐火型液压油的具体类型

步骤 2：认识液压油的物理性质

液压油的密度：

一、液压油的密度

矿物油系工业液压油，相对密度为 0.85~0.95，油包水型乳化液相对密度为 0.92~0.94，水包油型乳化液密度一般为 1.05~1.1。密度越大，泵的吸入性越差。

矿物系液压油的密度随温度的升高而略有减小，随压力的升高略有增大，通常认为液压油密度为一常值。

我国采用 20 ℃时的密度作为油液的标准密度。

边学边想

1. 液压油的密度对液压传动有什么影响？

____

2. ρ_{20} 的含义是什么？

____

二、液压油的可压缩性

液体在压力作用下体积发生变化的性质，称为液体的可压缩性。液压油在低、中压时，可视为非压缩型液体，在高压时的可压缩性不可忽视，纯油的可压缩性是钢的 100~150 倍。

液压油的可压缩性：

★三、液压油的黏性

1. 黏性的定义

液体在外力作用下**流动或有流动趋势时**，分子间的内聚力要阻止分子相对运动而产生的一种**内摩擦力**，这种现象就叫**黏性**。

液压油的黏性：

※ 观看“液压油的黏性”视频，完善以下结论：

由于液体具有黏性，紧靠下平板（固定不动）的液体层流速度为________，紧靠上平板（以速度 μ_0 向右运动）的液体层流速度为________，而中间各液层的速度则视它距下平板的距离按曲线或线性规律变化。

2. 黏性的度量

液压油黏性的大小用**黏度**来度量。黏度的表达主要有三种方式，如表 1-2-1 所示。

头脑风暴

静止的液体不具有黏性，这种说法正确吗？

____

表 1-2-1　黏度的表达方式

黏度	定义	表达式	单位	备注
动力黏度	液体的动力黏度是指在单位速度梯度下流动时单位面积上产生的内摩擦力	$\mu=\frac{\tau}{du/dy}$	国际单位：Pa·s（帕斯卡·秒）	绝对黏度
运动黏度	液体的动力黏度与其密度的比值，称为液体的运动黏度（没有实际物理意义）	$\nu=\mu/\rho$	国际单位：m^2/s 常用单位:St（斯）	
相对黏度	采用特定黏度计在规定条件下测出的液体黏度	恩氏黏度：$°E_t=t_1/t_2$	没有单位	相对黏度

液压油的黏度：

思考讨论

你知道其他国家采用哪种相对黏度的表达形式吗？

____

特别说明：

（1）液压油的黏度等级是以 **40 ℃**时**运动黏度**的中心值来划分的。40 号机械油就是指它的运动黏度中心值在 40 ℃时是 40 厘斯（mm^2/s）。

（2）我国采用的相对黏度是**恩氏黏度**。

（3）液压油牌号及含义：

GB/T 7631.1—2008 等效采用 ISO6743/4 的规定。液压油采用统一的命名方式，其一般形式如下：

类	品种	数字

例如：　L　–　HV　22

其中：L——类别（润滑剂及有关产品，GB/T 7631.1—2008）；

HV——品种（低温抗磨）；

22——牌号（黏度等级，指 40 ℃时该液压油运动黏度平均值是 22 厘斯，GB/T 3141—1994）。

思考讨论

液压油的黏性在压力和温度变化时会对液压系统产生什么样的影响？

____

____

3. 黏度与压力的关系——黏压特性

压力增大，液压油黏度增大。在一般液压系统使用的压力范围内，液压油黏度随压力变化的数值很小，可以忽略不计。

★ 4. 黏度与温度的关系——黏温特性

液压油的黏度对温度变化十分敏感。温度升高，黏度下降，造成泄漏和磨损增加、效率降低等；温度降低，黏度增大，造成液体流动困难、泵转动不易等现象。

液压油的选用：

步骤 3：选用液压油

液压油的选择主要包含两个方面：**品种**和**黏度**。

思考讨论

为了满足液压系统正常运行的需要，液压油应具备哪些性能？

______

______

______

思考讨论

对照表1-2-2，请选择：

1. 延安职院机加工实训车间机床动力滑台液压系统应选择哪种液压油？

______

2. 高温高压下，井下钻采设备液压系统适合选用哪种液压油？

______

边学边想

使用齿轮泵的液压系统，当系统温度在70℃工作时，通常选择的液压油黏度是多少比较合适？

______

学习提示

选用液压油时，先定液压油的**品种**，再定液压油的**黏度**。

一、液压油品种的选择

液压油品种的选择从以下三个方面考虑。

1. 液压系统的工作条件

液压系统的工作条件包括使用的液压泵类型、压力范围、对金属和密封件的相容性，防锈、防腐蚀能力，抗氧化稳定性等要求。

2. 液压系统的工作环境

液压系统的工作环境包括是否抗燃（闪点、燃点），抑制噪声的能力（空气溶解度、消泡性）如何，废液再生处理及对环境污染的要求，毒性和气味方面的要求等，如表1-2-2所示。

表1-2-2　根据环境及工况条件选择液压油

环境 / 工况	P<7 MPa T<50 ℃	P：7~14 MPa T<50 ℃	P：7~14 MPa T：50~80 ℃	P ≥ 14 MPa T：50~80 ℃
室内、固定液压设备	HL	HL或HM	HM	HM
露天、寒冷或严寒区	HR或HV	HV或HS	HV或HS	HV或HS
高温或明火附近，井下	HFAS或HFAM	HFB、HFC或HFAM	HFDR	HFDR

3. 综合经济分析

综合经济分析包括价格，使用寿命，维护、更换的难易程度等。

二、液压油黏度等级的选择

首先按系统选用的液压泵类型确定液压油黏度，如表1-2-3所示。

表1-2-3　按系统选用的液压泵类型确定液压油黏度

液压泵类型		工作介质黏度 ν_{40}/（$mm^2·s^{-1}$）	
		液压系统温度 5~40 ℃	液压系统温度 40~80 ℃
轴向柱塞泵		40~75	70~150
径向柱塞泵		30~80	65~240
齿轮泵		30~70	65~165
叶片泵	P ≥ 7.0 MPa	50~70	55~90
叶片泵	P ≤ 7.0 MPa	50~70	55~90

其次，工作条件及环境影响液压油黏度的选择。例如，高压、高温场合宜选用黏度较大的液压油（减少泄漏），而高速场合宜选用黏度较小的液压油（减小功率损失）。

步骤 4：防护液压油

液压油的污染原因：

一、液压油被污染的危害

被污染的液压油中存在固体颗粒、水分或空气，会对液压系统产生以下危害：

（1）液压元件滑动部分的磨损加剧；

（2）阻塞液压元件的节流孔、阻尼孔或使阀芯卡死；

（3）水分、空气的混入降低液压油的润滑能力，加速氧化，产生气蚀；

（4）堵塞过滤器；

（5）加速密封件的磨损，增加泄漏。

学习提示

据统计，液压系统中，80% 的故障与液压油相关。因此，了解液压油的性质、污染渠道，正确防护液压油，是降低液压系统故障的有效途径。

二、液压油被污染的原因

1. 内部残留

液压管道及元器件内部的型砂、切屑、磨料、焊渣、锈片、灰尘在系统使用前未冲洗干净，进入液压油中。

2. 外部侵入

外界的灰尘、砂粒在液压系统工作过程中通过往复伸缩的活塞杆、流回油箱的漏油等带入液压油中。

3. 内部生成

液压系统自身不断产生污垢，直接进入液压油中。

液压油的防护措施：

三、请根据液压油被污染的原因提出防止液压油污染的措施

____

____

____

能力提升

由液压油被污染的原因提出相应的防止措施，锻炼自己分析问题、解决问题的能力。

拓展任务

【液压系统故障案例收集】

借助于图书、网络或走访企业相关岗位，收集由液压油不合格造成的液压系统故障，详细列出故障现象和解决措施。

【故障诊断】

对比本项目小王遇到的液压千斤顶故障现象，你觉得有可能是液压油出现问题了吗？小组分析，形成分析报告。

任务总结评价

请根据学习情况，完成个人学习评价总结表（表 1-2-4）。

表 1-2-4　个人学习评价总结表

序号	评价内容	分值	得　分		
			自评	组评	师评
1	能自主完成课前学习任务	10			
2	了解液压油在液压系统中的作用	5			
3	熟悉不同类型液压油的特点	10			
4	熟悉液压油的物理性质	5			
5	能够识读液压油的牌号	10			
6	会为不同的液压系统选择合适的液压油	15			
7	能对液压油做好防护	15			
8	能坚持出勤，遵守纪律	10			
9	能积极参与小组讨论	10			
10	能独立完成课后作业和拓展学习任务	10			
总　分		100			
自我总结					

任务 3 解析液压系统压力的形成

任务描述

根据液压千斤顶工作性能可知，它可以以较小的力举起很重的物体。液压千斤顶中的压力是怎样产生的？为什么可以在输入较小的力的情况下可获得较大的输出力呢？通过实施本任务，全面解析液压系统中压力的形成过程，熟知压力的表达方式及帕斯卡原理。

课前学习资源

解析液体压力的形成过程：

边学边想

1. 液压传动中的压力属于质量力还是表面力？

______

2. 液压传动中的“压力”和物理学中的“压力”有何不同？

______

3. 帕斯卡原理的具体内容是什么？

______

______

4. 液压系统中的压力大小取决于什么因素？

______

任务目标

知识目标：

1. 掌握液体压力的定义和表示方法；
2. 掌握液体静压方程及帕斯卡原理。

能力目标：

1. 能够说出液体压力的形成过程；
2. 会用帕斯卡原理解决简单的液体静压问题。

素质目标：

1. 锻炼举一反三的学习能力，学以致用，能够“干一行、爱一行”；
2. 发扬细致认真的工匠精神，能够“专一行、精一行”。

任务内容

步骤 1： 认识压力及其表示方法。
步骤 2： 认识帕斯卡原理。
步骤 3： 解析液体压力的形成。

思考讨论

为什么静止的液体没有切向力？（结合液体黏性的概念思考）

____

____

步骤 1：认识压力及其表示方法

一、压力的定义

根据作用方式不同，作用在液体上的力有**质量力**和**表面力**两种。当液体处于静止状态时，质量力只有重力，表面力只有法向力。由于液体质点间的凝聚力很小，不能受拉，所以法向力总是向着液体表面的内法线方向作用。在图 1–3–1 中，活塞对缸体内液体的力 F 即为表面力。

静止液体在单位面积上所受的法向力称为**静压力**，用符号 p 表示。静压力在液压传动中简称“**压力**”，在物理学中则称为“**压强**”。

假设手柄给小活塞的力是 F，小活塞的面积为 A，则 A 点的压力为：$p=\dfrac{F}{A}$。

边学边想

图 1–3–1 中，小活塞 A 处的压力方向如何？

____

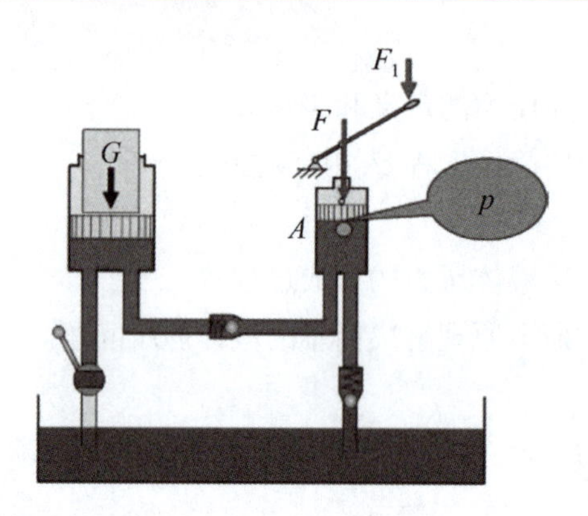

图 1–3–1　液压千斤顶液压油所受的表面力

根据对以上知识点的理解和思考，请完成静止液体的压力特性总结：

（1）液体静压力总是**垂直**指向承压面，其方向与该面的内法线方向________（一致 / 不一致）。

（2）静止液体内任一点的静压力在**各个方向**都________（相等 / 不相等）。

压力的表示方法：

二、压力的表示方法及单位

1. 压力的表示方法

压力的表示方法有两种，一种是以绝对真空为测量基准而测得的压力，称为**绝对压力**；另一种是以当地大气压作为基准所测得的压力，称为**相对压力**。

绝对压力与相对压力的关系如图 1-3-2 所示。请结合图示完成以下关系换算：

绝对压力大于大气压时：

绝对压力 = 相对压力 + (　　)

绝对压力小于大气压时，相对压力负值部分叫作**真空度**。

真空度 = (　　) - (　　) =-（绝对压力 - 大气压）

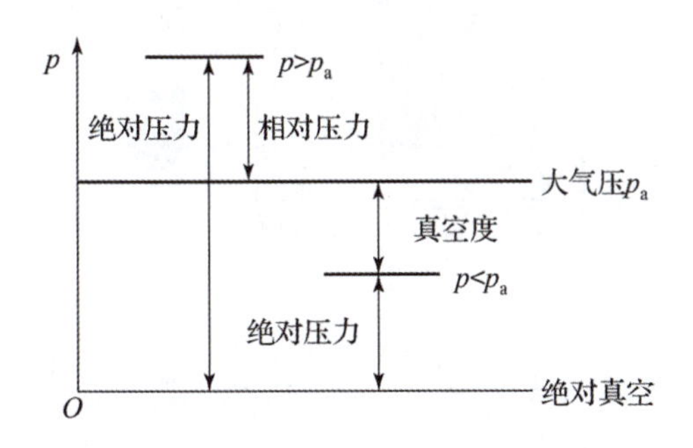

图 1-3-2　绝对压力、相对压力、真空度关系图

投票

用压力表测得的液压系统的压力是(　　)。

A. 绝对压力

B. 相对压力

随堂训练

1 kPa= (　　) Pa

1 MPa= (　　) Pa

1 bar= (　　) Pa

1 at= (　　) Pa

1 mmHg= (　　) Pa

1 mH_2O= (　　) Pa

2. 压力的单位

在国际单位制中，压力的单位是 N/m^2 或 Pa（帕斯卡）。

$$1\ N/m^2=1\ Pa$$

在液压技术中，采用的压力单位还有工程大气压、bar 和千克力每平方厘米（kgf/cm^2），换算关系为

$$1\ bar=10^5\ Pa \approx 1.02\ kgf/cm^2=10^2\ kPa=0.1\ MPa$$

1 个大气压可表示为 1 at，其与千克力每平方厘米和帕斯卡的换算关系为

$$1\ at=1\ kgf/cm^2=9.8\times10^4\ Pa$$

另外，压力的单位还有 mmHg 和 mH_2O，它们与帕斯卡的换算关系为

$$1\ mmHg=1.33\times10^3\ Pa$$

$$1\ mH_2O=9.8\times10^3\ Pa \approx 0.1\ at$$

【任务引导】图 1-3-3 中，A、B、C 三点的压力值是多少？怎样求得液压千斤顶中任意一点处的压力呢？

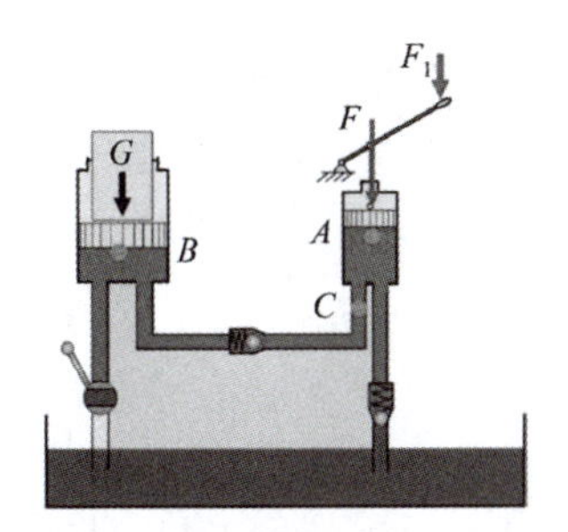

图 1-3-3　液压千斤顶液压油所受的表面力

思考讨论

相对于工作压力为十几 MPa 的液压系统，1 mH_2O 的压力大不大？

头脑风暴

图 1-3-3，A 点压力大还是 B 点压力大，还是两点压力一样大？

步骤 2：认识帕斯卡原理

帕斯卡原理：

一、容器内任意一点压力的求取

例 1-3-1： 如图 1-3-4 所示，在容器内盛有静止液体。液面所受外界压力 p_0，液体密度为 ρ，试分析离液面 h 处 A 点的受力情况。

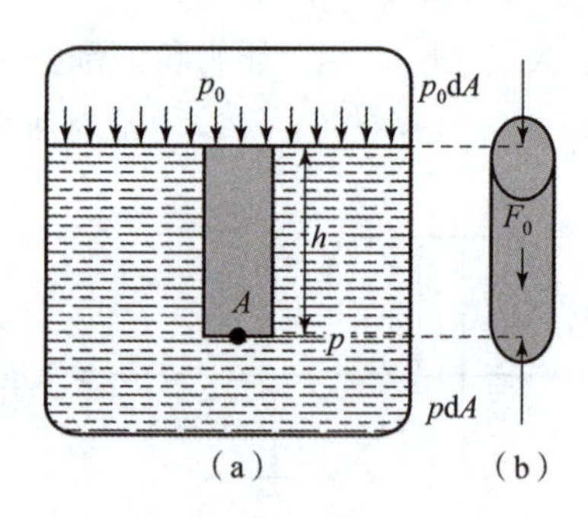

图 1-3-4 重力作用下的静止液体

（a）研究对象；（b）受力情况

解：

（1）取研究对象：在液体中取一个底面包含 A 点、面积为 dA、高为 h 的微圆柱体，如图 1-3-4（a）所示。

（2）对微圆柱体进行受力分析：这个微圆柱体在重力及周围液体压力的作用下处于平衡状态，受力情况如图 1-3-4（b）所示。

（3）列平衡方程：

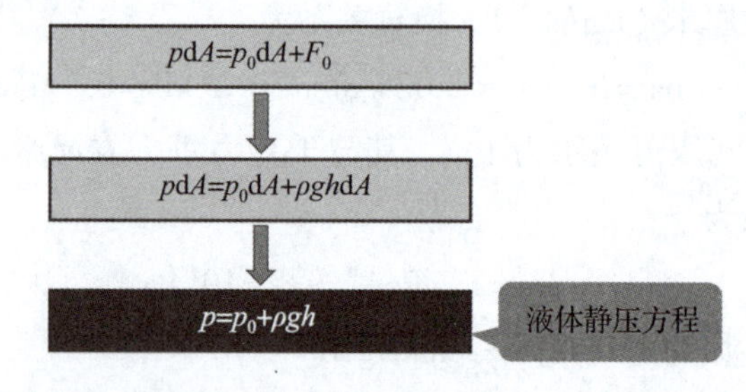

由以上解题过程，思考图 1-3-5 中 A、B、C 三点的压力分别为多少，填写“举一反三”。

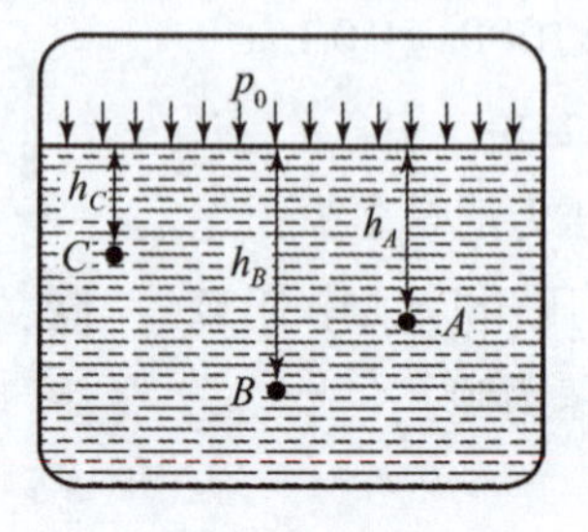

图 1-3-5 容器内任意一点压力

学以致用

从微积分的角度获取解决问题的途径，这是高等数学知识在液压传动中的应用。同学们学习过程中要善于思考，学以致用。

边学边想

由液体静压方程可知，密封容器内静止液体任一点的值由哪两部分组成？

____

举一反三

图 1-3-5 中：

p_A=____________

p_B=____________

p_C=____________

二、帕斯卡原理

★**帕斯卡原理**：在密闭容器内的静止液体中，施加于静止液体表面上的压力 p_0 将等值地传递到液体内所有的地方，这称为帕斯卡原理或静压传递原理，如图 1–3–6 所示。

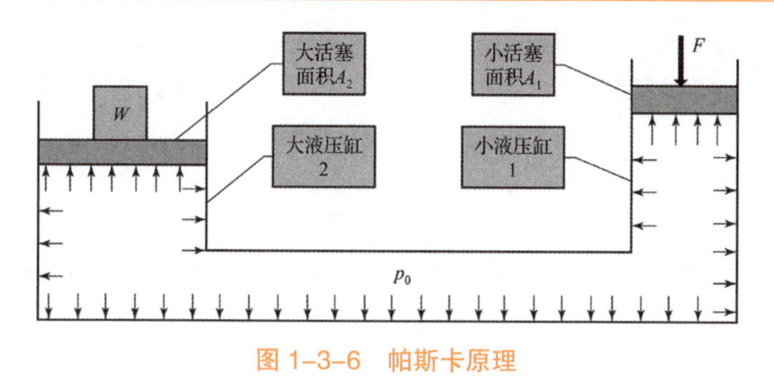

图 1–3–6　帕斯卡原理

例 1–3–2：如图 1–3–7 所示，已知 ρ =900 kg/m³，F=1 000 N，A=1×10⁻³ m²，求 h=0.5 m 处的静压力 p。

解：由液体静压方程计算公式求得：

$$
\begin{aligned}
p &= p_0+\rho gh \\
&= F/A+\rho gh \\
&= 1\,000/(1\times10^{-3})+900\times9.81\times0.5 \\
&= 1\times10^{6}+0.004\,4\times10^{6} \\
&\approx 10^{6}\ (\mathrm{N/m^2}) \\
&= 10^{6}\ \mathrm{Pa}
\end{aligned}
$$

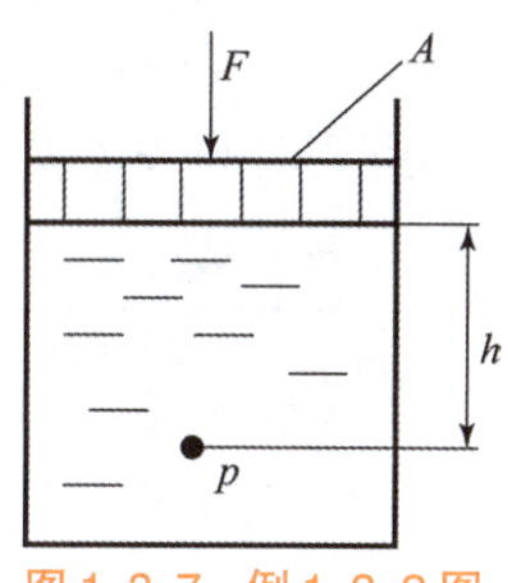

图 1–3–7　例 1–3–2 图

步骤 3：解析液体压力的形成

下面以一个简单的液压系统为例解析液压系统中压力的形成过程。

如图 1–3–8 所示的液压系统，启动液压泵后，液压油会充满液压缸左腔；继续供油，由于外负载阻碍，活塞不能右行，此时，左腔液压油挤压，产生压力。根据帕斯卡原理，此压力将等值地传递到液压泵出口至液压缸左腔之间的任意位置。

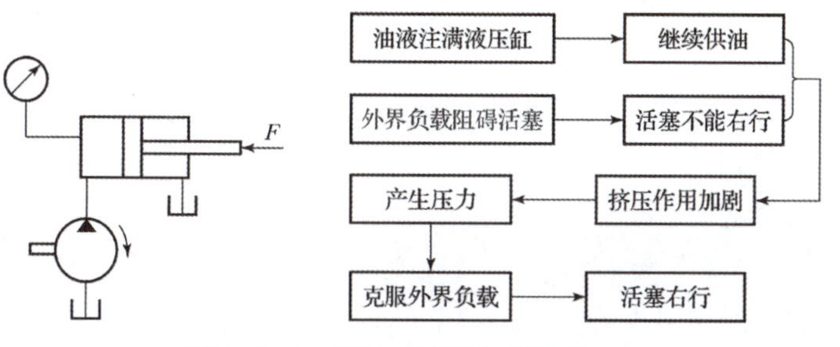

图 1–3–8　液压系统压力的形成

边学边想

根据例 1–3–2 的计算结果思考：在液压系统中，为什么通常只考虑外界压力作用，而忽略由液体自重产生的静压力呢？

____

____

科学家帕斯卡的励志故事：

启发引导

李雷（力气大）和韩梅梅（力气小）将 10 kg 大米由教室搬往同一间宿舍，谁使出的力气大？

____

液压系统压力形成机理：

边学边想

1. 当外界负载 F 增大时，压力表显示的压力值会（　　）。

A. 增大　B. 减小

2. 当外界负载等于 0 时，压力表显示的压力值是（　　）。

思想升华

压力和动力是相辅相成的，学会转化压力，才能更好地前进。

★【结论】液压系统中的压力，是各种形式的外界负载的阻碍，使油液受到挤压而产生的，其**压力的大小取决于外界载荷的大小**。

拓展任务

【科学家帕斯卡介绍】

请借助于图书、网络，收集科学家帕斯卡的科研经历及科研成果，弘扬科学精神，形成小组分享资料。

任务总结评价

请根据学习情况，完成个人学习评价表（表 1-3-1）。

表 1-3-1　个人学习评价表

序号	评价内容	分值	得　分		
			自评	组评	师评
1	能自主完成课前学习任务	10			
2	掌握液体压力的定义和表达方法	10			
3	掌握帕斯卡原理的内涵	10			
4	会用液体静压方程求解容器内静止液体的任意一点的压力	10			
5	会用帕斯卡原理分析液体压力的形成过程	10			
6	会用帕斯卡原理解决简单的液体静压问题	10			
7	能够熟知液压行业不同场合使用的压力表达方式	5			
8	能坚持出勤，遵守纪律	10			
9	学会举一反三、学以致用	15			
10	能独立完成课后作业、个人总结和拓展学习任务，养成良好的学习习惯	10			
总　分		100			
自我总结					

任务 4　认识单向阀

任务描述

在液压千斤顶中，有一个吸油单向阀和一个排油单向阀。这两个单向阀起的主要作用是在液压千斤顶工作过程中确保油液的正确流动方向。单向阀是一种方向控制阀，在本任务中，将全面介绍单向阀的类型、结构组成、工作原理、符号表达、常见故障现象及排除方法。

课前学习资源

认识单向阀：

任务目标

知识目标：

1. 掌握普通单向阀的结构组成和工作过程；
2. 掌握液控单向阀的结构组成和工作过程。

能力目标：

1. 能画出普通单向阀和液控单向阀的标准符号；
2. 能排除单向阀的简单故障。

素质目标：

1. 敢于创新，干一行、专一行；
2. 贯彻国家标准，专注液压行业，培养标准意识。

边学边想

1. 一般普通单向阀由哪几部分构成？

______

2. 普通单向阀反向能导通吗？

______

3. 哪种单向阀反向可以导通？导通条件是什么？

______

______

4. 单向阀在液压系统中可以起哪些作用？

______

______

______

任务内容

步骤 1：认识普通单向阀。

步骤 2：认识液控单向阀。

步骤 3：分析排除单向阀常见故障。

步骤 1：认识普通单向阀

一、普通单向阀的结构组成

普通单向阀主要由阀芯、阀体、弹簧及支撑弹簧的垫片组成，如图 1-4-1 所示。

普通单向阀工作原理：

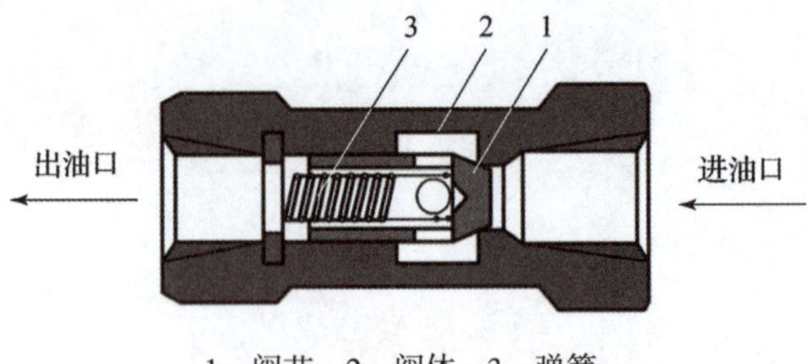

1—阀芯；2—阀体；3—弹簧。

图 1-4-1　普通单向阀结构组成

解决问题

从节约能源的角度看，单向阀上的弹簧应该是硬弹簧还是软弹簧比较合适？

____

二、普通单向阀的工作过程

普通单向阀在液压系统中的作用就是限制液压油单向流动，简单说就是使液流单向导通，反向截止。具体的工作过程如下：

（1）油液正向流动：如图 1-4-2 所示，当压力油从阀体右端的通口以 p_1 压力流入时，油液在阀芯右端上产生的压力克服弹簧作用在阀芯上的力，使阀芯左移，打开阀口，并通过阀芯上的径向孔和轴向孔从左端以压力 p_2 流出，单向阀处于“导通”状态。

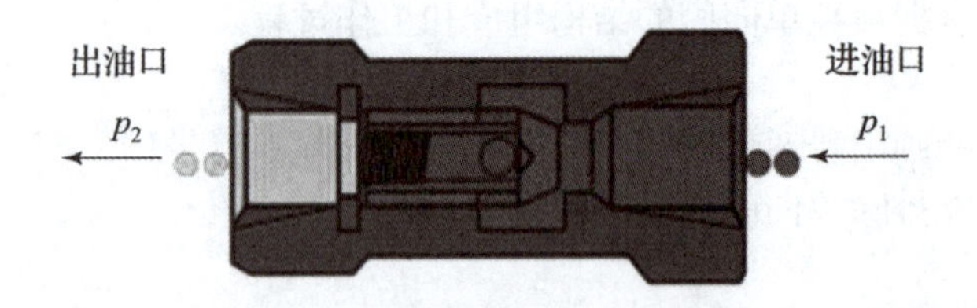

图 1-4-2　油液正向流过普通单向阀

（2）油液反向流动：如图 1-4-3 所示，当压力油从阀体左端通口以 p_1 压力流入时，液压力和弹簧的弹力一起使阀芯锥面压紧在阀座上，液压油无法从右端出口流出，单向阀处于“截止”状态。

思考讨论

如图 1-4-3 所示的普通单向阀，怎样使其实现反向导通呢？

____

____

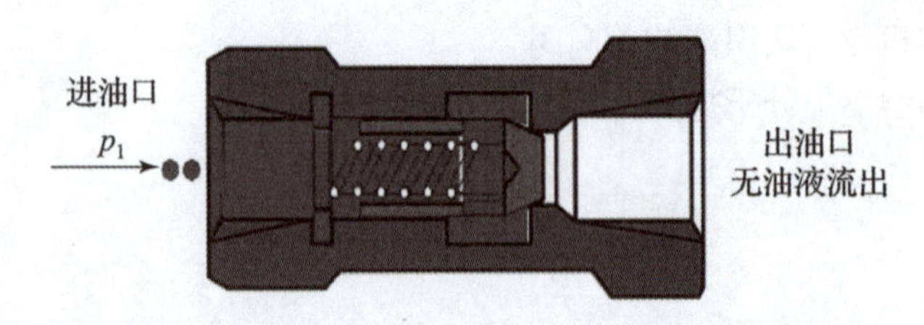

图 1-4-3　油液反向流过普通单向阀

【普通单向阀性能要求总结】

单向导通无阻力，反向截止不漏油。

三、普通单向阀的符号

根据 GB/T 786.1—2021 规定，普通单向阀的符号如图 1-4-4 所示。

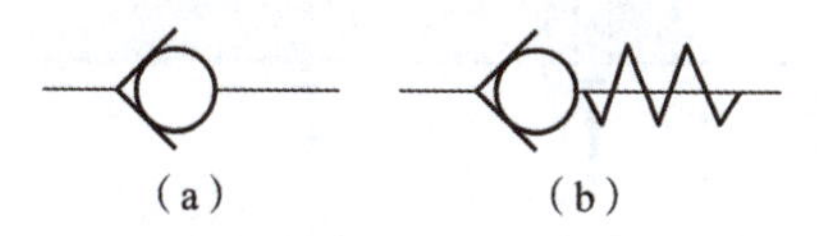

图 1-4-4　普通单向阀的符号

（a）单向阀；（b）单向阀（带弹簧，常闭）

贯标行动

专一行：

练习 GB/T 786.1—2021 普通单向阀的标准符号画法，树立标准意识。

学习提示

为了表达简单，在后续学习中，如不做特殊要求和说明，普通单向阀一般采用图 1-4-4（a）所示图形符号。

提出问题：如图 1-4-5 所示系统，当需要放下重物 *G* 时，单向阀必须反向导通才能实现，普通单向阀是否能实现此功能？

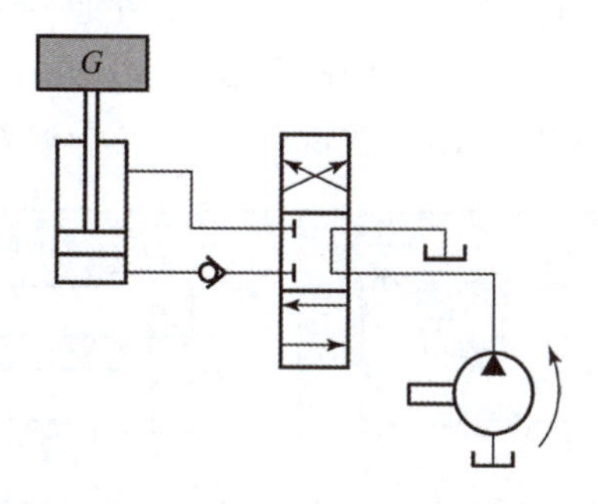

图 1-4-5　举重液压系统

步骤 2：认识液控单向阀

相比于普通单向阀，液控单向阀的突出特性是在一定条件下，可以使单向阀反向导通。

由图 1-4-3 可知，当油液反向流过单向阀时，需要有一个力能够克服弹簧力使阀芯左移，这样就可以使单向阀的进油口和出油口相通，从而实现阀的反向“导通”。

一、液控单向阀的结构组成

液控单向阀主要由顶杆、阀芯、阀体、弹簧组成，如图 1-4-6 所示。

二、液控单向阀的工作过程

1. 控制油口 K 不通压力油时

此种情况下，液控单向阀相当于一个普通单向阀，实现的作用是使压力油单向导通、反向截止。

请结合普通单向阀工作过程和图 1-4-7，完成控制油口 K 不通油液时液控单向阀工作状态的判断：

思维锻炼

根据举重系统的改造思路，同学们要意识到：在工作和生活中要有创新意识，干一行，爱一行，专一行，善于发现问题实质，这样才能创新性解决问题。

头脑风暴

相对于普通单向阀，在结构上，液控单向阀多出哪些部分？

______

______

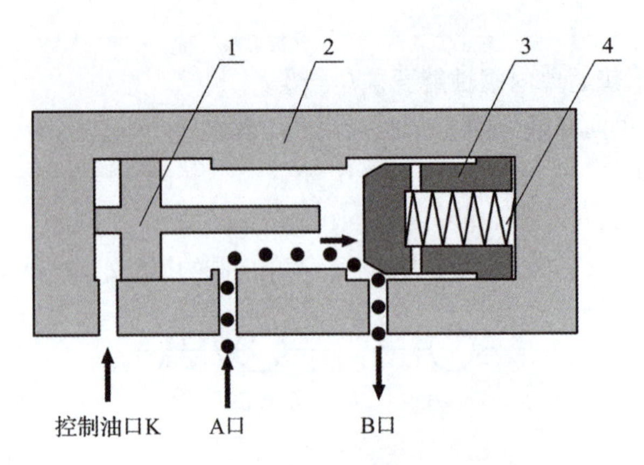

1—顶杆；2—阀体；3—阀芯；4—弹簧。

图 1-4-6　液控单向阀结构组成

液控单向阀工作原理：

当 A 口进油时，油压克服弹簧弹力，使阀芯右移，从 A 口流入的油液由 B 口流出，实现________（导通 / 截止）；当 B 口进油时，油液压力和弹簧压力使阀芯紧压在阀体上，A 口和 B 口不通，油液无法从 A 口流出，实现________（导通 / 截止）。

边学边想

当控制油口 K 不通油液时，液控单向阀能否实现反向导通？

______

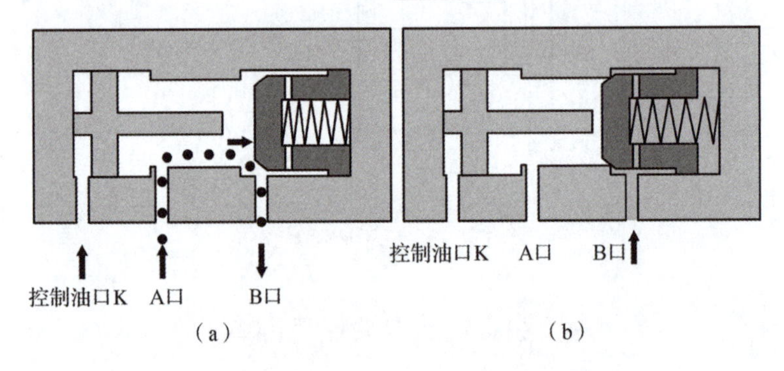

（a）　　　　（b）

图 1-4-7　液控单向阀工作图（控制油口不通压力油液）

（a）单向导通；（b）反向截止

★ 2. 控制油口 K 通压力油时

此种情况下，液控单向阀可实现**反向导通**。

请结合图 1-4-8，完成控制油口通油液时液控单向阀工作状态的判断：

当控制油口通压力油时，顶杆在油压作用下右移，顶杆右端顶在阀芯上，克服弹簧弹力，使阀芯右移，此时，A 口和 B 口________（相通 / 不通），不管油液从 A 口进还是 B 口进，都可以从另一个口流出，从而实现反向导通。

边学边想

液控单向阀反向导通时，克服弹簧的力来自何处？

______

______

三、液控单向阀的符号

根据 GB/T 786.1—2021 规定，液控单向阀的符号如图 1-4-9 所示。

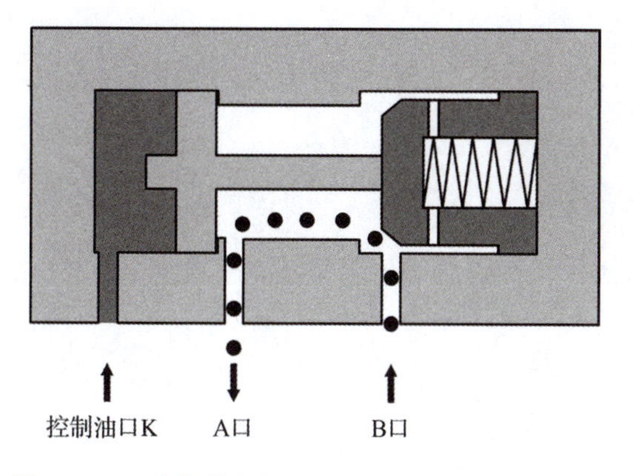

图 1-4-8　液控单向阀工作图（控制油口通压力油）

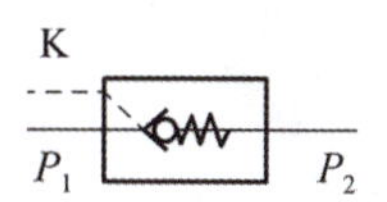

图 1-4-9　液控单向阀的符号

步骤 3：分析排除单向阀常见故障

单向阀的常见故障现象及排除方法如表 1-4-1 所示。

表 1-4-1　单向阀的常见故障现象及排除方法

序号	故障现象	产生原因	排除方法
1	发生异常的声音	1. 油的流量超过允许值； 2. 与其他阀共振； 3. 在卸压单向阀中，用于立式大油缸等的回油，没有卸压装置	1. 更换流量大的阀； 2. 可略微改变阀的额定压力，也可试调弹簧的强弱； 3. 补充卸压装置回路
2	阀与阀座有严重泄漏	1. 阀座锥面密封不好； 2. 滑阀或阀座拉毛； 3. 阀座碎裂	1. 重新研配； 2. 重新研配； 3. 更换并研配阀座
3	不起单向作用	1. 滑阀在阀体内咬住： ①阀体孔变形； ②滑阀配合时有毛刺； ③滑阀变形胀大。 2. 漏装弹簧	1. 相应采取以下措施： ①修研阀座孔； ②修除毛刺； ③修研滑阀外径。 2. 补装适当的弹簧（弹簧的最大压力不大于 30 N）
4	结合处渗漏	螺钉或管螺纹没拧紧	拧紧螺钉或管螺纹

贯标行动

专一行：

练习 GB/T 786.1—2021 液控单向阀的标准符号画法，树立标准意识。

拓展任务

【单向阀在液压系统中的作用】

根据单向阀的性能特征，小组协作，调查总结单向阀在液压系统中的具体作用。

任务总结评价

请根据学习情况，完成个人学习评价表（表 1–4–2）。

表 1–4–2　个人学习评价表

序号	评价内容	分值	得　分		
			自评	组评	师评
1	能自主完成课前学习任务	10			
2	掌握普通单向阀的结构组成	10			
3	掌握液控单向阀的结构组成	10			
4	能区分普通单向阀和液控单向阀的性能	10			
5	能够对单向阀进行故障诊断并提出解决措施	15			
6	能坚持出勤，遵守纪律	10			
7	能够遵守国家标准绘制单向阀标准图形符号	20			
8	能独立完成课后作业和拓展学习任务，养成良好的学习习惯	15			
总　分		100			
自我总结					

任务 5　搭建液压千斤顶系统并排除故障

任务描述

图 1–5–1 所示为按标准绘制的液压千斤顶系统图。请结合本项目任务 1 至任务 4 所学知识，识读液压千斤顶系统回路图，在 FluidSIM 仿真软件中搭建此系统，并对此项目中货车驾驶员小王提出的以下三种故障给出解决措施：

（1）液压千斤顶的顶杆不能完全伸出，不能达到预定的顶起高度；

（2）千斤顶长时间不用，再次使用时起升速度变慢；

（3）活塞杆伸出后抖动。

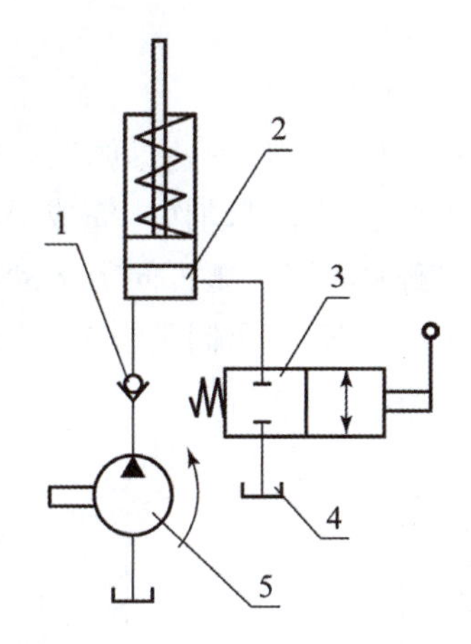

1—单向阀；2—液压缸；3—二位二通换向阀；4—油箱；5—液压泵。

图 1–5–1　液压千斤顶系统图

任务目标

知识目标：

1. 熟悉读取液压系统图的一般步骤；
2. 掌握液压千斤顶系统的基本组成。

能力目标：

1. 会用 FluidSIM 仿真软件搭建液压千斤顶系统；
2. 能对液压千斤顶的简单故障进行诊断并排除。

课前学习资源

液压千斤顶系统搭建仿真：

边学边想

1. 图 1–5–1 中，哪几个元件是液压千斤顶的控制元件？

______

2. 如果油箱内的油液量不足，在使用液压千斤顶时会发生什么现象？

______

3. 液压千斤顶系统图中，单向阀的作用是什么？

______

______

素质目标：

1. 锻炼分析问题解决问题的能力；

2. 贯彻国家标准，专注液压行业，干一行、专一行，培养标准意识。

任务内容

步骤 1： 识读液压千斤顶系统图。

步骤 2： 搭建液压千斤顶系统。

步骤 3： 分析排除液压千斤顶常见故障。

步骤 1：识读液压千斤顶系统图

在实际工程应用中，正确识读液压设备的系统图是开展维护维修工作的必要前提条件。识读液压千斤顶系统图可遵循以下四步。

职业规划：明确目标，少走弯路。

1. 明确工作目的和要求

如图 1-5-2 所示，液压千斤顶的具体工作动作是：

右侧小活塞液压缸上下循环动作，完成吸油和压油（相当于液压泵的作用）；左侧大活塞液压缸向上运动，将重物举起，或将截止阀打开，油液通过截止阀流回油箱，大活塞下降，带动重物下行。

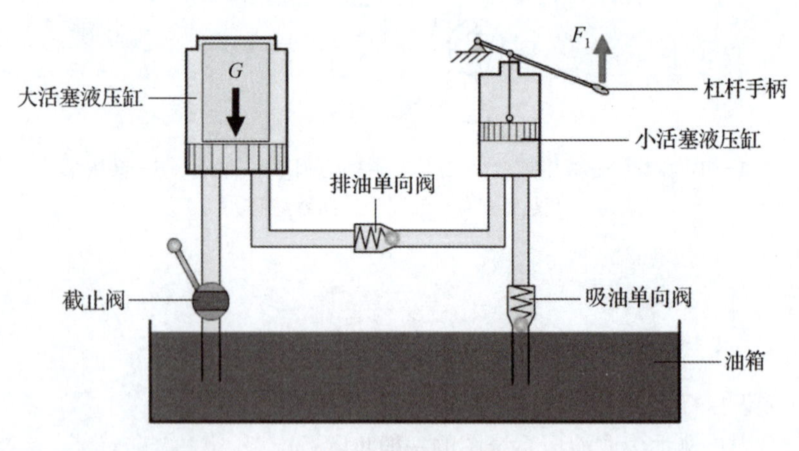

图 1-5-2　液压千斤顶结构及动作示意图

思考讨论

请小组协作，指出图 1-5-2 中各元件在图 1-5-1 的对应元件：

杠杆手柄、小活塞液压缸对应_______；大活塞液压缸对应_______；截止阀对应_______。

2. 认识系统各组成部件

由图 1-5-1 可知，液压千斤顶系统图共由 5 个元件组成，请独立完成图 1-5-3，写出各元件名称。

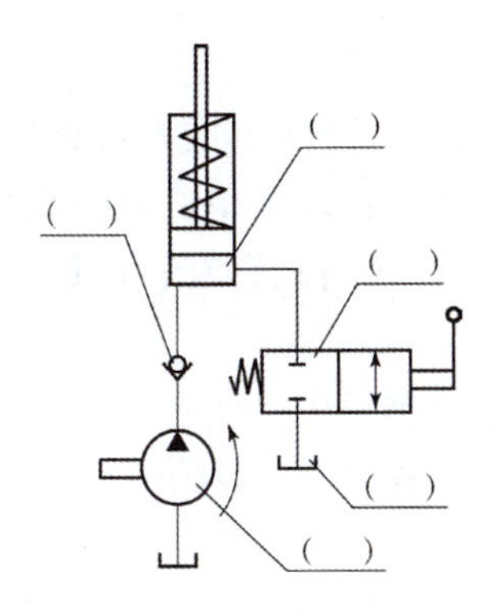

图 1-5-3　液压千斤顶组成元件

3. 按执行元件动作分析进油路、回油路

在本液压系统中，由液压泵为系统提供压力油，通过单向阀 1 和二位二通换向阀 3 的控制，使液压缸实现两个动作：**活塞杆伸出（举升重物）**和**活塞杆缩回（放下重物）**。

下面分析两个动作的进油路和回油路。

1）活塞杆伸出（举升重物）

由于本液压系统采用了单作用液压缸（请参考项目二任务 4 了解单作用液压缸相关知识），液压缸上腔无回油，因此只有进油路。

如图 1-5-4 所示，进油路（粗实线）：

油箱→液压泵→单向阀→液压缸下腔。

2）活塞杆缩回（放下重物）

当需要把重物放下时，活塞杆缩回。此时靠弹簧弹力，活塞杆下行，液压油经二位二通阀回油箱，液压泵油液也经二位二通阀回油箱。

如图 1-5-5 所示，回油路（粗实线）：

液压缸下腔→二位二通换向阀→油箱。

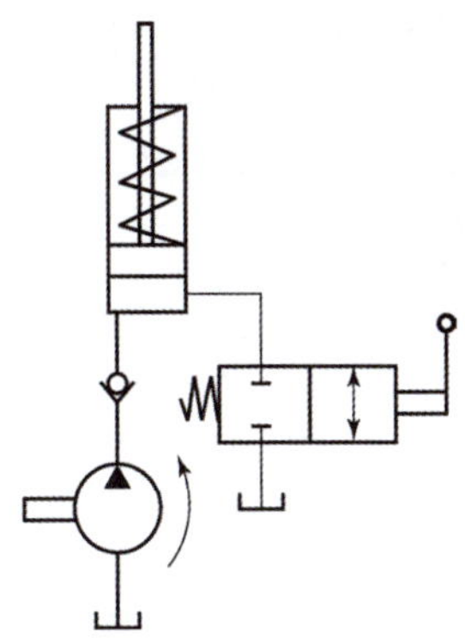

图 1-5-4　液压千斤顶举升重物进油路

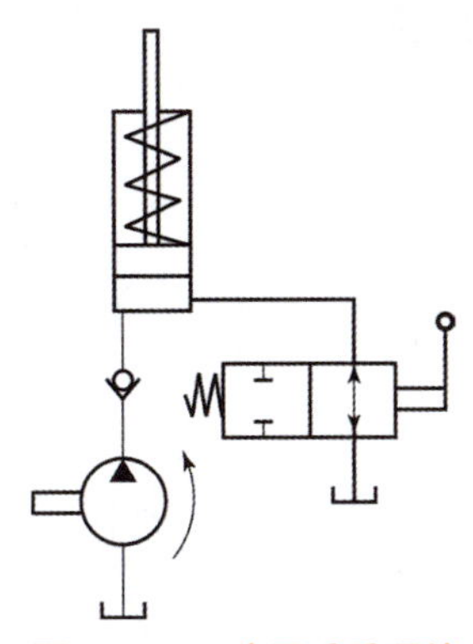

图 1-5-5　液压千斤顶放下重物回油路

边学边想

图 1-5-3 中，哪个元件是执行元件？

____

边学边想

液压千斤顶放下重物时，液压缸下腔的油液会倒流回液压泵吗？为什么？

____

贯标行动

认真对比图 1-5-4 和图 1-5-5 中二位二通手动换向阀的符号，和 GB/T 786.1—1993 标准对比，2021 年新标准有何变化？

4. 分析液压千斤顶系统特点

对于一般液压系统，可从组成系统的基本回路来分析其特点。液压千斤顶液压系统比较简单，只完成两个动作，即活塞杆伸出和活塞杆缩回，有换向阀存在，所以其基本回路只有换向回路。

在后续学习的各个项目中，液压系统将会比较复杂，会有更多的回路组成系统，请各位学习者关注。

液压千斤顶系统仿真搭建：

步骤 2：搭建液压千斤顶系统

在本任务中，我们采用 FluidSIM 仿真软件搭建液压千斤顶系统。FluidSIM 是一款流体力学仿真软件，由德国 Festo 公司开发。该软件主要用于模拟和设计液压、气动和电路控制系统。请按图 1-5-6 所示在软件中搭建系统。

学习提示

在 FluidSIM 仿真软件元件库中，均以标准符号表达元件，同学们在学习本课程过程中，要注重对标准符号的认识和理解，始终如一贯彻标准，培养良好的职业习惯。

1.打开软件界面

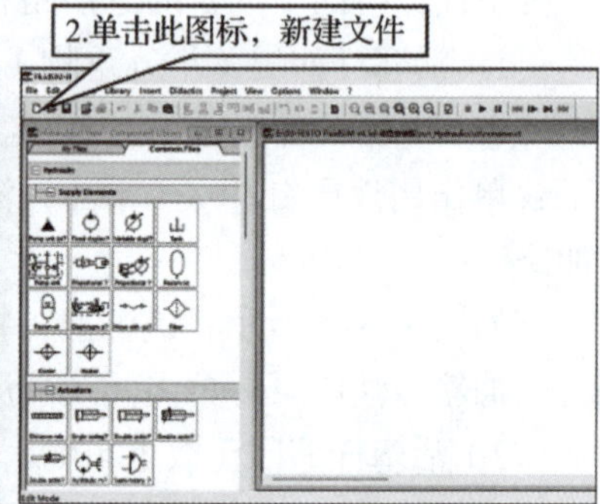

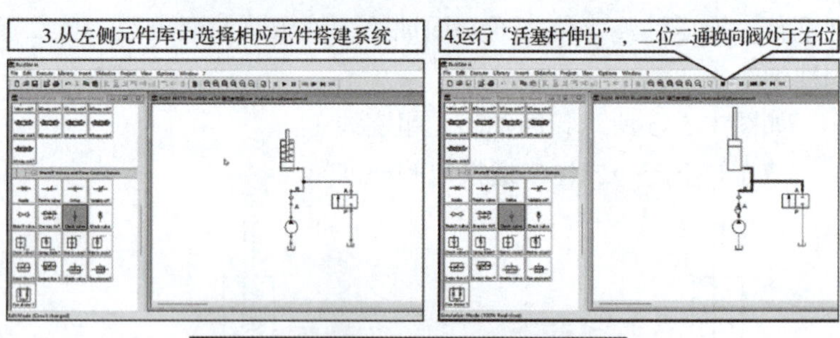

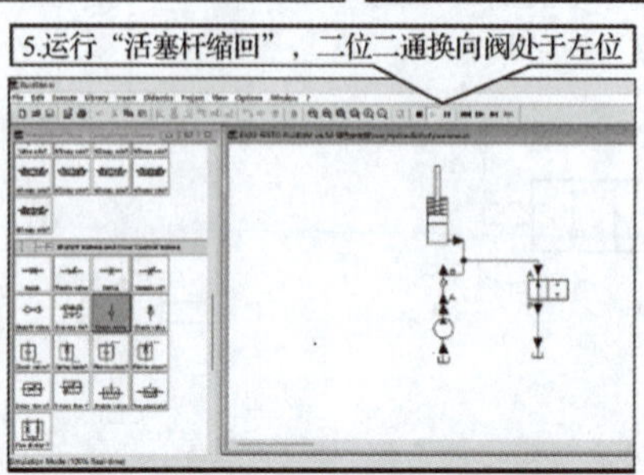

图 1-5-6　搭建液压千斤顶系统流程

思考实践

请根据个人仿真实操的结果，写出液压千斤顶举升重物时的进油路和放下重物时的回油路。

____

____

____

步骤 3：分析排除液压千斤顶常见故障

在工程应用中，液压千斤顶常见的故障现象及排除方法如表 1–5–1 所示。

表 1–5–1 液压千斤顶常见的故障现象及排除方法

序号	故障现象	产生原因	排除方法
1	液压千斤顶活塞杆伸出较慢或无法完全伸出	1. 截止阀（放油阀）没有拧紧； 2. 接头没有拧紧； 3. 油箱内油液不足； 4. 泵或阀出现问题； 5. 液压千斤顶超载； 6. 活塞杆阻塞	1. 充分拧紧放油阀； 2. 充分拧紧接头； 3. 加液压油； 4. 修理或更换新的泵或阀； 5. 使用其他符合载荷要求的千斤顶； 6. 检查缸内清洁程度，更换损坏的零件
2	液压千斤顶无法保压	1. 连接处漏油； 2. 密封圈密封不好，漏油； 3. 放油阀没有拧紧； 4. 泵或阀出现故障	1. 清洗接头螺纹并更换接头，拧紧接头； 2. 清洗缸体，更换密封件，使用清洁的液压油； 3. 完全拧紧放油阀； 4. 修理或更换泵或阀
3	活塞杆伸出时抖动	1. 液压千斤顶内有空气； 2. 活塞杆阻塞	1. 排气； 2. 检查缸内清洁程度，更换已损零件
4	千斤顶活塞杆无法缩回或恢复较慢	1. 放油阀没有或没有完全打开； 2. 接头没有充分拧紧； 3. 泵储油箱已满； 4. 油管阻塞； 5. 液压千斤顶内拉簧或压簧损坏	1. 充分松开放油阀； 2. 完全拧紧接头； 3. 排掉储油箱内的液压油至适量； 4. 清洁或更换油管； 5. 更换拉簧或压簧

分析总结

根据表 1–5–1 给出的信息，总结出液压油使用不当可能造成的故障现象。

____

____

____

分析原因找方法

认真分析表 1–5–1，对比**现象–原因–方法**的不同，你能找到这三者之间的内在联系吗？

____

项目任务实施

根据表 1–5–1 的信息，小组讨论，结合本项目任务 1 至任务 5 的知识内容，请为小王驾驶员排除故障，完成表 1–5–2。

表 1–5–2 液压千斤顶排障任务表

序号	故障现象	产生原因	排除方法
1	千斤顶长时间不用，再次使用时起升速度变慢		
2	液压千斤顶的顶杆不能完全伸出，不能达到预定的顶起高度		
3	活塞杆伸出后抖动，起升不稳		

学以致用

以小组为单位实施任务，组内同学在讨论问题时做到全员参与、集思广益，按照由**现象找原因、由原因出措施**的思路，用所学知识解决问题。

拓展任务

【练习 FluidSIM 软件的使用】

充分利用课下第二课堂时间，在仿真实训室或用自己的计算机练习 FluidSIM 软件的使用。

【案例分析】

组间互相提出液压千斤顶故障案例，组内讨论分析，课中汇报分享。

任务总结评价

请根据学习情况，完成个人学习评价表（表 1-5-3）。

表 1-5-3　个人学习评价表

序号	评价内容	分值	得　分		
			自评	组评	师评
1	能自主完成课前学习任务	10			
2	掌握读取液压系统图的一般步骤	10			
3	掌握液压千斤顶系统的组成	10			
4	会用 FluidSIM 仿真软件搭建液压千斤顶系统	15			
5	能对液压千斤顶的简单故障进行诊断并提出解决措施	15			
6	能坚持出勤，遵守纪律	15			
7	能够遵守国家标准独立仿真实操	15			
8	能独立完成课后作业和拓展学习任务，养成良好的学习习惯	10			
总　分		100			
自我总结					

新技术应用

液压千斤顶新技术应用

液压千斤顶作为一种传统的工具，在近年来也出现了一些新技术的应用。以下是一些液压千斤顶新技术的应用：

智能控制：通过引入电子控制和传感器技术，液压千斤顶可以实现智能化控制和监测。例如，采用微处理器控制系统可以实现精确的压力和位置控制，提高操作的精度和稳定性。

远程控制：某些液压千斤顶可以配备远程控制装置，使操作人员可以在安全的距离之外进行操控。这对于一些危险环境或狭小空间中的工作非常有用。

自动化集成：液压千斤顶可以与其他自动化设备集成，共同完成复杂的工艺操作。通过与机械臂、机床等设备的联动，可以实现自动化、高效的生产流程。

轻量化设计：为了满足便携和机动性的需求，液压千斤顶在材料选择和结构设计上进行优化，实现轻量化，这使得液压千斤顶更加方便携带和使用。

节能环保：新一代液压千斤顶在设计中注重节能和环保。采用高效的液压元件、低能耗的电子控制系统和可再生材料，减少能源消耗和环境污染。

这些新技术的应用使液压千斤顶在性能、安全性和使用便利性方面都有了显著的提升，在各种工业领域和维修领域得到广泛应用。

项目一拓展任务：
流体动力学基础知识

习　　题

一、判断题

1. 液压元件用图形符号表示绘制的液压原理图，方便、清晰。(　　)
2. 绝对压力是以大气压为基准所测得的压力。(　　)
3. 单向阀只能是液压油单向导通，反向截止。(　　)
4. 液控单向阀只有在控制油口通压力油才能实现反向导通。(　　)
5. 液压传动适合应用在传动比要求精确的场合。(　　)

二、简答题

1. 请写出液压系统的基本组成部分，并简单说明各部分的功能。
2. 请说出以下液压油代号的含义。

L-HL22

3. 请画出绝对压力、相对压力、真空度的关系图。
4. 请列举出单向阀在液压系统中的作用。
5. 液压油的黏温特性和黏压特性是怎样的?
6. 简述帕斯卡原理。

项目二　磨床液压系统认知与故障诊断

项目描述

平面磨床（图 2–0–1）是一种常用的金属加工机床，用于加工平面、平行面、棱角面等工件表面，能够达到精确的尺寸和平行度要求。平面磨床主要组成部分包括工作台、滑台、磨头、液压系统和电气系统。其中，它的液压系统（图 2–0–2）负责控制滑台和工作台的移动和定位，通过液压缸、液压泵和换向阀等组件，提供所需的动力和控制信号，具有力矩大、稳定性好、速度可调、精度高等特点。

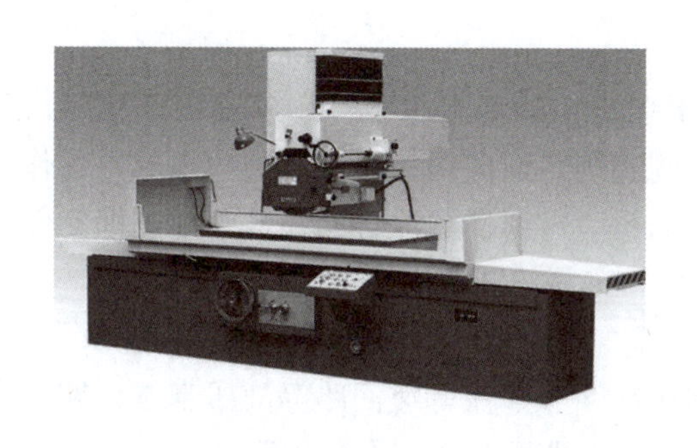

图 2–0–1　平面磨床

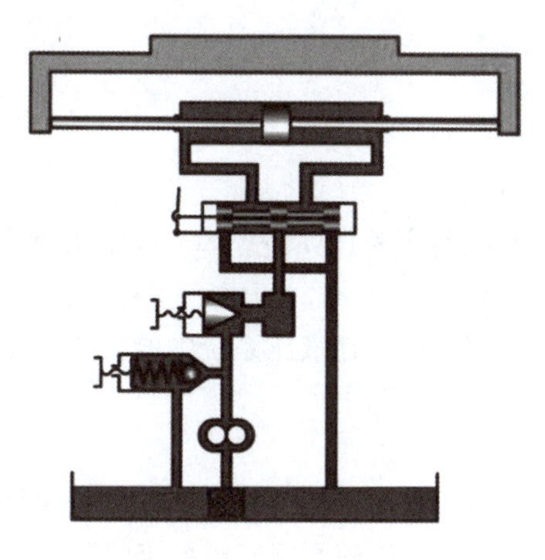

图 2–0–2　磨床液压系统

小王是一名新手磨床岗位工，在工作过程中，经常会出现以下故障现象：

（1）磨床工作台运行速度无法调节或调速范围过小；

（2）系统压力调不上去，不能达到预定压力值；

（3）磨床工作台换向时冲击过大。

请同学们通过本项目学习，为磨床液压系统排除以上故障。

根据磨床液压系统的组成和排障要求，本项目需完成以下 9 个任务（图 2–0–3）：

任务 1　识读磨床液压系统图；　任务 2　初识液压泵；

任务 3　认识叶片泵；　任务 4　认识液压缸；

任务 5　初识液压阀；　任务 6　认识换向阀；

任务 7　认识溢流阀；　任务 8　认识节流阀与调速阀；

任务 9　搭建磨床液压系统回路并排除故障。

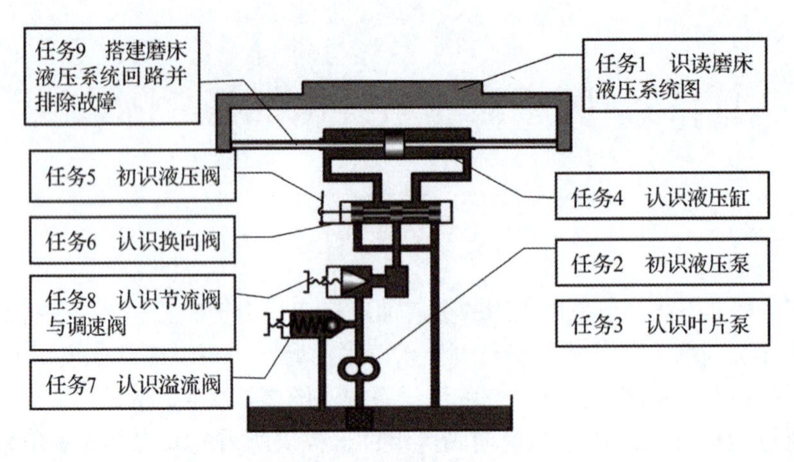

图 2-0-3 项目二学习任务

学习目标

知识目标：

掌握磨床液压系统基本组成；熟悉识读液压系统图的基本步骤；掌握容积式液压泵的基本知识及叶片泵、液压缸、溢流阀、节流阀、调速阀、换向阀的类型、结构组成、工作原理、性能特点及在液压系统中的具体应用；了解油箱、过滤器、油管和管接头等辅助元件的类型、作用及选用。

能力目标：

会分析换向回路、卸荷回路、锁紧回路、调压回路、节流调速回路等液压基本回路；会在实训设备上搭建磨床液压系统回路；会判断并简单处理磨床液压系统故障。

素质目标：

强化逻辑思维能力；锻炼分析问题、解决问题的能力；弘扬延安精神，具有自力更生意识，养成吃苦耐劳的好习惯，培养工匠品质；培养拼搏奋斗的精神；执行国家标准，专注液压行业，树立干一行、爱一行、专一行、精一行的意识。

任务 1　识读磨床液压系统图

任务描述

不同的液压系统由于工作要求不同，具体组成元件有很大差异，但识读液压系统图的步骤和过程却有一定的规律可循。本任务将以磨床液压系统为例，简单介绍识读液压系统图的一般步骤。

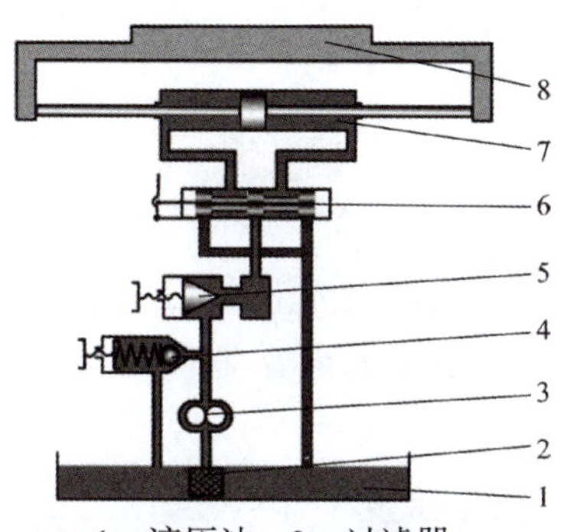

1—液压油；2—过滤器；
3—液压泵；4—溢流阀；
5—节流阀；6—换向阀；
7—液压缸；8—工作台。

图 2-1-1　磨床液压系统组成

图 2-1-1 所示的磨床液压系统由 8 个部件组成，这 8 个部件名称是什么，各起什么作用，最终是如何协作共同完成系统工作的呢？下面，我们通过识读磨床液压系统解答以上疑惑。

课前学习资源

识读磨床液压系统图：

任务目标

知识目标：

1. 初步掌握识读液压系统图的一般步骤；
2. 掌握磨床液压系统基本组成。

能力目标：

能够识读磨床液压系统图。

素质目标：

1. 培养学生团结协作意识；
2. 引导学生树立正确的目标，养成良好的学习习惯。

边学边想

1. 阅读液压系统图的一般步骤是什么？

____

____

2. 磨床液压系统由哪些元件组成？

____

____

3. 在工作台停止时磨床液压系统是如何实现液压泵的卸荷的？

____

任务内容

步骤 1： 明确磨床液压系统工作目的和要求。

步骤 2： 认识磨床液压系统各组成部件。

步骤 3： 按执行元件动作分析进油路、回油路。

步骤 4： 分析磨床液压系统特点。

识读磨床液压系统图的第一步：

步骤 1：明确磨床液压系统工作目的和要求

明确液压系统的工作目的和要求，是读懂液压系统图的重要切入点。磨床的具体工作是由磨床工作台（图 2–1–1 序号 8）带动工件左右匀速运动，磨头快速旋转，与工件接触，完成整个平面或局部的磨削加工。工作台 8 左右往复运动的动力由液压系统提供，因此，磨床液压系统的工作要求是**由执行元件带动工作台实现左右匀速往复运动**。

识读磨床液压系统图的第二步：

步骤 2：认识磨床液压系统各组成部件

认识组成液压系统的每一个元件（名称、符号），是读懂液压系统图的重要基础。磨床液压系统组成部件及名称如图 2–1–2 所示。

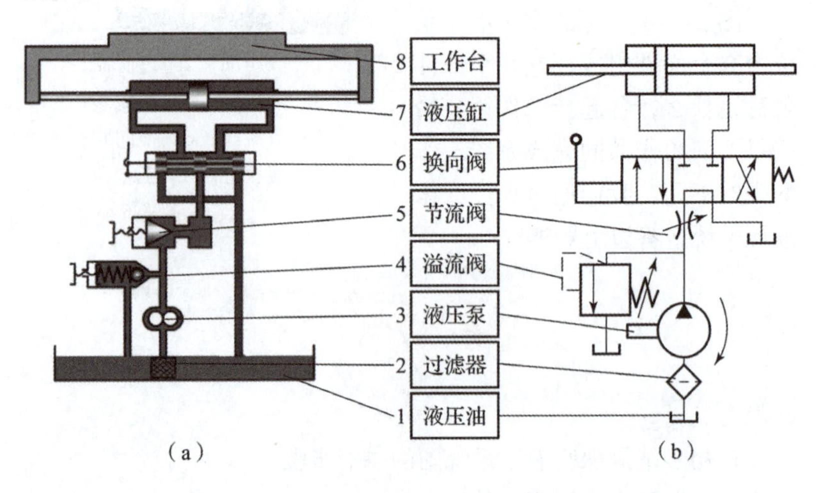

图 2–1–2　磨床液压系统组成部件及名称

（a）结构图；（b）符号图

对号入座

根据图 2–1–2 完成以下元件匹配：

动力元件是_____

执行元件是_____

控制元件是_____

辅助元件是_____

工作介质是_____

液压油、液压泵、液压缸、换向阀、溢流阀、节流阀及油箱、过滤器、油管和管接头的详细知识，请参考项目一任务 2 和本项目的任务 2 至任务 9 及拓展任务。

识读磨床液压系统图的第三步：

步骤 3：按执行元件动作分析进油路、回油路

在磨床液压系统中，由液压泵为系统提供压力油，通过溢流阀、节流阀和换向阀的控制，使液压缸实现三个动作：活塞及活塞杆带动工作台**右行**、活塞及活塞杆带动工作台**左行**、活塞**停止**运动。下面分析每个动作的进油路和回油路。

1. 活塞及活塞杆带动工作台右行

此时的进油路和回油路如图 2-1-3 所示。

进油路（粗实线）：

油箱→过滤器→液压泵→节流阀→换向阀左位→液压缸左腔。

回油路（粗虚线）：

液压缸右腔→换向阀左位→油箱。

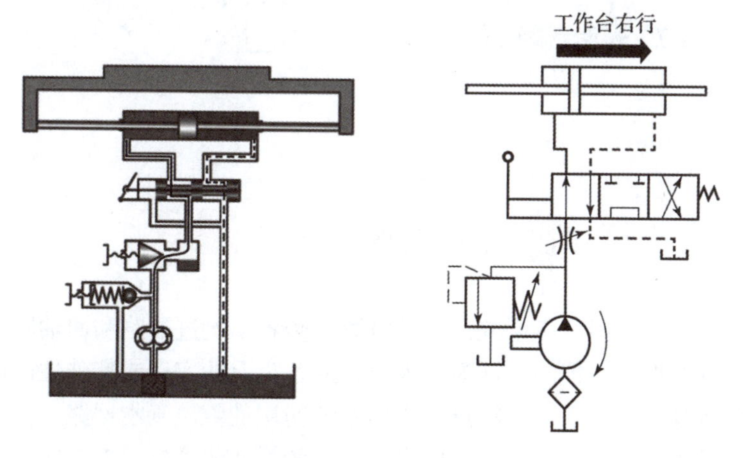

图 2-1-3　磨床工作台右行进、回油路

2. 活塞及活塞杆带动工作台左行

此时的进油路和回油路如图 2-1-4 所示。

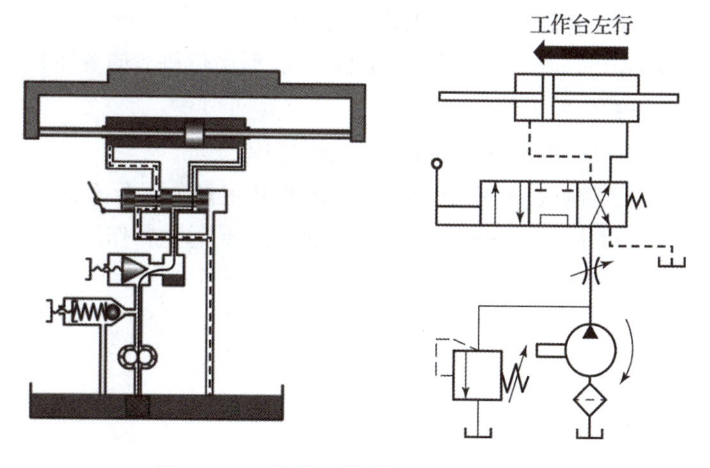

图 2-1-4　磨床工作台左行进、回油路

3. 工作台停止

此时的进油路和回油路如图 2-1-5 所示。

边学边练

工作台右行时。

进油路：油液从油箱开始，依次经过过滤器、液压泵、______、换向阀左位，到达液压缸左腔；

回油路：油液从液压缸右腔，经过____流回油箱。

团结协作

磨床液压系统中，各元件协同合作才能完成工作任务，达到生产目的。从中同学们要体会“团结协作”的重要性。

边学边练

工作台左行时。

进油路（粗实线）：油液从油箱开始，依次经过过滤器、液压泵、______、______、到达液压缸______腔；

回油路（粗虚线）：油液从液压缸______左腔开始，经过______流回油箱。

思考讨论

工作台停止时，液压泵停止吗？

____

边学边练

工作台停止时。

循环油路（粗实线）： 油液从油箱开始，依次经过过滤器、______、______、______换向阀中位，再回到油箱。

识读磨床液压系统图的第四步：

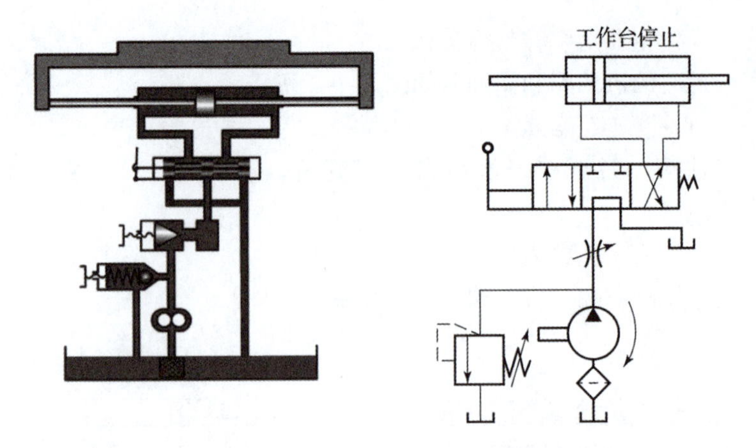

图 2-1-5　磨床工作台停止时循环油路

步骤 4：分析磨床液压系统特点

对于一般液压系统，可结合第三步各工况进油路和回油路的分析结果，以控制元件为切入点，从各工况的实现或特殊性能的实现等方面分析系统特点，指出系统使用的液压基本回路，如液压系统怎样实现换向、怎样实现快速和慢速的换接、怎样实现执行元件的快速运动等。

本液压系统液压缸完成左行、右行、停止三个动作，具体包含以下液压基本回路：

（1）换向回路——换向阀起主要作用。

（2）锁紧回路——利用换向阀的 M 型中位机能使液压执行元件能在任意位置上停留。

（3）调压回路——溢流阀起主要作用。

（4）调速回路——节流阀、溢流阀和定量泵配合完成。

（5）卸荷回路——中位为 M 型的换向阀起主要作用。

液压基本回路详细分析，请参考本项目任务 9。

思考讨论

磨床液压系统是如何实现液压缸的换向、锁紧及液压泵的卸荷的?

____

____

拓展任务

【磨床液压系统新技术应用及发展趋势调查】

请借助于图书、网络，调查磨床液压系统的新技术应用及发展趋势，形成小组交流材料。

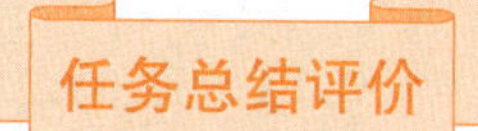

任务总结评价

请根据学习情况，完成个人学习评价表（表 2-1-1）。

表 2-1-1　个人学习评价表

序号	评价内容	分值	得　分		
			自评	组评	师评
1	能自主完成课前学习任务	10			
2	掌握识读液压系统图的一般步骤	15			
3	掌握磨床液压系统的组成	10			
4	能够按照步骤独立分析磨床液压系统图	15			
5	能坚持出勤，遵守纪律	10			
6	能积极参与小组活动，完成课中任务	15			
7	能认识磨床液压系统各组成部分的国家标准符号	15			
8	能小组协作完成课后作业和拓展学习任务，养成良好的学习习惯	10			
总　分		100			
自我总结					

任务 2　初识液压泵

课前学习资源

初识液压泵：

认识液压泵的参数：

边学边想

1. 我们的身体是依靠哪个器官将血液供给全身各个部位的？（作用类似液压泵）

2. 本任务中容积式液压泵的配油装置是哪个元件？

3. 按排油方向和排量是否可调，容积式液压泵分为哪几种？

4. 液压泵的铭牌上标注的压力和流量参数为额定值还是工作值？

任务描述

液压泵（图 2-2-1）是液压系统的心脏，为整个系统提供能源和动力。液压系统中使用的液压泵一般是容积式液压泵。容积式液压泵满足什么条件才能实现吸油和压油？常用的类型有哪几种？液压泵的主要性能参数有哪些？通过本任务学习，带领大家初步认识容积式液压泵。

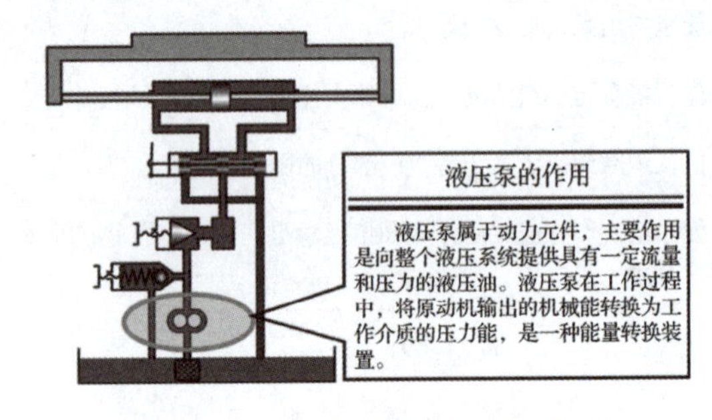

图 2-2-1　磨床液压系统（液压泵）

任务目标

知识目标：

1. 掌握容积式液压泵的工作原理；
2. 熟悉常用的容积式液压泵的类型；
3. 掌握液压泵的流量、压力、效率等三组参数及其含义。

能力目标：

1. 能说出容积式液压泵的工作过程；
2. 能画出液压泵的标准图形符号。

素质目标：

1. 锻炼系统分析问题的能力；
2. 养成遵守国家标准的习惯；
3. 培养一丝不苟的工匠精神。

任务内容

步骤 1：分析容积式液压泵的工作过程。

步骤 2：认识容积式液压泵的类型及符号。

步骤 3：分析容积式液压泵的主要性能参数。

步骤 1：分析容积式液压泵的工作过程

容积式液压泵是以密闭容积周期性变化的原理来进行工作的。图 2-2-2 所示为单柱塞液压泵工作原理图，当偏心轮在原动机带动下旋转时，柱塞在缸体内往复运动，液压泵完成吸油和压油过程。

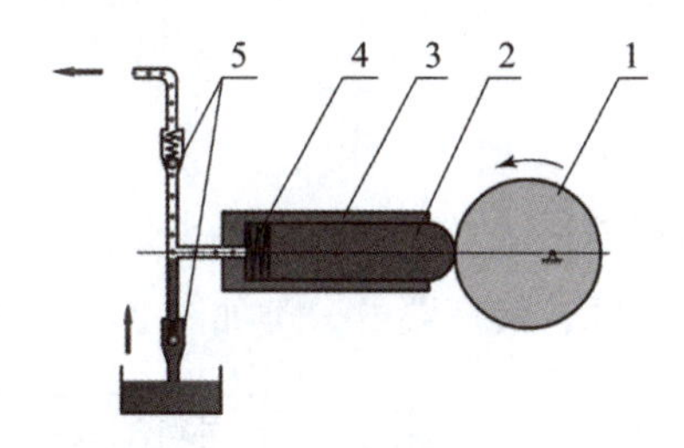

1—偏心轮；2—柱塞；3—缸体；4—弹簧；5—单向阀。

图 2-2-2　单柱塞液压泵工作原理图

吸油过程：

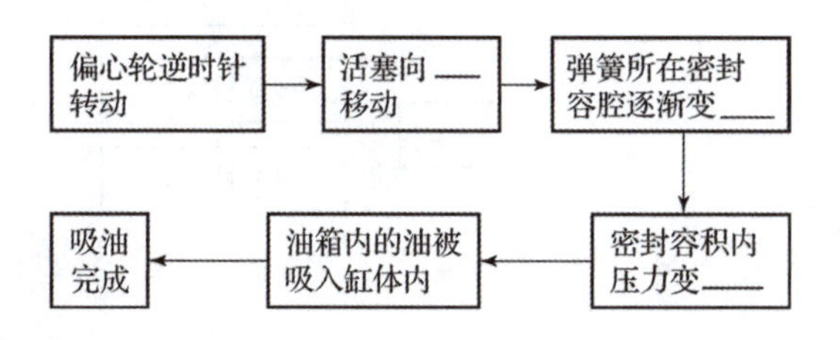

压油过程：

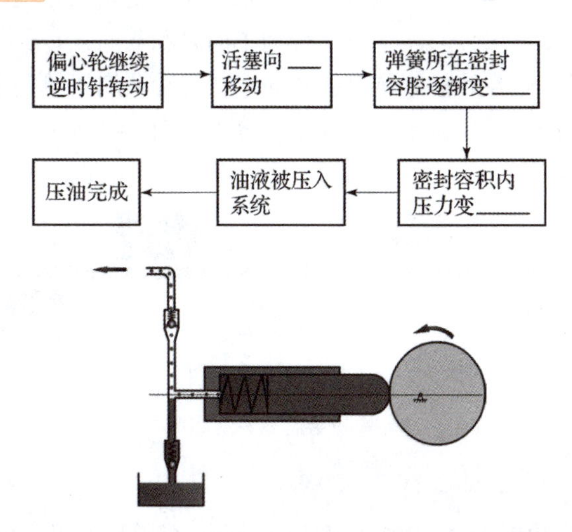

图 2-2-3　单柱塞液压泵压油开始位置示意图

思考讨论

液压泵本身能产生能量吗？

____

容积式液压泵工作过程：

边学边想

1. 偏心轮如果正心安装，不偏心安装，会发生什么现象？

____

2. 缸体 3 上有裂纹会发生什么现象？

____

3. 没有两个单向阀 5 会发生什么现象？

____

4. 油箱是封闭式油箱（与大气完全隔离），会发生什么现象？

____

____

____

学习提示

图 2-2-3 所示为此液压泵压油过程开始位置。

重点提示

两个单向阀为配油装置，配油装置的实质作用是将吸油区和压油区分开。

细致分析

细致认真一丝不苟的分析单柱塞液压泵工作过程。

容积式液压泵类型和符号：

【结论】

容积式液压泵完成吸油和压油的条件：

（1）具有大小周期性变化的密封容积；

（2）具有与容积变化相适应的配油装置；

（3）油箱和大气相通（确保可变密封容积与油箱间存在压力差）。

步骤 2：认识容积式液压泵的类型及符号

一、液压泵的类型

根据不同的分类标准，液压泵可分为不同的类型：

（1）按**结构**不同，液压泵的分类如图 2-2-4 所示。

拓展思考

根据液压泵的分类，请做出正确的选择：

齿轮泵属于（　　）；

柱塞泵属于（　　）。

A. 单向定量泵

B. 单向变量泵

C. 双向定量泵

D. 双向变量泵

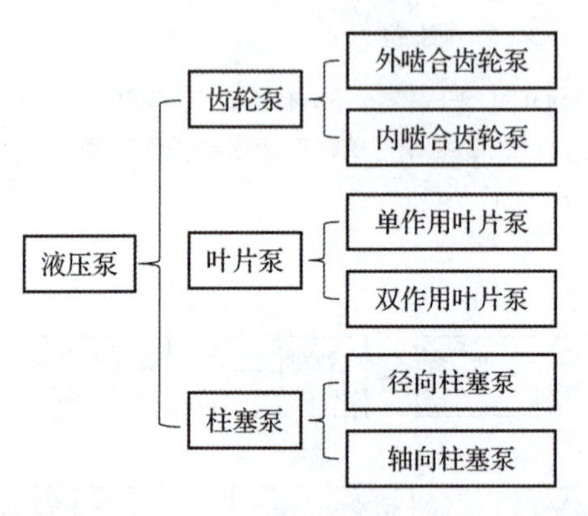

图 2-2-4　按结构不同液压泵的分类

（2）按**排量是否可调**，液压泵可分为定量泵和变量泵。

一般，齿轮泵属于定量泵，柱塞泵属于变量泵。

（3）按**排油方向是否可变**分为单向泵和双向泵。

一般齿轮泵和柱塞泵都是双向泵，叶片泵属于单向泵。

（4）按**使用压力**不同，液压泵分类如图 2-2-5 所示。

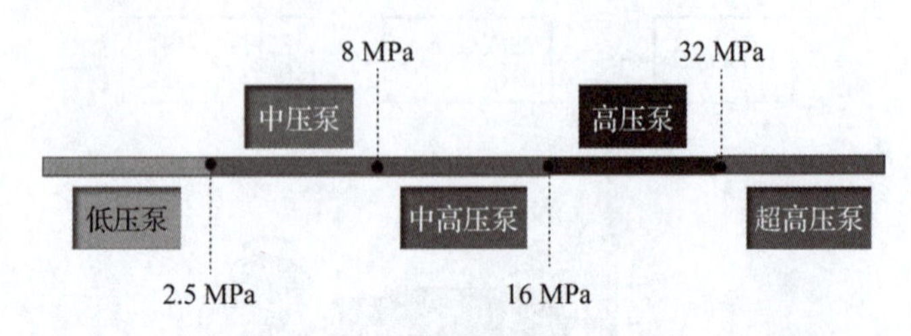

图 2-2-5　按使用压力不同液压泵的分类

二、液压泵的符号

根据 GB/T 786.1—2021，容积式液压泵的符号如图 2-2-6 所示。

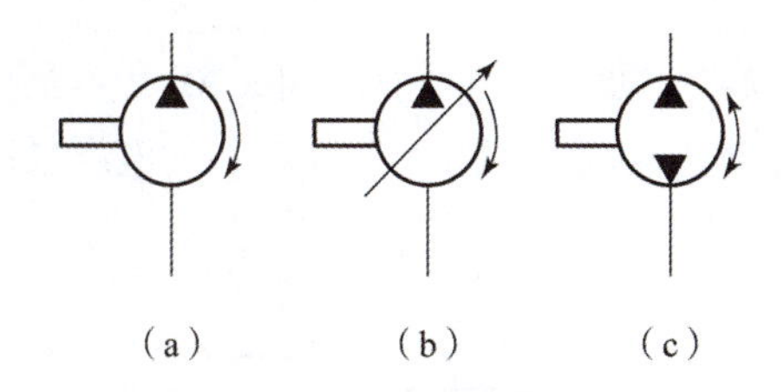

图 2-2-6　容积式液压泵的符号

(a)单向定量泵;(b)单向变量泵;(c)双向定量泵

步骤 3:分析容积式液压泵的主要性能参数

一、压力

液压泵的压力参数分为工作压力 p、额定压力 p_n 和最高允许压力 p_m。

1. 工作压力 p

工作压力指液压泵工作时输出的实际压力值,是我们可以用压力表直接测得的值。

工作压力取决于外负载的大小和排油管路上的压力损失,而与液压泵的流量无关。

2. 额定压力 p_n

液压泵在正常工作条件下,按试验标准规定连续运转的最高压力称为液压泵的额定压力。

额定压力值的大小由液压泵零部件的结构强度和密封性来决定。超过这个压力值,液压泵有可能发生机械或密封方面的损坏。

3. 最高允许压力 p_m

在超过额定压力的条件下,根据试验标准规定,允许液压泵短暂运行的最高压力值,称为液压泵的最高允许压力。

一般,工作压力 $p=2/3\sim3/4p_n$。

【练习 2-2-1】如图 2-2-7 所示,如果某液压泵的额定压力为 10 MPa,能够承受的最大压力为 13 MPa,当外部载荷为 0 时,液压泵的出口压力为(　　)。

A. 0

B. 13 MPa

C. 10 MPa

D. 3 MPa

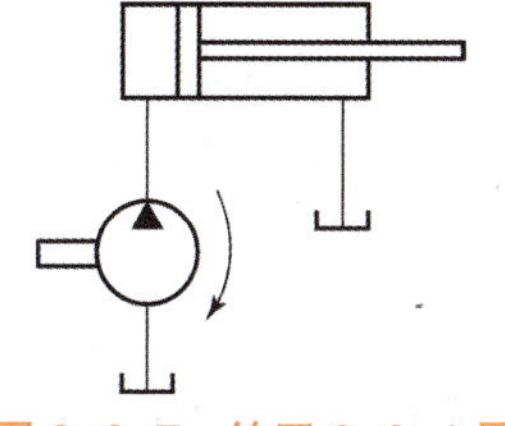

图 2-2-7　练习 2-2-1 图

边学边练

你能根据图 2-2-6 已知的三类液压泵的符号画出双向变量泵的符号吗?

____

贯标行动

同学们要遵守 GB/T 786.1—2021 来认识液压泵的符号,从中善于发现规律。

引导讨论

1. 抽水泵能将水抽上来的高度由什么因素决定?

____

2. 抽上来的水流大小由什么因素决定?

____

3. 抽一定的水量泵耗电量由什么因素决定?

____

边学边练

根据定义,对工作压力 p、额定压力 p_n、最高允许压力 p_m 进行大小排列。

____

液压泵的压力参数：

【练习 2-2-2】如果外部载荷 $F=4\times10^4$ N，液压泵活塞面积 $A=0.01\ m^2$，应该选取额定压力为（　　）的液压泵比较合适。

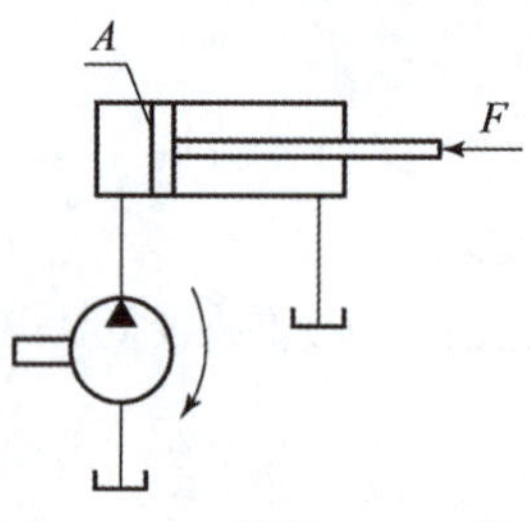

图 2-2-8　练习 2-2-2 图

A. 0　　B. 13 MPa　　C. 10 MPa　　D. 6 MPa

二、排量和流量

1. 排量 V

排量指在无泄漏情况下，液压泵转一圈所能排出的油液体积。

★排量的大小只与液压泵中密封工作容腔的**几何尺寸的变化量**和**个数**有关。

液压泵流量和排量参数：

【练习 2-2-3】如图 2-2-9 所示 A、B、C，哪个表示排量 V？

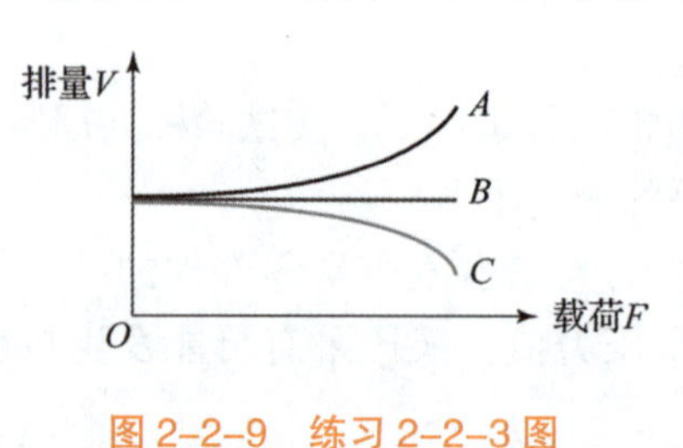

图 2-2-9　练习 2-2-3 图

边学边练

根据定义，对理论流量 q_t、实际流量 q、额定流量 q_n 进行大小排列。

____

2. 流量

流量是和排量相关的一个参数。液压泵流量有理论流量、实际流量和额定流量之分。

（1）理论流量 q_t：指在无泄漏情况下，液压泵单位时间内输出的油液体积。其值等于泵的排量 V 和泵轴转速 n 的乘积，即

$$q_t=Vn$$

（2）实际流量 q：液压泵在某一具体工况下，单位时间内所排出的液体体积。它等于理论流量 q_t 减去泄漏和压缩损失后的流量 Δq，即

$$q=q_t-\Delta q$$

（3）额定流量 q_n：在正常工作条件下，该试验标准规定（如在额定压力和额定转速下）必须保证的流量。

【练习 2-2-4】如图 2-2-10 所示 A、B、C，哪个表示理论流量 q_n，哪个表示实际流量 q？

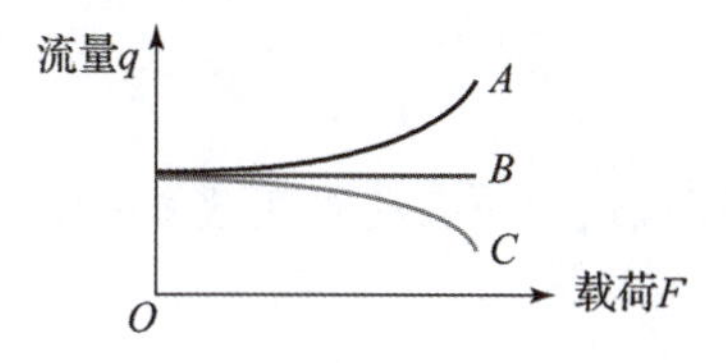

图 2-2-10　练习 2-2-4 图

液压泵的功率和效率：

三、功率和效率

1. 液压泵的功率

1）输入功率

由液压泵在液压系统中的作用可知，液压泵的输入功率是实际驱动泵轴旋转所需的机械功率：

$$P_i = T_i\omega = 2\pi nT$$

2）输出功率

液压泵的输出功率是液压泵在工作过程中实际吸、压油口间的压力差 Δp 和输出流量 q 的乘积，即

$$P_o = \Delta pq$$

2. 液压泵的效率

1）容积效率

由于液压泵内部存在泄漏，液压泵吸上来的油液不能完全输送入液压系统，会造成一定的流量损失，一般用容积效率来衡量。容积效率用 η_V 表示：

$$\eta_V = \frac{q}{q_t}$$

2）机械效率

在液压泵内部，流体存在黏性和机械摩擦，造成转矩损失，一般用机械效率衡量。机械效率用 η_m 表示：

$$\eta_m = \frac{T_t}{T}$$

3）总效率

液压泵的总效率是泵的输出功率与输入功率之比，等于容积效率和机械效率的乘积：

$$\eta = \frac{P_o}{P_i} = \frac{pq}{T_\omega} = \eta_V\eta_m$$

边学边练

完成以下图示表达：

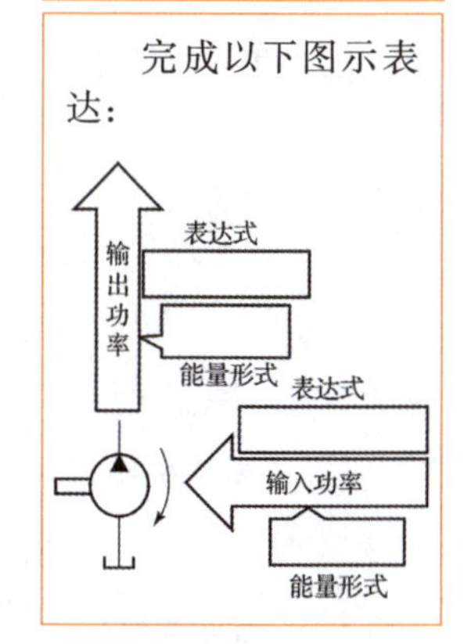

思考讨论

液压泵在完成机械能到压力能的转化过程中，存在能量损失吗？

____

思维强化

从液压泵总效率的表达式中，你能否判断出液压泵输入的是（　　）能，输出的是（　　）。

A. 机械能

B. 压力能

拓展任务

【泵的参数影响因素分析】

根据本任务所学知识，个人独立分析容积式液压泵功率和效率的影响因素。

任务总结评价

请根据学习情况，完成个人学习评价表（表 2-2-1）。

表 2-2-1　个人学习评价表

序号	评价内容	分值	得分		
			自评	组评	师评
1	能自主完成课前学习任务	10			
2	掌握容积式液压泵的工作原理	15			
3	熟悉容积式液压泵的表达参数	10			
4	能够识别不同类型的液压泵	10			
5	能够画出并识别液压泵的标准符号	15			
6	能够独立完成对液压泵参数的分析	10			
7	能坚持出勤，遵守纪律	10			
8	能积极参与师生互动活动，完成课中任务	10			
9	能独立完成课后作业和拓展学习任务，养成良好的学习习惯	10			
总分		100			
自我总结					

任务 3　认识叶片泵

任务描述

在磨床液压系统中，动力元件一般选用叶片泵，如图 2-3-1 所示。叶片泵是一种常用的容积式液压泵，按转子每转一周泵吸油和压油的次数不同，叶片泵分为单作用叶片泵和双作用叶片泵两种。在本任务中，将全面介绍单作用叶片泵和双作用叶片泵的工作原理、性能特点及适用场合。

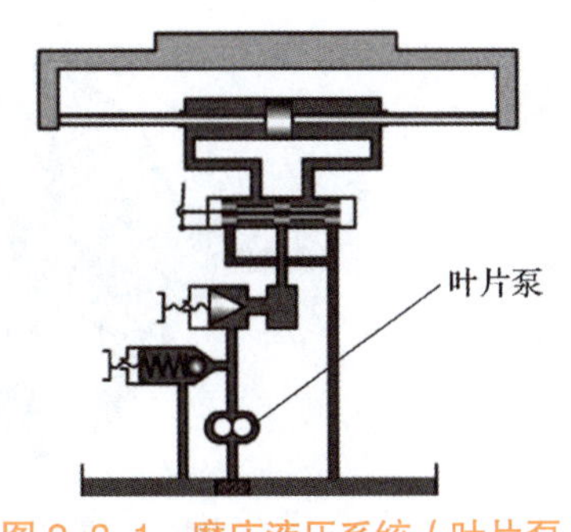

图 2-3-1　磨床液压系统（叶片泵）

课前学习资源

认识单作用叶片泵：

认识双作用叶片泵：

认识限压式变量泵：

任务目标

知识目标：

1. 掌握叶片泵的分类和特点；
2. 掌握叶片泵的工作原理。

能力目标：

1. 会调节单作用叶片泵的排量；
2. 会根据使用要求改变限压式叶片泵的参数；
3. 会对叶片泵进行故障诊断分析。

素质目标：

1. 培养一丝不苟的工匠精神，强化干一行、爱一行的意识；
2. 正确认知自我，增强自信心。

边学边想

1. 单作用叶片泵和双作用叶片泵是以什么标准划分的？

____

2. 单作用叶片泵的性能特点是怎样的？

____

____

3. 双作用叶片泵的性能特点是怎样的？

____

____

4. 限压式变量泵属于哪种叶片泵？

____

任务内容

步骤 1：认识单作用叶片泵。

步骤 2：认识双作用叶片泵。

步骤 3：认识限压式变量泵。

步骤 4：分析排除叶片泵常见故障。

步骤 1：认识单作用叶片泵

一、单作用叶片泵的结构

单作用叶片泵由定子、转子、叶片、配油盘（图中未画出）等组成，叶片可在转子的槽中自如滑动。图 2–3–2 所示为其结构原理图。

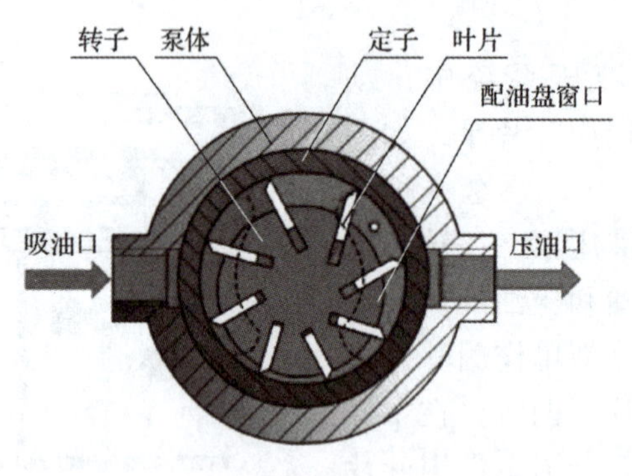

图 2–3–2　单作用叶片泵的结构原理图

二、单作用叶片泵的工作过程

如图 2–3–3 所示，当转子按**顺时针方向**旋转时，转子回转，由于离心力的作用，叶片从转子的槽中甩出，顶端会紧靠在定子内壁上，这样在定子、转子、叶片和两侧配油盘间就形成了若干个密封的工作区域。

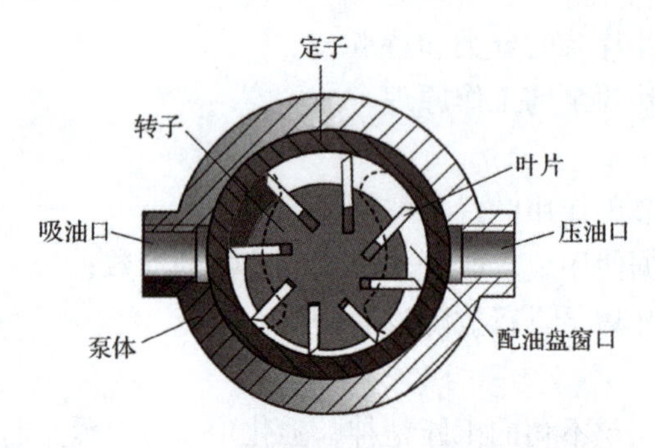

图 2–3–3　单作用叶片泵的密封工作区域示意图

（1）吸油过程：

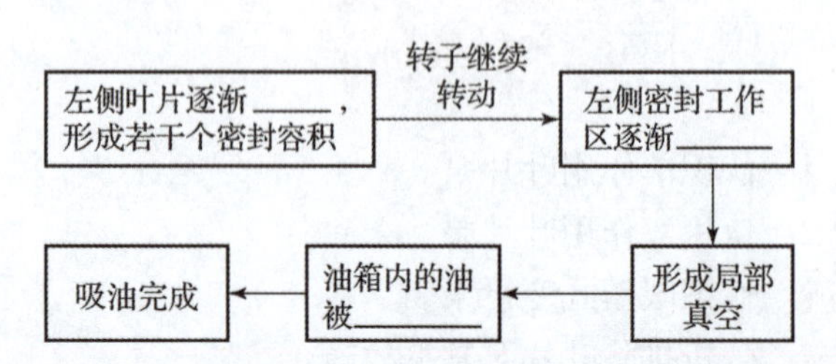

边学边想

仔细看图 2–3–2，完成以下练习：

1. 单作用叶片泵的叶片是径向安装吗？

______

2. 单作用叶片泵的定子内表面是______。

A. 图形

B. 椭圆形

3. 定子和转子是______安装。

A. 同心

B. 偏心

4. 叶片能否在转子的安装槽内滑动？

______

单作用叶片泵工作过程：

边学边想

1. 单作用叶片泵有几个吸油窗口？几个压油窗口？

______

______

2. 转子每转一转，每一个密封工作腔完成几次吸油？几次压油？

______

（2）压油过程：

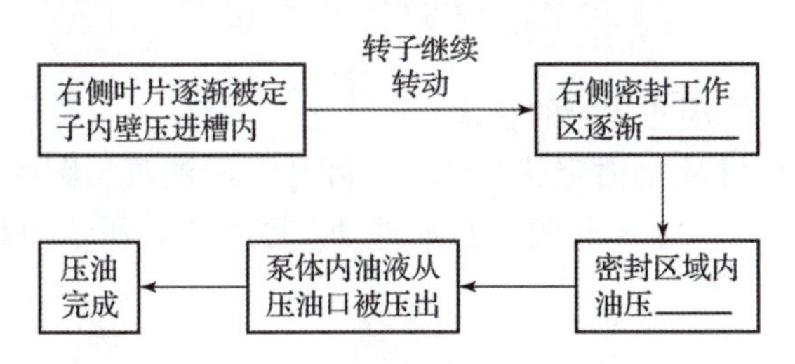

【结论】

由于单作用叶片泵的转子每转一周，每个密封工作区域完成一次吸油和一次压油，故这种叶片泵称为**单作用叶片泵**。

讨论探究

根据容积式液压泵吸油和压油的条件，讨论分析单作用叶片泵是如何满足此条件的。

______

______

______

三、单作用叶片泵工作特性

对于单作用叶片泵的工作性能，说明如下：

（1）由于单作用叶片泵转子和定子偏心安装，其偏心距大小和偏心方向均可调整。所以，通过改变偏心距大小，可调整单作用叶片泵的排量；通过调整偏心方向，可实现单作用叶片泵的**双向**工作。

单作用叶片泵工作特性：

（2）单作用叶片泵的流量是**脉动**的。理论分析表明，泵内叶片数越多，流量脉动性越小。奇数叶片泵的脉动率比偶数叶片泵的脉动率小，所以单作用叶片泵的叶片数均为奇数，**一般为 13 片或 15 片**。

（3）为了使吸油区的叶片能在离心力的作用下顺利甩出，叶片采取**后倾**一个角度安放。通常，后倾角度为 24°。

（4）转子径向受力不平衡限制了工作压力的进一步提高，单作用叶片泵的额定压力一般不超过 7 MPa。

分析单作用叶片泵的结构特点和工作过程，结合本任务学习视频，各小组填表 2-3-1 总结出单作用叶片泵的性能特点。

边学边想

请根据单作用叶片泵的性能描述画出它的标准符号。

______

表 2-3-1　单作用叶片泵的性能特点

项目	内容
排量是否可调	
能否双向工作	
流量脉动的大小如何	
输入轴的径向力是否平衡	

学习提示

1. 各小组成员在分析总结泵的性能的过程中，做到全员参与，团队合作作出科学合理的判断。

2. 从单作用叶片泵的性能中，你认为它最大的优点是什么？

______

步骤 2：认识双作用叶片泵

一、双作用叶片泵的结构

双作用叶片泵由定子、转子、叶片、配油盘（图中未画出）等组成，叶片可在转子槽中自如滑动。图 2–3–4 所示为其结构原理图。

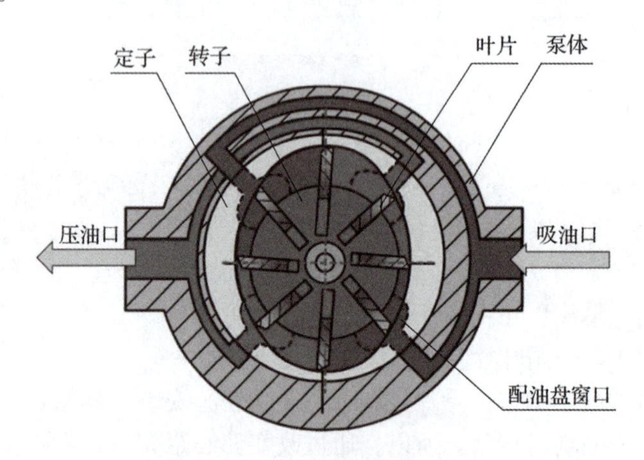

图 2–3–4　双作用叶片泵的结构原理图

边学边想

仔细看图 2–3–4，完成以下练习：

1. 双作用叶片泵的叶片是径向安装吗？

______

2. 双作用叶片泵的定子内表面是______。

A. 八段圆弧组成的柱体

B. 圆柱

3. 双作用叶片泵的定子和转子是______安装。

A. 同心

B. 偏心

二、双作用叶片泵的工作过程

如图 2–3–5 所示，当转子按**顺时针方向**旋转时，由于离心力的作用，叶片从转子槽中甩出，叶片顶端会紧靠在定子内壁上，这样在定子、转子、叶片和两侧配油盘间就形成了若干个密封的工作区域。

双作用叶片泵工作过程：

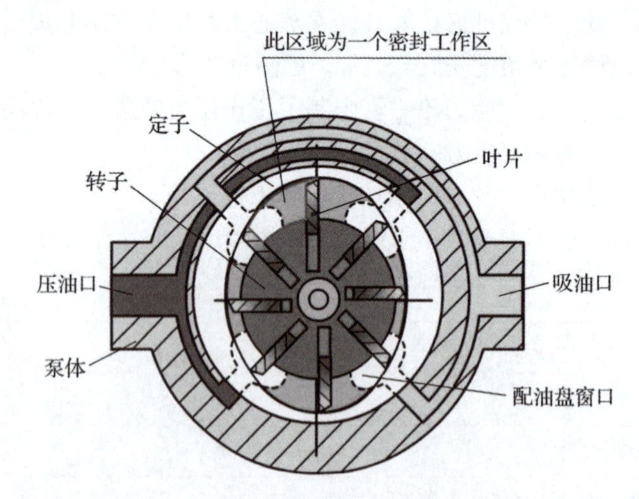

图 2–3–5　双作用叶片泵的密封工作区域示意图

边学边想

1. 双作用叶片泵有几个吸油窗口？几个压油窗口？

______

______

2. 转子每转一转，每一个密封工作腔完成几次吸油？几次压油？

______

______

下面，以一个密封工作区域为例，展示双作用叶片泵吸油和压油的过程，如图 2–3–6 所示。

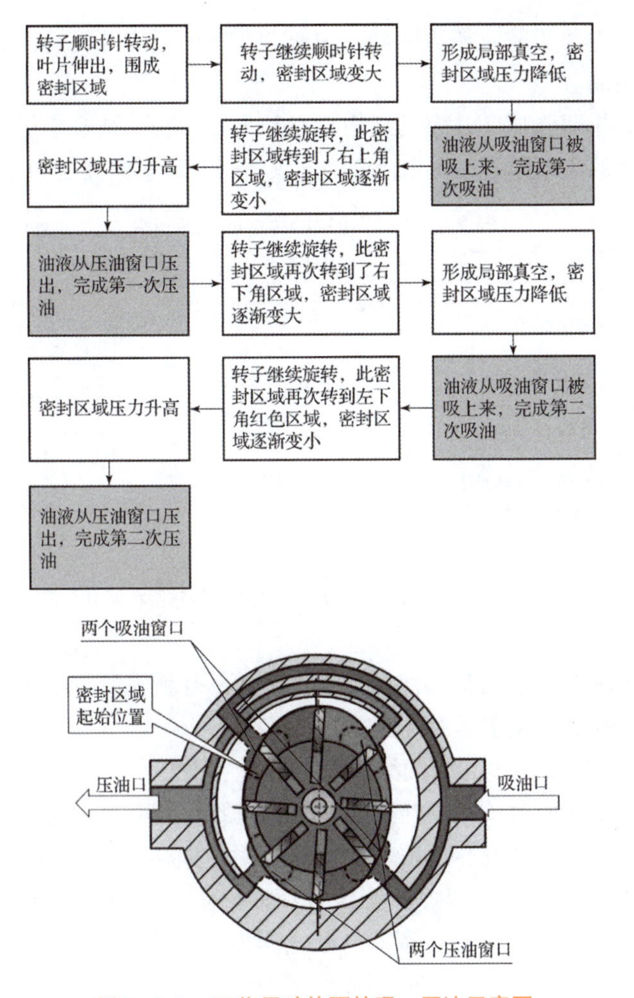

图 2-3-6　双作用叶片泵的吸、压油示意图

三、双作用叶片泵工作特性

对于双作用叶片泵的工作性能，说明如下：

（1）由于双作用叶片泵有两个吸油腔和两个压油腔，并且各自的中心夹角是对称的，作用在转子上的油液压力相互平衡，故此泵又称为卸荷式叶片泵。为了使径向力完全平衡，密封空间数（即叶片数）应保持为 4 的倍数，一般取叶片为 12 片或 16 片。

（2）双作用叶片泵的定子内壁由两段长半径圆弧、两段短半径圆弧及四条过度曲线组成，理想状态流量是没有脉动的，但由于叶片具有一定的厚度，且长半径圆弧与短半径圆弧不同心，故双作用叶片泵具有微小的脉动性。

（3）由于定子和转子是同心安装，无法调整泵的排量，所以，双作用叶片泵属于**定量泵**。

（4）由于双作用叶片泵径向力平衡，同时，可以通过端面间隙自动补偿、采用双叶片结构、采用复合叶片结构等措施，提高双作用叶片泵的工作压力，它的额定压力可达到 21~32 MPa。

讨论探究

对比容积式液压泵吸油和压油的条件，讨论分析双作用叶片泵是如何满足此条件的。

______

______

______

学习提示

各小组成员在分析双作用叶片泵工作过程时，一定要细致认真，注意细节。同时，和单作用叶片泵的性能做对比，看有何不同？

______

双作用叶片泵性能特点：

边学边想

请根据双作用叶片泵的性能描述画出它的标准符号。

______

（5）为了防止压力跳动，一般会在配油盘上开三角槽，也可避免困油。

分析双作用叶片泵的结构特点和工作过程，结合本任务学习视频，各小组填表 2-3-2，总结出双作用叶片泵的性能特点。

表 2-3-2 双作用叶片泵的性能特点

项目	内容
排量是否可调	
能否双向工作	
流量脉动的大小如何	
输入轴的径向力是否平衡	

思考讨论

请根据单、双作用叶片泵的性能，描述它们的不同点。

____

____

____

____

____

步骤 3：认识限压式变量泵

限压式变量泵是一种**单作用叶片泵**，可利用负载变化自动实现流量调节，在实际中得到广泛应用。

一、限压式变量泵的结构

根据前面对单作用叶片泵工作过程的介绍可知，通过改变定子和转子之间的偏心距 e，可改变液压泵的排量。基于这一原理，在单作用叶片泵上增加弹簧装置和柱塞缸，可得到限压式变量泵。当压力低于某一可调节的限定压力时，泵的输出流量最大；当压力高于限定压力值时，随着压力的增加，泵的输出流量线性减少，其原理图如图 2-3-7 所示。

创新实践

在普通单作用叶片泵基础上，限压式变量泵的结构做了哪些改动？

____

____

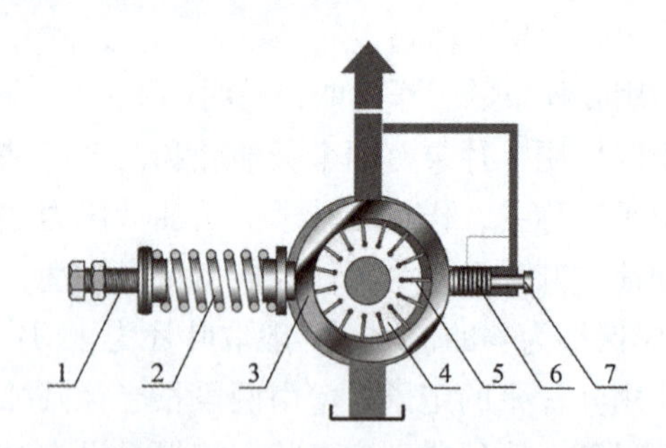

1—调整螺钉；2—弹簧；3—定子；4—转子；5—叶片；6—柱塞；7—限位螺钉。

图 2-3-7 限压式变量泵结构原理图

限压式变量泵工作过程：

二、限压式变量泵的工作过程

1. 初始状态

如图 2-3-7 所示，泵的出口与柱塞缸 6 相通。在泵未运转时，定子 3 在弹簧 2 的作用下，紧靠在柱塞 6 上，柱塞紧靠限位螺钉 7 限制此位置。此时，定子和转子有一定的偏心量 e_0。

边学边想

增大弹簧预调压力，泵的______会增大；向左旋进限位螺钉的初始位置，泵的______会减小。

A. 最大输出流量

B. 最高输出压力

2. 泵出口压力较小，泵工作压力小于弹簧预调压力

当外部载荷较小时，泵的出口压力 p 较低，作用在柱塞 6 上的液压力也较小，此时，若该液压力小于弹簧 2 的弹簧作用力，定子和转子之间的偏心距保持为 e_0，如图 2–3–7 所示，此时泵出口流量保持最大流量。

3. 泵出口压力增大，泵工作压力大于弹簧预调压力

若外部载荷继续增大，则泵出口压力也会增大，作用在柱塞 6 上的液压力随之增大。当泵出口的液压力也就是柱塞 6 的液压力增大至大于弹簧的预调压力时，定子在此液压力作用下向左移动，定子和转子之间的偏心距会变小，如图 2–3–8 所示，泵出口的流量也随之变小。

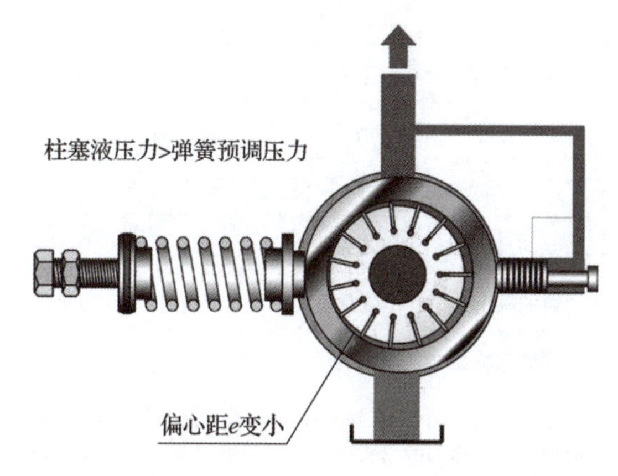

图 2–3–8　限压式变量泵工作过程示意图（偏心距变小）

★注意：定子左移后会进一步压紧弹簧，弹簧弹力会再次和液压力进行平衡。

4. 泵出口压力继续增大，泵工作压力大于新弹簧弹力

当外负载继续进一步增大，柱塞液压力会再次大于新的弹簧弹力，定子进一步向左移动，定子和转子之间的偏心距会继续减小，直至为 0，也就是定子和转子同心，如图 2–3–9 所示。此时，泵出口流量为 0，压力无法再升高，泵出口压力达到了最大值。

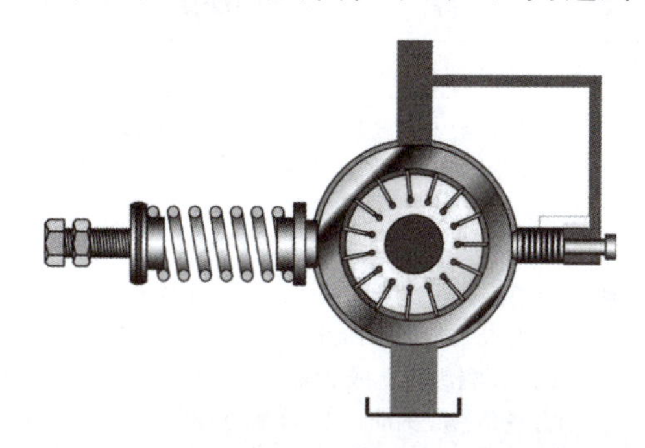

图 2–3–9　限压式变量泵工作过程示意图（偏心距为 0）

细致分析

限压式变量泵输出流量是怎样随出口压力的变化而变化的？

____

____

总结归纳

由限压式变量泵的工作过程可总结归纳如下：

外负载越大，泵的工作压力越高，定子和转子的偏心量越______，泵的输出流量越_____。

限压式变量泵特性曲线分析：

三、限压式变量泵输出特性曲线

图 2-3-10 所示为限压式变量泵特性曲线。各点、线段含义如表 2-3-3 所示。

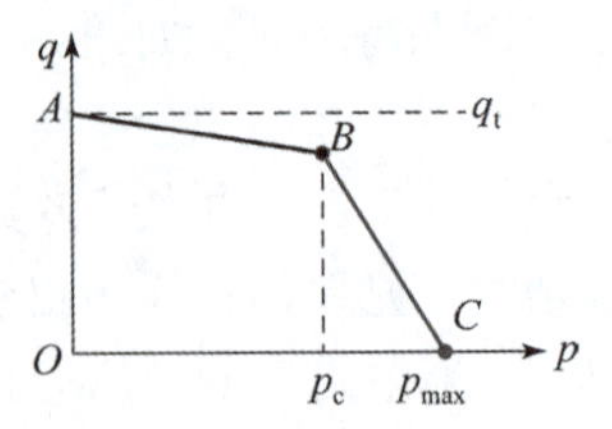

图 2-3-10　限压式变量泵特性曲线

边学边想

图 2-3-10 中，为什么 AB 段向下稍微倾斜，而不是水平线？

____

____

表 2-3-3　限压式变量泵特性曲线图含义

特性曲线	含义
A 点	泵工作压力为 0，定子、转子处于初始位置，偏心距最大
B 点	泵工作压力 = 弹簧预压力，定子、转子偏心距变化临界点
C 点	定子、转子偏心距为 0，泵输出流量为 0，输出压力最大点
q_t	泵的最大理论输出流量
p_c	泵的限定压力，也就是泵处于最大流量时所能达到的最高限定压力
p_{max}	泵能够输出的最高压力
AB 段	泵工作压力小于泵限定压力阶段。此阶段泵输出流量基本不变，但随着供油压力的增大，泵的泄漏量增大，故输出流量略有减小
BC 段	泵工作压力大于泵的限定压力阶段。此阶段弹簧压缩量增大，偏心距变小，泵的输出流量呈线性减小。当偏心距减小为 0 时，泵输出压力达到最大值，此时，输出流量为 0

边学边想

对照图 2-3-7，思考：

1. 调整______可改变 q_t 线上下平移；

2. 调整______可使 B 点位置左右移动。

拓展思考

液压泵的卸荷分压力卸荷和流量卸荷两种。对于限压式变量泵，当其达到最高输出压力时输出流量为 0，我们称之为（　　）。

A. 压力卸荷

B. 流量卸荷

步骤 4：分析排除叶片泵常见故障

叶片泵的常见故障现象及排除方法如表 2-3-4 所示。

能力提升

结合步骤 1 至步骤 4 所学知识，自行分析叶片泵的故障现象和产生原因，从而提出有效的解决措施，锻炼个人分析问题、解决问题的能力。

表 2-3-4　叶片泵的常见故障现象及排除办法

序号	故障现象	产生原因	排除方法
1	叶片泵噪声大	1. 定子内表面拉毛； 2. 吸油区定子过渡表面轻度磨损； 3. 叶片顶部与侧部不垂直或顶部倒角太小； 4. 配油盘压油窗口上的三角槽堵塞或太短、太浅，引起困油现象； 5. 泵轴与电动机轴不同轴；	1. 抛光定子内表面； 2. 将定子绕半径翻面装入； 3. 修磨叶片顶部，保证其垂直度在 0.01 mm 以内；将叶片顶部倒角成 C1（或磨成圆弧形），以减少压力的突变； 4. 清洗（或用整形锉修整）三角槽，以消除困油现象； 5. 调整联轴器，使同轴度小于 ϕ0.01 mm；

续表

序号	故障现象	产生原因	排除方法
1	叶片泵噪声大	6. 在超过额定压力下工作； 7. 吸油口密封不严，有空气进入； 8. 出现气穴现象	6. 检查工作压力，调整系统溢流阀压力； 7. 用涂脂法检查，拆卸吸油管接头，然后清洗干净，涂密封胶，装上拧紧； 8. 检查吸油管、油箱、过滤器、油位及油液黏度等，排除气穴现象
2	叶片泵的容积效率低、压力提不高	1. 个别叶片在转子槽内移动不灵活甚至卡住； 2. 叶片装反； 3. 定子内表面与叶片顶部接触不良； 4. 叶片与转子叶片槽配合间隙过大； 5. 配油盘端面磨损； 6. 油液黏度过大或过小； 7. 电动机转速过低； 8. 吸油口密封不严，有空气进入； 9. 出现气穴现象	1. 检查配合间隙（一般为 0.01~0.02 mm），保证配合间隙不要过小； 2. 纠正装配方向； 3. 修磨工作面（或更换配油盘）； 4. 根据转子叶片槽单配叶片，保证配合间隙； 5. 修磨配油盘端面（或更换配油盘）； 6. 测定油液黏度，按说明书选用油液； 7. 检查转速，排除故障根源； 8. 用涂脂法检查，拆卸吸油管接头，清洗干净，涂密封胶，装上拧紧； 9. 检查吸油管、油箱、过滤器、油位及油液黏度等，排除气穴现象
3	油温高，异常发热	1. 装配尺寸链不正确，导致滑动配合的间隙过小，使表面拉毛或转动不灵活，工作时产生的摩擦阻力过大和转动转矩大而发热； 2. 各滑动配合面的间隙过大，或因磨损后内泄漏量过大，压力和流量损失变成热能； 3. 电动机轴与泵轴安装不同心而发热； 4. 泵长时间在接近或超过额定压力的工况下工作，或因压力控制阀有故障，不能卸压而发热导致温度升高； 5. 油箱回油管与吸油管靠得太近，回油来不及冷却又马上被吸进泵内导致温度升高； 6. 油箱油量不足或油箱设计容量过小，或冷却器冷却水量不够； 7. 环境温度过高	1. 当出现装配尺寸链不正确时，可拆开重新去毛刺抛光并保证配合间隙，重新装配，如果有关零件磨损严重则必须更换； 2. 检查各滑动配合面的间隙是否符合要求，若因磨损后内泄漏量过大，应及时修复或更换相应零件； 3. 检查并校正电动机轴与泵轴安装的同心度； 4. 避免泵长时间在接近或超过额定压力的工况下工作。若压力控制阀有故障，应及时检查并排除； 5. 检查并调节油箱回油管与吸油管的位置； 6. 检查并添加液压油至规定位置或更换重新设计的大容量油箱，检查冷却器冷却水量并按要求添加冷却水； 7. 缩短在高温环境下工作的时间

故障诊断

对比本项目小王遇到的磨床液压系统故障现象，你觉得有可能是叶片泵出现故障了吗？

____

____

____

拓展任务

【新技术应用】

借助于图书、网络，查找限压式变量泵的最新发展动态及具体应用，拓展个人视野。

任务总结评价

请根据学习情况，完成个人学习评价表（表 2–3–5）。

表 2–3–5　个人学习评价表

序号	评价内容	分值	得　分		
			自评	组评	师评
1	能自主完成课前学习任务	10			
2	掌握叶片泵的分类及工作原理	15			
3	熟悉叶片泵的性能特性	15			
4	能够区分单作用、双作用两种叶片泵的应用场合	15			
5	能够画出单作用、双作用两种叶片泵的标准符号	10			
6	会根据具体应用要求调节叶片泵的输出参数	5			
7	能坚持出勤，遵守纪律	10			
8	能积极参与师生互动活动，完成课中任务	10			
9	能独立完成课后作业和拓展学习任务，养成良好的学习习惯	10			
总　分		100			
自我总结					

任务4　认识液压缸

任务描述

在磨床液压系统中，由双杆活塞液压缸（图2-4-1）作为执行元件，带动磨床工作台，实现左右往复运动。双杆活塞液压缸属于液压缸的一种，当两活塞杆尺寸相同时，它双向输出的力和速度相同，适合磨床工况的需要。除了双杆活塞缸，常用的液压缸还有哪些类型？它们的输出特性如何？请结合本任务的学习，全面认识液压缸。

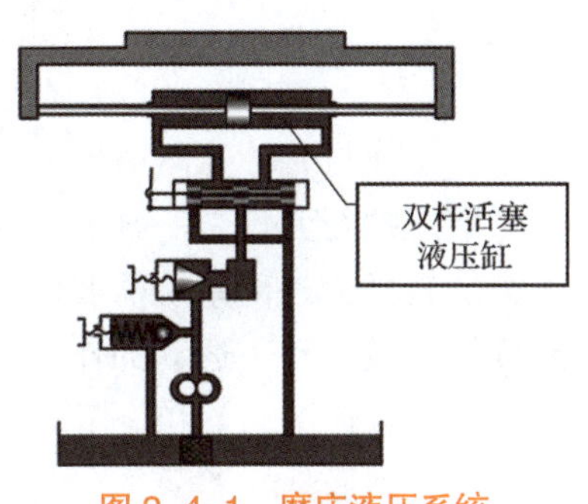

图2-4-1　磨床液压系统
（双杆活塞液压缸）

任务目标

知识目标：

1. 掌握执行元件的分类及作用；
2. 掌握单杆活塞缸、双杆活塞缸的工作原理、连接形式及输出特性；
3. 了解柱塞缸、摆动缸、增压缸、伸缩缸的特性；
4. 掌握液压缸的总体结构组成、各组件及特殊装置的结构及其作用。

能力目标：

1. 会正确分析双杆活塞液压缸和单杆活塞液压缸的工作特性；
2. 能为不同的液压系统选择合适的液压缸；
3. 能排除简单的液压缸故障。

素质目标：

1. 正确认识自我，学会担当，做到干一行、爱一行；
2. 锻炼逻辑思维能力。

课前学习资源

认识活塞式液压缸：

认识其他类型的液压缸：

认识液压缸组件：

认识液压缸组成装置：

边学边想

1. 请列举出五种不同类型的液压缸。

____

____

2. 哪种类型的液压缸可以实现差动连接？

____

3. 柱塞缸是双作用液压缸吗？

____

4. 液压缸为什么需要设置缓冲装置？

____

____

____

任务内容

步骤 1： 认识活塞式液压缸。

步骤 2： 认识其他类型的液压缸。

步骤 3： 认识液压缸的典型结构。

步骤 4： 分析排除液压缸常见故障。

提前知道

一、执行元件的作用及类型

液压执行元件是一种能量转换装置，在工作中将液压系统的压力能转换为外部系统需要的机械能，起着驱动机构做直线往复或旋转（或摆动）运动的作用。根据输出形式的不同，分为**液压缸（输出直线运动）**和**液压马达（输出回转运动）**两种。

二、液压缸的类型

（1）按结构不同分为：活塞缸、柱塞缸、摆动缸、增压缸、伸缩缸、齿条缸等类型。

（2）按作用方式不同分为：

单作用液压缸：液压力只能使活塞（或柱塞）单方向运动，反方向运动必须靠外力实现。

双作用液压缸：液压力使活塞（或柱塞）实现双向运动。

边学边想

1. 液压缸输出什么形式的运动？

____

2. 液压马达输出什么形式的运动？

____

步骤 1：认识活塞式液压缸

活塞式液压缸分为**双杆活塞液压缸**和**单杆活塞液压缸**两种。

一、双杆活塞液压缸

1. 结构与符号

双杆活塞液压缸主要由缸筒、活塞及两个活塞杆组成，其中活塞和活塞杆连接为一体，可在缸筒内左右移动。双杆活塞液压缸的结构原理图如图 2-4-2 所示，其符号如图 2-4-3 所示（GB/T 786.1—2021）。

双杆活塞液压缸：

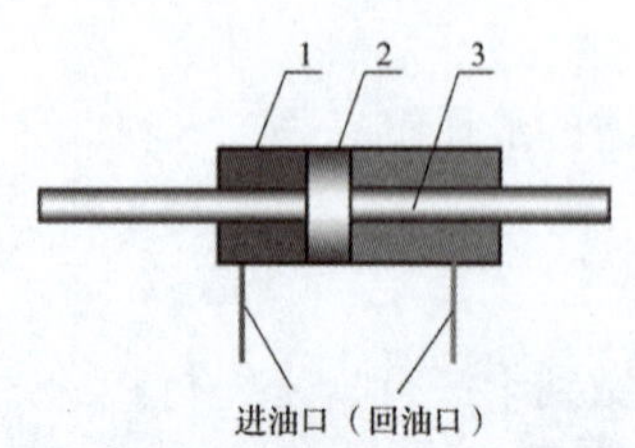

1—缸筒；2—活塞；3—活塞杆。

图 2-4-2　双杆活塞液压缸的结构原理图

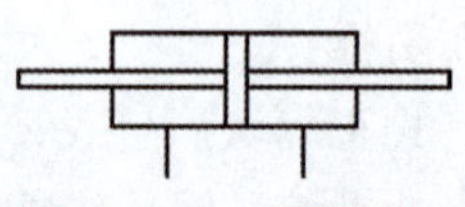

图 2-4-3　双杆活塞液压缸的符号

2. 固定方式与运动范围

根据具体的使用场合，双杆活塞缸有缸筒固定和活塞杆固定两种固定方式，如图 2–4–4 所示。

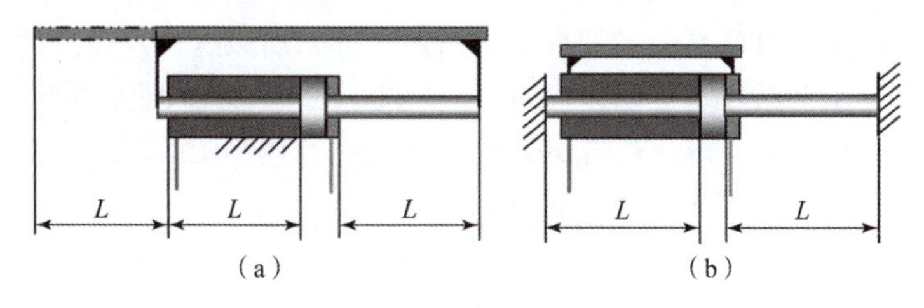

图 2–4–4　双杆活塞缸固定方式

（a）缸筒固定；（b）活塞杆固定

活塞能够运行的最大长度称为该液压缸的活塞行程 L。

由图 2–4–4 可看出，当缸筒固定时，双杆活塞缸的运动范围为 $3L$；当活塞杆固定时，双杆活塞缸的运动范围为 $2L$。

3. 连接方式与输出参数

1）连接方式

从图 2–4–2 中可看出，双杆活塞缸在缸筒两端各有一个进油口，左右两缸内的活塞杆直径相同，因此，这种液压缸有两种连接方式，以实现对外输出左、右移动。图 2–4–5 所示为缸筒固定时的两种连接形式。

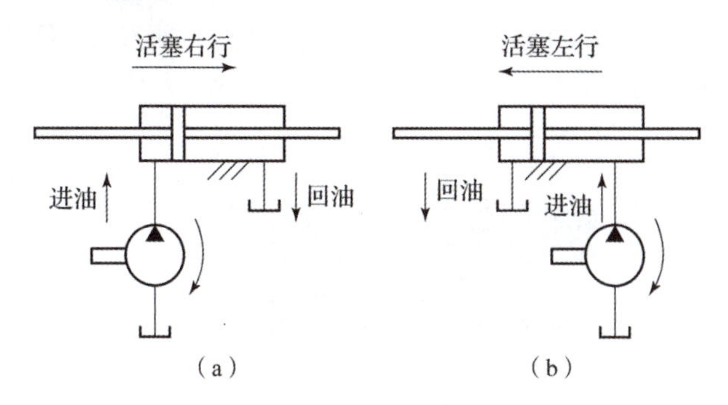

图 2–4–5　双杆活塞缸缸筒固定时的两种连接方式

（a）左腔进油，右腔回油；（b）右腔进油，左腔回油

2）输出参数

由于双杆活塞缸左、右两个活塞杆直径通常是一样的，所以液压缸左、右两腔液压油的有效作用面积也是一样的。当分别向左、右两腔输入相同流量和相同压力的液压油时，液压缸左右两个方向输出的速度和力是一样的。

假设缸筒固定，活塞的直径为 D，活塞杆的直径为 d，液压缸进、出油腔的压力为 p_1、p_2，输入流量为 q，则双杆活塞缸的输出参数为

边学边想

对比双杆活塞缸两种固定方式，在均是左口进油、右口出油时，两种固定方式下运动部件的运动方向一样吗？

____

边学边想

双杆活塞缸属于单作用液压缸还是双作用液压缸？

____

总结归纳

双杆活塞缸工作原理：

根据双杆活塞缸的连接方式可知，通压力油的油口为______，不通压力油的油口为______，活塞会受到与压力油相连工作腔的作用力，向未通压力油的工作腔方向移动。

A. 进油口

B. 回油口

边学边想

双杆活塞缸的输出速度、输出力和哪些因素相关？

______

______

输出力：$F = A(p_1 - p_2) = \frac{\pi}{4}(D^2 - d^2)(p_1 - p_2)$

输出速度：$v = \frac{q}{A} = \frac{4q}{\pi(D^2 - d^2)}$

由于双杆活塞缸的双向输出参数一样，所以这种液压缸适合用在要求左右往复运动速度和力相同的场合，如磨床液压系统。

根据以上分析，总结双杆活塞缸的性能特点，填写表 2–4–1。

表 2–4–1　双杆活塞缸的性能特点

项目	内容
作用方式	
固定方式	
运动范围	
输出参数	
适用场合	

思维提升

从液压缸输出参数的表达式中找出影响液压缸输出参数的因素，从而找出改变液压缸输出参数的措施，锻炼逻辑思维能力。

二、单杆活塞液压缸

1. 结构与符号

单杆活塞缸：

单杆活塞液压缸按液压力的作用方式可分为单作用液压缸和双作用液压缸两种，其原理结构图如图 2–4–6（a）、（b）所示，对于单作用缸，液压力可使液压缸单方向运行，返回靠自重或外力（图 2–4–6（a）所示为依靠弹簧力返回）。而双作用液压缸则可依靠液压力双向往复运动。

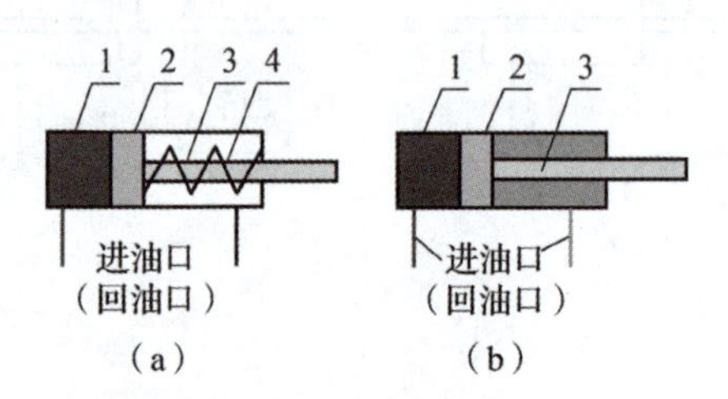

1—缸筒；2—活塞；3—活塞杆；4—弹簧。

图 2–4–6　单杆活塞缸的结构原理图

（a）单作用液压缸；（b）双作用液压缸

判断

单杆活塞缸活塞的往复运动均由液压油的液压力推动实现，对吗？

______

液压系统中最常用的是双作用单杆活塞液压缸，其符号如图 2–4–7 所示（GB/T 786.1—2021）。

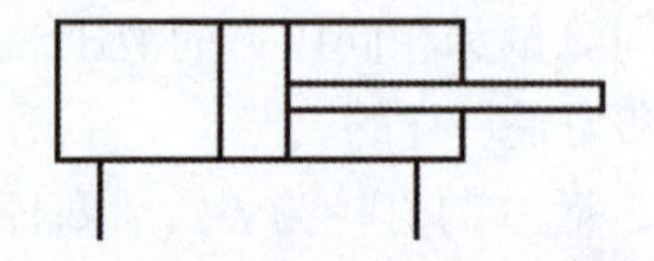

图 2–4–7　双作用单杆活塞液压缸的符号

以下主要介绍双作用单杆活塞缸。

2. 固定方式与运动范围

根据具体的使用场合，单杆活塞缸有缸筒固定和活塞杆固定两种固定方式，如图 2-4-8 所示。由图中可看出，当缸筒固定和活塞杆固定时，单杆活塞缸的运动范围均为 $2L$。

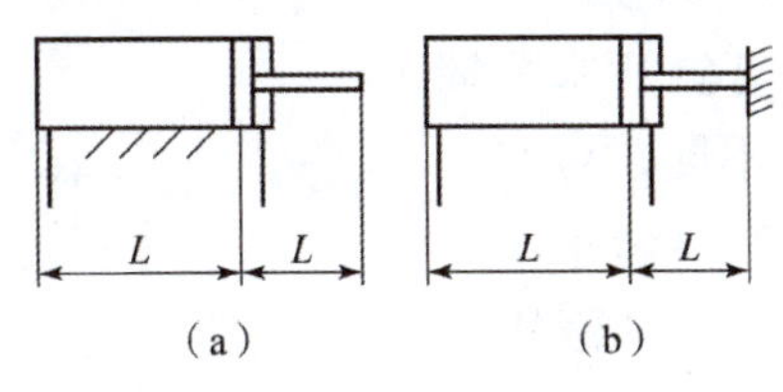

图 2-4-8　单杆活塞缸固定方式

(a) 缸筒固定；(b) 活塞杆固定

3. 连接方式与输出参数

1）连接方式

因为单杆活塞缸的缸筒两端均有油口，所以，和双杆活塞缸一样，当缸筒固定时，单杆活塞缸也具备左端进油、右端出油（活塞右行）和右端进油、左端出油（活塞左行）两种连接方式，如图 2-4-9 所示。

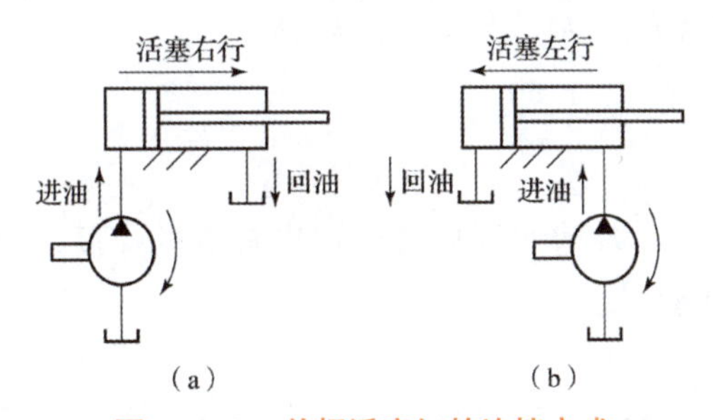

图 2-4-9　单杆活塞缸的连接方式

(a) 左腔进油，右腔回油；(b) 右腔进油，左腔回油

2）输出参数

由于单杆活塞缸活塞两端的有效作用面积不同，如果以相同流量、相同压力的油液分别进入液压缸的左、右腔，液压缸输出的力和速度是不一样的。

假设缸筒固定，活塞的直径为 D，活塞杆的直径为 d，液压缸进、出油腔的压力为 p_1 和 p_2，输入流量为 q，则单杆活塞缸的输出参数如下。

(1) 当无杆腔进油、有杆腔出油时：

输出力：$F_1 = A_1 p_1 - A_2 p_2 = \frac{\pi}{4}[D^2(p_1 - p_2) + d^2 p_2]$

输出速度：$v_1 = \frac{q}{A_1} = \frac{4q}{\pi D^2}$

边学边想

对于单杆活塞缸，当无杆腔进油时，两种固定方式下，运动部件运行方向和速度一样吗？

______

头脑风暴

除了和双杆活塞缸一样的两种连接方式，你能设计出单杆活塞缸的其他的连接方式吗？

______

思想升华

两种活塞式液压缸结构上的细微差别引发输出参数的较大不同，而单杆活塞缸的连接形式多一些，普遍适用性更强。以上说明，我们要注重发挥个人优势，每个人都有自身特点，只要拼搏奋斗，定能成为有担当的时代青年。

（2）当有杆腔进油、无杆腔出油时：

输出力：$F_2 = A_2 p_1 - A_1 p_2 = \frac{\pi}{4}[D^2(p_1 - p_2) - d^2 p_1]$

输出速度：$v_2 = \frac{q}{A_2} = \frac{4q}{\pi(D^2 - d^2)}$

★ 3）差动连接液压缸

由于单杆活塞缸活塞两端的有效作用面积不同，可实现差动连接，如图 2-4-10 所示。

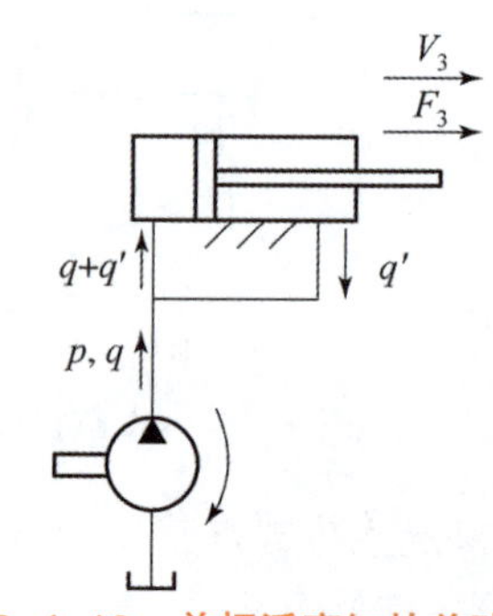

图 2-4-10 单杆活塞缸的差动连接

开始工作时，差动液压缸的左右两腔压力相等，但由于左腔（无杆腔）的有效作用面积大于右腔（有杆腔），故活塞向右运动，而此时右腔排出的油液也流入左腔，加大了流入左腔的油液量，从而加快了活塞的运行速度。这种连接方式被广泛用于组合机床动力滑台液压系统和其他机械设备的快速运动中。

（3）差动连接液压缸的输出参数为

输出力：$F_3 = p_1(A_1 - A_2) = \frac{\pi}{4} D^2 p_1$

输出速度：$v_3 = \frac{4q}{\pi d^2}$

【结论】差动液压缸可以输出较高的速度，但输出力大大降低了。

根据以上分析，总结单缸活塞缸的性能特点，填写表 2-4-2。

表 2-4-2 单杆活塞缸的性能特点

项目	内容	
作用方式		
固定方式		
运动范围		
输出参数	无杆腔进油，有杆腔回油	
	有杆腔进油，无杆腔回油	
	差动连接	
适用场合		

对比判断

对比单杆活塞缸两种连接方式时的输出参数，要想获得活塞两个方向上比较大的速度差值，活塞杆的直径大些好还是小一些好？

____

思考讨论

假设车床刀架由液压系统提供动力，使用的液压缸是单杆活塞缸，以下三种工况下，液压缸应选择哪种连接方式？

1. 车削工件（　　）；

2. 刀架空行程快速移动（　　）；

3. 刀架快速退回车床尾部（　　）。

A. 无杆腔进油，有杆腔回油

B. 有杆腔进油，无杆腔回油

C. 差动连接

单杆活塞缸三种连接形式适用场合：

思想升华

对比区分单杆活塞缸不同的连接形式导致其输出参数不同，适用场合也不同。由此同学们可看出，虽然我们个体存在差异，只要我们努力奋斗，总会有适应的岗位，去为社会做贡献。

步骤 2：认识其他类型的液压缸

一、柱塞缸

柱塞缸是一种单作用液压缸，其结构示意图如图 2-4-11 所示。工作时，柱塞与工作部件连接，缸筒固定在机体上。柱塞缸的性能特点如表 2-4-3 所示。

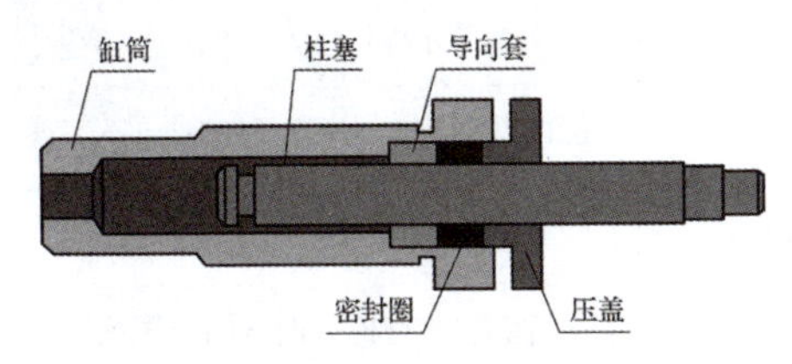

图 2-4-11　柱塞缸的结构示意图

表 2-4-3　柱塞缸的性能特点

项目	内容
输出参数	$F=pA=\frac{\pi}{4}pd^2$　　$V=\frac{q}{A}=\frac{4q}{\pi d^2}$
特点	1. 缸筒内孔不需精加工，工艺性好，成本低。 2. 柱塞端面受压，为了增加推力，柱塞直径较大；为了减少自重，柱塞多用无缝钢管制造。 3. 依靠液压力柱塞缸只能实现单向运动，回程靠外力（如弹簧力）或自重（垂直安装时）。 4. 成对使用柱塞缸可实现双向运动
应用	常用于龙门刨床、导轨磨床、大型拉床等大行程设备液压系统中

二、增压缸

增压缸能将输入的低压油转变为高压油，供液压系统某一支路使用。它由大、小直径分别为 D、d 的复合缸筒组成，其结构示意图如图 2-4-12 所示。增压缸的性能特点如表 2-4-4 所示。

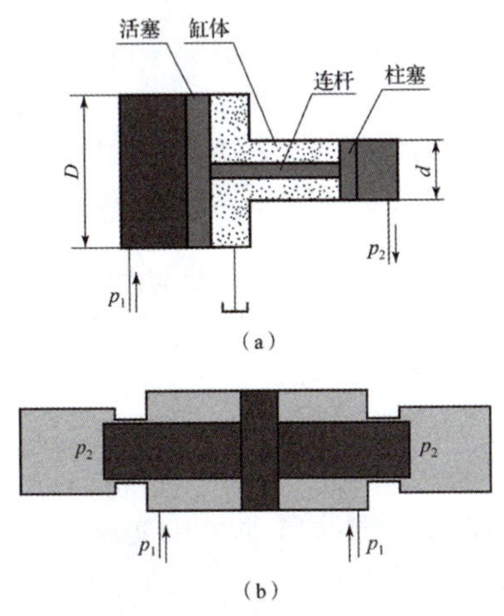

图 2-4-12　增压缸的结构示意图

（a）单作用增压缸；（b）双作用增压缸

柱塞缸：

边学边想

1. 柱塞缸适合竖直放置还是水平放置？

______

2. 以柱塞缸带动外部机械运动时，如何实现部件的双向运动？

______

增压缸：

边学边想

1. 要想利用增压缸获得连续的高压油，该选择单作用增压缸还是双作用增压缸？

______

2. 增压缸可直接作为执行元件带动外部机械设备吗？

______

创新实践

单作用增压缸只能间歇性输出高压油，如何使增压缸连续输出高压油呢？

____

____

表 2-4-4 增压缸的性能特点

项目	内容
增压比	对于单作用增压缸，将活塞、连杆和柱塞视为整体，根据受力平衡原理可知：$$\frac{\pi D^2}{4}p_1=\frac{\pi d^2}{4}p_2$$ 所以，$p_2=\frac{D^2}{d^2}p_1$，式中 **D^2/d^2 称为增压比**。 活塞直径 D 与柱塞直径 d 相差越大，增压比就越大，增压 p_2 就越高
注意事项	因为增压缸只能间断地将高压端输出的油通入其他液压缸，获取大的推力，故**其本身不能直接用作执行元件**，所以安装时应尽量靠近执行元件，以减少压力损失
应用	增压缸常用于压铸机、造型机等设备的液压系统中

三、摆动缸

摆动液压缸又称为摆动马达。当它通入压力油时，能输出小于 360° 的摆动运动，图 2-4-13 所示为摆动液压缸的结构示意图，表 2-4-5 所示为其性能特点。

摆动液压缸：

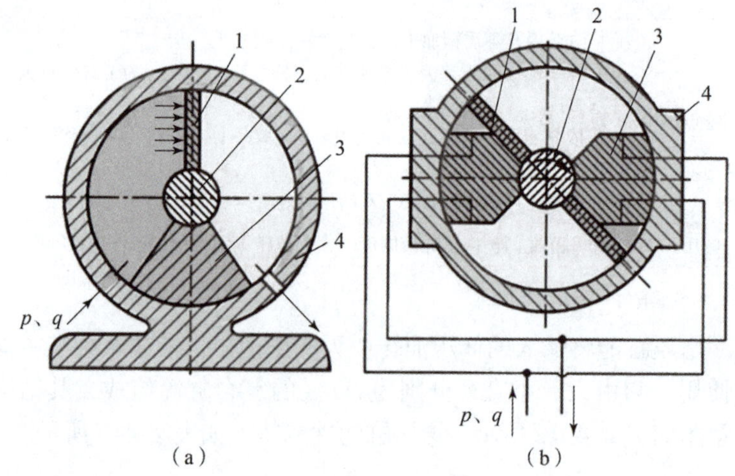

1—叶片；2—摆动轴；3—定子块；4—缸体。

图 2-4-13 摆动液压缸的结构示意图

（a）单叶片式摆动液压缸；（b）双叶片式摆动液压缸

p—工作压力；q—输入流量

思想升华

由两种类型的摆动液压缸输出参数大小关系，同学们要认识到事物的两面性，一定要辩证地看待问题，树立正确的世界观和价值观。

表 2-4-5 摆动液压缸的性能特点

项目	内容
类型	单叶片和双叶片式两种
特点	单叶片式摆角≤ 300°、双叶片式摆角≤ 180°。在两种结构、尺寸及进油压力相同的情况下，双叶片式的输出转矩是单叶片式的两倍，而角速度是单叶片式的一半
应用	常用于机床的送料装置、间歇进给机构、回转夹具、工业机械人手臂和手腕的回转装置及工程机械回转机构等的液压系统中

步骤 3：认识液压缸的典型结构

单杆活塞液压缸结构总体组成：

一、液压缸的典型结构组成

单杆活塞液压缸典型结构如图 2-4-14 所示，它由缸筒、盖板、活塞，活塞杆、**密封装置**、**缓冲装置**及**排气装置**等部件组成。在液压缸运行过程中，缸底 1、缸筒 10、缸盖 13 固结在一起，称为**缸体组件**；活塞 5 和活塞杆 15 固结在一起，称为**活塞组件**。

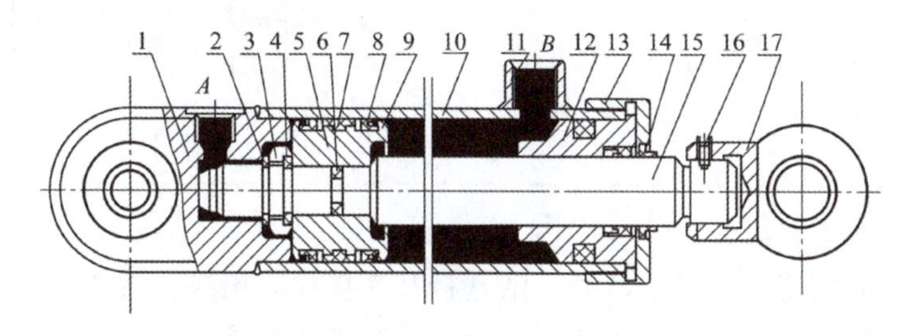

1—缸底；2—弹簧挡圈；3—套环；4—卡环；5—活塞；
6—O 形密封圈；7—支承环；8—挡圈；9—Y 形密封圈；
10—缸筒；11—管接头；12—导向套；13—缸盖；
14—防尘圈；15—活塞杆；16—定位螺钉；17—耳环。

图 2-4-14　单杆活塞液压缸的典型结构

总结归纳

1. 缸体组件包括：________

2. 活塞组件包括：________

二、液压缸的组成

1. 缸体组件

缸体组件包括缸筒、缸底、缸盖和一些连接零件。缸筒可以用铸铁（低压时）和无缝钢管（高压时）制成。缸筒内需要精细加工，表面粗糙度 $Ra<0.08\ \mu m$，以减少密封件的摩擦。缸筒和缸底、缸盖间有多种连接方式，如表 2-4-6 所示。

缸体组件：

表 2-4-6　缸体组件的连接方式

连接方式	优点	缺点	适用场合
拉杆式 缸筒 缸盖	工艺性好、通用性好，易拆装	尺寸较大，拉杆会变形，影响密封性能	用于较短的中、低压液压缸
螺纹式 缸盖 缸筒	结构紧凑、质量轻、体积小	缸筒端部结构复杂，需要专门的拆装工具	用于小尺寸、质量轻的缸体
法兰式 缸筒 缸盖	结构简单，加工和拆装都很方便	质量、外形尺寸较大	常用的一种连接方式

边学边想

1. 缸体组件最常用的连接方式是哪一种？

____

2. 半环式连接的缸筒组件为什么要加厚缸体？

____

3. 拉杆连接形式适合用在行程长的液压缸上吗？

____

续表

连接方式	优点	缺点	适用场合
半环式 缸盖 缸筒	结构紧凑、质量轻	环形槽会削弱缸体强度，要求缸筒有足够的壁厚	用于无缝钢管制成的缸筒与端盖的连接
焊接式 缸筒 缸盖	结构简单、尺寸小	焊接缸筒有变形，缸底内径不易加工	只能用于缸筒的一端，另一端必须采用其他结构

思想升华

从缸体组件不同连接形式有不同的使用场合，同学们要做到正确认识自我，挖掘个人优势，增强自信心。

2. 活塞组件

活塞组件一般由活塞、活塞杆和连接件等构成。活塞通常是用铸铁制成的，有时也用铝合金。活塞杆通常是用钢材做成的实心杆或空心杆，表面经淬火再抛光镀铬而成。活塞组件的连接方式如表 2-4-7 所示。

活塞组件：

表 2-4-7　活塞组件的连接方式

连接方式	优点	缺点	适用场合
卡环式	强度高，装卸方便	结构较复杂	多用于高压大负载和振动较大的液压系统中
螺纹式	装卸方便、连接可靠	需要加装防松装置。由于螺纹加工削弱了缸筒强度，不适合高压场合	适用范围广。机床液压系统常用此种方式
锥销式	易加工，结构简单、装卸方便	承载能力小，需要防止锥销脱落的措施	多用于中、低压轻载液压系统中
整体式 焊接式	结构简单，轴向尺寸小	损坏后需整体更换	常用于小直径液压缸

边学边想

1. 高压、振动较大的液压缸，活塞组件一般用哪种连接形式？

____

2. 机床上用的活塞组件连接一般用哪种形式？

____

3. 密封装置

液压缸（或活塞）在工作过程中总存在内外泄漏（图 2-4-15），使其效率降低，严重时系统建立不起压力，无法工作，并且油液外泄会污染环境。所以，设计液压缸时必须设置密封装置。可采用密封圈密封，也可采用间隙密封，如图 2-4-16 所示。液压缸各部位的密封形式如表 2-4-8 所示。

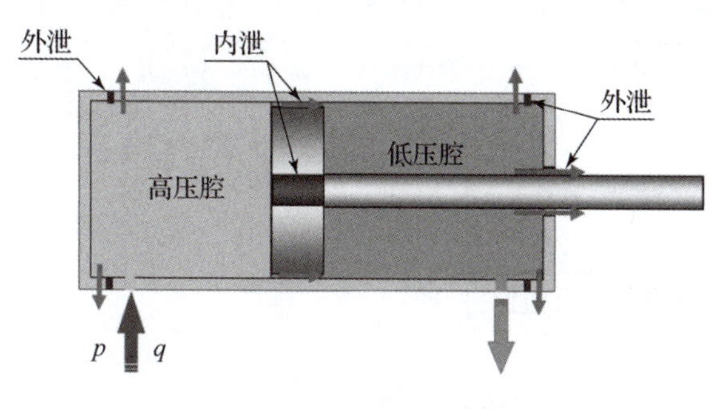

图 2-4-15　液压缸的泄漏

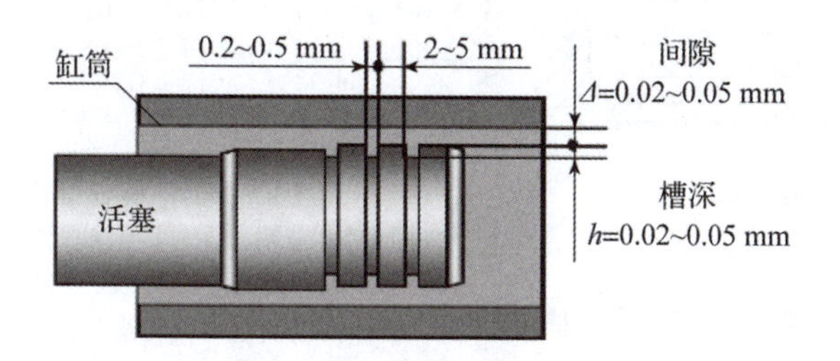

图 2-4-16　液压缸的间隙密封

表 2-4-8　液压缸各部位的密封形式

液压缸部位	密封形式
活塞和缸筒之间	O 形密封圈、V 形密封圈、U 形油封、X 形油封、Y 形油封、活塞环等。对于尺寸较小、压力较低、相对运动速度较高的场合也可使用间隙密封，如图 2-4-16 所示
活塞杆和缸盖之间	O 形密封圈、活塞环
活塞和活塞杆之间	O 形密封圈、U 形密封圈
缸盖和缸筒之间	O 形密封圈

* 以上选用为通常状况，仅供参考。

4. 缓冲装置

为了避免活塞运动到终点时撞击缸盖，产生噪声，影响活塞运动的精度甚至损坏机件，常在液压缸两端设置缓冲装置，如表 2-4-9 所示。

密封装置：

边学边想

液压缸的哪些部位需要密封？

______

______

思想升华

“间隙是产生泄漏的原因，经过精心设计也可以作为密封条件”，这点教育我们要辩证地看待事物的存在和发展，善于思考，敢于创新。

缓冲装置：

边学边想

1. 为什么要对液压缸设置缓冲装置？

____

2. 表 2–4–9 中，哪种缓冲装置的缓冲效果最好？

____

对比思考

对比四种缓冲装置，哪种缓冲效果最好？哪种结构最复杂？

由此规律，对你的学习和人生规划有什么启示？

____

表 2–4–9 液压缸的缓冲装置

类型	缓冲原理
圆柱形环隙式	活塞右端为圆柱塞，与端盖圆孔有间隙 δ。当柱塞运行至端盖圆孔内时，封闭在缸筒内的油液只能从环形间隙 δ 处挤出去，活塞受到一个很大的阻力而减速制动，减缓活塞的冲击
圆锥形环隙式	活塞右端为圆锥柱塞，当柱塞运行至端盖圆孔内时，其间隙 δ 随活塞的位移而逐渐减小，而液阻力逐渐增加，缓冲均匀
变节流槽式	活塞右端为开有三角节流槽的圆柱塞，节流面积随柱塞的位移而逐渐减小，而液阻力逐渐增大，缓冲作用平稳
可调节流式（节流阀、单向阀）	**活塞右行：**活塞端部圆柱塞进入端盖圆孔时回油口被堵，无杆腔回油只能通过节流阀回油，调节节流阀的开度，可以控制回油量，从而控制活塞的缓冲速度。 **活塞左行：**当活塞返行程时，压力油通过回油口、单向阀，很快进入右腔，作用于整个活塞上及时反向。调整节流阀的开度大小，可改变缓冲压力的大小，因此适用范围广

5. 排气装置

排气装置：

液压传动系统往往会混入空气，使系统工作不稳定，产生振动和噪声及工作部件爬行和前冲等现象。因此，设计液压缸时，必须考虑设置排气装置。

双作用式液压缸一般不设专门的排气装置，而是将液压油出入口布置在前、后缸盖的最高处。大型双作用液压缸必须在前后缸盖上设置排气装置，如图 2–4–17 所示。对于单作用液压缸，液压油的出入口一般设在缸筒底部，排气装置一般设在缸筒最高处。

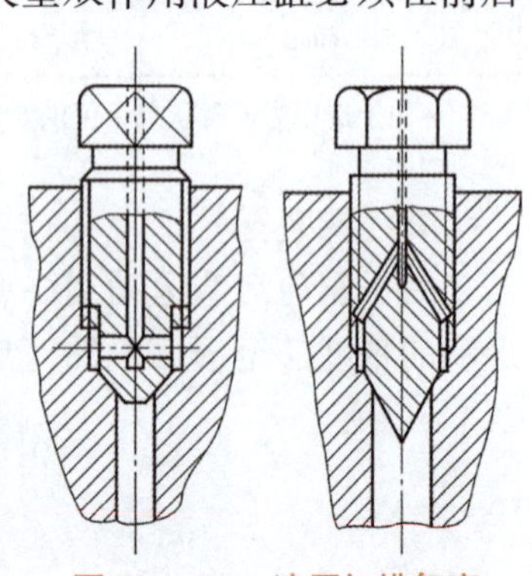

图 2–4–17 液压缸排气塞

当打开排气阀并使液压缸活塞（或缸体）以最大的行程快速运行时，缸中的空气即可排出。一般空行程往复 8~10 次将排气阀或排气塞关闭，液压缸便可进行正常工作。

边学边想

排气装置在（ ）开启。

A. 液压缸正常工作中

B. 液压缸正常工作前

步骤 4：分析排除液压缸常见故障

液压缸常见故障现象及排除方法如表 2-4-10 所示。

表 2-4-10 液压缸常见故障现象及排除方法

序号	故障现象	产生原因	排除方法
1	爬行	1. 混入空气； 2. 运动密封件装配过紧； 3. 活塞杆与活塞不同轴； 4. 导向套与缸筒不同轴； 5. 活塞杆弯曲； 6. 液压缸安装不良，其中心线与导轨不平行； 7. 缸筒内径圆柱度超差； 8. 缸筒内孔锈蚀拉毛； 9. 活塞杆两端螺母拧得过紧，使同轴度降低； 10. 活塞杆刚度差； 11. 液压缸运动件之间的间隙过大； 12. 导轨润滑不良	1. 排除空气； 2. 调整密封圈，使之松紧适当； 3. 校正修整或更换； 4. 修正调整； 5. 校直活塞杆； 6. 重新安装； 7. 修复重配活塞或增加密封件； 8. 除去锈蚀毛刺或重新磨配； 9. 调整螺母的松紧度，使活塞杆处于自然状态； 10. 加大活塞杆直径； 11. 减小配合间隙； 12. 保持良好的润滑
2	冲击	1. 缓冲间隙过大； 2. 缓冲装置中的单向阀失灵	1. 减小缓冲间隙； 2. 修理或更换单向阀
3	推力不足或工作速度下降	1. 缸体和活塞的配合间隙过大，或密封件损坏，造成内泄漏； 2. 缸体和活塞的配合间隙过小，密封过紧，运动阻力大； 3. 运动零件制造存在误差和装配不良，引起不同心或单面剧烈摩擦； 4. 活塞杆弯曲，引起剧烈摩擦； 5. 缸体内孔拉伤与活塞咬死，或缸体内孔加工不良； 6. 液压油中杂质过多，使活塞或活塞杆卡死； 7. 液压油温度过高，泄漏加剧	1. 修理或更换不合乎精度要求的零件，重新装配、调整或更换密封件； 2. 增加配合间隙，调整密封件的压紧程度； 3. 修理误差较大的零件，重新装配； 4. 校直活塞杆； 5. 磨修复缸体或更换缸体； 6. 清洗液压系统，更换液压油； 7. 分析温升原因，改进密封结构，避免温升过高
4	外泄漏	1. 密封件咬边、拉伤或破坏； 2. 密封件方向装反； 3. 缸盖螺栓未拧紧； 4. 运动零件之间有纵向拉伤和沟痕	1. 更换密封件； 2. 改正密封件的装配方向； 3. 拧紧缸盖螺钉； 4. 修理或更换零件

拓展任务

【第二课堂活动】

到实训室、实训工厂实地调研，统计记录机器设备上存在的连接、密封等形式，与液压缸结构对比，说出异同点。

任务总结评价

请根据学习情况，完成个人学习评价表（表 2-4-11）。

表 2-4-11　个人学习评价表

序号	评价内容	分值	得　分		
			自评	组评	师评
1	能自主完成课前学习任务	10			
2	掌握执行元件的分类及作用	10			
3	掌握并会分析单杆活塞缸、双杆活塞缸的工作原理、连接形式及输出特性	20			
4	掌握液压缸的总体结构组成、各组件及特殊装置的结构及其作用	15			
5	能为不同的液压系统选择合适的液压缸	10			
6	能画出并识别不同液压缸的标准符号	5			
7	能坚持出勤，遵守纪律，学习态度端正	10			
8	能积极参与师生互动活动，完成课中任务	10			
9	能独立完成课后作业和拓展学习任务，养成良好的学习习惯	10			
总　分		100			
自我总结					

任务 5 初识液压控制阀

任务描述

在磨床液压系统中，磨床工作台需要带动工件左右往复运动。精加工时工作台速度要慢一些，粗加工时，工作台速度要快一些。这样，磨床液压系统就需要具备变换液流方向、变化流量大小的能力。为了保证安全，必须控制系统的最高压力，这些任务主要是由液压控制阀（图 2-5-1）来完成的。在本任务中，将总体介绍液压控制阀的类型、性能参数及工作原理。

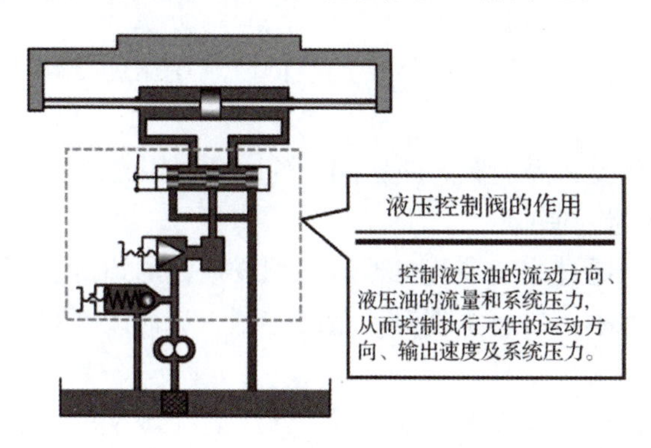

图 2-5-1 磨床液压系统图（液压控制阀）

任务目标

知识目标：

1. 掌握液压控制阀的类型、作用和工作原理；
2. 了解液压控制阀的性能参数和基本性能要求。

能力目标：

能够区分不同功能的液压控制阀。

素质目标：

辩证地看待事物，树立正确的世界观。

任务内容

步骤 1：认识不同类型的液压控制阀。
步骤 2：了解对液压控制阀的基本要求。

课前学习资源

总体认识液压控制阀：

边学边练

在图 2-5-1 中指出磨床液压系统的方向控制阀、压力控制阀和流量控制阀。

边学边想

1. 按在液压系统中的作用不同，液压控制阀分为哪几种类型？

____

____

2. 液压控制阀的公称参数有哪些？

____

3. 用一句话简单描述液压控制阀的工作原理。

____

____

多年攻关，他把液压阀做出了名堂——记恒立液压技术骨干潘红波：

步骤 3：了解液压控制阀的主要性能参数。

步骤 4：解析液压控制阀的工作原理。

步骤 1：认识不同类型的液压控制阀

液压控制阀的分类：

液压控制阀是液压系统中的控制元件，用来控制和调节液压系统中油液的压力、流量和流动方向，从而对液压执行元件的启动、停止、运动方向、运行速度、输出作用力及其动作顺序等进行调节和控制，简称液压阀。液压控制阀的分类如下：

★ 1. 按功能不同分类

1）方向控制阀

作用：控制液压系统中液体的流动方向。

详细分类：单向阀、换向阀。

2）压力控制阀

作用：控制液压系统压力的高低或利用压力变化实现控制其他元件动作。

详细分类：溢流阀、减压阀、顺序阀、压力继电器等。

3）流量控制阀

作用：通过改变节流口通流面积或通流通道的长短来改变局部阻力的大小，从而实现对流量的控制，进而改变执行机构的运动速度。

详细分类：节流阀、调速阀、分流集流阀等。

特别提醒

按操纵方式的分类主要针对换向阀。学习过程中注意前后联系。

2. 按操纵方式不同分类

按操纵方式不同，可分为手动式、机动式、电动式、液动式、电液动式。

3. 按安装连接方式不同分类

按安装连接方式不同，可分为管式、板式、插装式、叠加式。

步骤 2：了解对液压控制阀的基本要求

对液压阀的性能要求：

各种液压阀的性能和用途有很大的差异，但它们在液压系统中都对执行元件起控制调节作用。液压传动系统对液压阀的基本性能要求如下：

（1）结构简单紧凑、动作灵敏、使用可靠、噪声小、调整方便。

（2）密封性能好，通油时压力损失小。

（3）通用性好、参数稳定，方便安装调节及维修、价格低廉。

步骤 3：了解液压控制阀的主要性能参数

液压控制阀的性能参数反映了它的规格大小和工作特性，是评定液压控制阀性能和选用的依据。其基本参数有公称通径、工作压力范围及其允许通过的流量等。

1. 公称通径

公称通径是指液压控制阀的进出油口的名义尺寸，并不代表进出油口的实际尺寸，是表征阀规格大小的性能参数。公称通径用 D_g（mm）表示，并且同一个公称通径不同种类的液压控制阀的进出油口的实际尺寸也不完全相同。例如，公称通径为 ϕ20 mm 的电液换向阀，其进出油口的实际尺寸是 ϕ21 mm；公称通径为 ϕ32 mm 的溢流阀，其进出油口的实际尺寸为 ϕ28 mm。

2. 公称压力

公称压力是指液压控制阀在额定工作状态下的名义压力，即液压控制阀长期工作所允许的最高压力，常用符号 p_g 表示，单位为 MPa。对于压力控制阀，实际最高工作压力还与阀的压力调整范围有关。对于换向阀，实际工作压力可能会受其功率极限的影响。

3. 公称流量

公称流量是指液压控制阀在额定工作状态下通过的名义流量，常用符号 q_N 表示，单位为 L/min。

【注意】同一公称通径、不同公称压力等级的液压控制阀所对应的公称流量是不同的，而同一公称通径、同一公称压力等级的不同类别的液压控制阀，由于结构和性能的不同，公称流量可能也不同。

液压控制阀的主要性能参数：

判断

1. 公称通径相同的液压阀，其进出油口的几何尺寸是相同的。(　　)

2. 阀工作时实际流量应小于或等于额定流量。(　　)

学习引导

随着液压技术的不断发展和技术规范、标准制度的不断完善，各种液压元件的基本参数将向统一的、标准化的方向发展。

步骤 4：解析液压控制阀的工作原理

下面，以三位四通换向阀为例，解析液压控制阀的工作原理。

如图 2-5-2 所示的三位四通换向阀结构示意图，其主要由阀体和阀芯组成。在阀体上，有 A、B、P、O 四个通流口。其中，P 是进油口，O 是回油口，A、B 是与液压缸连接的两个口。

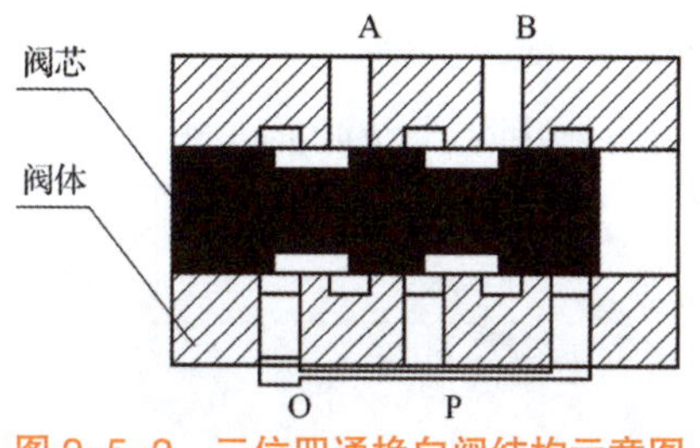

图 2-5-2　三位四通换向阀结构示意图

液压控制阀的工作原理：

总结归纳

液压控制阀的工作原理：阀芯相对于阀体处于不同的位置，可实现不同的功能。

此换向阀具体的工作过程如下：

阀芯相对于阀体处于中位时，P、O、A、B 四个口互不相通；阀芯处于左位时，P 口和 B 口相通，O 口和 A 口相通；阀芯处于右位时，P 口和 A 口相通，B 口和 O 口相通。

也就是说，阀芯相对于阀体处于不同的位置，各通流口连通状态不同，从而使液流流动方向不同，实现对液流的流动方向的控制，这就是液压控制阀的工作原理。

拓展任务

【行业前沿动态调研】

通过线上视频、教材、图书查询、网络搜索等渠道获得我国液压控制阀发展技术最新动态，写出调研结论。

任务总结评价

请根据学习情况，完成个人学习评价表（表 2–5–1）。

表 2–5–1　个人学习评价表

序号	评价内容	分值	得　分		
			自评	组评	师评
1	能自主完成课前学习任务	10			
2	掌握液压控制阀的分类	15			
3	熟悉液压控制阀的工作原理	10			
4	了解液压控制阀的性能参数和基本性能要求	10			
5	能够区分不同功能的液压控制阀	10			
6	能说出液压控制阀的工作过程	10			
7	能坚持出勤，遵守纪律，学习态度端正	10			
8	能积极参与师生互动活动，完成课中任务	15			
9	能独立完成课后作业和拓展学习任务，养成良好的学习习惯	10			
总　分		100			
自我总结					

任务6　认识换向阀

任务描述

磨床在工作过程中，工作台需要带动工件左右往复运动，这就需要磨床液压系统的执行元件输出左右往复运动形式，也就是说，液压缸要不断地变换运动方向，这项工作是通过换向阀（图2-6-1）变换液压油的流动方向而实现的。本任务将带领大家全面认识换向阀的类型、标准符号表达、工作原理及其常见故障诊断。

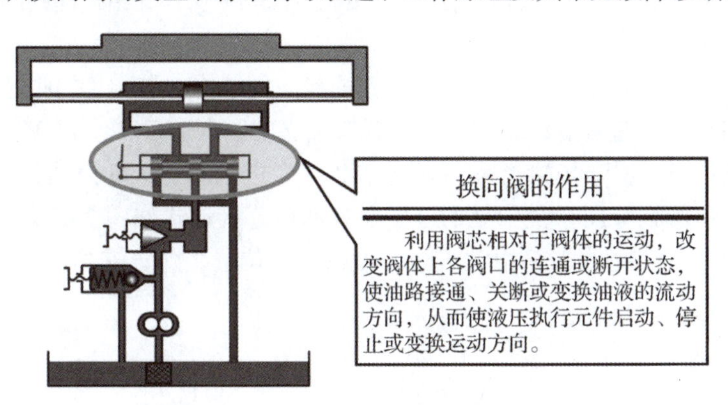

图2-6-1　磨床液压系统（换向阀）

任务目标

知识目标：

1. 掌握换向阀的类型、工作原理及适用场合；
2. 熟知换向阀的“位”“通”的含义；
3. 掌握换向阀的中位机能及特点。

能力目标：

1. 能为不同的液压系统选择合适的换向阀；
2. 会分析不同形式的换向阀的中位机能；
3. 会对换向阀进行故障诊断分析。

素质目标：

1. 锻炼分析问题、解决问题的能力，增强自信心；
2. 培养一丝不苟的工匠精神，树立干一行、精一行的意识。

课前学习资源

解析换向阀的工作原理：

认识常见的换向阀：

分析换向阀的中位机能：

边学边想

1. 按操纵方式分，换向阀有哪几种？

______

2. 什么是换向阀的“位”和“通”？

______

3. 换向阀的符号中，什么代表两阀口相通？什么代表阀口关闭？

______

4. 什么是换向阀的中位机能？

______

任务内容

步骤 1：解析换向阀的工作原理。
步骤 2：认识换向阀的类型及符号。
步骤 3：认识常用的换向阀。
步骤 4：解析换向阀的中位机能。
步骤 5：分析排除换向阀常见故障。

步骤 1：解析换向阀的工作原理

三位四通换向阀的工作原理：

按阀芯相对于阀体的运动形式不同，换向阀分为滑阀和转阀两大类。下面以常用的滑阀式三位四通换向阀为例，介绍换向阀的工作原理。

图 2–6–1（a）所示为三位四通换向阀结构，深颜色的阀芯可在阀体内左右滑动。在阀体上开有独立的四个通口 A、B、P、T，其中 A、B 口与执行元件相连，P 口为进油口，T 口为回油口。换向阀在液压系统中处的位置及各油口连接形式如图 2–6–2（b）所示，该阀的阀芯相对于阀体可在三个位置工作，左位、中位、右位。

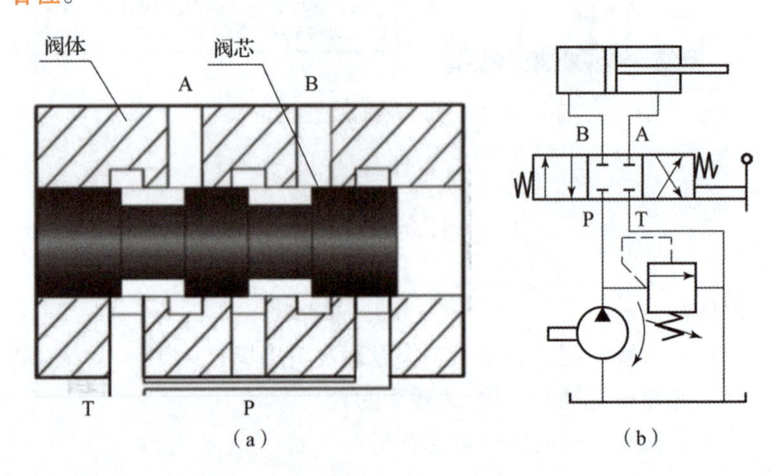

图 2–6–2　三位四通换向阀工作原理图
（a）三位四通换向阀结构；（b）换向阀在液压系统中的位置

边学边想

图 2–6–2 中的换向阀，共几个通口？

____

1. 左位：液压缸右行

如图 2–6–3 所示，当阀芯处于阀体的最左端位置时，我们称之为换向阀处于“左位”工作。此时，该换向阀四个通口的连通状态是：A、T 口相通，同时 P、B 口也相通，压力油经 P、B 口流入液压缸左腔，液压缸右腔油液经 A、T 口流回油箱，液压缸活塞向右运行。

边学边想

图 2–6–3 中的换向阀，共几个通口？

____

____

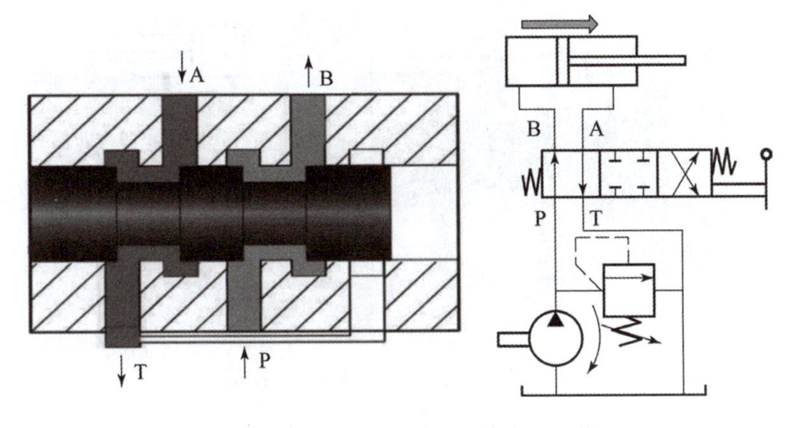

图 2-6-3　三位四通换向阀在左位工作

2. 中位：液压缸停止

如图 2-6-4 所示，扳动手柄，使阀芯向右移动一定的距离，处于“中位”时，阀芯的凸肩将 P、T 口堵死，并阻断 A、B 口，换向阀的四个通口互不相通，此时，换向阀阻止向液压缸供油，液压缸活塞不动，可在任意位置锁紧。

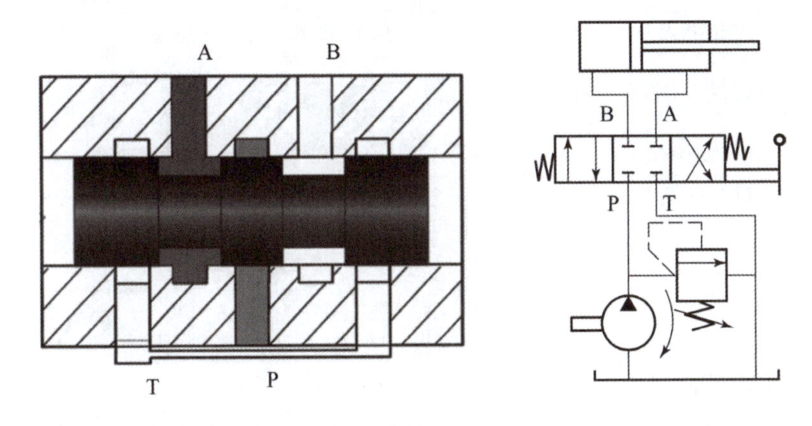

图 2-6-4　三位四通换向阀在中位工作

3. 右位：液压缸左行

如图 2-6-5 所示，扳动手柄，使阀芯继续向右移动一段距离，处于阀体的最右端位置时，我们称之为换向阀处于“右位”工作。此时，该换向阀四个通口的连通状态是：P、A 口相通，同时 B、T 口也相通，压力油经 P、A 口流入液压缸右腔，液压缸左腔油液经 B、T 口流回油箱，液压缸活塞向左运行。

【结论】换向阀工作原理：阀芯处在阀体中的不同位置，换向阀在系统中可实现不同的作用。

头脑风暴

图 2-6-4 中，换向阀处于中位时，如果你是设计师，能设计出 A、B、P、T 四个通口不同的连通形式吗？举例说明。

______

思想升华

阀芯处在阀体中的位置不同，A、B、P、T 四个口的连通状态不同，在系统中的作用就会不同。每位同学都是一个特色鲜明的个体，同学们要充分发挥个人特长，准确定位，拼搏奋斗，作自信自强、有担当的时代青年。

归纳总结

用一句话来总结换向阀的工作原理。

____

____

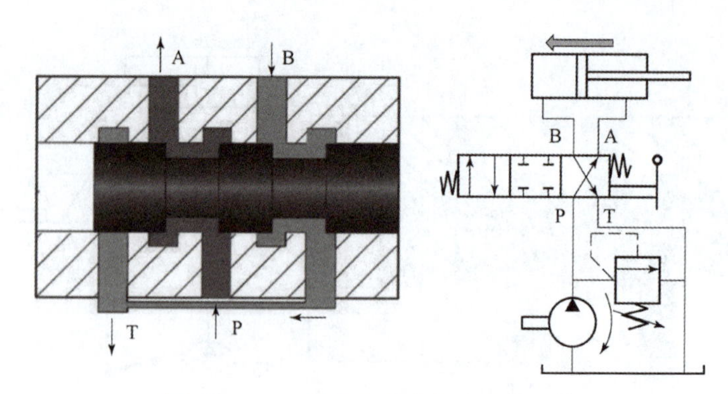

图 2-6-5 三位四通换向阀在右位工作

步骤 2：认识换向阀的类型及符号

一、换向阀的分类

常见的换向阀分类方式如表 2-6-1 所示。

表 2-6-1 常见的换向阀分类方式

分类方式	类型
按阀的操纵方式分	手动、机动、电磁动、液动
按阀芯工作位置数和通道数分	二位二通、二位三通、二位四通、三位四通、三位五通
按阀芯相对于阀体的运动方式分	滑阀（锥阀）、转阀
按阀的安装方式分	管式、板式、法兰式、叠加式、插装式

边学边想

步骤 1 换向阀的工作原理是以哪种阀为例进行描述的?

____

二、换向阀的符号表达（GB/T 786.1—2021）

1. 换向阀的“位”

一个换向阀可以在几个位置上工作，从而实现相应的功能，我们就称这个阀为几“位”阀，一般用方框表达。

如图 2-6-6（a）所示，该阀符号是两个方框，代表这是个二位阀，而图 2-6-6（b）所示的阀有三个方框，代表这个阀是三位阀。对于三位阀，左边的框称为“左位”，右边的框称为“右位”，中间的框称为“中位”。

换向阀的符号：

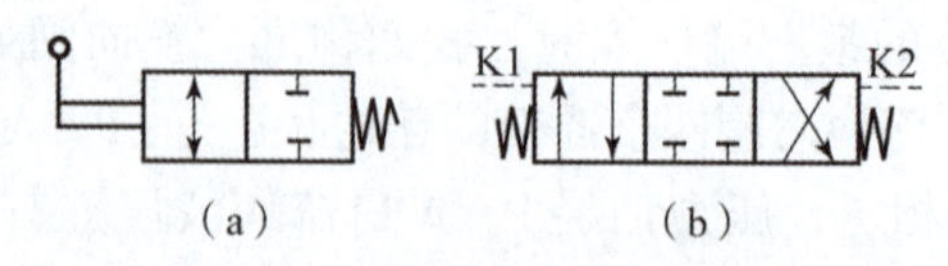

图 2-6-6 换向阀的“位”

（a）二位阀；（b）三位阀

边学边练

请判断图 2-6-6 中两个阀的常态位，图 2-6-6（a）所示的阀为常开阀还是常闭阀?

____

____

【结论】换向阀的常态位：换向阀在没有任何外力作用下所处的位置为常态位置。

对于二位阀，弹簧画在哪个位置，哪个位置为常态位；对于三位阀，一般中间位置为常态位。

【注意】对于二位阀，有常开阀和常闭阀之分。

常态位为不导通的关闭状态，我们称之为常闭阀；常态位为导通状态（画箭头的位置），则该阀为常开阀。

2. 换向阀的“通”

在换向阀的符号中，一个方框上下两边与外部连接几个通口，就表示该阀为几“通”阀，一般为二通、三通、四通或者五通。方框内符号正“T”或倒“T”表示此油路被阀芯封闭，箭头表示在这一位置上油路处于接通状态，**但并不表示液体实际流向**。例如，图 2–6–7（a）所示阀为三通阀，而图 2–6–7（b）所示阀为四通阀。

【注意】每个方框内通口的数目在各个工作位置上应该完全相同。例如，三位四通阀，左位是四个通口，中位和右位也应该是四个通口。

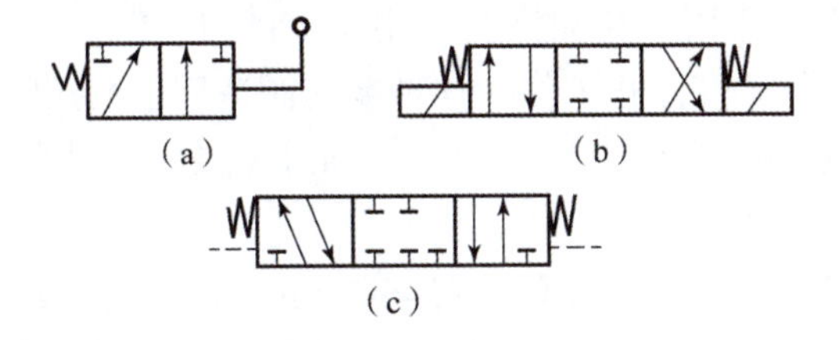

图 2–6–7　换向阀的“位”和“通”判断

一般，换向阀的进油口用字母“P”表示，回油口用字母“T”或者“O”表示，与执行元件相连的工作油口用“A”“B”表示，如图 2–6–8 所示。

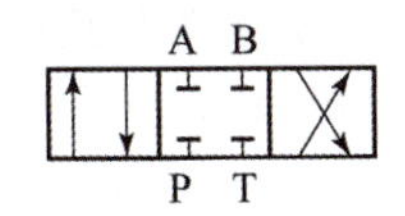

图 2–6–8　换向阀各通口表示代号

步骤 3：认识常用的换向阀

一、手动换向阀

手动换向阀是用手动杠杆操纵阀芯换位的换向阀，主要有弹簧复位和钢球定位两种形式，如图 2–6–9 所示。

思考判断

如图 2–6–7（c）所示阀，三个位置中，每个位置上有 5 个通口，所以这是一个 15 通的阀。这种说法对吗？

____

边学边练

请说出图 2–6–7 中各阀的名称，并判断各阀的常态位。

1：二位三通阀，常态位是左位；

2：____________

3：____________

手动换向阀：

边学边练

1. 挖掘机控制挖手方向的换向阀适合用（　　）。

2. 机床、液压机、船舶等需保持工作状态时间较长的液压系统，适合用（　　）。

A. 弹簧复位式

B. 钢球定位式

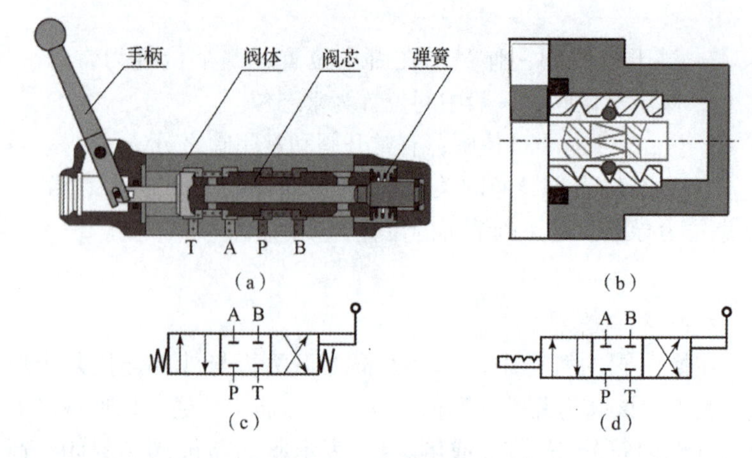

图 2-6-9　手动换向阀

（a）弹簧复位式；（b）钢球定位式；

（c）弹簧复位式符号；（d）钢球定位式符号

1. 弹簧复位式

弹簧复位式手动换向阀如图 2-6-9（a）所示。当用手向左拉动手柄使阀芯右移至右位时，P 口与 B 口相通，A 口与 T 口相通；反之，当向右推动手柄时，阀芯向左移至左位时，P 口与 A 口相通，B 口与 T 口相通，液流实现换向。松开手柄时，阀芯便在两端弹簧力作用下自动恢复至中位。此时，P、T、A、B 口全部封闭，执行元件停止工作。这种换向阀适用于动作频繁、工作持续时间短、必须有人操作的场合，如工程机械的液压系统。

2. 钢球定位式

钢球定位式手动换向阀如图 2-6-9（b）所示，其阀芯端部的钢球定位装置可使阀芯分别停止在左、中、右三个不同的位置上，使执行元件工作或停止，因而可用于工作持续时间较长的场合。

分析提升

弹簧复位式手动换向阀适用于（　　）场合，钢球定位式手动换向阀适用于（　　）场合。

你能说出其中的原因吗？

____

____

二、机动换向阀

机动换向阀又称行程阀，它利用安装在运动部件上的液压行程挡块或凸轮压阀芯端部的滚轮使阀芯移动，从而使油路换向。这种阀通常为二位阀，分常闭和常开两种，并且用弹簧复位。图 2-6-10 所示为二位二通机动换向阀。在图 2-6-10（a）所示位置，阀芯在弹簧作用下处于右位，P 口与 T 口不连通，当运动部件上的液压挡块压下滚轮，使阀芯移至左位时，油口 P 与 T 连通，如图 2-6-10（b）所示。

机动换向阀结构简单，换向时阀口逐渐关闭或打开，故换向平稳、动作可靠；换向位置精度高，常用于控制运动部件的行程或快、慢速度的转换。其缺点是必须安装在运动部件附近，与其他液压元件安装距离较远，不易集成。

机动换向阀：

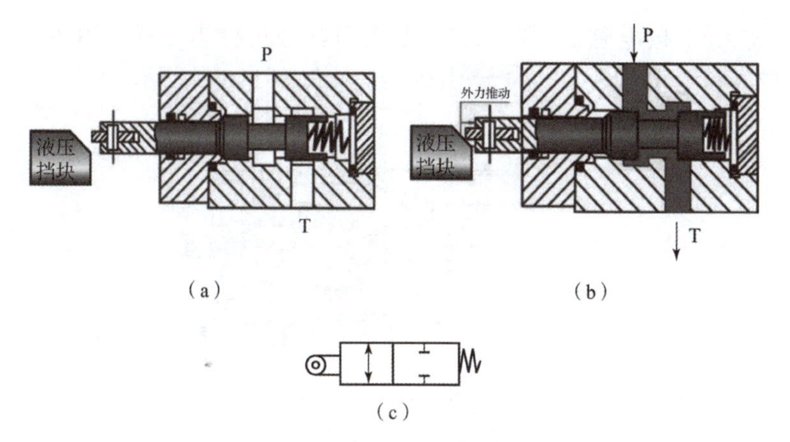

图 2-6-10　机动换向阀

（a）常态位置（P、T 不通）；（b）工作位置（P、T 相通）；

（c）机动换向阀符号

三、电磁换向阀

电磁换向阀是利用电磁铁的推力控制阀芯，改变工作位置实现换向的换向阀。它由电磁铁和滑阀两部分构成，如图 2-6-11 所示。

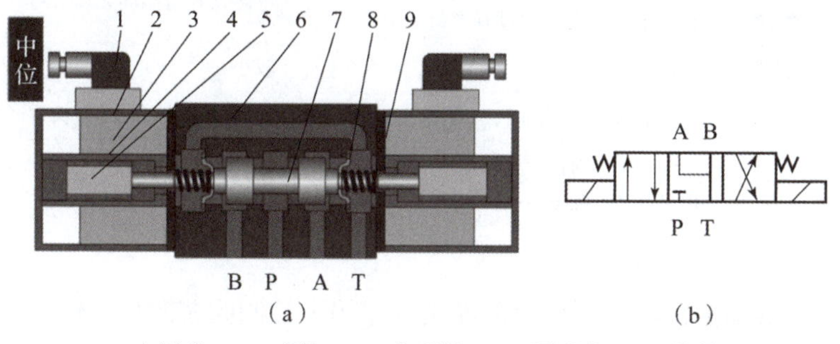

1—电插头；2—壳体；3—电磁铁；4—隔磁套；5—衔铁；

6—阀体；7—阀芯；8—弹簧座；9—弹簧。

图 2-6-11　三位四通电磁换向阀（Y 形中位）

（a）结构；（b）符号

（1）按使用电源不同分为交流、直流电磁换向阀，其性能对比如表 2-6-2 所示。

表 2-6-2　交流和直流电源电磁换向阀性能对比

性能	交流电磁铁换向阀	直流电磁铁换向阀
电源	使用电压一般为交流 220 V	一般使用 24 V 直流电压
换向频率	切换频率不许超过 30 次 /min	允许切换频率达到 120 次 /min
优点	电气线路配置简单，交流电磁铁启动动力大、换向时间短	启动力比交流电磁铁小，需要专用直流电源
缺点	换向冲击大，工作时温升高。当阀芯卡住时，电磁铁因电流过大容易烧坏，可靠性差，寿命较短	不会因铁芯卡住而烧坏，体积小、工作可靠、换向冲击小、使用寿命较长

边学边练

1. 图 2-6-10 所示机动换向阀是常开阀还是常闭阀？

2. 机动换向阀安装时对安装位置有要求吗？为什么？

电磁换向阀：

边学边练

在流量较大的场合适合选用电磁换向阀吗？为什么？

思想升华

交流和直流电源换向阀各有各的优缺点。人也一样，每位同学也都有自己的优势和不足。希望大家能正确认识自我，相互学习，取长补短，成为更优秀的自己。

> **思考讨论**
>
> 湿式电磁换向阀和干式电磁换向阀对比，哪种换向可靠性更好？
>
> ______________________

（2）按电磁铁衔铁工作腔是否有油液可分为干式（图 2-6-12）和湿式（图 2-6-11）。其性能对比如表 2-6-3 所示。

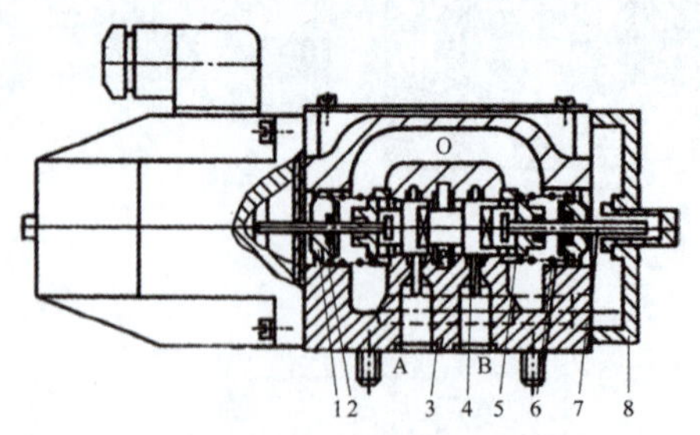

1—O 形圈座；2—密封圈；3—阀体；4—阀芯；5—弹簧座；6—弹簧；7—推杆；8—盖板。

图 2-6-12 二位四通电磁换向阀（干式）

> **思想升华**
>
> 干式和湿式电磁换向阀在性能、制造工艺及价格上存在很大差异，也有一定的内在联系，这给予我们启发：辩证地看待一切事物，正确认识自我，树立正确的世界观。

表 2-6-3 干式和湿式电磁换向阀性能对比

性能	干式电磁铁换向阀	湿式电磁铁换向阀
电磁铁所处环境	线圈、铁芯与衔铁处于空气中，不和油接触	衔铁和推杆均浸在油液中
是否设密封装置	为了防止液压油进入衔铁工作腔，在电磁铁和滑阀间设有密封装置	电磁铁和滑阀间无须密封
推杆阻力	较大	较小
优点	结构简单、成本低、应用广泛	换向可靠性好、寿命长
缺点	由于回油有可能渗入对中弹簧腔，回油压力不能过高	价格高

液动换向阀：

四、液动换向阀

液动换向阀是利用控制油液的作用力控制阀芯改变工作位置来实现换向的，它适用于大流量（阀的通径大于 10 mm）回路。图 2-6-13 所示为三位四通液动换向阀的结构及符号。当其两端控制油口 K_1 和 K_2 均不通控制压力油时，阀芯在复位弹簧的作用下处于中位；当 K_1 进压力油、K_2 接油箱时，阀芯右移，使 P 口通 A 口，B 口通 T 口，反之 K_2 进压力油、K_1 接油箱时，阀芯左移，使 P 口通 B 口，A 口通 T 口。

> **头脑风暴**
>
> 为什么液动换向阀适合用于大流量场合，而电磁换向阀却不适合？
>
> ______________________
>
> ______________________
>
> ______________________

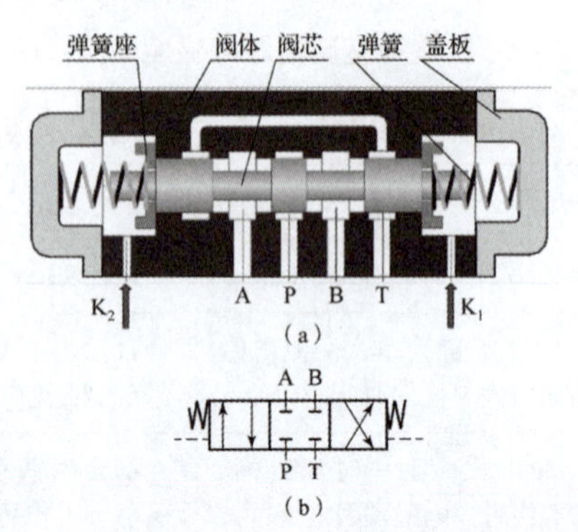

图 2-6-13 三位四通液动换向阀的结构及符号

（a）结构；（b）符号

五、电液换向阀

电液换向阀由**电磁换向阀**和**液动换向阀**组合而成。其中，电磁换向阀为**先导阀**，用以改变控制油路的方向；液动换向阀为**主阀**，用以改变主油路的油液方向。电液换向阀可用反应灵敏的小规格电磁阀方便地控制大流量的液动阀换向，因而控制方便、通过流量大。其结构、工作原理及符号如图 2-6-14 所示。

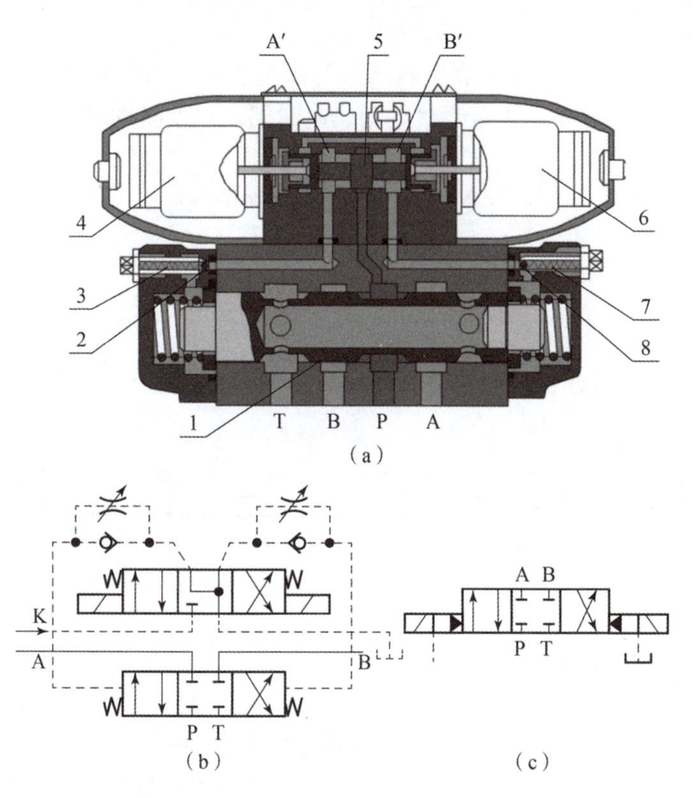

1—液动阀阀芯；2，8—节流阀；3，7—单向阀；
4，6—电磁铁；5—电磁阀阀芯。

图 2-6-14 电液换向阀的结构、工作原理及符号

（a）结构；（b）工作原理；（c）符号

1. 主阀处于中位工作

当先导阀的两电磁铁均不通电时，电磁阀阀芯在两端弹簧力的作用下处于中位，控制油液被切断，这时主阀阀芯两端的油液经两个节流阀及先导阀的通路与油箱连通，因而它在两端弹簧的作用下处于中位，油口 A、B、P、T 均不相通。

2. 主阀处于左位工作

当先导阀的左端电磁铁 4 通电时，电磁阀左位工作，来自主阀 P 口或外接油口 K 的压力油经先导阀油路及左端单向阀 3 进入主阀的左端油腔，而主阀右端油腔的油则可经节流阀 8 及先导阀

电液换向阀：

边学边想

电液换向阀是由哪两种换向阀复合而成的？它适合用于哪种场合？

____

____

边学边想

电液换向阀中，主阀和先导阀的中位各通口连接形式一样吗？为什么先导阀采用“Y”形中位？

____

____

____

思想升华

对于中位形式相同的三位四通换向阀，虽然操纵方式不同，但换向阀在系统中达到的换向效果却是一样的。同学们以后面对问题和困难时要灵活应变，改变做事方式，也可实现目标，可达到“殊途同归”的效果。

上的通道与油箱连通，主阀芯即在左端液压推力的作用下移至右端，即主阀左位工作。其主油路的通油状态为P口通A口，B口通T口。

3. 主阀处于右位工作

当右端电磁铁6通电时，电磁阀芯5移至左端时，主阀右端进压力油，左端经节流阀2通油箱，阀芯移至左端，即主阀右位工作，其通油状态为P口通B口，A口通T口。

边学边想

电液换向阀中，节流阀的作用是什么？

______

【注意】调节节流阀阀口开度的大小，可以改变主阀芯移动速度，从而调整主阀换向时间，可使换向平稳、无冲击。

区分对比

仔细观察，小组成员讨论分析图2-6-15中三种换向阀处在中位时实现的功能有何不同？

由此现象，你觉得生活和学习中的细节重要吗？

______

______

步骤4：解析换向阀的中位机能

引导问题： 认真观察图2-6-15，请说出三个换向阀的不同之处。

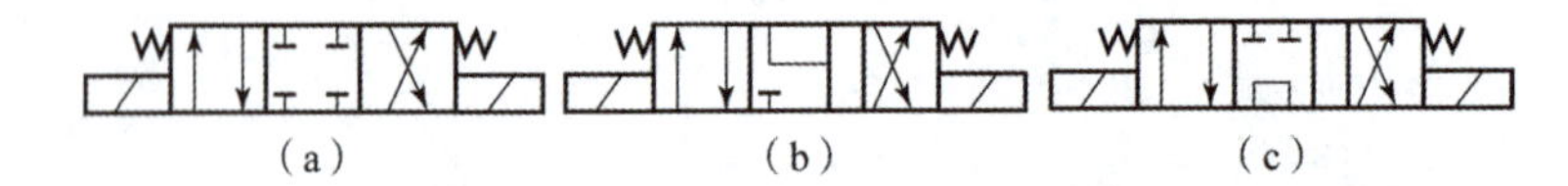

图2-6-15　三位四通换向阀符号对比图

一、三位换向阀的中位机能

三位换向阀的阀芯在阀体中有左、中、右三个工作位置，中间位置可利用不同形状及尺寸的阀芯结构，得到多种不同的油口连接方式。三位换向阀在常态位置（中位）时各油口的连通方式，称为**中位机能**。

三位换向阀中位机能：

通常，以字母命名三位阀的中位机能。常见的三位四通换向阀的中位机能形式及其名称如图2-6-16所示。

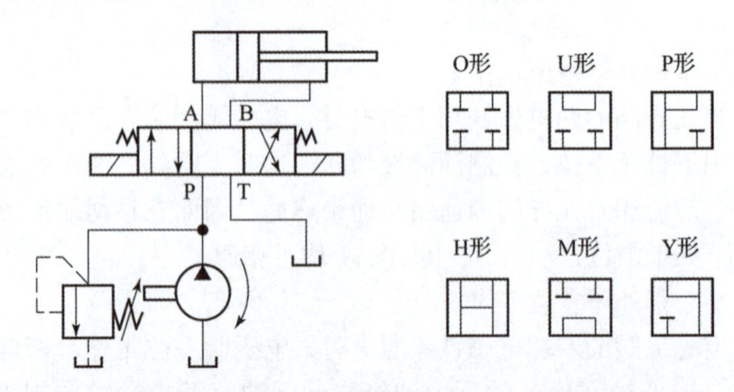

图2-6-16　常见的三位四通换向阀的中位机能形式及其名称

边学边练

根据图2-6-16，说出各中位形式下P、T、A、B四口的连通状态。

______

______

______

二、选择中位机能应该考虑的问题

分析和选择三位换向阀的中位机能时，应考虑以下问题。

1. 液压泵的状态

当换向阀处于中位时，考虑液压泵的两种状态：保压和卸荷。

液压泵保压条件：P 口被堵死。

液压泵保压的中位机能适合用在多缸系统。

液压泵卸荷条件：P、T 口自由相通。

2. 液压缸的状态

当换向阀处于中位时，考虑液压缸的两种状态：悬浮和锁紧。

液压缸悬浮的条件：当 A、B 两口自由互通时，液压缸浮动。

液压缸悬浮时可方便调整活塞杆的位置。

【注意】缸浮动和缸活动一点点的区别。

液压缸锁紧的条件：当 A、B 两口堵死时，液压缸锁紧。此时，液压缸活塞可在任意位置停留。

因滑阀存在泄漏，此时液压缸只能实现短时锁紧。

3. 启动平稳性

当换向阀处在中位时，如果液压缸的某个腔通油箱，在启动时则会因为该腔内无油液起缓冲作用使液压缸的启动不太平稳。

【结论】A 或 B 与 T 口相通时，启动不平稳。

4. 换向平稳性及精度

当液压缸的 A、B 口堵死时，换向过程会出现液压冲击，换向平稳性差，但换向精度高；液压缸的 A、B 口通油箱时，换向平稳性好，但换向精度差。

三、常见的三位四通换向阀的中位机能

常见的三位四通换向阀的中位机能如表 2–6–4 所示。

表 2–6–4　常见的三位四通换向阀的中位机能

中位机能代号	中位机能符号	各油口的通断状态	液压缸的状态（闭锁、浮动、差动）	液压泵的状态（卸荷、保压）
O	A B / P T	P、T、A、B 四个油口全封闭	闭锁，活塞不动，可在任意位置停留	保压
H	A B / P T	P、T、A、B 四个油口全通	活塞处于悬浮状态，在外力作用下可移动	卸荷

文化传承

中位形式是采用英文字母表达，大家可以很好地采用象形联想区分记忆。同学们课后查询我国象形文字发展历史，弘扬文化传统，增强民族自信、文化自信。

边学边想

图 2–6–16 中：

能够使液压泵保压的中位形式有：__________

能够使液压泵卸荷的中位形式有：__________

边学边想

图 2–6–16 中：

启动较平稳的中位形式有：__________

换向精度高的中位形式有：__________

三位换向阀常见的中位机能特点：

边学边想

1. 手摇机构液压系统换向阀的中位应选择哪种形式？

2. H形的中位形式能用于多缸并联的场合吗？

3. 制动或锁紧场合适合选哪种中位形式？

续表

中位机能代号	中位机能符号	各油口的通断状态	液压缸的状态（闭锁、浮动、差动）	液压泵的状态（卸荷、保压）
M	A B / P T	P、T口相通，A、B口封闭	闭锁，活塞不动，可在任意位置停留	卸荷
P	A B / P T	P、A、B三油口相通，T口封闭	差动连接	正常供油
Y	A B / P T	P口封闭，A、B、T三口相通	液压缸活塞浮动，在外力作用下可移动	保压

步骤5：分析排除换向阀常见故障

换向阀常见故障现象及排除方法如表2-6-5所示。

表2-6-5 换向阀常见故障现象及排除方法

序号	故障现象	产生原因	排除方法
1	阀芯不动或不到位	1. 滑阀卡住： （1）滑阀阀芯与阀体配合间隙过小，阀芯在孔中容易卡住，不能动作或动作不灵活。 （2）滑阀阀芯或阀体碰伤，油液被污染。 （3）阀芯几何形状超差；阀芯与阀孔装配不同心，产生轴向液压卡紧现象。 2. 液动换向阀油路有故障： （1）油液控制压力不够，滑阀不动，不能换向或换向不到位。 （2）节流阀关闭或堵塞，阀芯不动或不到位。 （3）滑阀两端泄油口没有接回油箱或泄油管堵塞。 3. 电磁铁故障： （1）因滑阀卡住，交流电磁铁的铁芯吸不到底面而烧毁。 （2）漏磁吸力不足。 （3）电磁铁接线焊接不良，接触不好。 4. 弹簧折断、漏装、太软，都不能使滑阀恢复中位，因而不能换向。 5. 电磁换向阀的推杆磨损长度不够或行程不正确，使阀芯移动过小或过大，都会引起换向不灵或不到位	1. 检修滑阀： （1）检查间隙情况，研修或更换阀芯。 （2）检查、修磨或重配阀芯，必要时，更换新油。 （3）检查、修正几何偏差及同心度，检查液压卡紧情况，并修复。 2. 检查控制油路： （1）提高控制油压，检查弹簧是否过硬，以便更换。 （2）检查、清洗节流口。 （3）检查，并接通回油箱；清洗回油路，使之畅通。 3. 检查并修复： （1）检查滑阀卡住故障，并更换电磁铁。 （2）检查漏磁原因，更换电磁铁。 （3）检查并重新焊接。 4. 检查更换或补装。 5. 检查并修复，必要时可更换推杆
2	换向冲击与噪声	1. 控制流量过大，滑阀移动速度太快，产生冲击。 2. 单向节流阀阀芯与阀孔配合间隙过大，单向阀弹簧漏装，阻尼失效，产生冲击。 3. 电磁铁的铁芯接触面不平或接触不良。 4. 滑阀时卡时动或局部摩擦力过大。 5. 固定电磁铁的螺栓松动而产生振动	1. 调小单向节流阀节流口，减慢滑阀移动速度。 2. 检查、修整（修复）到合理间隙，补装弹簧。 3. 清除异物，并修整电磁铁的铁芯。 4. 研磨修整或更换滑阀。 5. 紧固螺栓，并加防松垫圈

拓展任务

【新技术调查】

通过线上视频、教材、图书查询、网络搜索等渠道获得我国换向阀的发展前沿最新技术动态，写出调研报告。

【了解传统文化】

感兴趣的同学可学习查看我国象形文字发展历史，课中分享中国传统文化故事。

任务总结评价

请根据学习情况，完成个人学习评价表（表 2-6-6）。

表 2-6-6　个人学习评价表

序号	评价内容	分值	得　分		
			自评	组评	师评
1	能自主完成课前学习任务	10			
2	掌握换向阀的类型、工作原理及适用场合	15			
3	熟知换向阀的“位”“通”的含义	10			
4	掌握换向阀的中位机能及特点	10			
5	能为不同的液压系统选择合适的换向阀	5			
6	会分析不同形式的换向阀的中位机能	10			
7	会对换向阀进行故障分析	10			
8	能坚持出勤，遵守纪律，学习态度端正	10			
9	完成课中任务过程中能发扬团队合作、一丝不苟的精神	10			
10	能独立完成课后作业和拓展学习任务，养成良好的学习习惯	10			
总　分		100			
自我总结					

任务 7　认识溢流阀

课前学习资源

认识直动式溢流阀：

应用直动式溢流阀：

认识先导式溢流阀：

应用先导式溢流阀：

边学边想

1. 从功能上看，溢流阀属于哪种液压控制阀？

____

2. 直动式溢流阀的调定压力取决于什么？怎样调整其调定压力？

____

____

3. 请画出直动式溢流阀和先导式溢流阀的标准符号。

____

4. 先导式溢流阀的调定压力取决于什么？

____

任务描述

磨床在工作过程中，由于加工对象存在差异，外负载会不同，因此其液压系统的工作压力会有所不同。为了保证液压系统的安全，限制系统的最高压力，必须设置安全阀。一般选用溢流阀（图 2-7-1）作为液压系统的安全阀。按结构不同，溢流阀有直动式溢流阀和先导式溢流阀两种。本任务将全面介绍这两种溢流阀的结构组成、工作原理、具体作用以及常见故障诊断方法。

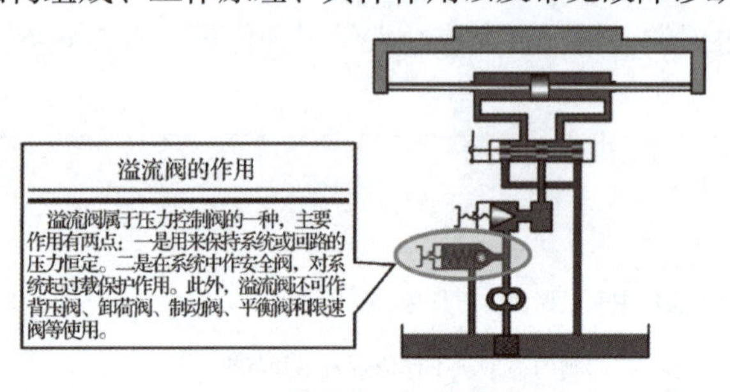

图 2-7-1　磨床液压系统（溢流阀）

任务目标

知识目标：

掌握直动式溢流阀和先导式溢流阀的结构组成、工作原理。

能力目标：

1. 能够区分直动式溢流阀和先导式溢流阀的不同；
2. 会分析溢流阀在液压系统中的具体作用；
3. 会对溢流阀进行故障诊断分析。

素质目标：

1. 强化安全意识和责任意识；
2. 养成良好的学习习惯和生活习惯。

任务内容

步骤 1： 认识直动式溢流阀。
步骤 2： 认识先导式溢流阀。
步骤 3： 分析排除溢流阀常见故障。

步骤 1：认识直动式溢流阀

一、直动式溢流阀的工作原理

1. 结构组成

如图 2-7-2 所示，直动式溢流阀主要由阀体、阀芯、弹簧和调节手柄组成。

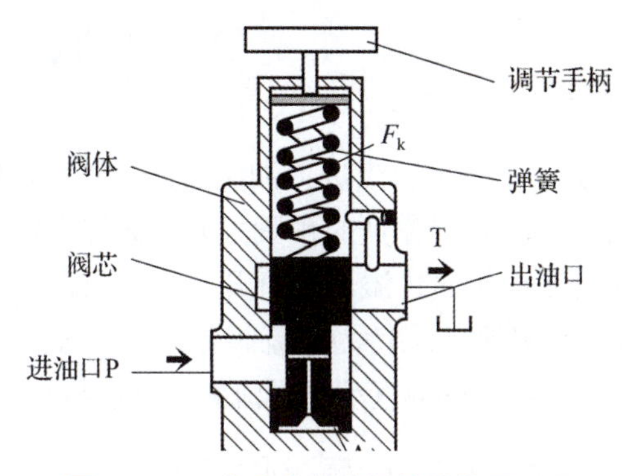

图 2-7-2　直动式溢流阀的结构原理图

2. 工作过程

直动式溢流阀是依靠系统中的压力油直接作用在阀芯上，与弹簧力相平衡，以控制阀芯的启闭动作的溢流阀。在系统正常工作时，溢流阀处于关闭状态，而当系统压力大于或等于其调定压力时，溢流阀才开始溢流，对系统起过载保护作用。具体工作过程如下：

1. 进油口不通压力油

如图 2-7-3（a）所示，当直动式溢流阀进油口处不通压力油时，阀芯在弹簧预紧力的作用下，处在阀体的最下端，进油口和出油口被阀芯隔开，互不相通，溢流阀处于关闭状态。

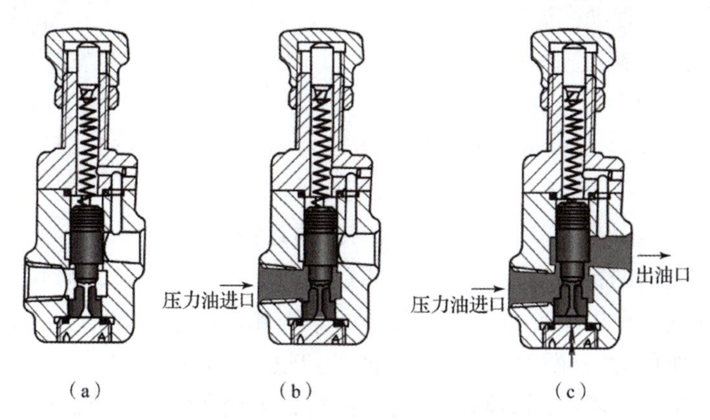

图 2-7-3　直动式溢流阀工作过程

（a）不通压力油；（b）$F_{油}<F_{弹簧}$；（c）$F_{油}>F_{弹簧}$

直动式溢流阀的工作原理：

边学边想

由图 2-7-2 可知，直动式溢流阀出油口接（　　）。

A. 油箱

B. 执行元件

边学边想

根据进油口不通压力油时的状态判断，溢流阀属于（　　）。

A. 常开阀

B. 常闭阀

头脑风暴

由直动式溢流阀的工作过程判断：溢流阀是控制其（　　）压力值不要高于安全值，确保系统安全。

A. 进油口

B. 出油口

归纳总结

直动式溢流阀的调定压力取决于________的大小。

调整______，可改变弹簧的预紧力，进而达到改变其调定压力的目的。

直动式溢流阀的符号：

直动式溢流阀的作用（稳压阀）：

2. 进油口压力油作用力小于弹簧预紧力

如图 2–7–3（b）所示，进油口处开始通低压压力油。此时，由于压力油的压力较低，阀芯受到压力油向上的压力较小，不能克服弹簧预紧力，阀芯依然处于阀体最下端，进油口和出油口仍然被阀芯隔开，互不相通，溢流阀依然处于关闭状态。

3. 进油口压力油作用力大于弹簧预紧力

如图 2–7–3（c）所示，当进口油压力升高到一定值，其对阀芯向上的作用力足以克服弹簧的预紧力时，阀芯会向上移动。此时，进油口和出油口相通，溢流阀打开，开始溢流。而进油口处的油压不能再继续升高，保持为溢流阀导通的压力值。

请根据表 2–7–1，总结直动式溢流阀的性能特点。

表 2–7–1　直动式溢流阀性能特点

序号	因素	直动式溢流阀性能特点
1	阀的常态	常开 / 常闭
2	阀芯液压力控制方式	进油口 / 出油口
3	是否存在外泄油口	有 / 无
4	是否存在外部液控口	有 / 无
5	出口接哪里	油箱 / 执行元件

二、直动式溢流阀的符号

根据 GB/T 786.1—2021，直动式溢流阀的符号如图 2–7–4 所示。

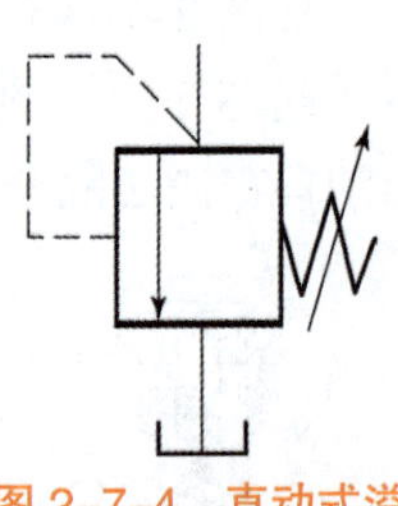

图 2–7–4　直动式溢流阀的符号

三、直动式溢流阀的作用

1. 溢流稳压——稳压阀

采用定量泵供油的节流调速系统，常在其进油路或回油路上设置节流阀或调速阀［图 2–7–5（a）］，使泵输出液压油的一部分进入液压缸工作，而多余的油通过溢流阀流回油箱，溢流阀处于其调定压力下的常开状态，调节弹簧的预紧力可以调节系统的工作压力。因此，在这种情况下，溢流阀的作用为溢流稳压。当液压缸受到较大的外载荷时，*A* 处压力一直保持为溢流阀的调定压力。此时，无论如何调整节流阀的通流面积，直动式溢流阀都能保持泵出口处压力恒定。

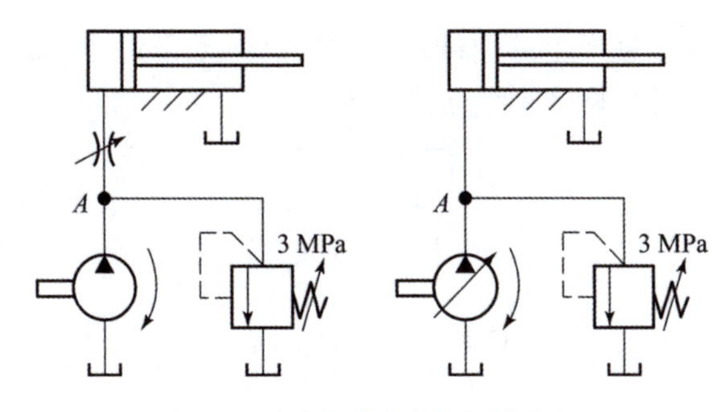

图 2–7–5　直动式溢流阀的作用

（a）溢流稳压；（b）安全限压

2. 安全限压——安全阀

采用变量泵供油的液压系统，没有多余的油液需溢流，其工作压力由负载决定，这时溢流阀只有在过载时才会打开，以保障系统的安全。因此，这种系统中的溢流阀又称为安全阀，是常闭的，如图 2–7–5（b）所示。

【练习 2–7–1】如图 2–7–6 所示，泵的额定压力是 10 MPa。直动式溢流阀的调定压力是 5 MPa。

（1）活塞截面面积为 0.01 m^2，当液压缸受到载荷为 3×10^4 N；

（2）当液压缸活塞运动至顶端位置，受到极大外载荷；

以上两种情况，A 点的压力各为：

（1）________；（2）________。

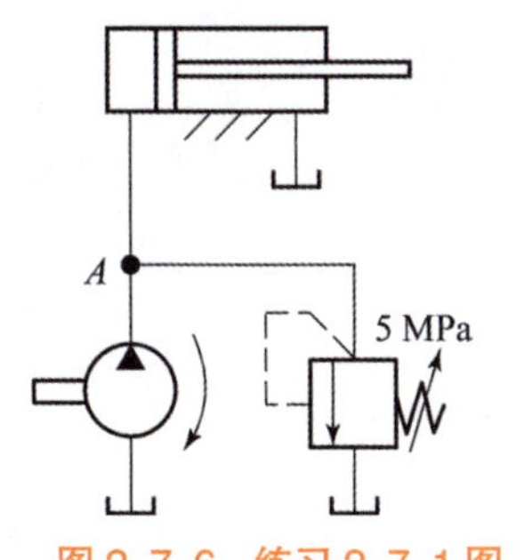

图 2–7–6　练习 2–7–1 图

【练习 2–7–2】如图 2–7–7 所示，泵的额定压力是 10 MPa，直动式溢流阀的调定压力是 2.5 MPa，当液压缸活塞运动至顶端位置，受到极大外载荷，此时，A 处压力是________。

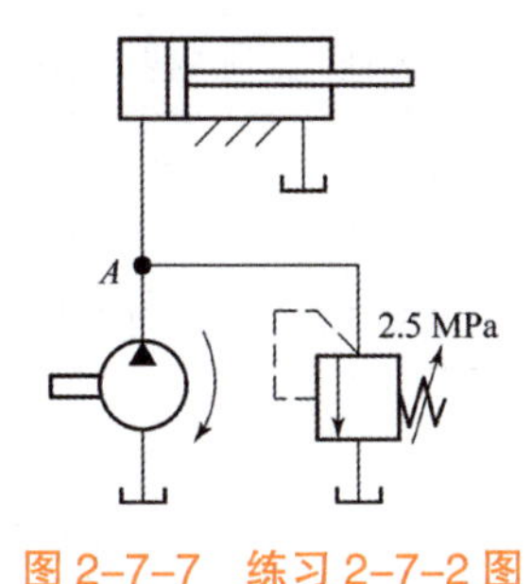

图 2–7–7　练习 2–7–2 图

3. 形成背压——背压阀

如图 2–7–8 所示，将直动式溢流阀设置在液压缸的回油路上，可使液压缸的回油腔形成背压，用以消除负载突然减小或变

边学边练

如图 2–7–5（a）所示，当溢流阀调定压力为 3 MPa、外负载无限大时，A 点压力为（　　）。

A. 无限大

B. 3 MPa

C. 不能确定

直动式溢流阀的作用（安全阀）：

头脑风暴

在某一液压系统，溢流阀一直处于溢流状态，工作人员判断这个阀工作出现了异常，需更换，他的判断正确吗？

____

文华传承

由溢流阀在液压系统中的“安全阀”作用，同学们要强化安全意识和保家卫国责任意识。

直动式溢流阀的作用（背压阀）：

为零时，液压缸产生的前冲现象，提高运动部件运动的平稳性。因此，这种用途的阀也称为背压阀。

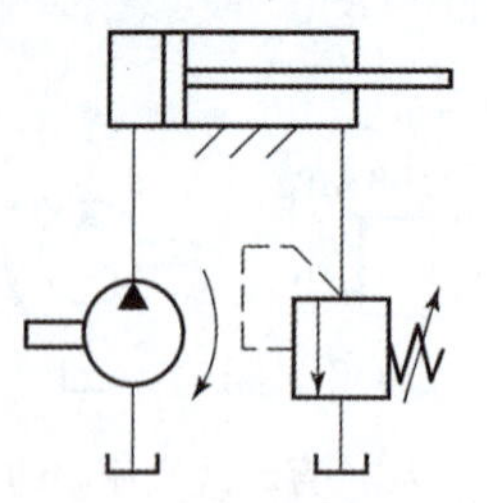

图 2-7-8　直动式溢流阀的作用（背压阀）

【练习 2-7-3】回油路中采用了两个串联的直动式溢流阀，请填写图 2-7-9 图示三点处的背压。

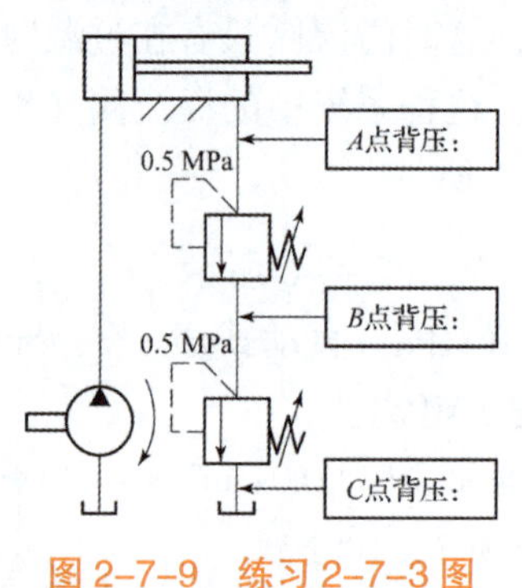

图 2-7-9　练习 2-7-3 图

思想火花

溢流阀作为背压阀使用的目的是让执行元件运行得更加稳定。作为一名大学生，你认为一定的学习压力是否更有助于促进个人取得进步呢？

____

____

【结论】液体流过溢流阀必产生与其调定压力值一样的压降。

根据以上分析，总结直动式溢流阀的性能，填写表 2-7-2。

表 2-7-2　直动式溢流阀的性能

项目	内容
优点	结构简单、成本低、维护方便、动作灵敏性高
缺点	在高压大流量时要求弹簧强度高，刚度大，不同溢流量引起的溢流压力变化比较显著，使溢流阀的性能变差
适用场合	适用于小于 2.5 MPa 的低压、小流量场合

归纳总结

直动式溢流阀的作用：

____

____

步骤 2：认识先导式溢流阀

先导式溢流阀的工作原理：

一、先导式溢流阀的工作原理

1. 结构组成

如图 2-7-10 所示，先导式溢流阀主要由主阀和先导阀两部分组成。主阀与直动式溢流阀的结构基本相同，一般采用滑阀式结构，起主溢流作用，其内的弹簧为平衡弹簧，刚度较小，仅是为了克服摩擦力使主阀芯及时复位而设置的。先导阀是一个小规格锥阀芯直动式溢流阀，其内的弹簧为调压弹簧，用来调定主阀上腔的压力。

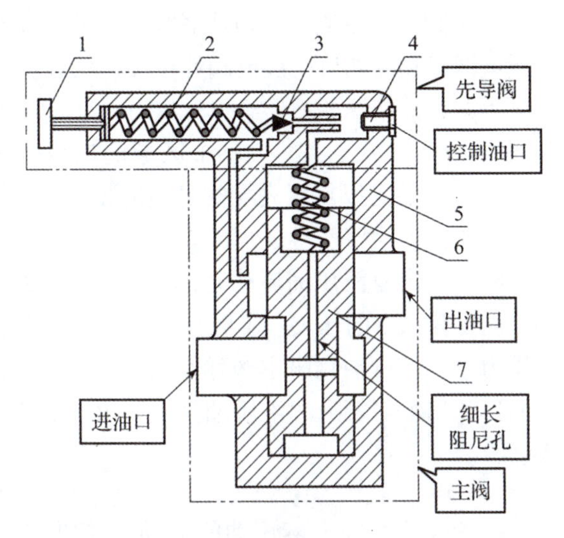

1—调节手柄；2—先导阀弹簧；3—锥阀；4—螺塞；
5—阀体；6—主阀弹簧；7—主阀阀芯。

图 2-7-10　先导式溢流阀的结构原理图

2. 工作过程

先导式溢流阀的工作过程分**控制油口不接控制油**和**接通控制油**两种情况。

1）控制油口不接控制油

如图 2-7-11 所示，将先导式溢流阀内部划分成三个区域，主阀芯底部为 A 区，主阀芯弹簧腔为 B 区，先导阀的锥阀芯和控制油口间的区域为 C 区。

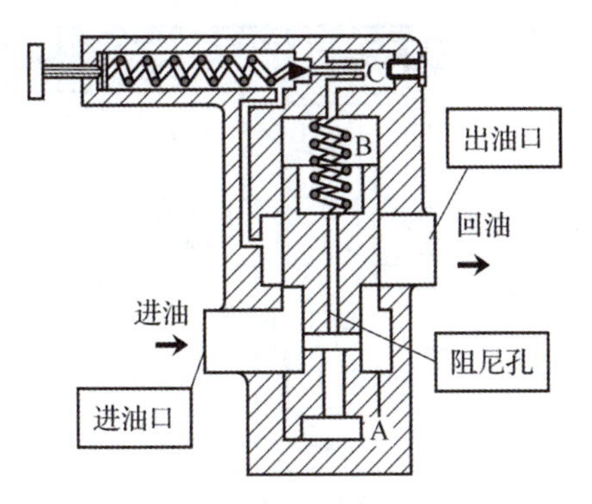

图 2-7-11　先导式溢流阀工作过程图 1

边学边练

由图 2-7-10 可知，先导式溢流阀的主阀主要由________组成；主阀起________作用，先导阀起________作用。

特别提示

1. 主阀弹簧与先导阀弹簧刚度不同；
2. 注意细长阻尼孔的存在及其作用；
3. 注意主阀和先导阀作用的不同。

知识铺垫

流体流过小孔时**压力流量特性方程：**

$$q=CA\Delta p^m$$

式中，C 为流量系数；A 为小孔的通流面积；Δp 为小孔前后流体的压力差；m 为由小孔形式决定的系数。

头脑风暴

某一液压系统，由于操作人员没有及时更换液压油，细长阻尼孔被阻塞时，会发生什么现象？

____

（1）进油口开始通压力油。

当进油口开始通压力油后，油液依次充满 A、B、C 三个区域。此时，油压较小，C 区压力油不足以克服先导阀弹簧的预紧力，锥阀芯不动，整个阀内无油液流动。A、B、C 三个区域压力相同。主阀芯同时受到来自 A、B 两区域的压力油的作用力，两腔作用力平衡，主阀芯在主阀弹簧较小预紧力的作用下处在阀体最下端，阻断进油口和出油口，溢流阀处于关闭状态。

（2）油压上升，油液开始流动。

进口油液压力上升，A、B、C 三个区域的油压随之同时上升，直到 C 区的压力油足以克服先导阀弹簧的预紧力，推开先导阀的阀芯，此时阀内产生液压油的流动。根据压力流量特性方程可知，当细长阻尼孔内有液压油流动时，会产生一定的压降，此时 A、B 两区域会有一定的压差，A 区压力大于 B 区压力。在 A 区域较高的压力下，液压油克服主阀弹簧的较小弹力，推动主阀芯上移，进油口和出油口相通，液压油从主阀出口处流出，主阀处于溢流状态。

【注意】细长小孔有无液压油的流动直接决定了先导式溢流阀是否溢流。

2）控制油口接其他调压阀

如图 2-7-12 所示，先导式溢流阀的控制油口打开，外接一个直动式溢流阀，其调定压力一般小于左侧先导阀的调定压力。C 区压力油会优先顶开右侧弹簧预紧力较小的锥阀，此时，主阀开始溢流。显然，此时先导式溢流阀的调定压力由控制油口处调定压力较小的溢流阀压力决定。

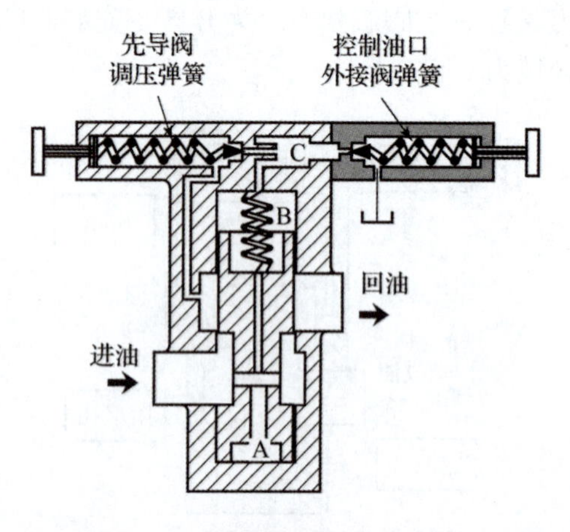

图 2-7-12　先导式溢流阀工作过程图 2

边学边想

某一液压系统，控制油口是被螺塞堵死的情况下，先导式溢流阀的溢流导通压力取决于什么？

思想火花

液体“善走捷径”的特性决定：先导式溢流阀调定压力取决于导阀和液控口处二者之间较小的压力。同学们在学习和工作中不能善走捷径，要善于克服困难，具备吃苦耐劳的精神。

头脑风暴

一位工作人员误把控制油口直接接回油箱，会发生什么现象？

【结论】先导式溢流阀的调定压力取决于先导阀的调定压力与控制油口处的压力两者之间较小的压力。

二、先导式溢流阀的符号

根据 GB/T 786.1—2021，先导式溢流阀的符号如图 2-7-13 所示。

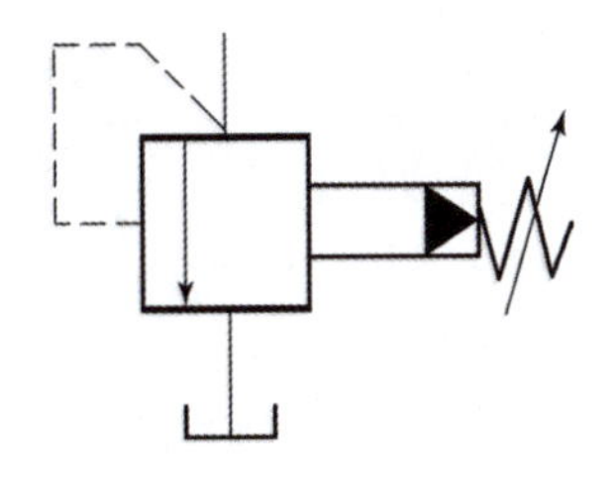

图 2-7-13　先导式溢流阀的符号

先导式溢流阀的符号：

三、先导式溢流阀的作用

除了直动式溢流阀溢流稳压、安全限压、形成背压三个作用，先导式溢流阀在液压系统中还可以起以下作用：

1. 远程调压

如图 2-7-14 所示，当先导式溢流阀 1 的控制油口与调压较低的溢流阀 2 连通时，阀 1 主阀芯上腔的油压只要达到阀 2（低压阀）的调整压力，阀 1 的主阀芯即可抬起溢流，其先导阀不再起调压作用，也就实现了远程调压。

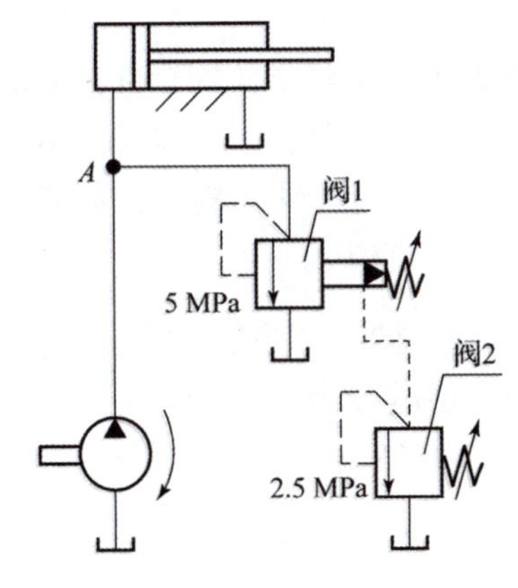

图 2-7-14　先导式溢流阀的作用（远程调压）

先导式溢流阀的作用（远程调压）：

【注意】阀 2 的调定压力务必小于阀 1 先导阀的调定压力才可以实现远程调压。

边学边练

图 2-7-14 所示液压系统的调定压力是多少？

____

责任担当

先导式溢流阀远程调压作用使我们认识到具备足够的能力才能承担更大的责任，作为新时代的青年，要有强烈的社会责任感。

故障诊断

图 2-7-15 所示起重液压系统，在液压泵、液压缸不变参数下，无法举起 5×10^4 N 的重物，是哪儿出现了问题？

______

【练习 2-7-4】泵的额定压力是 10 MPa，先导式溢流阀的先导阀调定压力是 5 MPa，活塞截面面积为 0.01 m²。重物 W 的重力为 3×10^4 N 时，请填表 2-7-3。

表 2-7-3

直动式溢流阀调定压力 /MPa	能否举起 W	A 点压力
2		
4		
6		

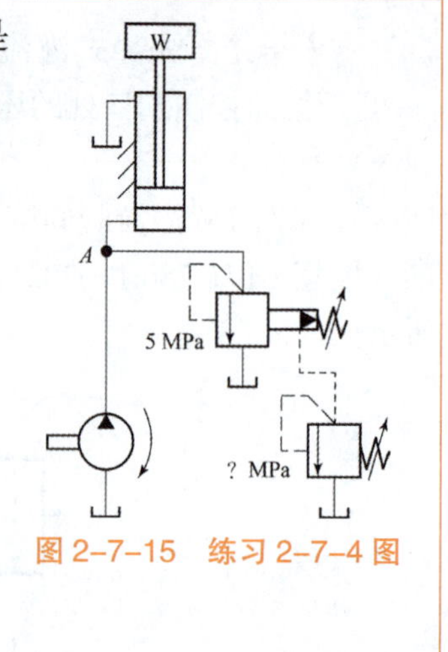

图 2-7-15　练习 2-7-4 图

先导式溢流阀的作用（使泵卸荷）：

2. 使泵卸荷

如图 2-7-16 所示，用二位二通电磁换向阀与先导式溢流阀的远控口相连。当电磁铁 1YA 通电时，换向阀上位工作，溢流阀远控口与油箱连通，此时主阀芯上腔压力接近于零。由于主阀弹簧很软，因此，主阀芯在进口压力很低时即可迅速抬起，使溢流阀阀口全开，泵输出的油液便在此低压下经溢流阀全部流回油箱。此时泵接近于空载运转，功耗很小，即处于**卸荷状态**。由于在实际中经常采用这种卸荷方法，因此，便产生了将溢流阀和微型电磁阀组合在一起的阀，称为**电磁溢流阀**。

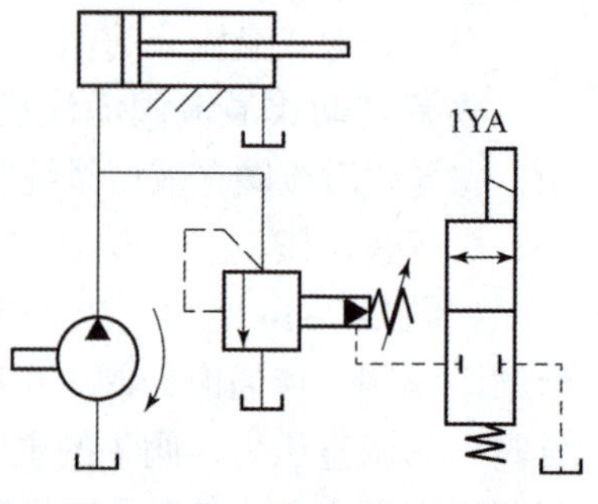

图 2-7-16　先导式溢流阀的作用（使泵卸荷）

边学边想

电磁溢流阀由哪两种阀复合而成？适合用在什么场合？

______

______

思想升华

先导式溢流阀“使泵卸荷”的目的是在系统不需要输出动力时既可延长泵的寿命，又可以节约能源。

生活中我们也要节约能源，你做到了吗？

【练习 2-7-5】如图 2-7-17 所示，泵的额定压力是 10 MPa，先导式溢流阀的先导阀调定压力是 5 MPa，活塞截面面积为 0.01 m²。重物 W 的重力为 3×10^4 N 时，请问此系统是否能举起重物？

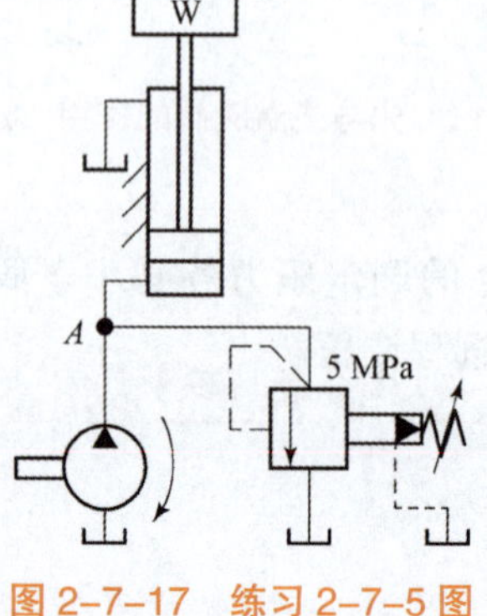

图 2-7-17　练习 2-7-5 图

3. 多级调压

当系统需要在不同的压力下工作时，可以采用如图 2–7–18 所示的调压回路来实现，由先导式溢流阀和直动式溢流阀各调一级压力。当电磁铁 1YA 不通电即换向阀下位工作时，系统压力由直动式溢流阀调定，当电磁阀 1YA 通电即换向阀上位工作时，系统压力由先导式溢流阀调定。

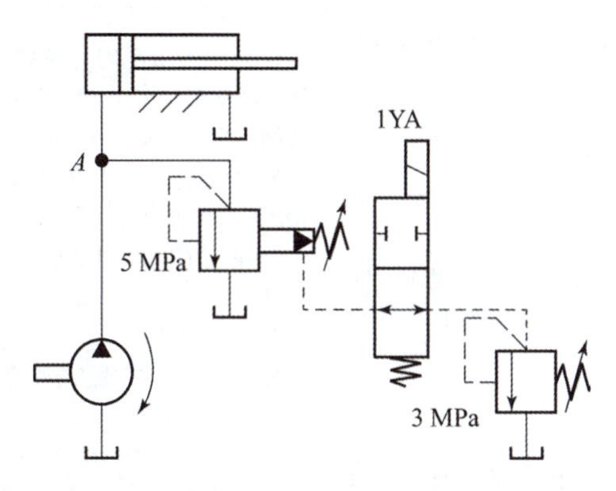

图 2–7–18　先导式溢流阀的作用（多级调压）

实际使用时，先导式溢流阀安装在靠近液压泵出口的地方，起安全保护作用。而远程调压阀也就是直动式溢流阀则安装在操作台上，起调压作用。无论是哪个溢流阀起作用，溢流流量始终从先导式溢流阀的主阀阀口流回油箱。

【注意】在先导式溢流阀实现的多级调压回路中，先导式溢流阀的调定压力务必要高于远控口上外接的直动式溢流阀的调定压力才能实现多级调压功能。

根据以上分析，总结先导式溢流阀的性能特点，如表 2–7–4 所示。

表 2–7–4　先导式溢流阀的性能特点

项目	内容
优点	通过先导阀的流量很小（主阀额定流量的 1%），因此其先导阀结构尺寸较小，调压弹簧刚度不大，压力调整比较轻便，性能较好
缺点	先导式溢流阀要在先导阀与主阀动作后才起控制作用，反应相对迟钝，结构复杂，细长小孔容易堵塞，故障率相对较高
适用场合	常用于高压和大流量场合

先导式溢流阀的作用（多级调压）：

中国一拖高端液压过载保护技术填补技术空白：

头脑风暴

图 2–7–18 中，两个溢流阀的调压大小关系是怎样的才能实现远程调压？

____

思考讨论

图 2–7–18 中，简单描述该系统是如何实现多级调压的。

____
____
____

总结归纳

总结先导式溢流阀的具体应用。

____
____
____

步骤 3：分析排除溢流阀常见故障

溢流阀常见故障现象及排除方法如表 2–7–5 所示。

表 2–7–5　溢流阀常见故障现象及排除方法

序号	故障现象	产生原因	排除方法
1	压力上不去，达不到调定压力，溢流阀提前开启	1. 主阀芯与阀体配合间隙内有污物或主阀芯卡死在打开位置； 2. 主阀芯阻尼小孔内有污物堵塞； 3. 主阀芯弹簧漏装或折断； 4. 先导阀（针形）与阀座之间有污物黏附，不能密合； 5. 先导阀阀芯与阀座之间密合处产生磨损；针形阀有拉伤、摩擦环状凹坑或阀座呈锯齿状甚至有缺口； 6. 调压弹簧失效； 7. 调压弹簧压缩量不够； 8. 远控口未堵住（对安装在多路阀内的溢流阀，若需要溢流阀卸荷，其远控口是由其他方向阀的阀杆移动堵住的）	1. 拆卸清洗：用尼龙刷等清除主阀芯卸荷槽尖棱边的毛刺，保证阀芯与阀体配合间隙在 0.008~0.015 mm 灵活运动； 2. 清洗主阀芯并用细钢丝通小孔，或用压缩空气吹通； 3. 加装主阀芯弹簧或更换主阀芯平衡弹簧； 4. 清洗先导阀； 5. 更换先导阀阀芯与阀座； 6. 更换失效弹簧； 7. 重调弹簧并拧紧紧固螺母； 8. 查明原因，保证泵不卸荷，远控口与油箱之间堵死
2	当进口压力超过调定压力时，溢流阀也不能开启	1. 主阀芯与阀体配合间隙内卡有污物或主阀芯有毛刺，使主阀芯卡死在关闭位置上； 2. 调压弹簧失效； 3. 主阀芯液压卡紧； 4. 主阀芯弹簧与调压弹簧装反或主阀芯弹簧误装成较硬弹簧； 5. 调压弹簧腔的泄油孔通道有污物堵塞	1. 拆卸清洗：用尼龙刷等清除主阀芯卸荷槽尖棱边的毛刺；保证阀芯与阀体配合间隙在 0.008~0.015 mm 灵活运动； 2. 更换调压弹簧； 3. 恢复主阀精度，补卸荷槽；更换主阀芯； 4. 检查更正重装弹簧； 5. 清洗，并用压缩空气吹净
3	压力振摆大、噪声大	1. 主阀芯弹簧腔内积存空气； 2. 主阀芯与阀体间有污物，主阀芯有毛刺，配合间隙过大、过小，使主阀芯移动不规则； 3. 先导阀阀芯与阀座之间密合处产生磨损；先导阀阀芯有拉伤、磨损环状凹坑或阀座呈锯齿状甚至有缺口； 4. 主阀芯阻尼孔时堵时通； 5. 主阀芯弹簧或调压弹簧失去弹性，使阀芯运动不规则； 6. 主阀芯弹簧与调压弹簧装反或主阀芯弹簧误装成较硬弹簧； 7. 二级同心的溢流阀同心度不够	1. 使溢流阀在高压下开启、低压关闭，反复数次； 2. 拆卸清洗：用尼龙刷等清除主阀芯卸荷槽尖棱边的毛刺；保证阀芯与阀套配合间隙在 0.008~0.015 mm 灵活运动； 3. 更换先导阀阀芯与阀座； 4. 清洗，并酌情更换变质的液压油； 5. 检查更换； 6. 检查更正重装； 7. 更换不合格产品

拓展任务

【创新设计】

根据本任务所学知识和技能，小组协作创新设计出 1 个四级以上调压回路。

任务总结评价

请根据学习情况，完成个人学习评价表（表 2–7–6）。

表 2–7–6　个人学习评价表

序号	评价内容	分值	得　分		
			自评	组评	师评
1	能自主完成课前学习任务	10			
2	掌握直动式溢流阀的结构组成、工作原理	15			
3	掌握先导式溢流阀的结构组成、工作原理	10			
4	能够区分直动式溢流阀和先导式溢流阀	10			
5	会分析溢流阀在液压系统中的具体作用	15			
6	会对溢流阀进行故障诊断分析	10			
7	能坚持出勤，遵守纪律，学习态度端正	10			
8	安全意识强	10			
9	能独立完成课后作业和拓展学习任务，养成良好的学习习惯	10			
总　分		100			
自我总结					

任务8　认识节流阀与调速阀

课前学习资源

解析流量控制原理：

认识节流阀与调速阀：

任务描述

磨床在工作过程中，根据不同的加工对象和不同的加工质量要求，工作台移动的速度会有所变化。工作台的运行速度也就是其液压系统中的液压缸的输出速度，由节流阀或调速阀（图2-8-1）控制进入其内的液体流量的大小实现变化。本任务将系统介绍节流阀与调速阀的结构组成、工作原理、性能特性及常见故障排除方法。

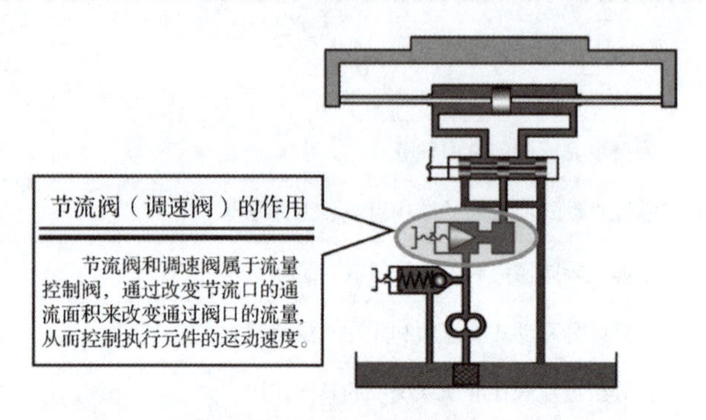

图2-8-1　磨床液压系统（节流阀或调速阀）

任务目标

知识目标：

1. 掌握流量控制阀的控制原理；
2. 熟悉不同类型节流口的特点；
3. 掌握普通节流阀、调速阀的工作原理及节流特性。

能力目标：

1. 会分析影响液体流量的因素；
2. 能排除节流阀和调速阀的常见故障。

素质目标：

1. 培养节约能源、绿色环保的意识；
2. 培养拼搏奋斗的精神，树立正确的人生观。

边学边想

1. 节流阀的节流孔采用的是哪种形式的小孔？

______

2. 节流阀和调速阀可以在液压系统起哪些作用？

______

______

3. 调速阀是由哪两种阀复合而成的？

______

______

4. 与节流阀相比，调速阀的突出特点是什么？

______

______

任务内容

步骤1：认识节流阀。

步骤 2：认识调速阀。

步骤 3：分析排除流量控制阀常见故障。

准备知识

液体流经的小孔可以根据小孔的孔长 l 与孔径 d 的比值分为三类：$l/d \leqslant 0.5$ 时，称为薄壁小孔；$0.5<l/d \leqslant 4$ 时，称为短孔；$l/d>4$ 时，称为细长孔。

一、液体流过薄壁小孔的流量

液体流过薄壁小孔时的流量公式如下：

$$q=CA\Delta p^{m} \quad (2\text{-}8\text{-}1)$$

式中，C 一般由实验确定；A 为孔口通流面积；Δp 为孔口前后的压力差；m 为由孔口形状和结构决定的指数，薄壁小孔（$m=0.5$），短孔（$0.5<m<1$），细长孔（$m=1$）。

二、液体流过细长孔的流量

液体流过细长孔的流量公式如下：

$$q=\frac{\pi d^{4}}{128\mu l}\Delta p \quad (2\text{-}8\text{-}2)$$

式中，d 为小孔的直径；μ 为液体的动力黏度；l 为小孔的长度；Δp 为小孔前后液体的压力差。

三、流过平行平板缝隙的流量

（1）流过固定平行平板缝隙的流量为

$$q=\frac{bh^{3}}{12\mu l} \quad (2\text{-}8\text{-}3)$$

（2）流过相对运动平行平板缝隙的流量为

$$q=\frac{bh^{3}}{12\mu l}\Delta p \pm \frac{v_0}{2}bh \quad (2\text{-}8\text{-}4)$$

式中，b 为平板的宽度；h 为平板间的高度；l 为缝隙的长度；μ 为液体的动力黏度；Δp 为缝隙前后液体的压力差；v_0 为平板相对液体移动速度，平板与液体流动方向一致时，取“+”，当平板与液体流动方向相反时，取“–”。

（3）液体流过同心圆环缝隙的流量为

$$q=\frac{\pi d\sigma^{3}}{12\mu l}\Delta p \pm \frac{\pi d\delta v_0}{2} \quad (2\text{-}8\text{-}5)$$

式中，δ 为圆环间的间隙大小；d 为圆环大径直径。

（4）液体流过偏心圆环缝隙的流量为

$$q=\frac{\pi d\delta^{3}}{12\mu l}\Delta p(1+1.5\varepsilon^{2}) \pm \frac{\pi d\delta v_0}{2} \quad (2\text{-}8\text{-}6)$$

式中，当 $\varepsilon=0$ 时，是同心圆；当 $\varepsilon=1$ 时，完全偏心，流量最大。一般，$q_{完全偏心}=2.5q_{同心}$。

孔口与缝隙流动：

分析总结

根据式（2–8–1），影响流过小孔的流量的因素有哪些？

____

____

思考讨论

根据式（2–8–1）讨论：小王测得某一液压阀前后的压差为 0 时，他认为此时无液体流过这个液压阀，这个结论正确吗？为什么？

____

____

____

思考讨论

根据式（2–8–6）讨论：在实际的液压系统中，当阀芯被偏心磨损后，液压阀的泄漏量是否会急剧增大？

____

____

____

步骤 1：认识节流阀

一、节流阀的结构组成及工作过程

1. 结构组成

如图 2-8-2 所示，节流阀主要由阀体、阀芯和调节螺母组成。

2. 工作过程

根据液体流过小孔的压力流量特性方程［式（2-8-1）］可知，改变通流面积 A，可改变流过小孔的流量，这是节流阀实现节流的理论基础。节流阀的结构如图 2-8-2（a）所示，工作时压力油从右侧进油口以 p_1 的压力流入节流阀，经阀芯 3 下端的轴向三角槽后，由左端的出油口以压力 p_2 流出，阀芯在调整螺母的作用下，始终紧贴在阀体的出口处，旋转调整螺母可使推杆带动阀芯沿轴向移动，从而改变节流口的通流截面积的大小，实现调节通过阀的液体流量的作用。

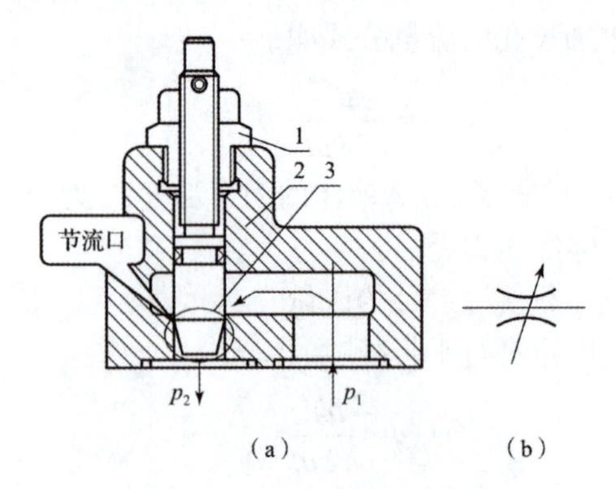

1—调节螺母；2—阀体；3—阀芯。

图 2-8-2　节流阀的结构及符号

（a）结构；（b）符号

节流阀的小孔一般为**薄壁小孔**，原因如下：

（1）根据压力流量特性方程可知，小孔两端压差 Δp 变化时，通过它的流量要发生变化，在以上三种结构形式的节流口中，通过薄壁小孔时的流量受到压差改变的影响最小。

（2）当液体流过薄壁小孔时，液体的黏度对流量几乎没有影响，故油温变化时，流量基本不变。

（3）薄壁小孔不容易堵塞，能确保流量阀的最小稳定流量。

温故知新

请写出液体流过小孔时的流量表达式（又称压力流量特性方程）。

____

思想火花

日常生活用水龙头就相当于一个节流阀，开口大、流量大，开口小、流量小。大家在日常生活中注意节约用水、保护环境。

头脑风暴

根据压力流量特性方程可知，节流阀可实现流量控制，你认为节流阀还能实现什么功能？

____

节流阀输出流量的平稳性与节流口的结构形状有关。节流口除了轴向三角槽式，还有针阀式、偏心槽式和缝隙式等，如图2-8-3所示。

节流口形式：

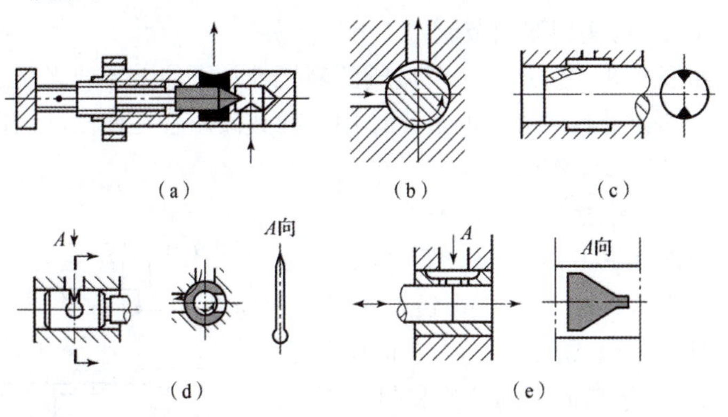

图2-8-3 节流阀的节流口形式

(a)针阀式；(b)偏心槽式；(c)轴向三角槽式；(d)周向缝隙式；(e)轴向缝隙式

3. 节流阀的符号

根据GB/T 786.1—2021规定，节流阀的符号如图2-8-2(b)所示。

4. 节流阀的作用

1)节流调速

通过改变节流阀的通流面积，可改变流过节流阀的流量，最终实现对执行元件的速度控制，如图2-8-4所示，节流阀实现节流调速功能。

2)负载阻尼

油液在流过节流口时，会产生较大的液阻，通流面积越小，液阻越大。节流阀这种对流动液体的阻尼作用可以实现对控制油液压力的调节(图2-8-5)，也可以作为背压阀，提升液压缸运行的稳定性。

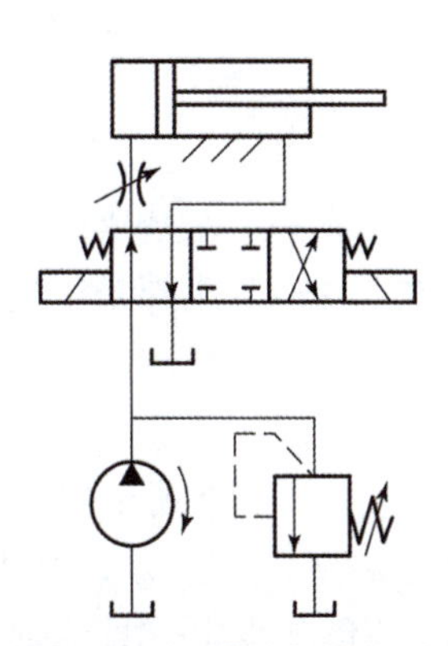

图2-8-4 节流阀的作用(节流调速)

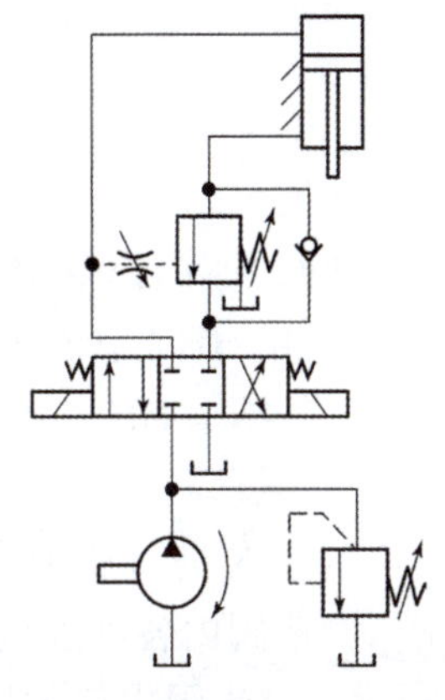

图2-8-5 节流阀的作用(负载阻尼)

边学边想

如图2-8-4所示：

1. 节流阀还可以安装在什么位置来实现对液压缸运行速度的控制？

______

2. 当将节流阀通流口关小，降低了液压缸速度，对于定量泵系统，多余的油液到哪里去了？

______

节流阀的节流特性：

思想火花

节流阀的负载阻尼特性阻碍了液体流动，增加了压力损失，对系统不利。但在某些场合我们也可变不利为有利条件，例如可利用这种阻尼特性实现背压，让执行元件运行得更稳定。也希望同学们能够认识到，乐观地面对困难，灵活运用身边的一切条件，将会有意想不到的收获。

思考讨论

你知道哪些阀可以用作背压阀？

____

____

头脑风暴

如何对节流阀进行压力补偿，实现不同负载条件下，执行元件速度保持稳定呢？

____

____

调速阀工作过程：

5. 节流阀的性能特点

★ 1）调节精度不高

节流阀一般是通过人工手动调整节流口面积大小，调节精度不高。

★ 2）可实现双向节流

如图 2–8–4 所示，经节流阀的液压油从下往上流或者从上往下流，都会受到节流阀的节流作用，导致液压缸在伸出和缩回过程中都受到节流作用。

★ 3）无法实现压力补偿

如图 2–8–6 所示节流调速液压系统，活塞右行，当外负载 F 产生的压力为 1 MPa 时，B 点压力为 1 MPa，由于节流阀的节流和阻尼作用，A 点压力会是 3 MPa。但随着负载和温度的不断变化，即使不改变节流口面积 A，流过节流阀的流量也会变化，使我们无法获得精确的流量，因此无法保证执行元件的精确速度。

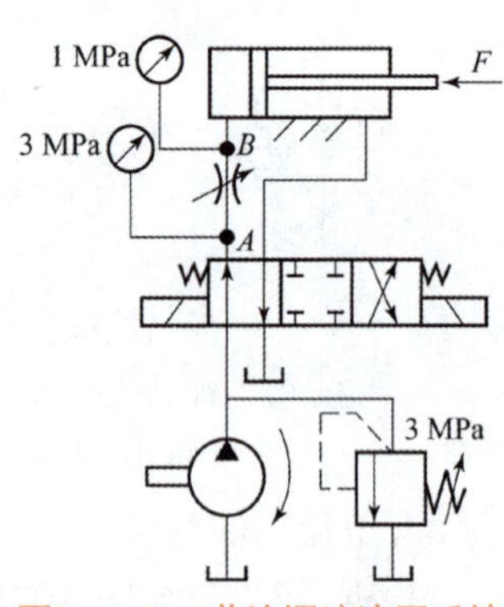

图 2–8–6　节流调速液压系统

根据以上分析，总结完善节流阀的性能特点，填写表 2–8–1。

表 2–8–1　节流阀的性能特点

项目	内容
优点	
缺点	
适用场合	一般仅用于负载变化不大或对速度、稳定性要求不高的场合

步骤 2：认识调速阀

一、调速阀的结构组成及工作过程

1. 结构组成

调速阀是由**定差减压阀**和**节流阀串联**而成。定差减压阀是压力补偿元件，保证节流阀前后的压差基本不变；节流阀是流量调节元件。其结构如图 2–8–7（a）所示。

2. 工作过程

若减压阀进口压力为 p_1，出口压力为 p_2，节流阀出口压力为 p_3，调速阀内各油腔内油液压力如图 2–8–7（a）所示。其中，$A=A_1+A_2$，节流阀出口的压力 p_3 由液压缸的负载决定。具体油液流动路线如下：

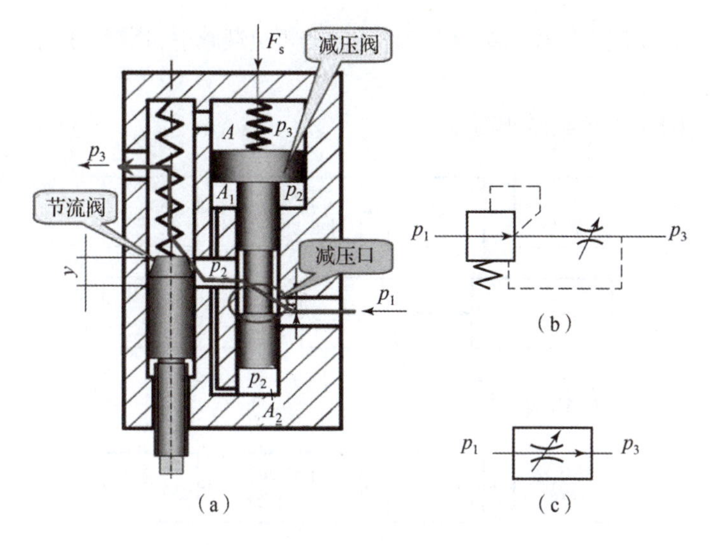

图 2-8-7 调速阀的结构及符号

（a）结构；（b）详细符号；（c）简化符号

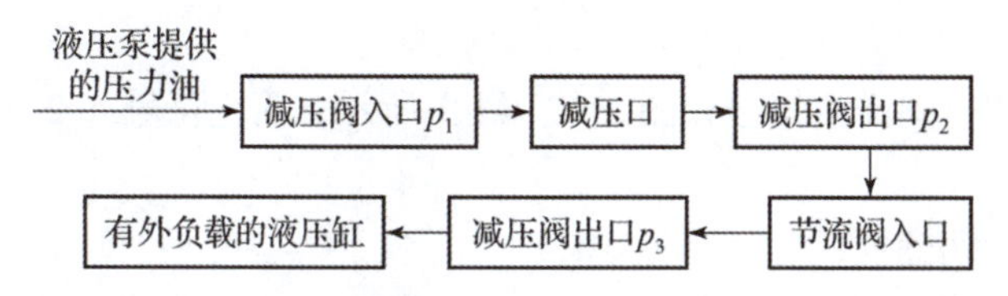

在此过程中，减压阀阀芯受力情况如图 2-8-8 所示。当减压阀阀芯在其弹簧力 F_s、油液压力 p_2 和 p_3 的作用下处于某一平衡位置时，则有 $p_3A+F_s=p_2A_1+p_2A_2$，即

$$F_s=(p_2-p_3)A$$

由于弹簧刚度较低，且在工作过程中减压阀阀芯位移很小，认为 F_s 基本保持不变，故（p_2-p_3）也基本不变，而节流阀面积 A_T 不变，则流量也为定值。也就是说，无论负载如何变化，（p_2-p_3）都基本保持不变，液压元件的运动速度也就不会变。

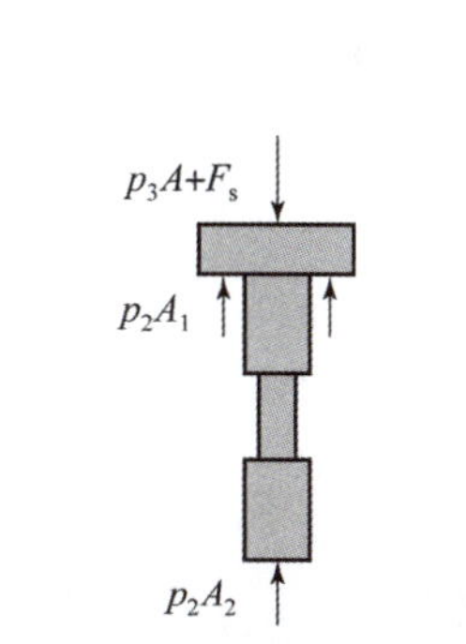

图 2-8-8 减压阀阀芯受力图

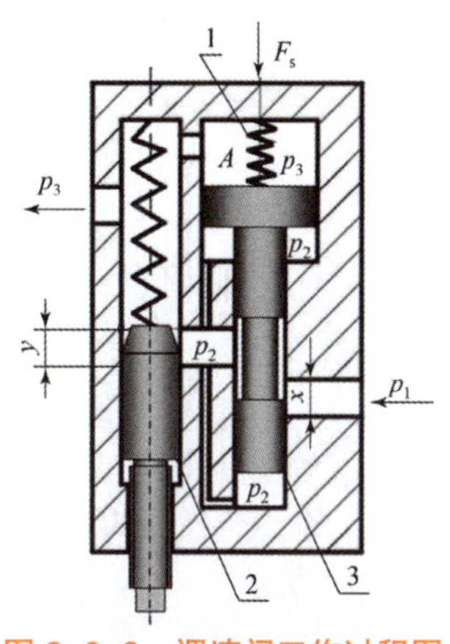

图 2-8-9 调速阀工作过程图

特别提示

定差减压阀实现的功能是：保证其进、出口油液的压力差基本不变。

减压阀具体内容可参考项目六任务 3。

思考讨论

减压阀的减压口的大小 x 和减压阀出口压力的大小呈什么关系？

____

____

思想火花

根据调速阀的工作过程可知，节流阀和定差减压阀通力协作才能完成流量调节过程，也希望同学们认识到团结就是力量，积极发扬团结协作精神。

头脑风暴

图 2-8-9 中，为什么要保证（p_2-p_3）尽量稳定不变？

____

____

边学边练

从外负载减小和增大过程分析看出，负载变化时，调速阀的流量调节性能会受到影响吗？

____

思考讨论

调速阀的调节性能在任何时候都比节流阀更稳定，这种说法对吗？为什么？

____

____

头脑风暴

调速阀中，保证（p_2-p_3）不低于最小值的目的是什么？

____

____

根据以上描述，结合图 2-8-9，分析负载减小和增大时（p_2-p_3）的变化过程。

（1）外负载减小时：

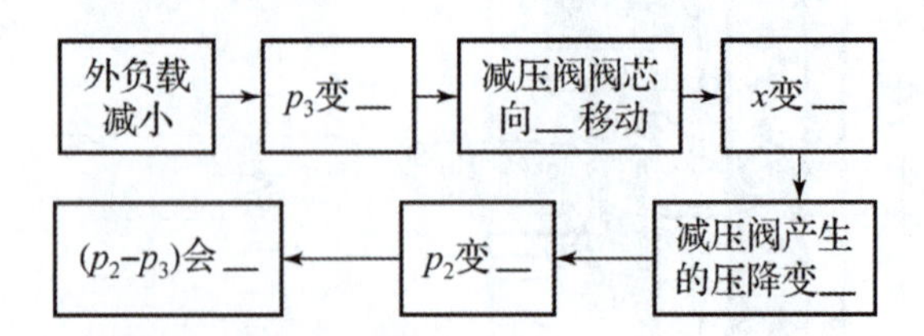

（2）外负载增大时：

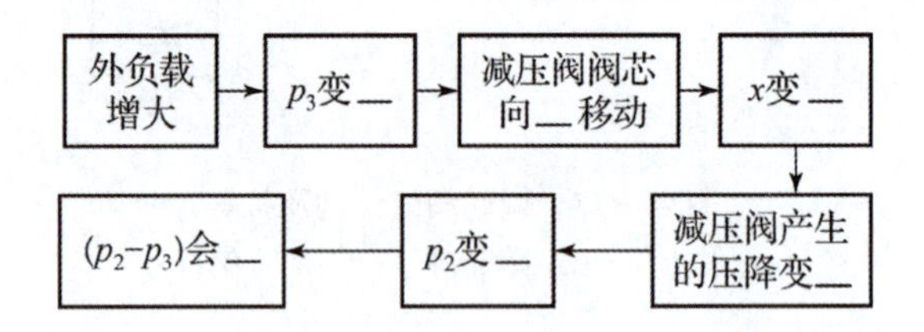

3. 调速阀符号

调速阀详细符号如图 2-8-7(b）所示，简化符号如 2-8-7(c）所示。

4. 调速阀的静态特性

由图 2-8-10 可看出，节流阀与调速阀在工作过程中具备以下特性：

（1）节流阀的流量随压差的变化比较大。

（2）压差大于一定值后，调速阀的流量不再随压差的变化而变化。

（3）要使调速阀正常工作，调速阀前后必须保证有一个最小压差，一般调速阀为 0.5 MPa，高压调速阀为 1 MPa。

根据以上分析总结调速阀的性能特点，如表 2-8-2 所示。

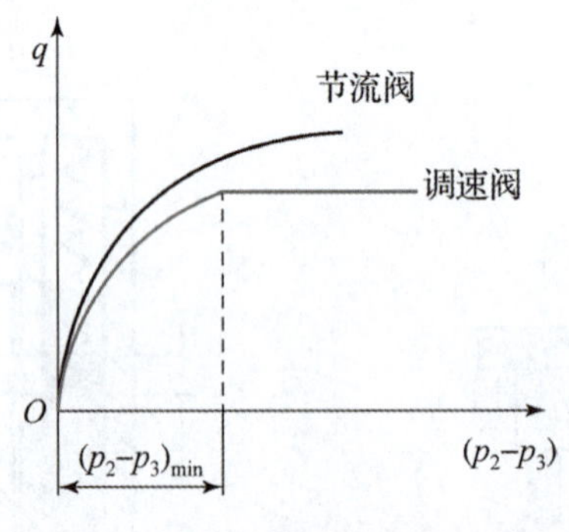

图 2-8-10　流量控制阀的静态曲线

表 2-8-2　调速阀的性能特点

项目	内容
优点	1. 能够保证在不同负载情况下的流量基本保持恒定； 2. 在节流调速系统中，一部分流量经过溢流阀流回油箱，通过调速阀的流量较少，相同通流面积情况下，压力差较小，弹簧较软，稳定性好
缺点	总有一部分功率通过溢流阀损耗，发热量大，效率较低
适用场合	一般用于负载变化较大，对速度、稳定性要求较高的场合，适用性好

思想火花

从流量控制阀的流量特性曲线分析中可看出，好的结果需要具备一定的条件，所以，同学们要认识到，任何成功都需要付出努力，要拼搏奋斗，树立正确的人生观。

步骤 3：分析排除流量控制阀常见故障

流量控制阀的常见故障现象及排除方法如表 2-8-3 所示。

表 2-8-3　流量控制阀的常见故障现象及排除方法

序号	故障现象	产生原因	排除方法
1	无流量或流量极小	1. 节流口堵塞； 2. 阀芯与阀孔配合间隙过大，泄漏大	1. 检查清洗，更换油液，修复阀芯； 2. 检查磨损、密封情况，修换阀芯
2	流量不稳定	1. 油中杂质黏附在节流口边缘上，通流截面减少，速度减慢； 2. 节流阀内、外泄漏大，流量损失大，不能保证运行所需要的流量	1. 拆洗节流阀，清除污物，更换过滤器或更换油液； 2. 检查阀芯与阀体之间的间隙及加工精度，超差零件修复或更换。检查有关连接部位的密封情况或更换密封件

故障诊断

根据项目二小王遇到的磨床液压系统两个故障现象，你认为他所面对的系统中流量控制阀工作正常吗？

____

____

拓展任务

【新知识拓展】

请通过查询图书、网络，学习分流阀、集流阀相关知识，并和节流阀与调速阀进行性能对比，拓展个人专业知识。

任务总结评价

请根据学习情况，完成个人学习评价表（表 2-8-4）。

表 2-8-4 个人学习评价表

序号	评价内容	分值	得分		
			自评	组评	师评
1	能自主完成课前学习任务	10			
2	掌握流量控制阀的控制原理	10			
3	熟悉不同类型节流口的特点	5			
4	掌握普通节流阀、调速阀的工作原理及节流特性	15			
5	能够区分节流阀与调速阀在结构、性能上的不同	5			
6	能够画出节流阀与调速阀的标准符号	10			
7	会分析影响液体流量的因素	10			
8	具有良好的节能环保意识	5			
9	能坚持出勤，遵守纪律	10			
10	能积极参与师生互动活动，完成课中任务	10			
11	能独立完成课后作业和拓展学习任务，养成良好的学习习惯	10			
总分		100			
自我总结					

任务 9　搭建磨床液压系统回路并排除故障

任务描述

不管多复杂的液压系统都是由具备一定功能的基本液压回路（图 2–9–1）组成的，磨床液压系统也是如此。基本液压回路是指由若干液压元件组成，且能完成一定功能的简单液压回路。掌握基本液压回路的组成，有利于更好地分析、设计和维护各种液压系统。本任务将全面分析组成磨床液压系统的基本液压回路，并在液压实训台上搭建整个液压系统回路，分析排除磨床液压系统常见故障。

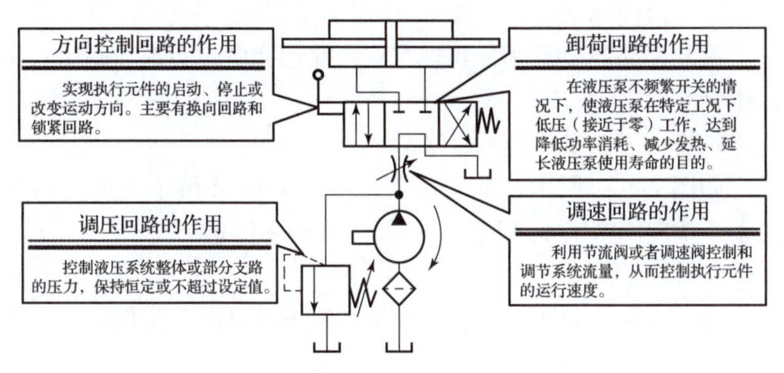

图 2–9–1　磨床液压系统（基本液压回路）

任务目标

知识目标：

1. 掌握典型换向回路与锁紧回路的实现方法；
2. 掌握典型调压回路的实现方法；
3. 掌握典型节流调速回路的实现方法；
4. 掌握典型卸荷回路的实现方法。

能力目标：

1. 能够按照磨床液压回路图在实训设备上搭建系统回路；
2. 能够排除磨床液压系统常见故障；
3. 会用 FluidSIM 软件搭建磨床液压系统回路。

素质目标：

1. 培养热爱劳动、吃苦耐劳的精神；
2. 培养创新实践、一丝不苟的工匠精神，做到干一行、专一行、精一行；

课前学习资源

分析方向控制回路：

分析调压回路：

分析节流调速回路：

分析容积调速回路：

分析卸荷回路：

搭建磨床液压系统回路：

边学边想

1. 可以采用什么方式使执行元件变换运行方向？

____

2. 调压回路中，起核心调压作用的元件是哪一个元件？

____

3. 在工作台停止时，磨床液压系统是如何实现液压泵的卸荷的？

____

4. 进油路和回油路节流调速回路性能有什么不同？

____

换向阀实现的换向回路：

讨论探究

结合各操控形式换向阀的特点，在大型液压机上，选用哪种换向阀实现其自动换向控制最合适？

____

头脑风暴

对于单作用液压缸，要实现换向，选择什么样的换向阀合适（从通、位上考虑）？

____

3. 强化安全意识。

任务内容

步骤 1：分析方向控制回路。

步骤 2：分析调压回路。

步骤 3：分析调速回路。

步骤 4：分析卸荷回路。

步骤 5：搭建磨床液压系统回路。

步骤 6：分析排除磨床液压系统常见故障。

步骤 1：分析方向控制回路

一、换向回路

换向回路主要有两种实现方式：使用换向阀实现和使用双向液压泵实现。

1. 换向阀实现的换向回路

如图 2–9–1 所示，此磨床液压系统采用 M 形中位的三位四通手动换向阀来实现液压缸的右行、左行和停止。

1）换向方式

通过变换换向阀的工作位变换油液流动方向，实现执行元件运动方向的改变或停止。

2）换向过程

当扳动手柄式换向阀处于左位工作时，如图 2–9–2（a）所示，液压缸左腔进油，活塞向右移动；当扳动手柄使其处于右位工作时，如图 2–9–2（c）所示，液压缸右腔进油，活塞向左移动；当换向阀处于中位时，如图 2–9–2（b）所示，液压缸两腔油路封闭，活塞停止运行。

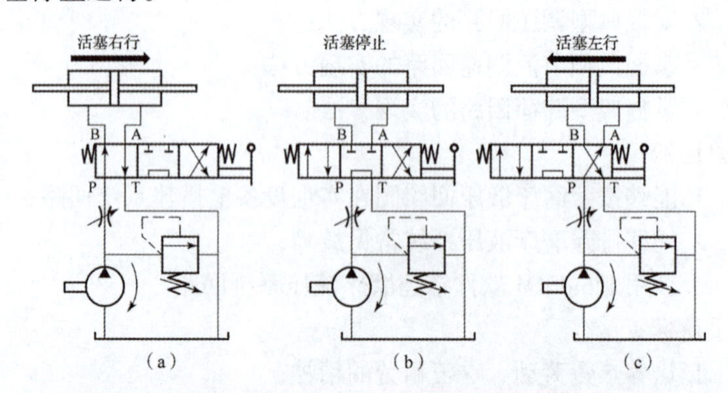

图 2–9–2　换向阀实现的换向回路

（a）换向阀处于左位；（b）换向阀处于中位；（c）换向阀处于右位

在换向回路中采用电磁换向阀、电液换向阀与继电器、行程开关等元件配合，易实现自动控制。

延伸学习

2. 双向泵实现的换向回路

图 2-9-3 所示为双向泵实现的换向回路。

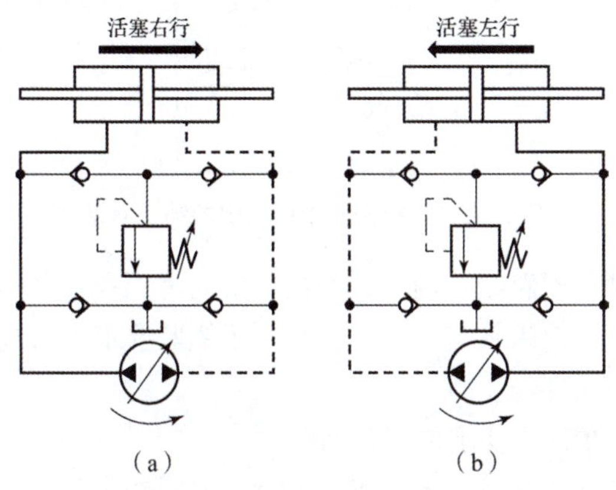

图 2-9-3　双向泵实现的换向回路

（a）活塞右行；（b）活塞左行

1）换向方式

利用双向变量泵直接改变输油方向，以实现液压缸和液压马达的换向。

2）换向过程

双向液压泵左侧口为排油口、右侧口为回油口时，液压缸左腔进油，右腔回油，活塞右行，如图 2-9-3（a）所示；

双向液压泵右侧口为排油口、左侧口为回油口时，液压缸右腔进油，左腔回油，活塞左行，如图 2-9-3（b）所示。

这种换向回路比普通换向阀组成的换向回路的换向更加平稳，多用于大功率的液压传动系统中，如龙门刨床、拉床等。

二、锁紧回路

【适用场合】为了使液压执行元件能在任意位置上停留，或者在停止工作时切断其进出油路，使之不因外力的作用而发生移动或窜动，准确地停留在原定位置上，可以采用锁紧回路。

1. 换向阀中位实现的锁紧回路

如图 2-9-4 所示磨床液压系统，采用 M 形中位机能的三位

头脑风暴

需要频繁换向的场合，选择什么样的换向阀合适？

____

思想火花

不同的换向阀在系统回路中均有合适的适用场合，同学们要正确认识自己，不断拼搏向上，树立自信心。

讨论探究

图 2-9-3 中，单向阀的作用是什么？

____

____

边学边想

换向阀的哪些中位形式可实现液压缸的锁紧？

____

____

换向阀中位实现的锁紧回路：

换向阀，当阀芯处于中位时，液压缸的进、出口都被封闭，可以将活塞锁紧。

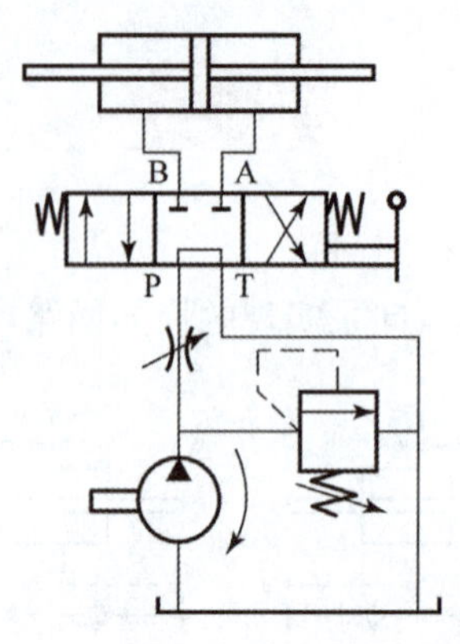

图 2-9-4　换向阀中位实现的锁紧回路

边学边想

如图 2-9-4 所示，将三位四通换向阀更换为二位四通换向阀，回路是否依然能实现锁紧功能？

______

这种锁紧回路结构简单，但由于换向滑阀存在环形间隙，泄漏较大，锁紧效果较差，故一般只用于锁紧要求不太高或者只需短暂锁紧的场合。

采用液控单向阀的锁紧回路：

2. 液控单向阀实现的锁紧回路

图 2-9-5 所示为液控单向阀实现的锁紧回路。在液压缸的进、回油路中都串联**液控单向阀**（又称**液压锁**），换向阀处于中间位置时，液压泵卸荷，输出油液经换向阀回油箱，由于系统无压力，液控单向阀 A 和 B 关闭，液压缸左右两腔的油液均不能流动，活塞被双向闭锁。

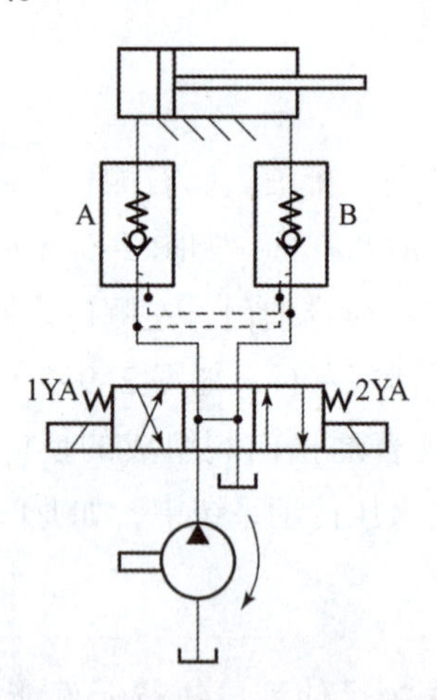

图 2-9-5　液控单向阀实现的锁紧回路

创新实践

对比两种锁紧回路的性能，善于从需求中寻求创新点。

思考讨论

把图 2-9-5 中的液控单向阀换成普通单向阀，系统能否正常工作？为什么？

______

______

______

当 1YA 电磁铁通电时，换向阀切换至左位，压力油经单向阀 A 进入液压缸左腔，同时进入单向阀 B 的控制油口，单向阀 B 导通，液压缸右腔的油液可经单向阀 B 回油箱，活塞向右运动。

边学边练

飞机起落架的液压系统适合采用（　　）实现的锁紧回路。

A. 换向阀
B. 液控单向阀

当 2YA 电磁铁通电时，换向阀切换至右位，压力油经单向阀 B 进入液压缸右腔，同时进入单向阀 A 的控制油口，单向阀 A 导通，液压缸左腔的油液可经单向阀 A 回油箱，活塞向左运动。**换向阀处于中间位置时，液压缸活塞可以在任何位置锁紧。**由于液控单向阀有良好的密封性，闭锁效果较好，因此这种回路广泛应用于工程机械、起重运输机械等有较高锁紧要求的场合。

> **【注意】**采用液控单向阀的锁紧回路，换向阀的中位机能应使液控单向阀的控制油液卸压，即换向阀只宜采用 **H** 形或 **Y** 形中位机能。

步骤 2：分析调压回路

一、单级调压回路

1. 定量泵单级调压回路

如图 2–9–6 所示定量泵单级调压回路，溢流阀并联在定量泵的出口，与节流阀和双杆活塞液压缸组成为单级调压系统。调节溢流阀的调定压力可以改变泵的最高输出压力。当溢流阀的调定压力确定后，液压泵就在溢流阀的调定压力下工作，节流阀调节进入液压缸的流量。定量泵提供的多余的油经溢流阀流回油箱，溢流阀起**稳压溢流**作用，以保持系统压力稳定且不受负载变化的影响，从而实现了对液压系统进行调压和稳压控制。

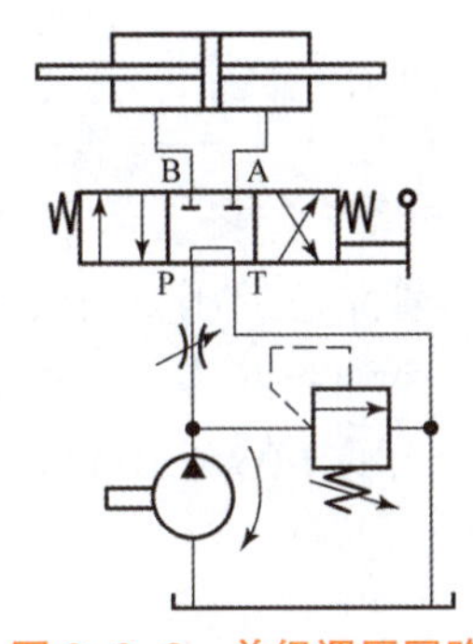

图 2–9–6　单级调压回路（定量泵）

延伸学习

2. 变量泵单级调压回路

如图 2–9–7 所示，当液压系统动力元件使用变量泵时，溢流阀将作为**安全阀**来使用。液压泵的工作压力低于溢流阀的调定压力，这时溢流阀不工作；当液压系统工作压力上升，达到溢流阀的调定压力时，溢流阀将开启，并将液压泵的工作压力限制在溢流阀的调定压力下，使液压系统不至于因压力过高而受到破坏，从而保护了液压系统。

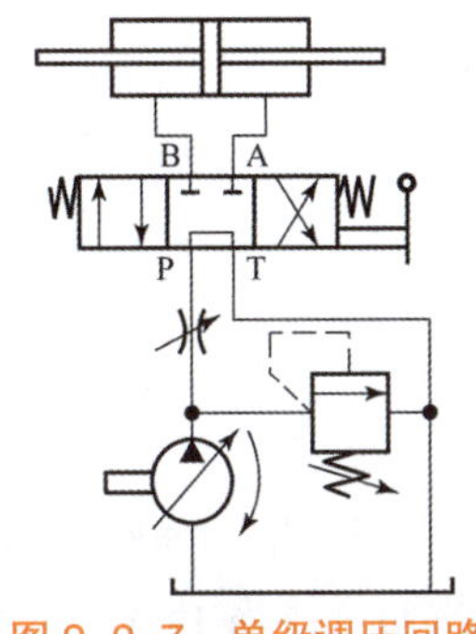

图 2–9–7　单级调压回路（变量泵）

单级调压回路：

边学边练

在由定量泵、节流阀和溢流阀组成的单级调压回路中，溢流阀的作用是什么？

____

边学边练

由变量泵、节流阀和溢流阀组成的单级调压回路中，溢流阀的作用是什么？

____

思想火花

溢流阀是液压系统的安全卫士，我们每位同学，特别是军士生，都应该成为家、国和人民的安全卫士。

边学边练

在工作过程中，小王发现液压系统的溢流阀一直处于溢流状态，他判断这个系统出现故障了。他的判断对吗？为什么？

____

____

头脑风暴

图 2-9-8 所示回路中，阀 1 的调定压力 p_1 和阀 2 的调定压力 p_2 呈什么样的大小关系才能实现远程调压？

____

3. 远程单级调压回路

图 2-9-8 所示为远程调压阀 2 和先导式溢流阀 1 组成的单级调压回路。远程调压阀 2 的进油口接先导式溢流阀 1 的控制油口，泵的出口压力由远程调压阀 2 调定。

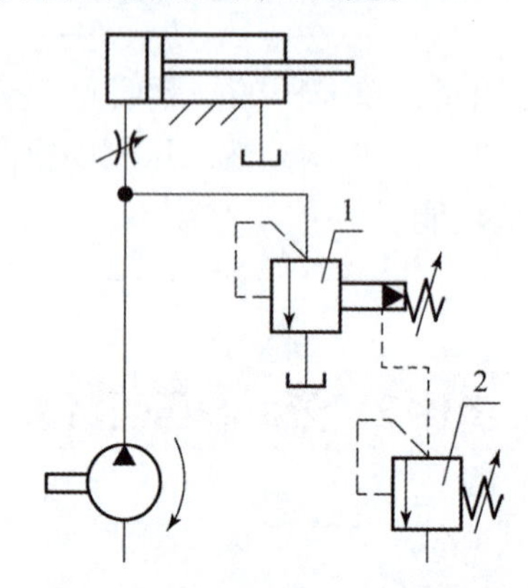

1—先导式溢流阀；2—远程调压阀。

图 2-9-8　单级调压回路（远程控制）

【重要提示】溢流阀的调压值是根据系统最大负载和管路总的压力损失来确定的，调定太高，会增大功率消耗及油液发热，经验推荐溢流阀调定压力一般为系统最高压力的 1.05~1.10 倍。

二、二级调压回路

二级调压回路：

图 2-9-9 所示为二级调压回路，直动式溢流阀 2 和先导式溢流阀 1 的远控口连接。

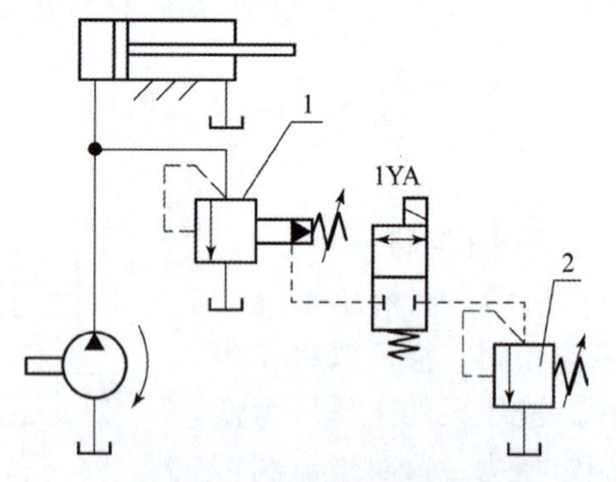

1—先导式溢流阀；2—直动式溢流阀。

图 2-9-9　二级调压回路

头脑风暴

图 2-9-9 所示回路中，阀 1 的调定压力 p_1 和阀 2 的调定压力 p_2 呈什么样的大小关系才能实现二级调压？

____

当二位二通阀电磁铁 1YA 不通电时，泵出口的压力由阀 1 调定（p_1）；当 1YA 通电时，泵出口的压力由阀 2 调定（p_2）。通过控制二位二通阀的电磁铁通断电，实现系统在 p_1 和 p_2 两个压力下稳定运行。

三、多级调压回路

图 2-9-10 所示为三级调压回路。三级压力分别由溢流阀 1、3、4 调定。先导式溢流阀 1 的远程控制口通过换向阀 2 分别接调定压力不同的直动式溢流阀 3 和 4。

多级调压回路：

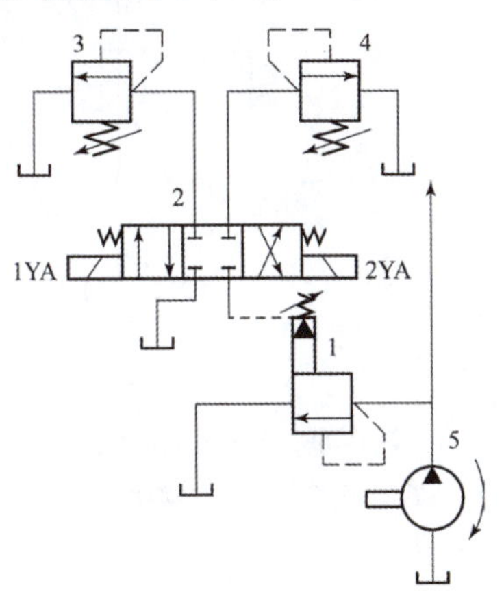

1—先导式溢流阀；2—换向阀；3，4—直动式溢流阀；5—液压泵。

图 2-9-10　三级调压回路

在图 2-9-10 所示位置时，泵的出口压力由先导式溢流阀调定为最高压力 p_1；当 1YA 通电时，泵出口压力由溢流阀 4 调定为最高压力 p_4；当 2YA 通电时，泵出口压力由溢流阀 3 调定为最高压力 p_3。

请根据以上描述，结合图 2-9-10，完成表 2-9-1。

表 2-9-1　三级调压回路的压力调定值

电磁铁通电情况	换向阀工作位	调压溢流阀	泵出口压力
1YA、2YA 都不通电	中位	阀 1	p_1
1YA 通电			
2YA 通电			

头脑风暴

图 2-9-10 所示回路中，阀 1 的调定压力 p_1、阀 3 的调定压力 p_3 和阀 4 的调定压力 p_4 呈什么样的大小关系才能实现三级调压？

____

守正创新

通过分析二级调压回路和三级调压回路，你能设计出四级调压回路吗？

____

____

【适用场合】当液压系统工作时，为了降低功率消耗，合理利用能源，减少油液发热，提高执行元件运动的平稳性，系统在不同的工作阶段，需要有不同的工作压力时，可采用多级调压回路。

拓展学习

★四、无级调压回路

无级调压回路如图 2-9-11 所示，改变**比例溢流阀 2** 的输入电流即可实现无级调压。这种调压方式容易实现远距离控制和计算机控制，而且压力切换平稳。

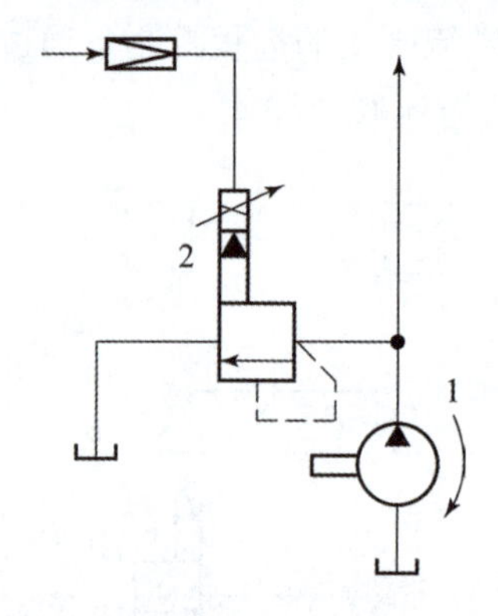

1—液压泵；2—比例溢流阀。

图 2-9-11　无级调压回路

步骤 3：分析调速回路

在磨床液压系统中，磨床工作台的运行速度由进油路上安装的节流阀控制。这种当液压泵采用定量泵且泵的基本转速不变时，通过节流阀（调速阀）与溢流阀的配合调节进入执行元件的流量 q，从而改变执行元件的输出速度的回路，称为节流调速回路。根据节流阀或调速阀安装位置的不同，分为进油路节流调速回路、回油路节流调速回路和旁油路节流调速回路。

一、节流调速回路

1. 进油路节流调速回路

1）回路组成

如图 2-9-12 所示磨床液压系统，进油路节流调速回路的节流元件（节流阀）串联安装在定量液压泵出口和执行元件之间，且并联一个溢流阀。

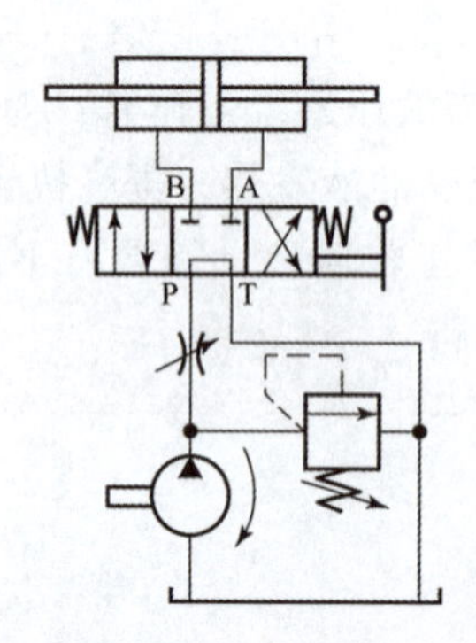

图 2-9-12　进油路节流调速回路

思想火花

对比无级调压回路和二级、三级调压回路，可看出，虽然无级调压回路功能强大，但结构却不复杂，主要采用了科技含量更高的比例溢流阀，希望同学们奋发图强、崇尚科学。

拓展学习

自主学习比例溢流阀的工作原理和性能特性。

进油路节流调速回路：

边学边想

根据节流阀的性能特点，判断：进油路节流调速回路是单向节流还是双向节流？

____

2）调速方式

将节流阀通流面积调大，液压缸速度增大；将节流阀通流面积调小，液压缸速度减小。

3）回路特点

该回路结构简单、成本低、使用维修方便，但能量损失大、效率低、发热大。

4）适用场合

该回路适用于轻载、低速、负载变化不大和对速度稳定性要求不高的小功率场合。

边学边想

1. 在进油路节流调速回路中，溢流阀的作用是什么？

____

2. 进油路节流调速回路的能量损失有哪些？

____

延伸学习

2. 回油路节流调速回路

回油路节流调速回路：

1）回路组成

如图 2-9-13 所示，回油路节流调速回路将节流阀串联在液压缸的回油路中，定量泵的供油压力由溢流阀调定，并基本上保持恒定不变。

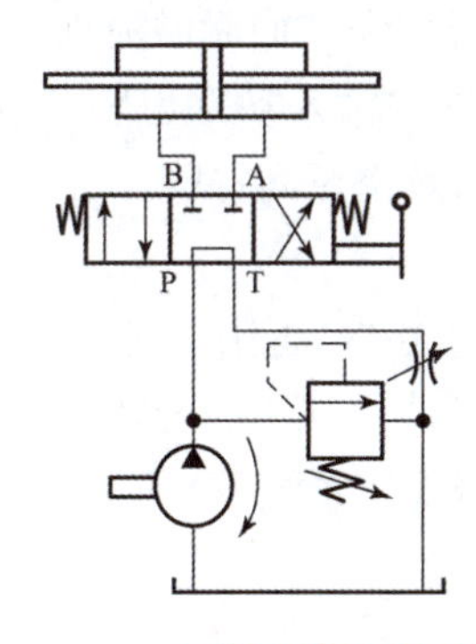

图 2-9-13　回油路节流调速回路

拓展思考

液压回路中安装背压阀的作用是什么？

____

2）调速方式

和进油路节流调速回路一样，将节流阀通流面积调大，液压缸速度增大；将节流阀通流面积调小，液压缸速度减小。

思想火花

在系统设置背压阀的作用，是为了让液压缸运行得更加平稳。同学们在生活和学习中给予个人适当的压力，方能走得更稳、更好。

3）回路特点

（1）节流阀装在回油路上，回油路上有较大的背压，因此在外界负载变化时可起缓冲作用，执行元件运动的平稳性比进油路节流调速回路要好。

（2）回油路节流调速回路中，经节流阀后，压力存在损耗而发热，导致温度升高的油液直接流回油箱，容易散热。

4）适用场合

回油路节流调速回路广泛应用于功率不大、负载变化较大或运动平稳性要求较高的液压系统。

边学边想

回油路节流调速回路可以承受负值载荷吗？

____

旁油路节流调速回路：

边学边想

1. 可以通过哪些现象判断溢流阀在液压系统中的作用？

______

2. 旁油路节流调速回路的能量损失有哪些？

______

三、旁油路节流调速回路

1）回路组成

旁油路节流调速回路由定量泵、安全阀、液压缸和节流阀组成，节流阀接在与执行元件**并联**的旁油路上，如图 2–9–14 所示。

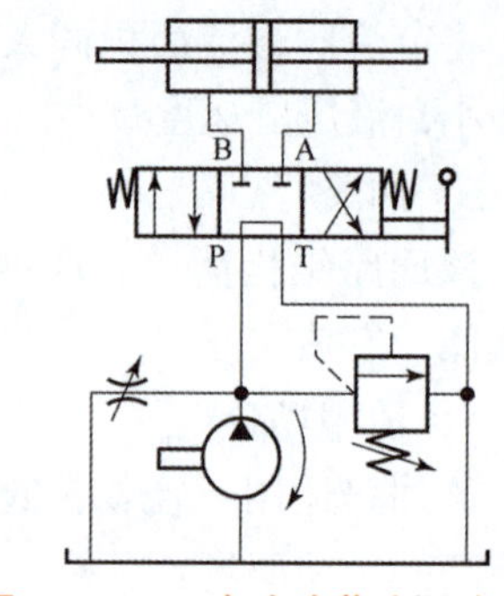

图 2–9–14　旁油路节流调速回路

2）调速方式

将节流阀通流面积调大，液压缸速度减小；将节流阀通流面积调小，液压缸速度增大。

> 【注意】此回路中溢流阀的作用是作为安全阀使用，正常工作时关闭，过载时才打开，其调定压力为系统最大工作压力的 1.1~1.2 倍。在工作过程中，定量泵的压力随负载而变化。

3）回路特点

这种回路只有节流损失，而无溢流损失。泵的压力随负载的变化而变化，节流损失和输入功率也随负载变化而变化，因此，此回路比前面两种回路效率更高一些。

边学边想

三种节流调速回路中效率最高的是哪种？

______

4）适用场合

此回路低速承载能力差，应用比前两种回路少，只适用于高速、重载、对速度平稳性要求不高的较大功率系统，如牛头刨床主运动系统、输送机械液压系统等。

延伸学习

头脑风暴

除了使用节流元件，还可以采用什么方式调节执行元件的速度？

______

二、容积调速回路

> 【适用场合】容积调速回路是通过改变回路中液压泵或液压马达的排量来实现调速的。其主要优点是没有溢流损失和节流损失，所以功率损失小，且其工作压力随负载变化，所以效率高，系统温升小，适用于高速大流量系统。

1. 变量泵 – 液压缸容积调速回路

液压缸为定量执行元件，图 2–9–15 所示为变量泵和液压缸组成的容积调速回路，这种回路又称为**开式回路**。

【开式回路】开式回路，即变量泵从油箱吸油，执行机构的回油直接回到油箱，油箱容积大，油液能得到较充分的冷却，而且便于沉淀杂质和析出气体。

变量泵 – 液压缸容积调速回路：

1）调速方式

换向阀在图示位置工作时，液压缸 5 左腔进油，活塞向右移动，改变变量泵 1 的排量，即可调节液压缸的运动速度。图 2-9-15 中的溢流阀 2 起安全阀作用，用于防止系统过载。溢流阀 6 起背压阀作用。

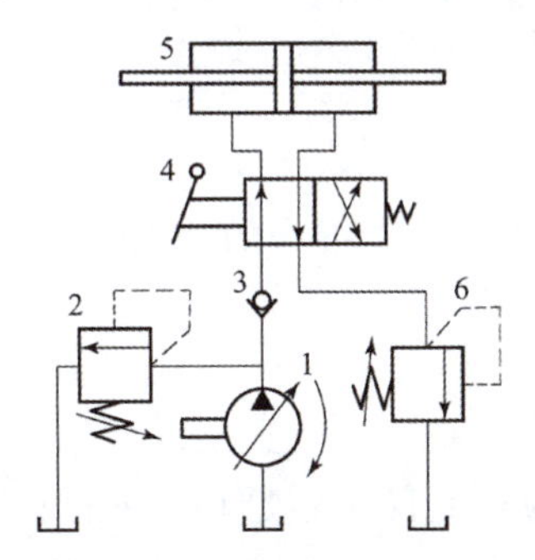

1—变量泵；2—溢流阀（安全阀）；3—单向阀；4—换向阀；5—液压缸；6—溢流阀（背压阀）

图 2-9-15　变量泵 – 液压缸容积调速回路

思考讨论

图 2-9-15 所示为恒推力调速回路，也就是说它实时的输出推力是恒定的，不会随外负载的变化而变化，这种说法正确吗？为什么？

____

____

该回路属于恒推力调速回路。

【恒推力调速回路】当安全阀 2 的调定压力不变时，在调速范围内，液压缸 5 的最大输出推力是不变的，即液压缸的最大推力与泵的排量无关，不会因调速而发生变化，故此回路又称为恒推力调速回路，而最大输出功率是随速度的上升而增加的。

边学边想

认真观察，开式回路和闭式回路有何不同？

____

2. 变量泵 – 定量马达容积调速回路

图 2-9-16 所示为变量泵和定量马达组成的容积调速回路，这种回路又称为闭式回路。

变量泵 – 定量马达容积调速回路：

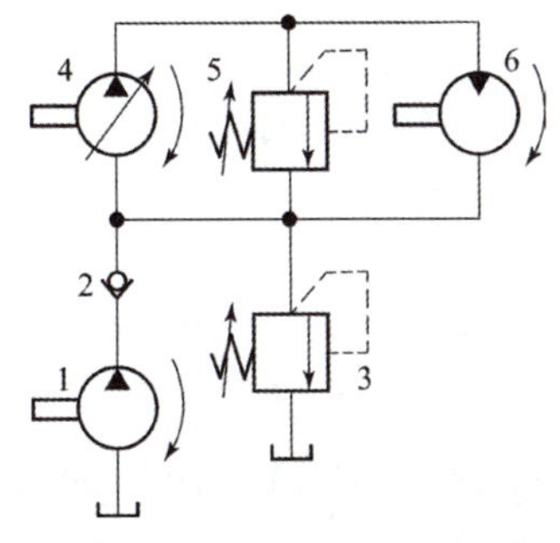

1—补油泵；2—单向阀；3，5—溢流阀；4—变量泵；6—定量马达。

图 2-9-16　变量泵 – 定量马达容积调速回路

学习提示

学习过程中注意分析图 2-9-16 中两个泵、两个溢流阀和单向阀的作用，深入理解，对比区分。

1）调速方式

改变变量泵 4 的排量即可调节定量马达 6 的转速。图 2-9-16 中的溢流阀 5 起安全阀作用，用于防止系统过载。单向阀 2 用来防止停机时油液倒流回油箱和空气进入系统。

【注意】为了补偿变量泵 4 和定量马达 6 的泄漏，增加了补油泵 1。补油泵 1 将冷却后的油液送入回路，而从溢流阀 3 溢出回路中多余的热油，进入油箱冷却。补油泵的工作压力由溢流阀 3 来调节，补油泵的流量为主泵的 10%~15%，工作压力为 0.5~1.4 MPa。

2）回路特点

此回路结构紧凑，只需很小的补油箱，但冷却条件差。此回路为**恒转矩调速回路**。

【恒转矩调速回路】当安全阀 5 的调定压力不变时，在调速范围内执行元件（定量马达 6）的最大输出转矩是不变的，即马达的最大输出转矩与泵的排量无关，不会因调速而发生变化，故此回路又称为恒转矩调速回路，而最大输出功率是随速度的上升而增加的。

思考讨论

图 2-9-17 中，以下元件的作用分别是什么？

泵 1:__________

泵 4:__________

溢流阀 5:_______

溢流阀 3:_______

单向阀 2:_______

变量马达 6:_____

变量泵 4 将油输入定量马达 6 的进油腔，定量马达 6 回油腔的油液随后又被液压泵 4 吸入，所以此回路属于**闭式回路**。为了补偿回路中的泄漏并进行换油和冷却，需附设补油泵 1。

3. 定量泵－变量马达容积调速回路

图 2-9-17 所示为定量泵－变量马达容积调速回路。

1）调速方式

定量泵－变量马达容积调速回路：

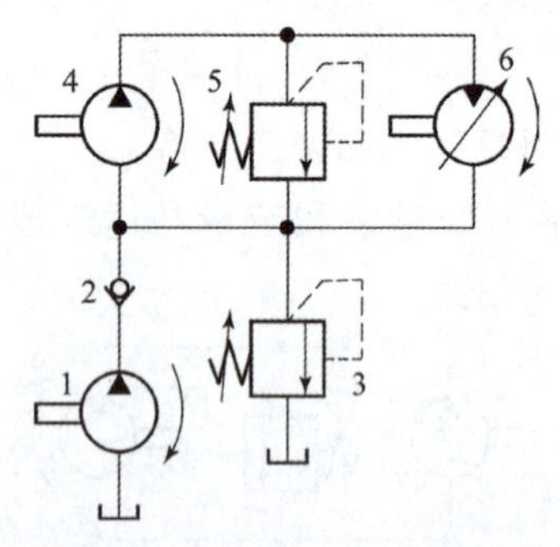

1—液压泵（补油）；2—单向阀；3—溢流阀；4—定量泵；
5—溢流阀（安全阀）；6—变量马达。

图 2-9-17　定量泵－变量马达容积调速回路

请结合变量泵－定量马达容积调速回路的分析方式分析本回路调速方式：

____

边学边想

定量泵－变量马达容积调速回路为（　　）。

A. 开式回路

B. 闭式回路

此回路为闭式回路，**恒功率调速回路**。

【恒功率调速回路】泵 4 出口为定压力、定流量，当调节变量马达 6 时，其排量增大，扭矩成正比增大，而转速成正比减小，功率输出值恒定，因此称这种回路为恒功率回路。

2）回路特点

该回路可使原动机保持在恒功率下工作，从而能最大限度地利用原动机的功率，达到节省能源的目的，适用于卷扬机、起重机械等。

4. 变量泵－变量马达容积调速回路

图 2-9-18 所示为变量泵－变量马达的容积调速回路，这种调速回路实际上是上述 2、3 两种容积调速回路的组合，属于闭式回路。

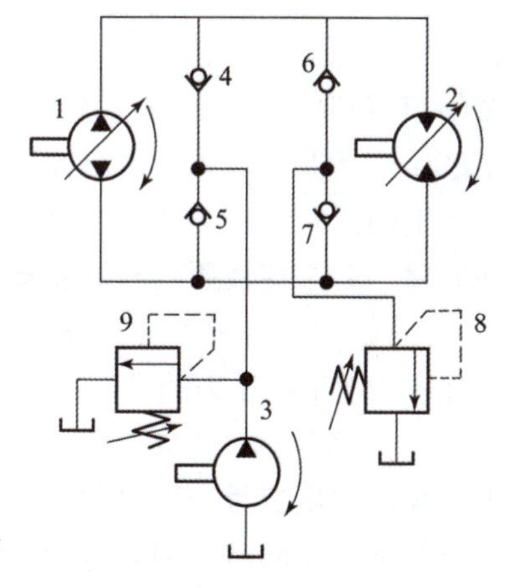

1—双向变量泵；2—双向变量马达；3—定量泵（补油）；
4，5，6，7—单向阀；8，9—溢流阀。

图 2-9-18　变量泵－变量马达的容积调速回路

1）调速方式

由于泵和马达的排量均可改变，增大了调速范围，因此，此回路既可以通过调节变量马达的排量 V 来实现调速，也可以通过调节变量泵的排量 V 来实现调速。

低速状态：固定马达的排量为最大，调节泵的排量从小到大逐渐增加，马达转速从低到高逐渐变大，直到最大为止。

高速状态：固定泵的排量为最大，调节马达的排量从大变小，马达转速继续升高。

请小组合作，分析变量泵－变量马达容积调速回路特点。

思想火花

节约能源，保护环境。

边学边想

根据图 2-9-18，单向阀 4、5 的作用是（　　），单向阀 6、7 的作用是（　　）。

A. 使辅助补油泵 3 能双向补油

B. 使安全阀 8 在两个方向都能起过载保护作用

变量泵－变量马达容积调速回路：

边学边想

变量泵－变量马达容积式调速回路中，低速状态时称为（　　），高速状态时称为（　　）。

A. 恒功率调速

B. 恒转矩调速

拓展学习

三、容积节流调速回路

图 2-9-19 所示为容积节流调速回路。

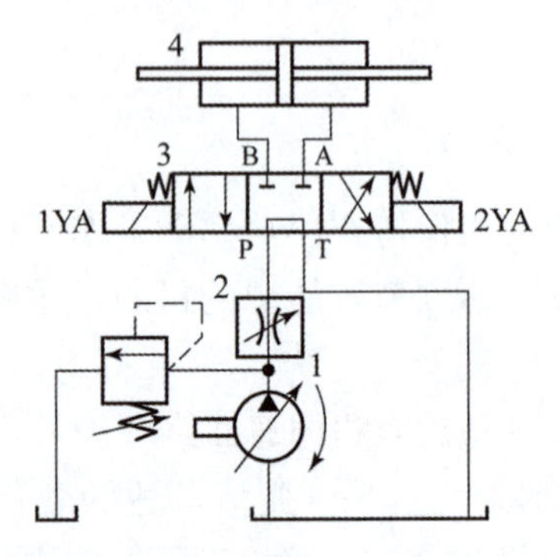

1—限压式变量泵；2—调速阀；3—换向阀；4—液压缸。

图 2-9-19 容积节流调速回路

1）调速方式

调节调速阀 2 的节流口的开口大小，就改变了进入液压缸 4 的流量，从而改变液压缸活塞的运动速度。如果变量液压泵 1 的流量大于调速阀 2 调定的流量，由于系统中没有设置溢流阀，多余的油液没有排油通路，势必使液压泵和调速阀之间油路的油液压力升高。但是当**限压式变量叶片泵 1** 的工作压力增大到预先调定的数值后，泵的流量会随工作压力的升高而自动减小。

2）回路特点

在这种回路中，泵的输出流量与通过调速阀的流量是相适应的，因此效率高、发热量小。同时采用调速阀，液压缸的运动速度基本上不受负载变化的影响，即使在较低的运动速度下工作，运动也较稳。

请总结以上内容，填写表 2-9-2。

安全意识

图 2-9-19 所示回路是怎样保护系统安全的（系统不会超过安全压力）？

____

____

表 2-9-2 调速回路汇总表

调速方式	调速回路
节流调速	
容积调速	
容积节流调速	

头脑风暴

图 2-9-19 所示的容积节流调速回路中的限压式叶片变量泵，是否可换成轴向柱塞泵？

____

步骤 4：分析卸荷回路

【适用场合】在液压系统工作中，有时执行元件短时间停止工作，或者执行元件在某段工作时间内保持一定的力，而运动速度极慢，甚至停止运动。在这种情况下，不需要消耗液压系统功率。为此，需要采用**卸荷回路**，即在液压泵驱动电动机不频繁启闭的情况下，使液压泵在功率输出接近于零运转，以减少功率损耗，降低系统发热，延长泵和电动机的寿命。

能力提升

压力卸荷和流量卸荷在本质上有何不同？同学们要善于发现事情发生的原因，由表及里，寻求解决问题的有效途径，提升逻辑思维能力。

一、卸荷方式

液压泵的输出**功率**为其**流量**和**压力**的乘积，因而两者任意数值近似为零，功率损耗即近似为零。因此，液压泵的卸荷有**流量卸荷**和**压力卸荷**两种方式，如表 2-9-3 所示。

卸荷回路：

表 2-9-3　液压泵卸荷方式

卸荷方式	卸荷元件	卸荷原理	液压泵的状态
流量卸荷	变量泵	变量泵仅为补偿泄漏而以最小流量运转	泵在接近零流量下工作，仍处在高压状态，磨损比较严重
压力卸荷	换向阀、先导式溢流阀等	将液压泵出口与油箱直接接通	泵在接近零压下运转，即液压泵在功率输出接近零的情况下运转

二、卸荷回路

1. 利用换向阀中位机能实现的卸荷回路

磨床液压系统是利用换向阀的中位机能实现液压泵的压力卸荷的。

1）卸荷过程

如图 2-9-20 所示，磨床液压系统的卸荷回路中，换向阀采用 M 形中位形式。当换向阀处于中位时，液压泵出口油液直接被引回油箱，泵出口油压为 0，实现压力卸荷。

在一般液压系统中，如果换向阀的中位形式满足 P、T 口自由相通的条件，即可实现对液压泵卸荷。

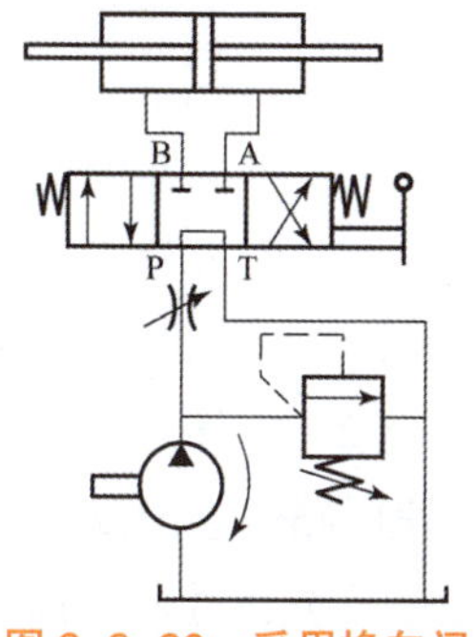

图 2-9-20　采用换向阀 M 形中位的卸荷回路

2）回路特点

这种回路切换时压力冲击小。

边学边想

除了 M 形中位，换向阀的哪些中位形式也可以实现液压泵卸荷？

____

头脑风暴

根据压力卸荷的实质，除了使用换向阀的中位机能，还可以采用什么方法实现液压泵的压力卸荷？

____

延伸学习

2. 采用先导式溢流阀的卸荷回路

如图 2–9–21 所示，使先导式溢流阀的远程控制口直接与二位二通电磁阀相连，便构成一种用先导式溢流阀的卸荷回路。

1）卸荷过程

电磁阀 1YA 通电时，溢流阀的控制油口与油箱相通，即先导式溢流阀主阀上腔直接通油箱，液压泵输出的液压油将以很低的压力开启溢流阀的溢流口而流回油箱，实现卸荷。此时，溢流阀处于全开状态，卸荷压力的高低取决于溢流阀主阀弹簧刚度的大小。

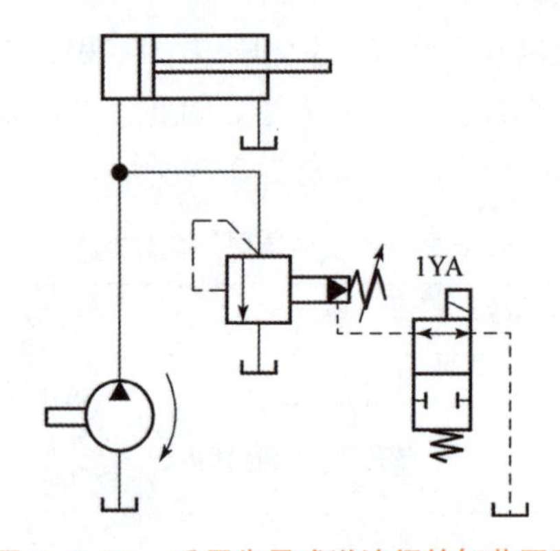

图 2–9–21　采用先导式溢流阀的卸荷回路

2）回路特点

当停止卸荷使系统重新开始工作时，这种卸荷回路卸荷压力小，切换时冲击也小。所以，这种卸荷方式特别适用于高压大流量系统。

边学边想

图 2–9–21 所示卸荷回路中，卸荷时，液压泵出口油液主要通过（　　）流回油箱。

A. 先导式溢流阀

B. 二位二通电磁换向阀

边学边想

图 2–9–21 所示卸荷回路中，当泵输出流量较大时，采用小流量的二位二通电磁换向阀能否实现卸荷？

____

步骤 5：搭建磨床液压系统回路

本步骤为实训任务。

一、实训目的

（1）掌握磨床液压回路组成。

（2）加深理解调压回路、换向回路、锁紧回路、卸荷回路和调速回路的组成及功能。

（3）通过分析油路、观察实训现象、分析实训结果、撰写实训报告，培养系统分析问题的能力，养成吃苦耐劳、热爱劳动的好习惯，提升注意安全、执行标准的职业素养。

基本回路搭建操作：

二、实训设备及器具

液压实训台，至少包含 1 个中位为 M 机能形式的三位四通手动换向阀、1 个节流阀、1 个双杆活塞液压缸、1 个溢流阀及实训台配备的动力系统。

三、实训内容

（1）在液压实训台搭建磨床液压系统回路。

（2）调试并验证换向回路、卸荷回路、调速回路、调压回路和锁紧回路。

四、实训步骤

★ 1. 回路搭建

（1）选择液压元件。

根据图 2–9–22 所示磨床液压系统回路的组成，挑选合适的液压元件。

（2）连接各液压元件，搭建回路。

按图 2–9–22 在液压实训台上搭建磨床液压系统回路。

（3）检查。

小组成员检查液压元件的选择是否合适，确认回路连接正确无误。

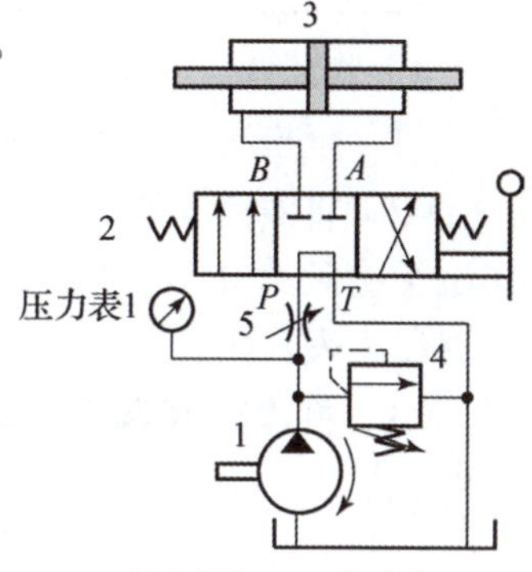

1—液压泵；2—换向阀；3—液压缸；4—溢流阀；5—节流阀。

图 2–9–22　磨床液压系统图

★ 2. 回路验证

1）验证换向回路

将节流阀调至开口最大，溢流阀调至较低压力，使换向阀 2 处于中位。

启动液压泵，手动依次将换向阀换至左位、中位、右位工作，观察活塞运行情况，完成表 2–9–4。

表 2–9–4　换向阀换向过程观察记录表

换向阀工作位置	液压缸活塞运行情况
左位	
中位	
右位	

2）验证卸荷回路

接续上述换向回路系统，当换向阀处于中位时，查看压力表 1 的值、溢流阀状态和回油管回油情况，完成表 2–9–5。

航空工业自控所花韬液压专业领域的“白衣剑客”：

素质养成

在实操过程，大家要严格遵守操作规程，锻炼职业素养，养成热爱劳动的习惯，细致观察实训现象，培养一丝不苟的工匠精神。

验证换向回路：

边做边想

换向阀是如何实现换向的？

____

____

验证卸荷回路：

边做边想

1. 换向阀中位满足什么条件可使液压泵卸荷？

______

2. 哪些中位形式可实现液压泵的卸荷？

______

验证调速回路：

验证调压回路：

边做边想

小王同学根据验证调压回路的实验现象得出结论：液压系统的压力取决于溢流阀的调定压力，这种说法对吗？为什么？

______

______

验证锁紧回路：

能力提升

通过撰写实训报告，锻炼缜密的思维和书面表达能力。

表 2–9–5　液压泵卸荷过程观察记录表

溢流阀状态（开或闭）	
回油管是否回油	
压力表 1 的压力值	

3）验证调速回路

接续上述卸荷回路。将换向阀换至左位或右位，逐渐调小节流阀 5 开口，直至完全关闭。重复三次，观察液压缸运行速度变化及溢流阀工作状态，完成表 2–9–6。

表 2–9–6　节流调速过程观察记录表

节流阀阀口	变小	变大
液压缸活塞运行速度变化		
溢流阀状态		

4）验证调压回路

（1）全松溢流阀 4，使换向阀 2 处于中位。

（2）将溢流阀调至较低压力值，换向阀 2 换至左位工作，液压缸活塞到达缸筒最右端时，观察溢流阀的状态，记录溢流阀导通时压力表数值。

（3）将溢流阀调至较高压力值时，重复以上动作，完成表 2–9–7。

表 2–9–7　调压过程观察记录表

溢流阀调定压力	溢流阀导通时压力表读数
较低压力	
较高压力	

5）验证锁紧回路

在液压缸活塞处于半行程时，将换向阀切换至中位，手动向外拉动液压缸活塞或向内使劲压活塞杆，观察活塞杆是否移动。

完成所有实训环节，按实训室管理要求使实训设备回归原位，归还液压元件，清理液压实训台，打扫实训室。

五、实训报告要求

以小组为单位，完成本次实训的实训报告。实训报告应包含以下内容：

（1）本次实训选用的液压元件；

（2）按步骤搭建的磨床液压系统图片；

（3）验证各回路的步骤描述和过程记录（表 2–9–4 ~ 表 2–9–7）；

（4）本次实训的收获、心得。

步骤 6：分析排除磨床液压系统常见故障

磨床液压系统常见故障现象及排除方法如表 2–9–8 所示。

表 2–9–8　磨床液压系统常见故障现象及排除方法

序号	故障现象	产生原因	排除方法
1	压力波动大	1. 油液内的污物对阀芯的运动形成障碍； 2. 压力控制阀弹簧损坏或变形致使阀芯移动不灵活； 3. 压力控制阀阀芯或阀体圆柱度误差大，使阀芯卡住或移动无规律； 4. 先导式溢流阀阻尼小孔孔径太大，阻尼作用不强	1. 清洗油箱，更换油液，保持油清洁，拆开压力阀仔细清洗； 2. 更换同规格尺寸的弹簧； 3. 修复阀芯，保证其圆柱度及阀芯和阀体间的间隙合适； 4. 将原阻尼小孔封闭，重新钻孔，减小阻尼小孔孔径
2	噪声与振动大	1. 阀芯与阀体孔配合间隙大或圆柱度超差引起泄漏； 2. 弹簧弯曲变形或其自振频率与系统振动频率相同而引起共振； 3. 压力控制阀的回油管贴近油箱底面，使回油不畅通； 4. 液压泵吸油不畅通，系统管路被污物阻塞	1. 修复阀芯、阀体孔的圆柱度和间隙； 2. 更换弹簧并将弹簧两端磨平，尽量保持垂直； 3. 压力控制阀的回油管应离油箱底面 50 mm 以上； 4. 检查、修复、清洗，保证吸油畅通
3	压力上不去	1. 油液不洁，造成阀芯阻尼孔堵；阀芯或阀体磨损； 2. 弹簧变形或断裂； 3. 阀在开口位置被卡住，使压力无法建立； 4. 调压弹簧压缩量不够； 5. 进、出油口错装	1. 清洗主阀芯阻尼孔，更换清洁油液；修复阀芯或阀体； 2. 更换弹簧； 3. 修复被卡表面，使阀芯在阀体孔内移动灵活； 4. 重新调整弹簧； 5. 调整进、出油口
4	速度不能调节或调节范围小	1. 节流阀芯和阀孔配合间隙过大造成泄漏； 2. 节流阀阀芯卡住	1. 检查及修复泄漏部位，零件超差应予更换，并注意结合部位的封油情况； 2. 疏通节流孔，保持阀芯移动灵活
5	运动速度不稳定，有时逐渐减慢或者突然增快	1. 油液老化有杂质，时而堵塞节流口； 2. 油温随工作时间增长而升高，油黏度相应下降，因而使速度逐步增加； 3. 阻尼孔阻塞或系统中有大量空气，出现压力变化和跳动现象	1. 拆卸、清洗，调换清洁油液； 2. 一般应在液压系统稳定后调节，亦可在油箱中增加散热器； 3. 疏通阻尼，清洗零件，排除系统内空气，可以使运动部件快速移动，强迫排出
6	液压油温升快，油温超过规定值	1. 泵等液压零件内部间隙过小，或者密封接触面过大； 2. 压力调节不当，压力损失过大，超过实际所需压力； 3. 泵各连接处的泄漏造成容积损失； 4. 油管太长，回油管太细，弯曲太多造成压力损失； 5. 油液黏度太大	1. 修整和调换零件； 2. 合理调节系统中的压力阀，在满足正常工作情况下，压力尽可能低； 3. 紧固各连接部位，防止泄漏，特别泵间隙过大时，应及时修复； 4. 回油管在条件许可下尽量加粗，减少油管弯道，缩短管道； 5. 使用机床说明书规定的油液牌号

续表

序号	故障现象	产生原因	排除方法
7	工作台换向精度差	1. 系统内存在空气； 2. 导轨润滑油过多造成工作台处于飘浮状态； 3. 换向阀阀芯与孔配合间隙因磨损而过大； 4. 油缸单端泄漏量过大； 5. 油温过高降低油黏度； 6. 控制换向阀的油路压力太低	1. 排除系统中的空气； 2. 按机床说明书规定，合理调整润滑油油量； 3. 研磨阀孔，单配阀芯（可以喷涂工艺）使其配合间隙合适； 4. 检查及修整，消除泄漏过多现象； 5. 控制温升，更换黏度较大的油液； 6. 适当提高换向阀的控制压力
8	工作台不能换向	1. 控制换向阀的油路压力太低，换向阀无法换向； 2. 换向阀两端节流阀调节不当，使回油阻尼太大或阻塞	1. 适当提高换向阀控制压力； 2. 适当调节节流阀调节螺钉的开口，减少回油阻尼，清洗节流阀开口的污物
9	工作台往返速度误差较大	1. 油缸两端的泄漏不等，或单端泄漏过大； 2. 放气阀间隙大造成漏油； 3. 放气阀在工作台运动后未关闭； 4. 换向阀没有达到全行程； 5. 节流阀开口处有杂物黏附，影响回油节流的稳定性； 6. 节流阀在工作台换向时由于振动和压力冲击使节流开口变化	1. 调整油缸两端油封后盖，使两端泄漏（少量）均等； 2. 更换阀芯，消除过大间隙； 3. 放完空气后及时关闭放气阀； 4. 提高辅助压力，清除污物，使换向阀移动灵活正常到位； 5. 清除杂质； 6. 紧固节流螺钉的螺母防止松动
10	工作台换向冲击大	1. 换向阀移动太快； 2. 液压缸内存在空气； 3. 节流缓冲失灵，单向阀密封不严或其他处泄漏； 4. 工作压力过高； 5. 溢流阀存在故障，使压力突然升高	1. 控制换向阀换向移动速度； 2. 通过排气装置排出，工作台全行程往复数次排出空气； 3. 清除污物，更换扁圆钢球，敲击钢球使阀座孔口形成良好接触线，提高密合程度； 4. 按机床说明书规定调整至压力规定值； 5. 消除溢流阀故障，保持压力稳定

学习提示

团结协作，学以致用：

组内同学在讨论问题时做到全员参与，献计献策，把所学知识充分利用到案例分析中。

项目任务实施

根据表 2–9–8 所示信息，小组讨论，结合任务 1 至任务 9 的知识内容，请为小王师傅排除故障，完成表 2–9–9。

表 2–9–9　磨床液压系统排障任务表

序号	故障现象	产生原因	排除方法
1	磨床运行速度无法调节或调速范围过小		
2	系统压力调不上去，不能达到预定压力值		
3	磨床工作台换向时冲击过大		

拓展任务

【练习 FluidSIM 软件应用】

充分利用课下第二课堂时间，在仿真实训室或用自己的计算机练习 FluidSIM 软件的使用，搭建磨床液压系统。

【新技术学习】

借助于图书、网络学习比例溢流阀、比例换向阀等知识，了解液压行业发展最新知识，拓展个人视野。

任务总结评价

请根据学习情况，完成个人学习评价表（表 2–9–10）。

表 2–9–10　个人学习评价表

序号	评价内容	分值	得　分		
			自评	组评	师评
1	能自主完成课前学习任务	10			
2	掌握典型换向回路与锁紧回路的实现方法	10			
3	掌握典型调压回路的实现方法	10			
4	掌握典型节流调速回路的实现方法	5			
5	掌握典型卸荷回路的实现方法	5			
6	能够按照磨床液压回路图在实训设备上搭建回路	15			
7	能够对磨床液压系统常见故障进行排除	10			
8	会用 FluidSIM 软件搭建回路	5			
9	能坚持出勤，遵守纪律，按时完成实训任务	10			
10	能够严格遵守实训室操作规程	10			
11	能独立完成课后作业和拓展学习任务，养成良好的学习习惯	10			
总　分		100			
自我总结					

新标准：GB/T 786.1—2021
标准介绍

项目二拓展任务：
认识液压辅助元件

习 题

一、判断题

1．双作用叶片泵径向力是平衡的。(　　)

2．同是单杆活塞缸无杆腔进油，活塞运动或缸体运动，两者的输出运动方向是相同的。(　　)

3．柱塞缸是双作用液压缸。(　　)

4．增压缸是一种直接驱动负载的执行元件，其功用是将液压能转化为机械能。(　　)

5．双叶片摆动缸和单叶片摆动缸在结构尺寸相同时，双叶片缸输出转矩大于单叶片缸。(　　)

6．高压大流量液压系统常采用电液换向阀实现主油路换向。(　　)

7．滑阀为间隙密封，锥阀为线密封，后者不仅密封性能好而且开启时无死区。(　　)

8．磁性过滤器可过滤掉颗粒较大的各种杂质。(　　)

9．油箱内吸油管与回油管间距离应尽量近些。(　　)

10．液压软管直线安装时要有 30% 左右的余量。(　　)

11．背压阀的作用是使液压缸的回油腔具有一定的压力，保证运动部件工作平稳。(　　)

12．旁路节流调速回路中，泵出口的溢流阀起稳压溢流作用，在工作过程中是常开的(　　)。

13．辅助元件在液压系统中可有可无。(　　)

14．叶片泵属于定量泵。(　　)

15．液压缸的缓冲装置是防止活塞在行程终了时和缸盖发生撞击。(　　)

16．在工作过程中溢流阀都是常开的，液压泵的工作压力决定于溢流阀的调整压力且基本保持恒定。(　　)

17．节流阀的作用是调节流量和加载。(　　)

18．滤油器的作用是过滤掉油液中的杂质，降低液压系统中油液污染度，保证系统正常工作。(　　)

19．双作用叶片泵因两个吸油窗口、两个压油窗口是对称布置，因此作用在转子和定子上的液压径向力平衡，轴承受径向力小，寿命长。(　　)

20．液压泵的输出压力取决于额定压力的大小。(　　)

21．双作用叶片泵每转一周，每个密封容积就完成两次吸油和两次压油。(　　)

22．单作用叶片泵转子和定子中心重合时，可获得稳定大流量的输出油。(　　)

23．对于限压式变量叶片泵，当泵的压力达到最大时，泵的输出油量为零。(　　)

24．限压式变量泵属于双作用叶片泵。(　　)

25．液压缸的差动连接可提高执行元件的运动。(　　)

26．液压缸差动连接时，能比其他连接方式产生更大的推力。(　　)

27．作用于活塞上的推力越大，活塞的运动速度越快。(　　)

28．活塞缸可实现执行元件的直线运动。(　　)

29．液压缸是把液体的压力能转化成机械能的能量转换装置。(　　)

30．双活塞杆液压缸又称为双作用液压缸，单活塞杆液压缸又称为单作用缸。(　　)

31．双作用双杆活塞缸，如进入缸的流量相同，往复运动两个方向上速度相等。(　　)

32．M 形中位机能的换向阀可实现液压泵的卸荷。(　　)

33．背压阀的作用是使液压缸的回油腔具有一定的压力，保证运动部件工作平稳。(　　)

34．通过节流阀的流量与节流阀的通流面积成正比，与阀两端的压力差大小无关。(　　)

35．先导式溢流阀的远程控制口可以使系统实现远程调压或使系统卸荷。(　　)

36．先导式溢流阀主阀弹簧刚度比先导阀弹簧刚度小。(　　)

37．滑阀比锥阀的密封性好，泄漏小。(　　)

38．先导式溢流阀的阻尼孔被阻塞以后，是不能正常工作的。(　　)

39．油箱的作用就是储存油液，没有其他作用。(　　)

40．滤油器的选择必须同时满足过滤和流量要求。(　　)

41．紫铜管是金属管，可用在高压系统。(　　)

42．容积调速比节流调速的效率低。(　　)

43．容积调速回路中，其主油路中的溢流阀起安全保护作用。(　　)

44．在节流调速回路中，大量油液由溢流阀溢回油箱，是其能量损失大、温升高、效率低的主要原因。(　　)

45．定量泵与变量马达组成的容积调速回路中，其转矩恒定不变。(　　)

46．变量泵出口并联溢流阀的目的是为了起安全作用。(　　)

47．用双作用增压缸可实现连续增压。(　　)

48．卸荷回路可分为流量卸荷和压力卸荷两种回路。(　　)

49．溢流阀可用于调压回路实现调压功能。(　　)

50．溢流阀是常开阀。(　　)

二、简答题

1．容积式液压泵完成吸油和压油的条件是什么?

2．什么是单杆活塞缸的差动连接？有什么特性?

3．为什么要在液压缸内设置缓冲装置?

4．什么是换向阀的“通”和“位”？

5．在液压系统中，溢流阀可以起什么作用？

6．油箱在液压系统中可起哪些作用？

7．在液压系统中，一般过滤器可安装在哪些位置？

8．一般采用什么样的方式可实现对液流方向的控制？

9．可采用哪些方式实现对液压泵的压力卸荷？

10．读懂液压系统回路图的一般步骤是怎样的？

项目三　汽车自卸装置液压系统认知与故障诊断

项目描述

随着生产节奏的不断加快，自卸货汽车（图 3–0–1）被广泛应用于建筑工地、矿山、港口、物流等领域，用于运输各种散装物料。它具有运输效率高、操作简单、灵活方便等优点，提高了工作效率，减小了劳动强度。自卸货汽车的自动卸货过程是由自卸装置液压系统（3–0–2）完成的，主要由油箱、泵、阀门、液压缸、油管等组成，其主要作用是通过液压力将货箱升起，使货物倾倒出来，实现快速卸货。

图 3–0–1　自卸货汽车

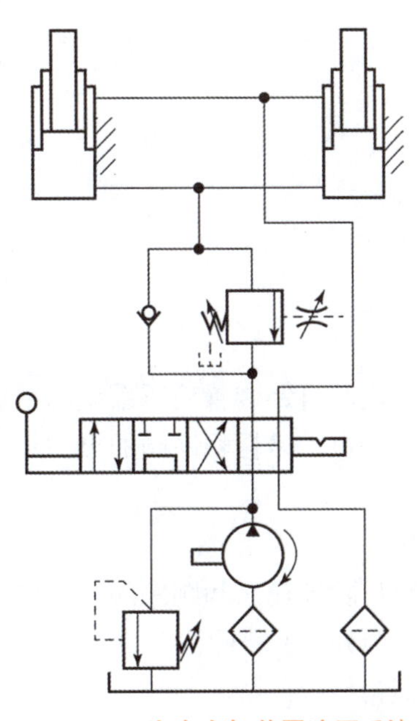

图 3–0–2　汽车自卸装置液压系统

作为新时代的建设者，小王驾驶员一直开着他的自卸货车忙碌于各大建设工地之间，在运输和卸货过程中，他的汽车自卸装置液压系统经常会出现以下问题：

（1）启动系统，货厢不动作，无法起升；

（2）货厢升降不稳定或抖动；

（3）无法切换货厢的升起和放下状态。

请同学们通过本项目学习，为小王的货车排除以上故障。

根据排障要求，本项目需完成以下 4 个任务（图 3–0–3）：

任务 1　识读汽车自卸装置液压系统图；

任务 2　认识齿轮泵；

任务 3　认识顺序阀；

任务 4　搭建汽车自卸装置液压系统回路并排除故障。

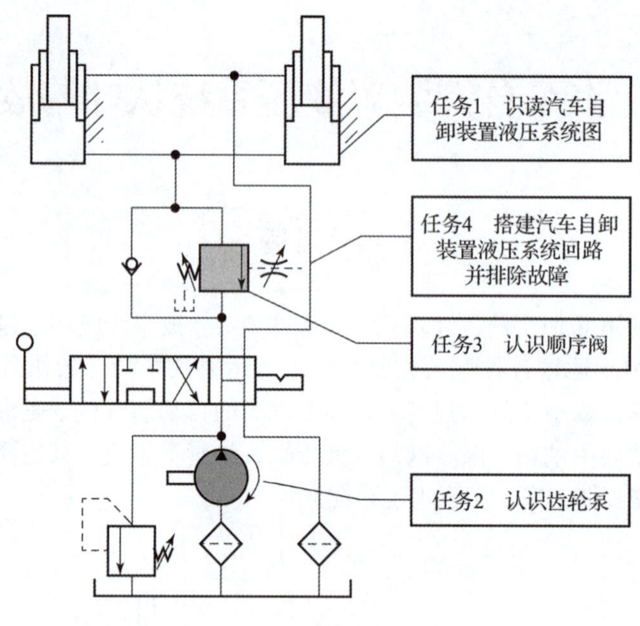

图 3-0-3　项目三学习任务

学习目标

知识目标：

熟悉汽车自卸装置液压系统的组成；进一步掌握识读液压系统图的基本步骤；掌握齿轮泵的性能特点；掌握顺序阀的类型、结构组成、工作原理、性能特点及在液压系统中的具体应用。

能力目标：

能够排除齿轮泵和顺序阀的简单故障；会判断顺序阀的工作状态；会分析平衡回路和同步回路；会分析并排除汽车自卸装置液压系统简单故障。

素质目标：

强化逻辑思维能力，锻炼发现问题、分析问题、解决问题的能力；强化安全意识；培养热爱劳动、吃苦耐劳、细致谨慎的工匠品质；专注液压行业，贯彻国家标准，树立干一行、爱一行、专一行、精一行的意识。

任务 1　识读汽车自卸装置液压系统图

任务描述

自卸汽车是依靠液压缸驱动汽车货厢倾翻来实现卸货的。本任务将根据 GB/T 786.1—2021 有关液压元件符号的规定，结合汽车自卸动作，按照识读液压系统图一般步骤，识读 QD351 型自卸货车货厢举升液压系统图，如图 3–1–1 所示。汽车自卸装置需要完成动作如下：

（1）货厢停止；（2）货厢举升；（3）货厢中停；（4）货厢下降。

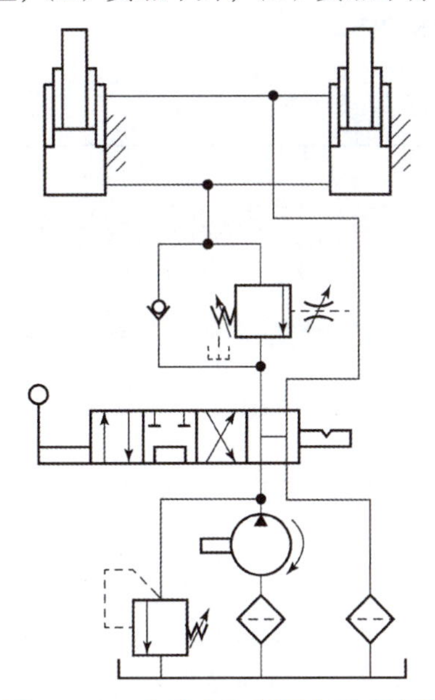

图 3–1–1　汽车自卸装置液压系统图

任务目标

知识目标：

1. 认识汽车自卸装置液压系统的组成；
2. 掌握识读液压系统图的一般步骤。

能力目标：

能够读懂汽车自卸装置液压系统图。

素质目标：

（1）培养分析问题、解决问题的能力；

课前学习资源

识读汽车自卸装置液压系统图：

边学边想

1. 识读液压系统图的一般步骤是什么？

______

2. 汽车自卸装置液压系统由哪些元件组成？

______

3. 汽车自卸装置液压系统是如何控制货厢下降速度的？

______

思路点拨

看懂液压系统图的目的是熟知液压系统是怎样工作的，液压系统是为哪些设备提供动力的，而整个系统的命令均由执行元件最终输出，因此确定执行元件要完成的具体动作是读取液压系统图的重要切入点。

（2）强化安全意识；

（3）养成执行国家标准的习惯。

任务内容

步骤 1：明确系统工作目的和要求。

步骤 2：认识汽车自卸装置液压系统各组成元件。

步骤 3：按执行元件动作分析进油路、回油路。

步骤 4：分析汽车自卸装置液压系统的特点。

汽车自卸装置具体动作：

汽车自卸装置液压系统组成元件：

边学边练

图 3-1-2 中，控制元件有哪些？

____

____

学习提示

在分析执行元件的具体动作过程中，同学们要带着目的去分析问题，这样更容易获得解决问题的措施，学习、工作要有明确的目的，做到有的放矢。

对比区分

图 3-1-2 中，10、11 两个过滤器，哪个是粗过滤器？哪个是精过滤器？

____

步骤 1：明确系统工作目的和要求

根据项目描述，写出图 3-1-1 中自卸货车货厢举升液压系统中执行元件的具体动作。

____

____

步骤 2：认识汽车自卸装置液压系统各组成元件

指出图 3-1-2 中各元件的名称，完善表 3-1-1。

表 3-1-1　汽车自卸装置液压系统组成元件

序号	元件名称	序号	元件名称	序号	元件名称
1		5	顺序阀	9	
2		6		10	
3		7		11	
4		8			

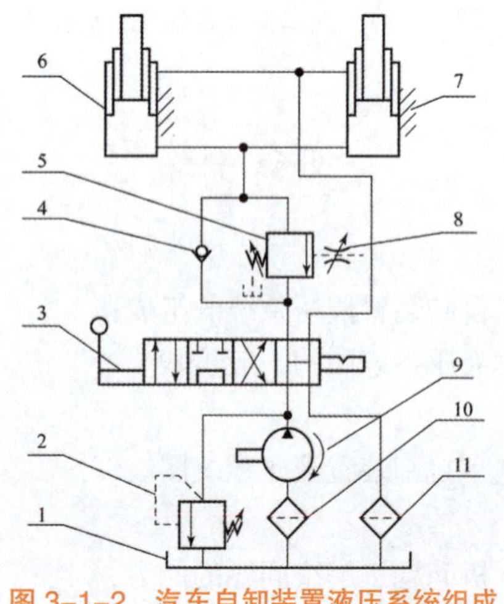

图 3-1-2　汽车自卸装置液压系统组成

（1）动力元件：外啮合齿轮泵，额定压力为 10 MPa。

（2）执行元件：两个规格相同的双作用伸缩套筒式液压缸，控制车厢升降。

（3）控制元件：四位四通手动滑阀，控制油路的通断、换向等，使液压缸完成空位、举升、中停、下降等动作（两液压缸动作应同步）；溢流阀起限压保护作用；单向阀、顺序阀和节流阀组成平衡阀，控制货厢下行速度。

（4）辅助元件：粗过滤器，清洁油液、保护液压泵；精过滤器，保护液压元件；油箱，主要起储油、散热等作用。

各工况进、回油路分析：

步骤 3：按执行元件动作分析进油路、回油路

如图 3–1–2 所示，QD351 型自卸货车货厢举升液压系统的动力装置为齿轮液压泵，由四位四通手动换向阀来控制油路的通断状态的变化，使液压缸完成停止、举升、中停、下降四个动作，同时溢流阀 2 调定系统的最高工作压力。

1. 停止

当手动换向阀 3 处于右位（图 3–1–2）时，换向阀使油路的通断状态为 H 形，这样液压泵 9 处于卸荷状态，液压油直接回油箱，不供给液压缸，而液压缸 6、7 处于浮动状态，没有液压油驱动，货厢处于未举升状态，即货厢为水平状态。

温故讨论

换向阀的哪些中位形式可实现液压泵的卸荷？在此处，最右位 H 形连通形式能换成其他形式吗？

____

____

2. 举升

当换向阀 3 处于左位［图 3–1–3（b）］时，液压泵 9 输出的液压油进入伸缩式液压缸 6、7 下腔，推动液压缸伸出，带动货厢举升。

请结合举升时的液压系统［图 3–1–3（b）］，完成货厢举升时液压系统的工作油路，如图 3–1–3（a）所示。

3. 中停

当换向阀处于左二位时，液压泵输出的液压油直接回油箱，液压泵处于卸荷状态，液压缸得不到液压油，同时，液压缸的两腔都处于锁止状态，故液压缸可以被锁紧在任意位置上，实现货厢的“中停”。

4. 下降

当换向阀处于右二位（图 3–1–4）时，液压泵输出的液压油经换向阀进入液压缸的上腔，推动液压缸缩回，带动货厢下降。此时平衡阀（液控顺序阀和单向阀组成）对液压缸下腔的回油起到背压的作用，保证液压缸只有在液压油的驱动下，才能下降，防止液压缸在货物自重的作用下自动下降。同时，为控制货厢下降的速度，用节流阀 8 来控制平衡阀中顺序阀的开启状态，进而控制液压缸的回油速度，达到控制货厢下降速度的目的。

思考讨论

汽车自卸装置液压系统包含哪些基本液压回路？

____

____

知识铺垫

顺序阀和单向阀组成的复合阀称为单向顺序阀，也称为平衡阀。

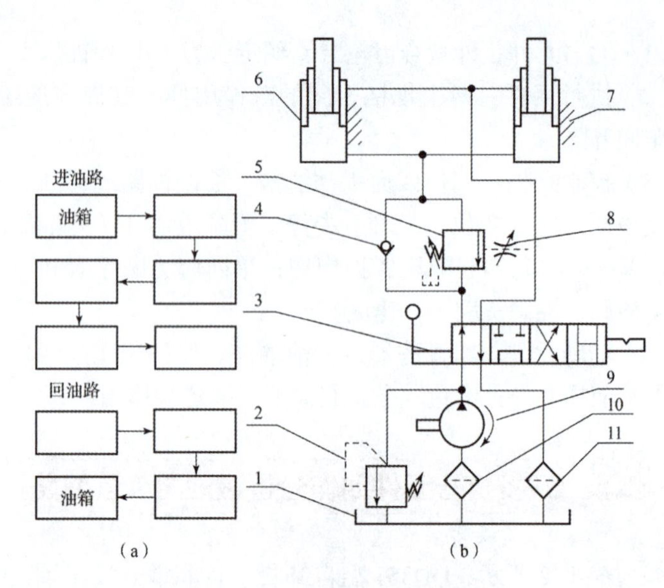

图 3–1–3　汽车自卸装置举升液压系统油路

边学边练

此液压系统图中，节流阀的作用是什么？

______

______

请结合下降时的液压系统［图 3–1–4（b）］，完成货厢下降时液压系统的工作油路，如图 3–1–4（a）所示。

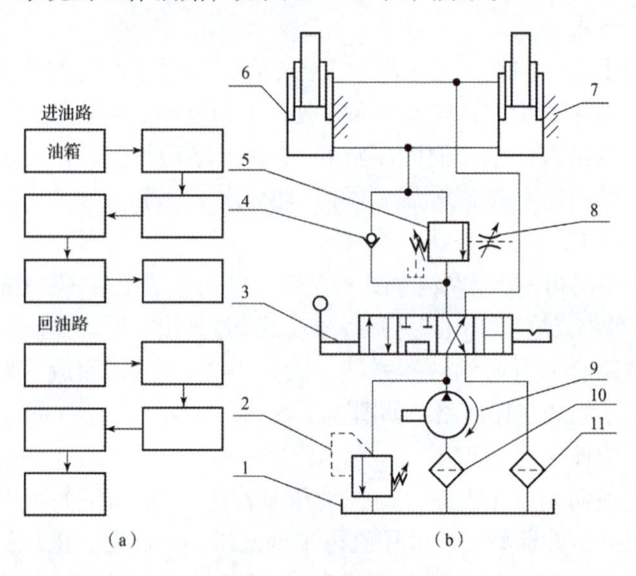

图 3–1–4　汽车自卸装置下降液压系统油路

思想火花

从平衡阀在系统中起的作用大家要意识到：安全是最重要的。

步骤 4：分析汽车自卸装置液压系统的特点

分析汽车自卸装置液压系统的特点：

本液压系统液压缸完成停止、上升、中停、下降四个动作，具体包含以下基本回路：

（1）换向回路——换向阀起主要作用。

（2）锁紧回路——利用换向阀的 M 形中位机能使液压执行元件 3 能在任意位置上停留。

（3）调压回路——溢流阀起主要作用。

（4）卸荷回路——换向阀的 M 形和 H 形连通形式工作位置起主要作用。

（5）平衡回路——由单向阀、顺序阀组成的平衡阀起主要作用。

（6）同步回路——以机械连接形式保持两个液压缸同步运动。

（1）~（4）基本回路详细分析思路请参考项目二的任务 9，平衡回路和同步回路分析请参考本项目的任务 4。

拓展任务

【分析讨论】

在读取液压系统图中，如果从执行元件动作入手无法获取系统工作具体信息，根据你对本液压系统分析的经验，你认为以哪个元件动作分析为切入点可能会完成分析液压系统的任务？请小组成员协作完成。

任务总结评价

请根据学习情况，完成个人学习评价表（表 3-1-2）。

表 3-1-2　个人学习评价表

序号	评价内容	分值	得　分		
			自评	组评	师评
1	能自主完成课前学习任务	10			
2	掌握识读液压系统图的一般步骤	15			
3	掌握汽车自卸装置液压系统的组成	10			
4	能够按照步骤独立分析汽车自卸装置液压系统图	15			
5	能坚持出勤，遵守纪律	10			
6	能积极参与小组活动，完成课中任务	15			
7	能认识汽车自卸装置液压系统各组成部分的国家标准符号	15			
8	能小组协作完成课后作业和拓展学习任务，养成良好的学习习惯	10			
总　分		100			
自我总结					

任务 2　认识齿轮泵

任务描述

在汽车自卸装置液压系统（图 3-2-1）中，一般会采用外啮合齿轮泵作为动力元件，为系统提供压力油。外啮合齿轮泵结构复杂吗？它的具体工作性能如何？在工作过程中会有哪些不良现象需要我们注意呢？通过本任务学习为大家解开以上困惑。

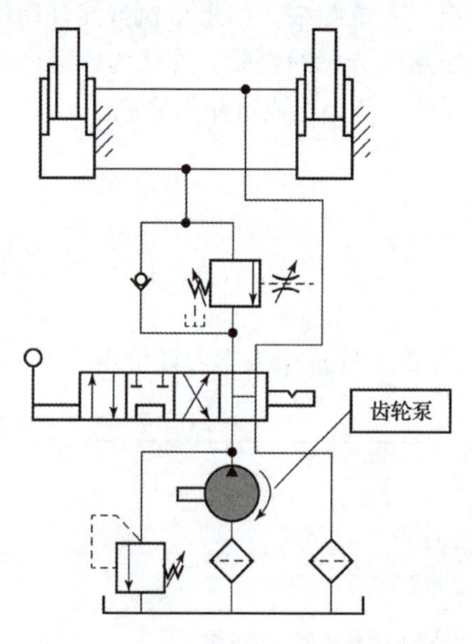

图 3-2-1　汽车自卸装置液压系统

任务目标

知识目标：

1. 掌握齿轮泵的结构组成及性能特点；
2. 了解齿轮泵困油现象、径向力不平衡、泄漏的原因。

能力目标：

1. 会正确拆装齿轮泵；
2. 能够为齿轮泵的不良现象提出解决措施。

素质目标：

1. 培养一丝不苟、吃苦耐劳的工匠精神；
2. 锻炼系统分析问题的能力。

课前学习资源

认识齿轮泵：

拆装齿轮泵：

边学边想

1. 一般 CB-B 型齿轮泵由哪几部分构成？

____

2. 齿轮泵是定量泵还是变量泵？

____

3. 齿轮泵是单向泵还是双向泵？

____

4. 齿轮泵适合用在高压场合吗？为什么？

____

____

____

任务内容

步骤 1：了解 CB–B 型齿轮泵的性能。

步骤 2：拆装 CB–B 型齿轮泵。

步骤 3：分析 CB–B 型齿轮泵的困油现象。

步骤 4：分析 CB–B 型齿轮泵的径向力不平衡现象。

步骤 5：分析 CB–B 型齿轮泵的泄漏现象。

步骤 6：分析排除齿轮泵常见故障。

步骤 1：了解 CB–B 型齿轮泵的性能

按结构齿轮泵有外啮合齿轮泵和内啮合齿轮泵两种。下面主要认识外啮合齿轮泵。

一、CB–B 型齿轮泵结构组成

CB–B 型齿轮泵是由泵体、前泵盖、后泵盖组成的分离三片式结构（图 3–2–2），在泵体的内孔装有一对模数相等、宽度和泵体相同的相互啮合的渐开线齿轮。

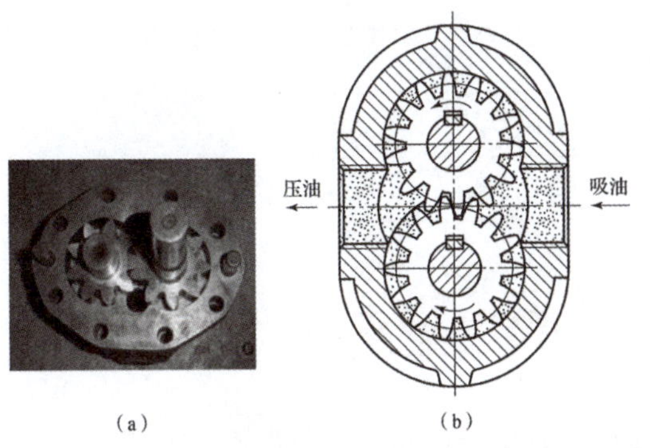

图 3–2–2　CB–B 型齿轮泵的实物和结构

（a）实物；（b）结构

边学边想

CB–B 型齿轮泵的结构中有专门的配油装置吗？

____

外啮合齿轮泵的工作过程：

二、外啮合齿轮泵的工作过程

如图 3–2–3 所示，当齿轮按图示箭头逆时针方向旋转时，完成吸油和压油。小组协作，完成齿轮泵吸油过程和压油过程的分析。

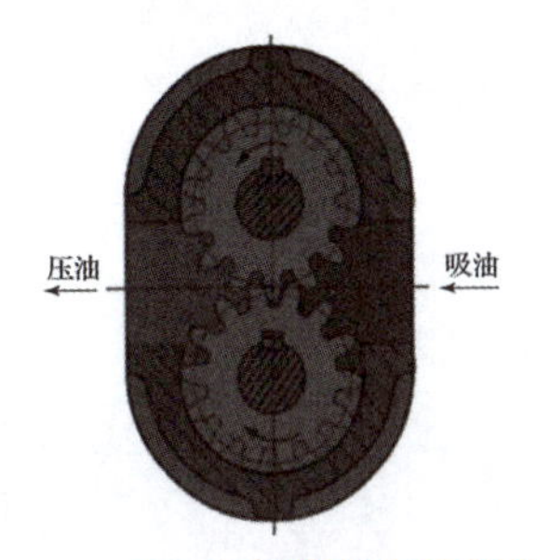

图 3–2–3　CB–B 型齿轮泵工作原理图

边学边想

齿轮泵是怎样满足容积式液压泵吸油和压油条件的？

____

____

____

学习提示

分析齿轮泵工作过程注意要善于思考，一丝不苟，细致认真。

（1）吸油过程：

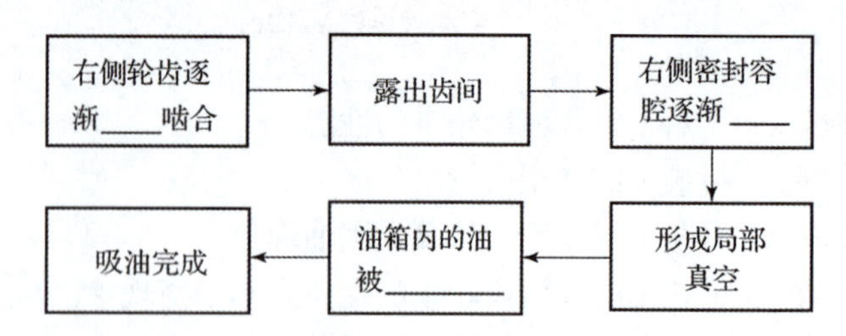

（2）压油过程：

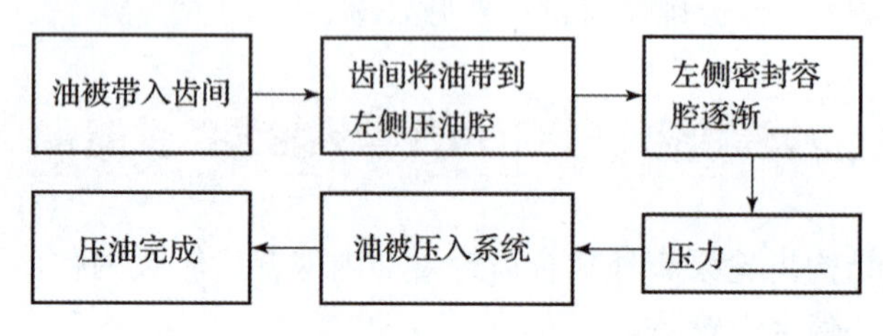

外啮合齿轮泵性能特点：

分析齿轮泵工作过程，填表 3–2–1，总结出齿轮泵的性能特点。

表 3–2–1　齿轮泵的性能特点

项目	内容
排量是否可调	
能否双向工作	
流量脉动的大小如何	
输入轴的径向力是否平衡	

符号表达

请根据齿轮泵性能，画出它的符号。

____

步骤 2：拆装 CB–B 型齿轮泵

一、观看 CB–B 型齿轮泵拆装视频

扫描右侧二维码，观看 CB–B 型齿轮泵拆装视频。

CB–B 型齿轮泵拆卸：

CB–B 型齿轮泵的装配：

二、分组拆装 CB–B 型齿轮泵

根据视频讲解分组拆装 CB–B 型齿轮泵，并填写表 3–2–2。

表 3–2–2　齿轮泵拆装记录表

拆卸步骤	具体内容
1	
2	
3	
4	
5	

学习提示

拆装过程要发扬耐心、专注、专业、敬业的工匠精神，干一行，专一行。

续表

装配步骤	具体内容
6	
7	
8	
9	
10	

三、齿轮泵拆装注意事项

（1）拆装中应用铜棒或橡胶锤敲打零部件，以免损坏零部件和轴承。

（2）拆卸过程中，遇到元件卡住的情况时，不要乱敲硬砸，请指导老师来解决。

（3）装配时，遵循先拆的零件后安装、后拆的零部件先安装的原则，正确合理地安装；脏的零部件应用煤油清洗后才可安装；安装完毕后应使泵转动灵活平稳，没有阻滞、卡死现象。

（4）装配齿轮泵时，先将齿轮、轴装在后泵盖的滚针轴承内，轻轻装上泵体和前泵盖，打紧定位销，拧紧螺栓，注意使其受力均匀。

实践收获

____

____

____

边看边想

1. 齿轮泵的吸油口和压油口一样大吗？

____

2. 齿轮泵的泵盖上为什么要加工沟槽呢？

____

步骤 3：分析 CB-B 型齿轮泵的困油现象

一、外啮合齿轮泵困油现象的产生过程

1. 封闭容积的形成

由于相互啮合的一对齿轮连续传动时重合系数大于 1，当一对轮齿没有脱离啮合前，后一对轮齿就开始进入啮合。在两对轮齿同时啮合的这一小段时间内，在它们之间形成封闭的空间，一般称为封闭容积，如图 3-2-4 所示白色区域。

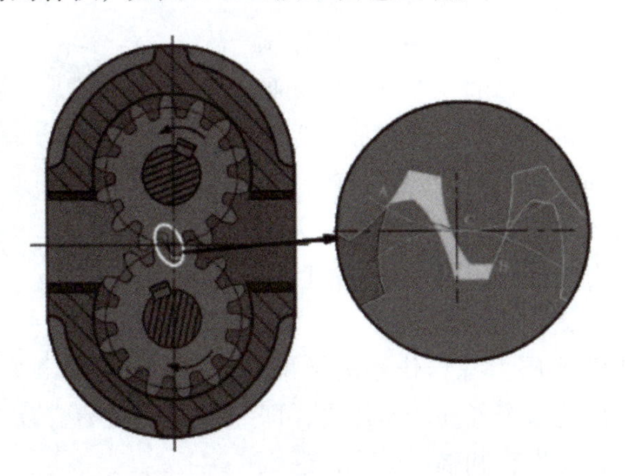

图 3-2-4　CB-B 型齿轮泵封闭容积的形成

齿轮泵困油现象产生过程：

边学边想

齿轮泵的困油过程：

封闭容积变小，油压________；

封闭容积变大，油压________。

A. 升高　B. 降低

齿轮泵困油现象的危害及解决措施：

讨论

齿轮泵的困油现象能完全避免吗？

____

齿轮泵径向力不平衡现象：

齿轮泵径向力不平衡的解决措施：

2. 封闭容积大小的变化

当封闭容积形成后，随着齿轮的旋转，封闭容积先逐渐减小，后逐渐增大。封闭容积减小时，困在封闭容积中的油液受到挤压，并从缝隙中挤出而产生很高的压力，使油液发热，轴承负荷增大；而封闭容积增大时又会造成局部真空，产生空穴现象。

这种封闭容积的大小随齿轮转动而变化，造成液体压力的急剧升高和降低的现象，称为**困油现象**。

二、困油现象的危害

____

____

____

三、困油现象的解决措施

通常在齿轮泵的两个端盖的合适位置开卸荷槽来解决困油现象，如图 3-2-5 所示。困油区油腔容积增大时，通过卸荷槽与吸油区相连，弥补真空；反之，与压油区相连，压出高压油，确保困油区压力稳定。

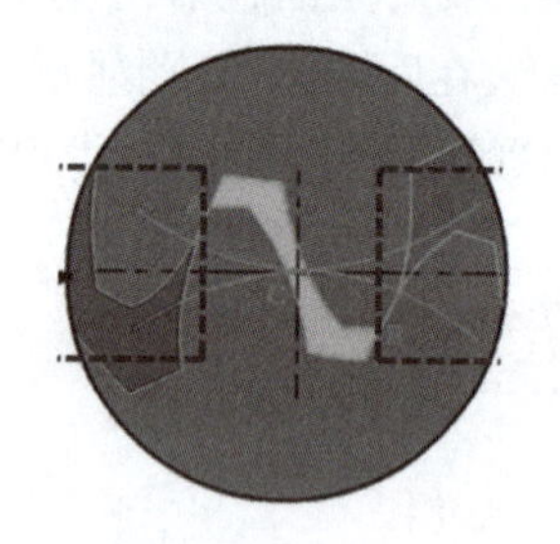

图 3-2-5　CB-B 型齿轮泵的卸荷槽

步骤 4：分析 CB-B 型齿轮泵的径向力不平衡现象

一、齿轮泵径向受力分析

在齿轮泵中，作用在齿轮外圆上的压力是不相等的，在压油腔和吸油腔处，齿轮外圆和齿廓表面承受着工作压力和吸油腔压力，在齿轮和壳体内壁的径向间隙中，可认为压力由压油腔压力逐渐分级下降至吸油腔压力，如图 3-2-6 所示。

这些液体压力综合作用的结果，相当于给齿轮一个径向的作用力，即不平衡力，使齿轮和轴承受载，这就是径向不平衡力。

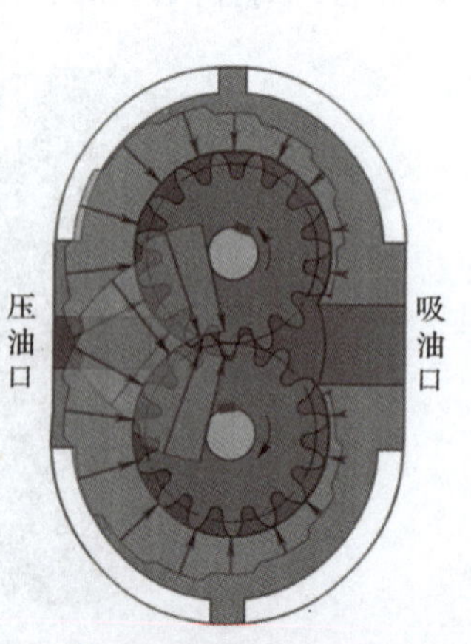

图 3-2-6　CB-B 型齿轮泵的径向力

二、齿轮泵径向力不平衡的危害

当齿轮泵径向不平衡力过大时，会使齿轮轴弯曲造成齿顶接触泵体内表面产生摩擦，加速轴承磨损，影响外啮合齿轮泵的工作性能和使用寿命。

三、齿轮泵径向力不平衡的解决措施

（1）缩小压油口，使压力油的径向压力仅作用在 1~2 个齿的小范围内。

（2）可适当增大径向间隙，使齿轮在不平衡作用下，齿顶不至于与壳体相接触和摩擦。

步骤 5：分析 CB-B 型齿轮泵的泄漏现象

一、齿轮泵泄漏的主要途径

（1）请结合齿轮泵的结构，在图 3-2-7 中找出齿轮泵的三条泄漏的途径：端面泄漏、径向泄漏、轮齿啮合处泄漏。

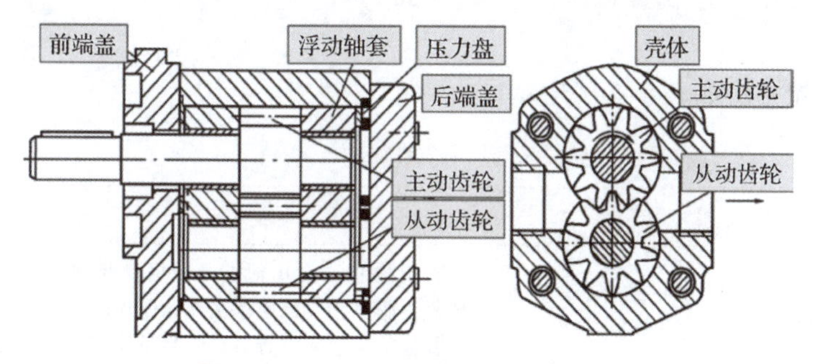

图 3-2-7　CB-B 型齿轮泵泄漏途径

（2）每个泄漏途径的泄漏量对比。

端面泄漏占比：________________________________。

径向泄漏占比：________________________________。

轮齿啮合处泄漏占比：____________________________。

二、泄漏的危害

齿轮泵轴向间隙越大，泄漏量越大，会使容积效率过低；因此，泄漏是影响齿轮泵高压化的主要障碍。

三、解决措施

减小齿轮泵的泄漏主要采用齿轮端面间隙自动补偿的方法。

原理：如图 3-2-8 所示，引入压力油，使轴套或侧板紧贴在齿轮端面上，压力越高，间隙越小，可以自动补偿端面磨损和减小间隙。

通常采用的自动补偿端面间隙装置：

（1）____；

（2）____。

讨论

一般情况下为什么齿轮泵的吸油口和压油口不一样大，而是一大一小？哪个口大？

____

____

边学边想

齿轮泵的径向不平衡力可以完全消除吗？为什么？

____

____

齿轮泵泄漏现象分析：

能力提升

从齿轮泵的不良现象产生的过程中分析原因，并寻求解决措施，提升分析问题、解决问题的能力。

齿轮泵泄漏解决措施：

边学边想

为什么主要针对“端面泄漏”提出解决措施呢？

____

____

思想火花

善于抓住事物发展的主要矛盾，从而找出解决矛盾的最有效措施。

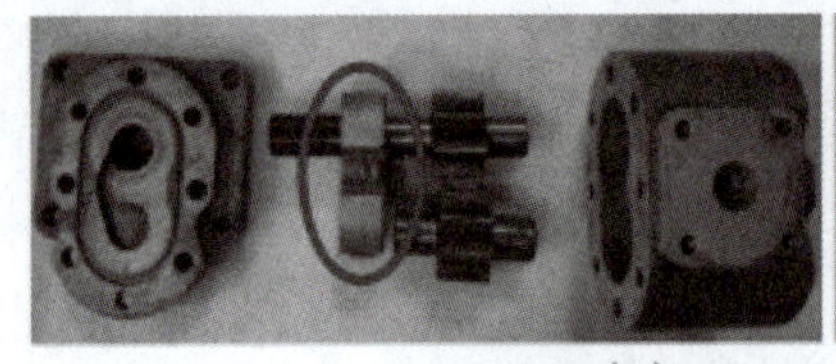
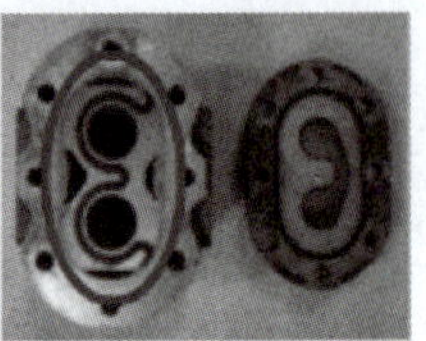

（a）

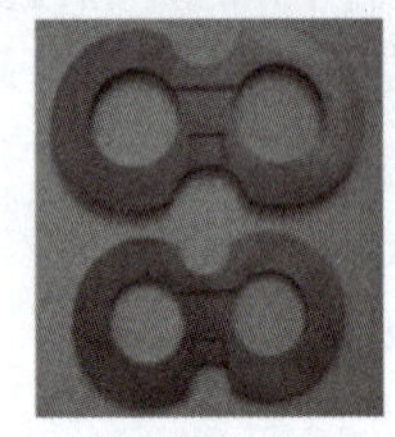

（b）

图 3-2-8　CB-B 型齿轮泵泄漏减小措施

（a）浮动轴套式；（b）弹性侧板式

步骤 6：分析排除齿轮泵常见故障

齿轮泵常见故障现象及排除方法如表 3-2-3 所示。

表 3-2-3　齿轮泵常见故障现象及排除方法

序号	故障现象	产生原因	排除方法
1	齿轮泵噪声大	1. 吸油管接头、泵体与盖板的结合面、堵头和密封圈等处密封不良，有空气被吸入； 2. 齿轮齿形精度太低； 3. 端面间隙过小； 4. 齿轮内孔与端面不垂直、盖板上两孔轴线不平行、泵体两端面不平行等； 5. 两盖板端面修磨后，两困油卸油槽距离增大，产生困油现象； 6. 装配不良，如主动轴转一周，有时轻时重现象； 7. 滚针轴承等零件损坏； 8. 泵轴与电动机不同轴； 9. 出现空穴现象	1. 用涂脂法查出泄漏处，更换密封圈；用环氧树脂粘结剂涂敷堵头配合面再压进；用密封胶涂敷管接头并拧紧；修磨泵体与盖板结合面，保证平面度不超过 0.005 mm； 2. 配研（或更换）齿轮； 3. 配磨齿轮、泵体与盖板端面，保证端面间隙； 4. 拆检、配研（或更换）有关零件； 5. 修磨困油卸油槽，保证两槽距离； 6. 拆检，装配调整； 7. 拆检，更换损坏零件； 8. 调整联轴器，使同轴度小于 0.1 mm； 9. 检查吸油管、油箱、过滤器、油位及油液黏度等，排除空穴现象
2	齿轮泵的容积效率低、压力无法提高	1. 端面间隙和径向间隙过大； 2. 各连接处泄漏； 3. 油液黏度太大或太小； 4. 溢流阀失灵； 5. 电动机转速过低； 6. 出现空穴现象	1. 配磨齿轮、泵体与盖板端面，保证端面间隙；将泵体相对于两盖板向压油腔适当平移，保证吸油腔处径向间隙，再拧紧螺钉，试验后，重新钻、铰销孔，用圆锥销定位； 2. 紧固各连接处； 3. 测定油液黏度，按说明书要求选用油液； 4. 拆检，修理（或更换）溢流阀； 5. 检查转速，排除故障根源； 6. 检查吸油管、油箱、过滤器、油位及油液黏度等，排除空穴现象

续表

序号	故障现象	产生原因	排除方法
3	齿轮泵的堵头和密封圈有时被冲掉	1. 堵头将泄漏通道堵塞； 2. 密封圈与盖板孔配合过松； 3. 泵体装反； 4. 泄漏通道被堵塞	1. 将堵头取出涂敷上环氧树脂粘结剂后，重新压进； 2. 更换密封圈； 3. 纠正装配方向； 4. 清洗泄漏通道

拓展任务

【内啮合齿轮泵学习】

请借助图书、网络或到实训工厂与企业导师交流，学习内啮合齿轮泵相关知识，做好学习笔记。

任务总结评价

请根据学习情况，完成个人学习评价表（表 3-2-4）。

表 3-2-4　个人学习评价表

序号	评价内容	分值	得　分		
			自评	组评	师评
1	能自主完成课前学习任务	10			
2	掌握 CB-B 型外啮合齿轮泵的工作原理	10			
3	熟悉 CB-B 型齿轮泵的性能特性	10			
4	了解齿轮泵困油现象、径向力不平衡、泄漏的原因	10			
5	会正确拆装齿轮泵	15			
6	能够为齿轮泵的困油现象、径向力不平衡、泄漏等不良现象提出解决措施	5			
7	能画出 CB-B 型齿轮泵的标准符号	10			
8	能坚持出勤，遵守纪律	10			
9	能积极参与师生互动活动，完成课中任务	10			
10	能独立完成课后作业和拓展学习任务，养成良好的学习习惯	10			
总　分		100			
自我总结					

任务 3　认识顺序阀

课前学习资源

认识直动式顺序阀：

认识先导式顺序阀：

应用顺序阀：

任务描述

在汽车自卸装置工作过程中，当液压缸带动货厢下降时，为了防止液压缸在货物自重的作用下自动下降，保证操作安全，必须使液压缸只有在液压油压力驱动下才能下降。因此，在货厢下降工况下，液压缸下腔的回油需要具有一定的背压力。在汽车自卸装置液压系统中，此背压力由**顺序阀**（图 3–3–1）提供。在本任务中，将全面认识顺序阀的工作过程、具体应用、常见故障现象与排除方法。

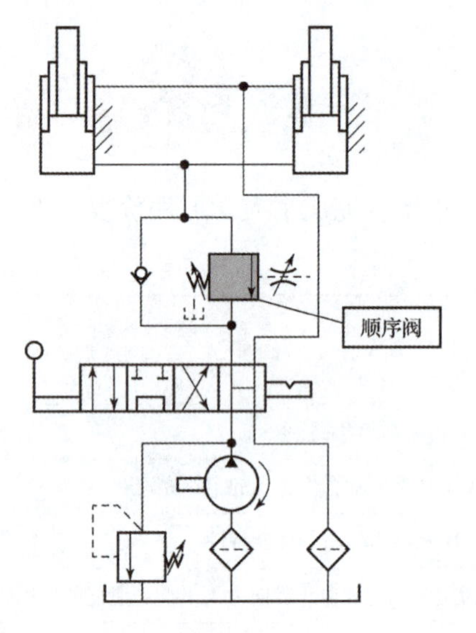

图 3–3–1　汽车自卸装置液压系统（顺序阀）

任务目标

知识目标：

1. 掌握直动式顺序阀和先导式顺序阀的结构组成、工作原理及符号；

2. 熟悉顺序阀在不同场合的具体应用。

能力目标：

1. 能够识别并画出不同类型顺序阀的符号；

2. 能够对顺序阀进行简单的故障诊断和排除。

素质目标：

1. 培养细致认真、一丝不苟的工匠精神；

2. 强化安全的意识；

3. 锻炼分析问题、解决问题的能力，树立干一行、爱一行、专一行、精一行的意识。

任务内容

步骤 1： 认识直动式顺序阀。

步骤 2： 认识先导式顺序阀。

步骤 3： 应用顺序阀。

步骤 4： 分析排除顺序阀常见故障。

提前了解

顺序阀属于压力控制阀，是一种常闭阀，相当于一个压力开关，其作用是利用油路压力的变化来控制阀口开启，顺序阀的构造及其工作原理类似于溢流阀，主要有直动式和先导式两类。直动式顺序阀用于低压系统，先导式顺序阀常用于中、高压系统。

步骤 1：认识直动式顺序阀

一、直动式顺序阀的结构组成

如图 3-3-2 所示，直动式顺序阀主要由底盖 1、顶杆 2、阀体 3、阀芯 4、弹簧 5、上阀盖 6、调节螺杆 7 组成。P_1 为进油口，P_2 为出油口，L 为泄油口，K 为控制油口。

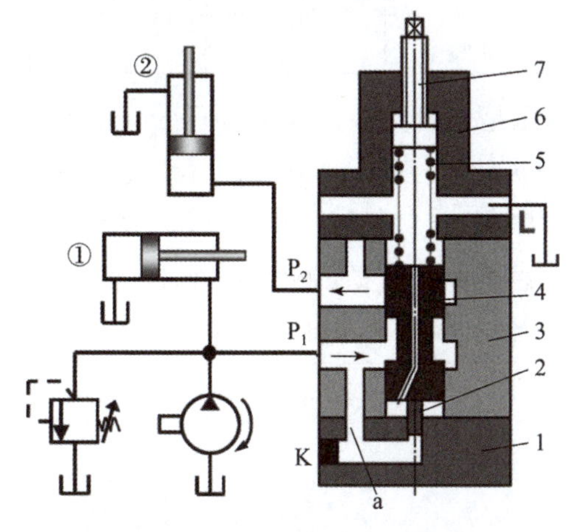

1—底盖；2—顶杆；3—阀体；4—阀芯；5—弹簧；6—上阀盖；7—调节螺杆。

图 3-3-2　直动式顺序阀的结构原理图

边学边想

1. 按结构不同，顺序阀有哪几种类型？

____

2. 当顺序阀开启后，其进口和出口油液压力该如何判断？

____

____

3. 按控油方式不同和泄油方式不同，顺序阀有哪几种？请列出名称，并画出相应的符号。

____

____

____

4. 为什么称顺序阀为“压力开关”？

____

____

____

观察对比

和直动式溢流阀相比，在阀体结构上，二者有什么不同？

____

____

直动式顺序阀工作过程：

边学边想

认真观察，在图3-3-2所示工作状态下：

1. 顺序阀的控制油压来自何处？

______

2. 此时顺序阀采用的是（　　）的泄油方式。

A. 内泄式

B. 外泄式

思考讨论

怎样调整顺序阀的开启压力？

______

______

头脑风暴

结合图3-3-2分析：顺序阀进口处达到一定压力，顺序阀开启后，p_1、p_2分别是多少？取决于什么因素？

______

能力提升

个人独立分析外控式顺序阀的工作过程，锻炼自己分析问题、解决问题的能力的同时，专注液压知识，做到干一行、爱一行、专一行、精一行。

二、直动式顺序阀工作过程

在图3-3-2所示的系统回路中，液压泵同时给两个液压缸供油，首先给①缸供油，当①缸左行到位置后，开启顺序阀，再给②缸供油。所以，在这个回路中，顺序阀起的作用就是在其进口油压p_1达到一定值后才能开启，实现给②缸供油。当控制油来自阀进口油压p_1时，直动式顺序阀工作过程如下。

（1）工况1：顺序阀进口不通压力油，$p_1=0$。

如图3-3-2所示，当顺序阀进口不通压力油，即$p_1=0$时，也就是顺序阀处于常态位置时，在弹簧5预紧力的作用下，阀芯4被推到阀体3下端，将进口和出口切断，顺序阀处于**关闭**状态。

（2）工况2：顺序阀进口通油压力p_1较低时。

进口通压力油后，当进口油压p_1较低，作用力小于弹簧5的预紧力时，阀芯4不会移动，依然处于常态位置，阀芯不动，阀口无法打开，阀口仍呈**关闭**状态。

（3）工况3：顺序阀进口通油压力p_1较大时。

随着进口油压不断上升，作用在阀芯4底部的液压油压力也不断加大。当p_1大于弹簧5预紧力时，在底部油压作用下，阀芯4向上移动，阀口**打开**，液压油直接从出口流出。根据以上分析，请填写表3-3-1。

表3-3-1　直动式顺序阀工作过程状态表

（油压来自进油口P_1）

工况	p_1大小	阀芯受力情况	阀芯位置	阀的启闭状态
1	$p_1=0$			
2	$p_1<p_{弹}$			
3	$p_1>p_{弹}$			

当控制油压是来自液控口K的油压p_K时，设弹簧的预紧力产生的压力为$p_{弹}$，同样按$p_K=0$、$p_K<p_{弹}$、$p_K>p_{弹}$三种工况分析。请根据以上分析过程自行分析，并填写表3-3-2。

表3-3-2　直动式顺序阀工作过程状态表

（油压来自控制油口K）

工况	p_K大小	阀芯受力情况	阀芯位置	阀的启闭状态
1	$p_K=0$			
2	$p_K<p_{弹}$			
3	$p_K>p_{弹}$			

三、直动式顺序阀的符号（GB/T 786.1—2021）

压力控制阀的符号一般会表达出以下信息：

（1）阀芯的常态位置；

（2）控制油压；

（3）泄油方式。

请结合表 3-3-1 内容和图 3-3-2，在图 3-3-3 中选出图 3-3-1 所示的直动式顺序阀的正确符号。

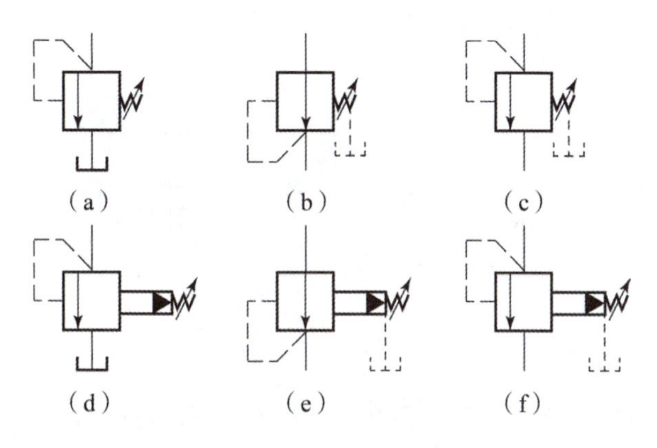

图 3-3-3　直动式顺序阀的符号选择

四、直动式顺序阀的类型

通过改变上盖或底盖的装配位置，可改变顺序阀的控油方式和泄油方式，从而得到以下类型的顺序阀：内控内泄式、内控外泄式、外控内泄式、外控外泄式。

图 3-3-4 所示为各类型直动式顺序阀的结构和符号。请将对应的结构图和符号图对号入座，并给出正确的名称。

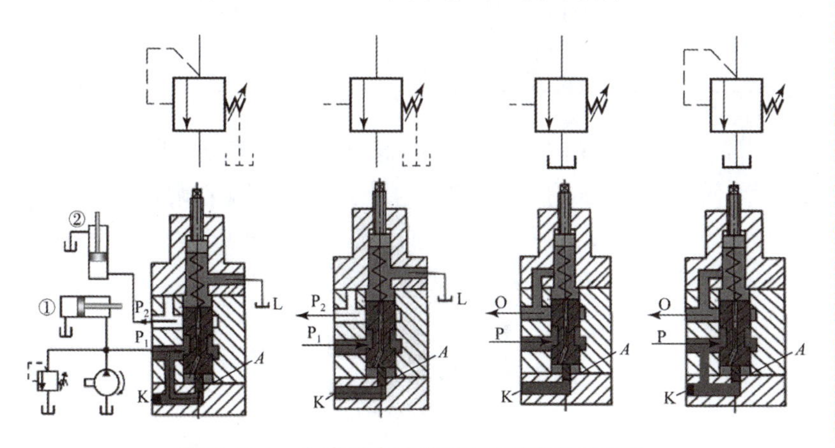

图 3-3-4　各类型直动式顺序阀的结构和符号

选择判断

直动式顺序阀的正确符号应为图 3-3-3 中哪一个？

____

贯标行动

你能够说出 GB/T 786.1—2021 标准中直动式顺序阀符号中每个线条的含义吗？

____

____

直动式顺序阀类型特点：

对号入座

请将图 3-3-4 中正确的符号与结构图连线。

思考讨论

为什么要把顺序阀分成上阀盖、阀体、下阀座三部分而不是做成一个整体？

____

训练提升

【练习 3-3-1】图 3-3-5 中，液压泵的额定压力是 10 MPa，溢流阀的调定压力是 5 MPa，直动式顺序阀的调定压力是 2 MPa，液压缸受到极大外载荷。

请问：A 点和 B 点的压力各是多少？＿＿＿＿＿＿

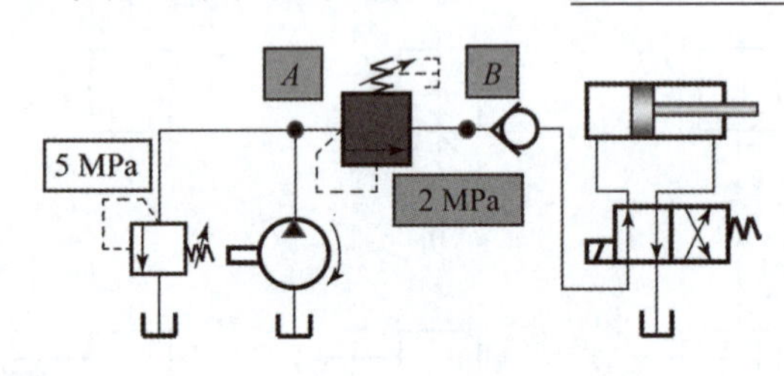

图 3-3-5　练习 3-3-1 图

【练习 3-3-2】图 3-3-6 中，液压泵的额定压力是 10 MPa，溢流阀的调定压力是 5 MPa，直动式顺序阀的调定压力是 8 MPa，液压缸受到极大外载荷。

请问：A 点和 B 点的压力各是多少？＿＿＿＿＿＿

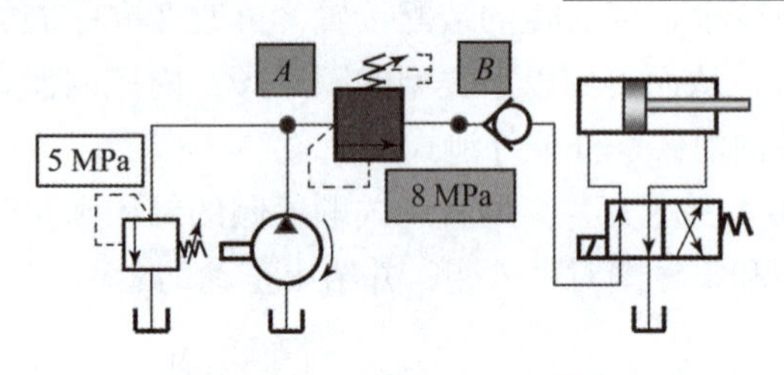

图 3-3-6　练习 3-3-2 图

【练习 3-3-3】图 3-3-7 中，液压泵的额定压力是 10 MPa，溢流阀的调定压力是 5 MPa，直动式顺序阀的调定压力是 3 MPa，液压缸受到外载荷产生的压力是 4 MPa。

请问：A 点和 B 点的压力各是多少？＿＿＿＿＿＿

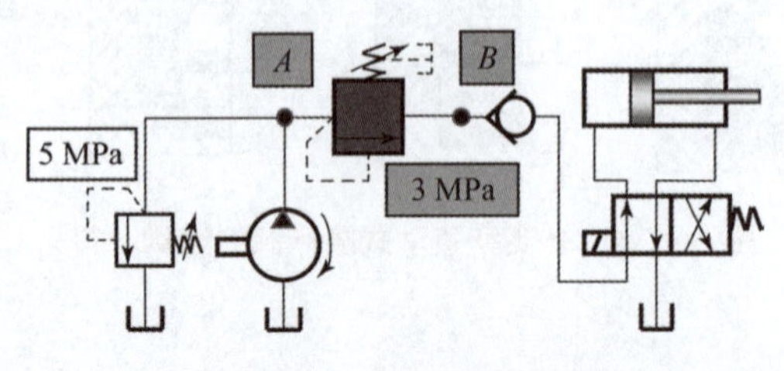

图 3-3-7　练习 3-3-3 图

思路点拨

1. 练习 3-3-1 中，判断 B 点的压力，首先要判断顺序阀是否开启。

2. 由外载荷大小和溢流阀调定压力的对比，判断系统压力值。

边做边想

对比练习 3-3-1~练习 3-3-2 的工况和结论，简单描述为什么我们称顺序阀为“压力开关”？

＿＿＿＿＿＿

＿＿＿＿＿＿

能力提升

根据练习 3-3-3 的分析，你认为在液压系统维护岗位中，当遇到顺序阀时，如何判断顺序阀工作是否正常？

＿＿＿＿＿＿

＿＿＿＿＿＿

步骤 2：认识先导式顺序阀

一、先导式顺序阀的结构组成

和先导式溢流阀相似，先导式顺序阀主要由主阀和先导阀两部分组成，如图 3–3–8 所示。主阀主要由阀体、主阀阀芯、主阀弹簧三部分构成（注意阀芯上有个细长小孔）。先导阀主要由调压手柄、调压弹簧、导阀芯组成。

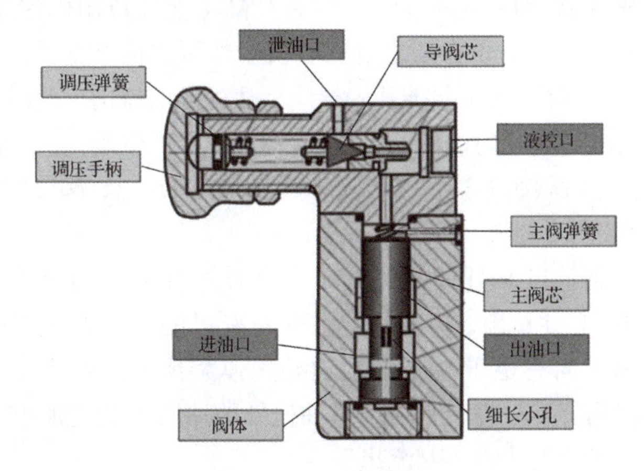

图 3–3–8　先导式顺序阀的结构原理图

二、先导式顺序阀的工作过程

由于先导式顺序阀比直动式顺序阀多了一个控制油口，所以先导式顺序阀的工作过程按控制油口通压力油和不通压力油两种工况来分析。

1. 工况 1：控制油口 K 不开通

1）顺序阀进口不通压力油

如图 3–3–9 所示，当先导式顺序阀进口不通压力油，也就是常态位置时，主阀阀芯在主阀弹簧预紧力的作用下被推到阀体下端，阀芯将主阀的进口和出口切断，顺序阀处于关闭状态。

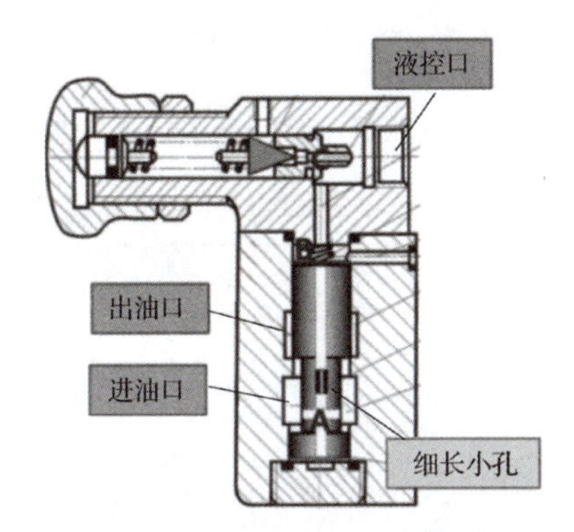

图 3–3–9　先导式顺序阀工作简图（进口不通压力油）

先导式顺序阀工作过程：

思考讨论

在先导式顺序阀中，起开启和关闭油路功能的是主阀还是先导阀？

____

判断分析

1. 主阀弹簧的作用是什么？

____

2. 主阀弹簧应选择（　　）。

A. 硬弹簧

B. 软弹簧

故障诊断

当主阀阀芯的细长小孔被堵塞了，会发生什么现象？

____

2）顺序阀进口油压较低，$p_1<p_导$时

先导式顺序阀进口通压力油后（液控口用丝堵堵住），油液依次充满 A、B、C 腔。当进口油压较低时，在先导阀弹簧预紧力 $p_导$的作用下，液压油无法推开先导阀，此时油液不流动，主阀阀芯的细长小孔内也无油液流动，A、B、C 三腔压力相等，阀芯仍处于**关闭**状态。

3）顺序阀进口通油压力升高，$p_1>p_导$时

当先导式顺序阀进口油液压力升高（液控口用丝堵堵住），A、B、C 三腔压力也会随之升高。当 C 腔压力足以克服先导阀弹簧预紧力 $p_导$时，液压油推开先导阀，从先导阀流出。此时，主阀阀芯上的细长小孔内油液开始流动，A、B 腔产生压差，在此压差作用下，主阀阀芯上移，液压油从顺序阀出口流出，顺序阀**打开**。

2. 工况 2：控制油口 K 开通

当控制油口 K 开通，外接一个导通压力为 p_K 的导阀时，从图 3–3–10 中可看出，C 区的油液向左有可能顶开先导阀阀芯从左侧流出，向右也可克服外接的导阀弹簧预紧力后顶开导阀阀芯，从右侧流出。也就是说，进油口处的油压 p_1 先克服哪个弹簧的弹力，就会先从哪一侧流出。

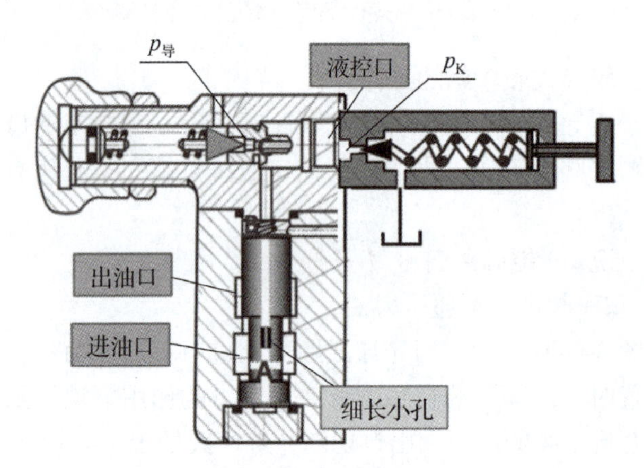

图 3–3–10　先导式顺序阀工作简图（控制油口 K 开通）

请各小组分析先导式顺序阀工作过程，并填写表 3–3–3。

表 3–3–3　先导式顺序阀工作过程状态表

工况			左导阀的启闭状态	右导阀的启闭状态	主阀的启闭状态
1	控制油口 K 不开通	p_1=0		—	
		p_1<P 导		—	
		p_1>P 导		—	

学习提示

在故障诊断中，锻炼个人分析问题、解决问题的能力，同时提升个人的安全意识。

头脑风暴

在图 3–3–10 中，如果将控制油口 K 与油箱直接相连，会发生什么现象？

______

思考讨论

先导式顺序阀的调定压力取决于什么？

______

______

学习提示

小组成员协作完成先导式顺序阀分析的过程中，注意以下细节：

1. K 口状态；

2. 工作压力与导阀调定压力值的大小对比。

续表

工况			左导阀的启闭状态	右导阀的启闭状态	主阀的启闭状态
2	控制油口 K 开通	$p_1<p_{导}$且$p_1<p_K$			
		$p_1<p_{导}$且$p_1>p_K$			
		$p_1>p_{导}$且$p_1<p_K$			

三、先导式顺序阀的符号（GB/T 786.1—2021）

请在图 3–3–11 中选出先导式顺序阀的正确符号。

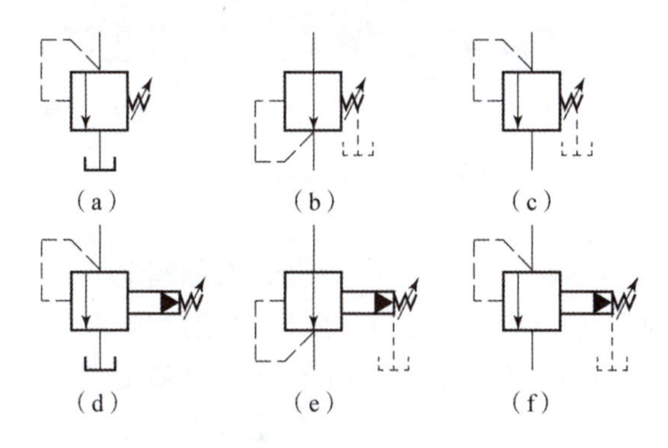

图 3–3–11　先导式顺序阀的符号选择

对比选择

在图 3–3–11 中选出先导式顺序阀的正确符号。

____

训练提升

【练习 3–3–4】图 3–3–12 中，液压泵的额定压力是 10 MPa，溢流阀的调定压力是 5 MPa 和 2 MPa，先导式顺序阀的调定压力是 3 MPa，液压缸受到极大外载荷。

请问：A 点和 B 点的压力各是多少？

____

____

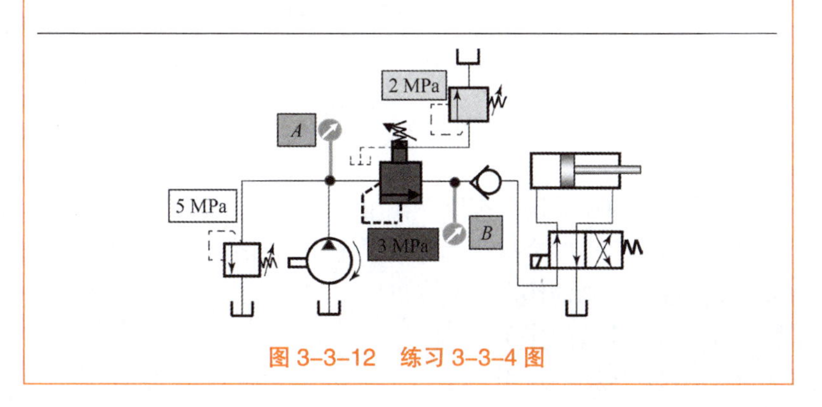

图 3–3–12　练习 3–3–4 图

思路点拨

1. 首先判断先导式顺序阀的开启压力；

2. 由外载荷大小和溢流阀调定压力的对比，判断系统压力值。

经验总结

通过练习 3–3–1~练习 3–3–6，请总结出在顺序阀组成的基本回路中，判断系统某一处压力是否正常的基本思路。

____

____

【练习 3–3–5】图 3–3–13 中，液压泵的额定压力是 10 MPa，溢流阀的调定压力是 5 MPa 和 2 MPa，先导式顺序阀的调定压力是 3 MPa。液压缸活塞面积为 0.01 m²，当液压缸受到 4×10^4 N 的载荷时，请问：*A* 点和 *B* 点的压力各是多少？

____

____

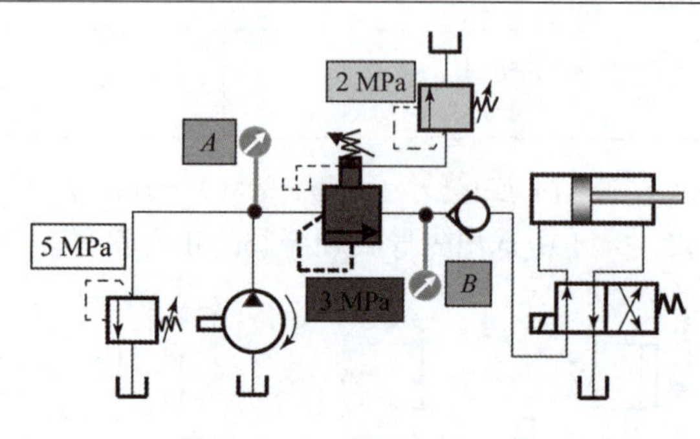

图 3–3–13　练习 3–3–5 图

素养提升

在应用训练 3–3–4~3–3–6 习题过程中，一定要注意系统变化、条件变化等细节，有理有据的分析，勤于思考，培养一丝不苟的职业素养。

【练习 3–3–6】图 3–3–14 中，液压泵的额定压力是 10 MPa，溢流阀的调定压力是 5 MPa，先导式顺序阀的调定压力是 3 MPa。液压缸活塞面积为 0.01 m²，当液压缸受到 4×10^4 N 的载荷时，请问：*A* 点和 *B* 点的压力各是多少？

____

____

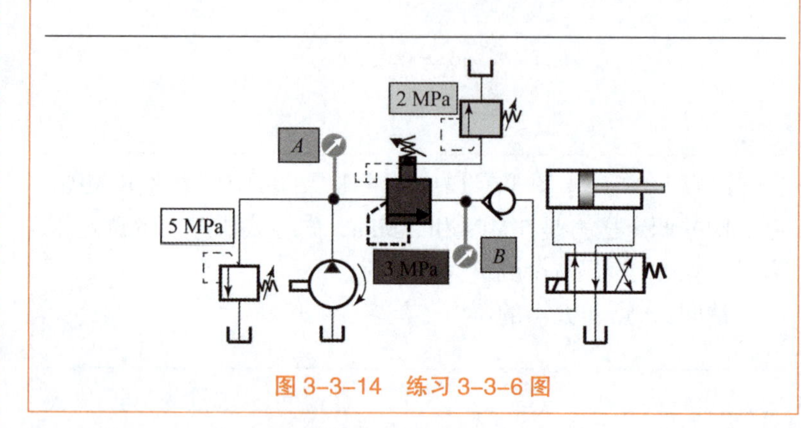

图 3–3–14　练习 3–3–6 图

知识点拨

平衡阀、卸荷阀、背压阀均是指具备相应功能的功能阀，其在液压系统中可起平衡自重、使泵卸荷、形成背压等作用，而不是指某一个阀。

步骤 3：应用顺序阀

顺序阀在液压系统中有以下作用：

（1）用于实现多个执行元件的顺序动作回路中；

（2）起平衡阀的作用；

（3）起卸荷阀的作用；

（4）起背压阀的作用。

一、用于实现多个执行元件的顺序动作回路中

如图 3-3-15 所示，在切削机床上切削工件时，必须先卡紧，后切削。这时，我们可以通过顺序阀实现两个液压缸按 1 至 4 顺序动作。采用顺序阀，保证动作顺序可靠，和顺序阀并联的单向阀保证单向通油。

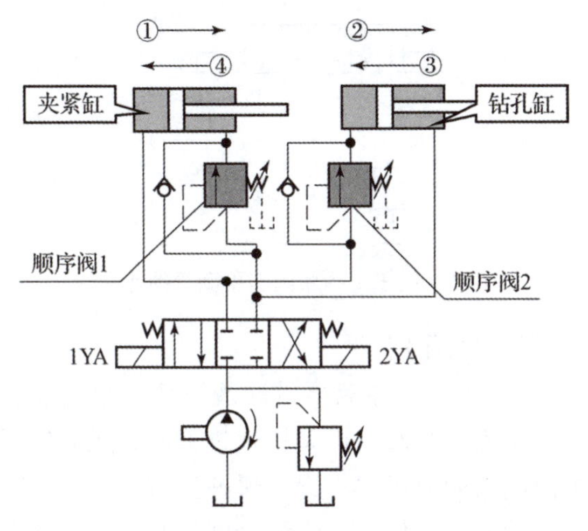

图 3-3-15　顺序阀用于多执行元件顺序动作回路

【注意】顺序阀的调定压力应高于先动作液压缸的工作压力，以保证两个液压缸动作顺序可靠。例如，在这个系统中，顺序阀 2 的调定压力一定要高于夹紧工件需要的压力。

请结合多执行元件顺序动作回路分析过程，简单描述图 3-3-15 回路四个动作的实现过程。

____

____

二、起平衡阀的作用

在液压系统中，当液压缸竖直或倾斜放置时，为了防止缸体部件因自重而自行下落，需要在液压缸中形成一定的背压，去平衡缸体自重，保证液压缸平稳下行。

去平衡缸体自重的这个阀，就是**平衡阀**。图 3-3-16 所示系统中，回油路串联**顺序阀**，其开启压力去平衡缸体自重，确保缸体平稳下行。当换向阀处于右位，缸体在下行时，顺序阀使回油路上存在一定的背压，只要将这个背压调整的能支撑住缸体自重，缸体就能平稳下行。当换向阀处于中位时，缸体就停止下行。这种回路顺序阀的开启是靠液压缸上腔压力实现的。缸体越重，开启压力会越大。缸体下行过程中，由于时刻要克服顺序阀的开启压力，快速运动时功率损失较大；而锁紧时，由于顺序阀

顺序阀实现顺序动作：

安全意识

为了安全，钻床必须先夹紧后切削，同学们要时刻树立安全意识。

思考讨论

图 3-3-15 中，若液压缸活塞面积为 0.01 m²，夹紧力至少要 2×10^4 N，顺序阀 1 的调定压力为（　　）更合理。

A. 2.0 MPa

B. 2.5 MPa

顺序阀起平衡阀作用：

辨别是非

根据顺序阀起平衡阀作用的分析过程，你赞同下面的观点吗？平衡阀就是顺序阀。

和换向阀均为滑阀结构，存在泄漏，因此缸体不能保证能够长时间停留在锁紧位置上。

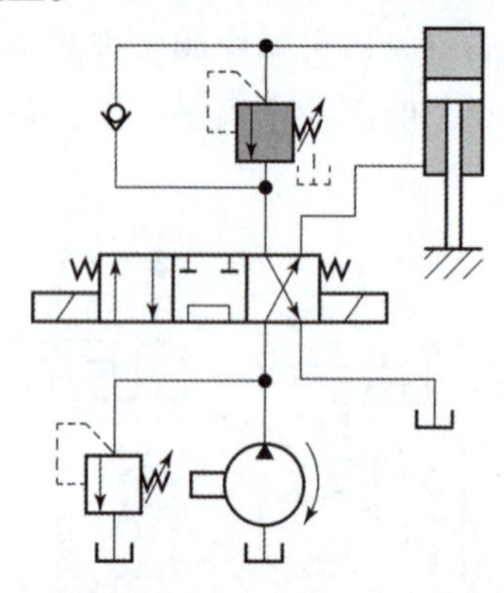

图 3-3-16　顺序阀起平衡阀的作用

拓展思考

在顺序阀起平衡阀的作用的回路中，如何提高系统效率，保证液压缸能长时间在任意位置停留呢？

____

____

三、起卸荷阀的作用

如图 3-3-17 所示，在双泵供油液压系统中，我们采用外控内泄式顺序阀作为卸荷阀。设备快速进退时，压力较低，顺序阀关闭，两个液压泵同时供油；设备慢速工进时，压力较高，顺序阀开启，小流量液压泵供油，大流量液压泵排出的油液通过开启的顺序阀流回油箱，大流量液压泵卸荷。

顺序阀起卸荷阀作用：

观察思考

在图 3-3-17 中起卸荷阀作用的顺序阀可以更换为内控内泄式顺序阀吗？为什么？

____

____

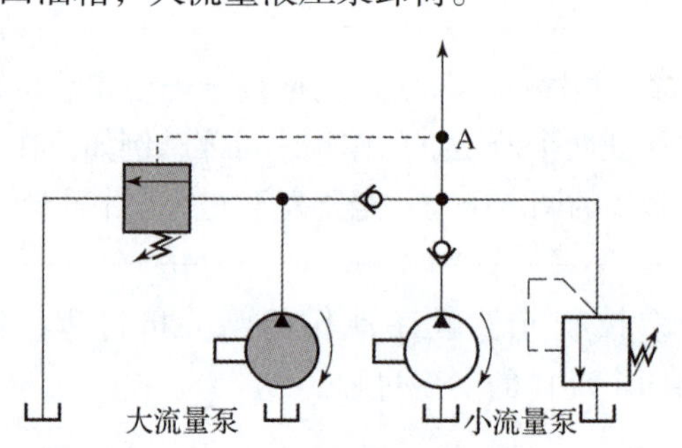

图 3-3-17　顺序阀起卸荷阀的作用

四、起背压阀的作用

在如图 3-3-18 所示液压系统中，在执行元件的回油路上串联一个内控内泄式顺序阀，由于顺序阀的开启需要一定的压力，这样就可使液压缸回油腔具有一定压力，形成背压，保证执行元件运动平稳。

顺序阀起背压阀作用：

拓展思考

除了顺序阀，还有哪些阀可以用作背压阀？

____

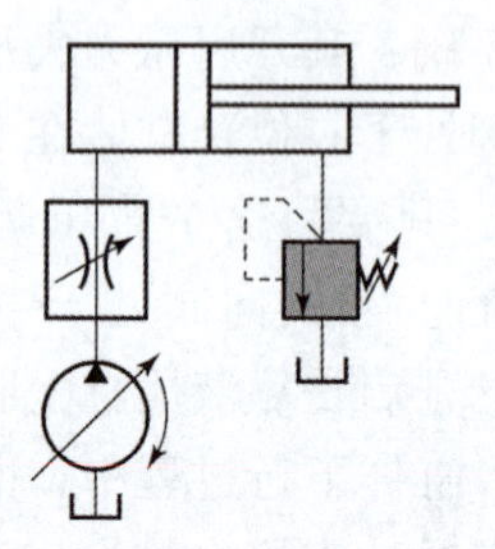

图 3-3-18　顺序阀起背压阀的作用

★回归思考：

在图 3-3-19 所示的汽车自卸装置液压系统中，顺序阀起什么作用？

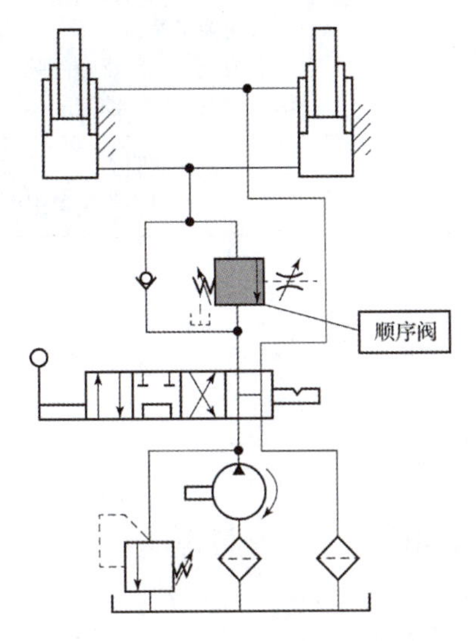

图 3-3-19　汽车自卸装置液压系统

行者无疆智向未来——中联重科 30 年勇攀先进制造产业高地纪实：

步骤 4：分析排除顺序阀常见故障

顺序阀常见故障现象及排除方法如表 3-3-4 所示。

表 3-3-4　顺序阀常见故障现象及排除方法

序号	故障现象	产生原因	排除方法
1	始终出油，不起顺序控制作用	1. 阀芯在打开位置上卡死（如几何精度差，间隙太小，弹簧弯曲、断裂，油液太脏）； 2. 单向阀密封不良（如几何精度差）； 3. 调压弹簧断裂； 4. 调压弹簧漏装； 5. 未装导阀芯； 6. 导阀芯碎裂	1. 修理，使配合间隙达到要求，并使阀芯移动灵活；检查油质，过滤或更换油液；更换弹簧； 2. 修理，使单向阀密封良好； 3. 更换弹簧； 4. 补装弹簧； 5. 补装导阀芯； 6. 更换导阀芯
2	不出油，不起顺序控制作用	1. 阀芯在关闭位置上卡死（如几何精度低，弹簧弯曲，油液脏）； 2. 导阀芯在关闭位置卡死； 3. 控制油液流通不畅通（如阻尼孔堵死或遥控管道被堵死）； 4. 遥控压力不足，或下端盖结合处漏油严重； 5. 通向调压阀油路上的阻尼孔被堵死； 6. 泄油口管道中背压太高，使滑阀不能移动； 7. 调节弹簧太硬或压力调得太高	1. 修理，使滑阀移动灵活；更换弹簧；过滤或更换油液； 2. 修理，使滑阀移动灵活；过滤或更换油液； 3. 清洗或更换管道，过滤或更换油液； 4. 提高控制压力，拧紧螺钉并使之受力均匀； 5. 清洗阻尼孔； 6. 泄油口管道不能接在排油管道上，应单独排回油箱； 7. 更换弹簧，适当调整压力

续表

序号	故障现象	产生原因	排除方法
3	调定压力值不符合要求	1. 调压弹簧调整不当； 2. 调压弹簧变形，最高压力调不上去； 3. 滑阀卡死，移动困难	1. 重新调整所需要的压力； 2. 更换弹簧； 3. 检查滑阀的配合间隙，修配使滑阀移动灵活；过滤或更换油液
4	存在振动与噪声	1. 回油阻力（背压）太高； 2. 油温过高	1. 降低回油阻力； 2. 控制油温在规定范围内

拓展任务

【对比区分】

（1）对比溢流阀和顺序阀的异同点，做出简单的分析报告。

（2）列举可作背压阀使用的液压阀。

任务总结评价

请根据学习情况，完成个人学习评价表（表 3–3–5）。

表 3–3–5　个人学习评价表

序号	评价内容	分值	得　分		
			自评	组评	师评
1	能自主完成课前学习任务	10			
2	掌握直动式顺序阀的结构组成、工作原理	15			
3	掌握先导式顺序阀的结构组成、工作原理	15			
4	能画出并识别顺序阀的标准符号	10			
5	会分析顺序阀在液压系统中的具体作用	15			
6	会对顺序阀进行故障诊断分析	10			
7	能坚持出勤，遵守纪律，学习态度端正认真	10			
8	安全意识强	5			
9	能独立完成课后作业和拓展学习任务，养成良好的学习习惯	10			
总　分		100			
自我总结					

任务 4　搭建汽车自卸装置液压系统回路并排除故障

任务描述

为了保证汽车自卸装置能够安全顺利地完成卸货任务，支撑货厢的两个液压缸动作必须保持同步运行，而在卸货完毕后，或在下降过程中，货厢下降速度必须要能够严格控制，不能出现失速现象。因此，汽车自卸装置液压系统必须具备同步回路和平衡回路，这两种基本回路具体作用如图 3-4-1 所示。在本任务中，将详细分析汽车自卸装置液压系统基本回路，利用 FluidSIM 软件搭建系统，并对该系统常见故障提出排除办法。

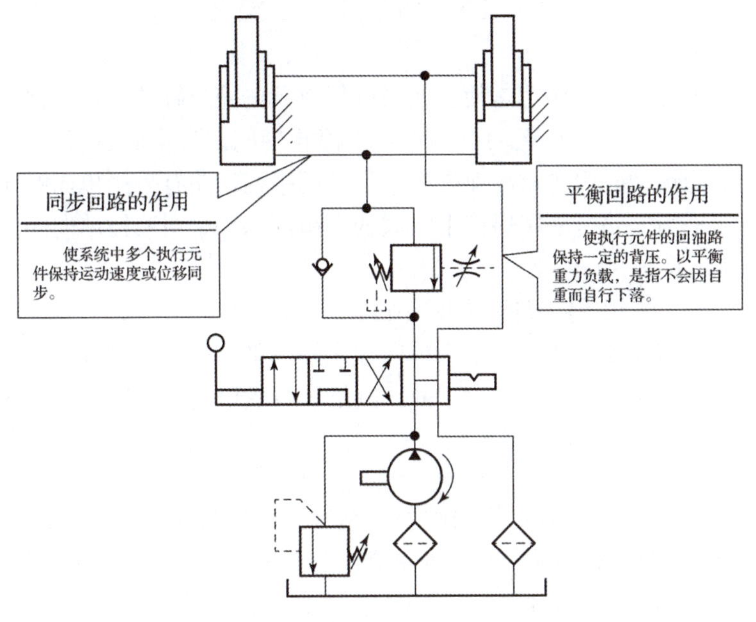

图 3-4-1　汽车自卸装置液压系统回路组成

课前学习资源

分析汽车自卸装置液压系统回路：

汽车自卸装置液压系统搭建仿真操作：

安全意识

在液压缸竖直或倾斜放置的场合，为了保证安全，常采用平衡回路。同学们要牢固树立安全意识。

任务目标

知识目标：

1. 掌握典型平衡回路的实现方法；
2. 掌握同步回路的实现方法。

能力目标：

1. 会分析汽车自卸装置液压系统的特点；

2. 会用 FluidSIM 仿真软件搭建液压系统；

3. 能够排除简单的汽车自卸装置液压系统故障。

素质目标：

1. 强化安全意识；

2. 坚定努力拼搏的决心，做到干一行、爱一行、专一行、精一行。

任务内容

步骤 1： 分析平衡回路。

步骤 2： 分析同步回路。

步骤 3： 搭建汽车自卸装置液压系统回路。

步骤 4： 分析排除汽车自卸装置液压系统常见故障。

步骤 1：分析平衡回路

平衡回路的作用是使立式或倾斜放置的液压缸的回油路保持一定背压，以防止运动部件在悬空停止期间因自重而自行下落，或下行运动时因自重超速失控。常见的平衡回路有采用单向顺序阀的平衡回路、采用遥控平衡阀的平衡回路和采用液控单向阀的平衡回路。

一、采用单向顺序阀的平衡回路

如图 3-4-2 所示，采用单向顺序阀的平衡回路通过调整顺序阀的开启压力，使之稍大于液压缸缸体自重引起的液压缸上腔的压力值，保证液压缸下行安全。

缸筒下行时： 换向阀处于左位，缸筒下行，液压缸上腔的油液顶开顺序阀流回油箱，由于顺序阀的开启压力使回油路存在一定的背压，从而使缸筒平稳下落。

当换向阀处于中位时，顺序阀阀口关闭，缸筒组件被锁死而停止运动，实现平衡功能。

1. 回路特点

这种回路顺序阀的开启是靠液压缸上腔的压力。缸筒自重越大，开启压力越大，缸筒向下快速运动时功率损失较大。

2. 适用场合

当缸筒锁住时，缸筒和与之相连的工作部件会因单向顺序阀和换向阀的泄漏而缓慢下落，因此它只适用于工作部件质量不大、缸筒锁住时间不长、定位要求不高的场合。

边学边想

1. 可以采用什么方式实现执行元件同步运动？

______

2. 液压系统中设置平衡回路的目的是什么？

______

3. 汽车自卸装置液压系统中采用的是哪种平衡回路？

______

采用单向顺序阀的平衡回路：

讨论探究

1. 图 3-4-2 中，如果顺序阀存在泄漏，液压缸长时间锁紧时，会发生什么现象？

______

2. 请为以上不良现象提出解决措施。

______

二、采用液控单向阀的平衡回路

图 3-4-3 所示为采用液控单向阀的平衡回路。

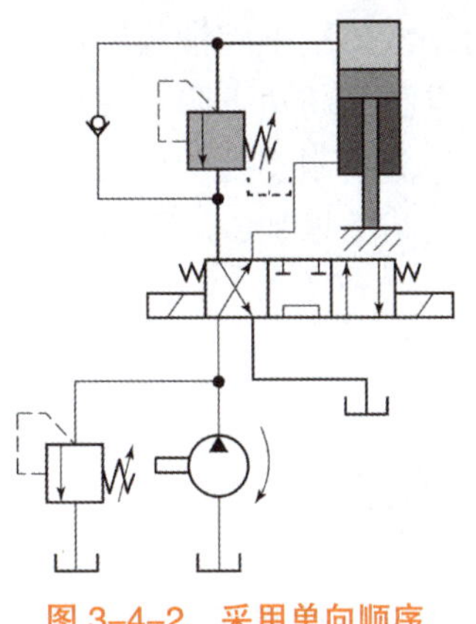

图 3-4-2　采用单向顺序阀的平衡回路

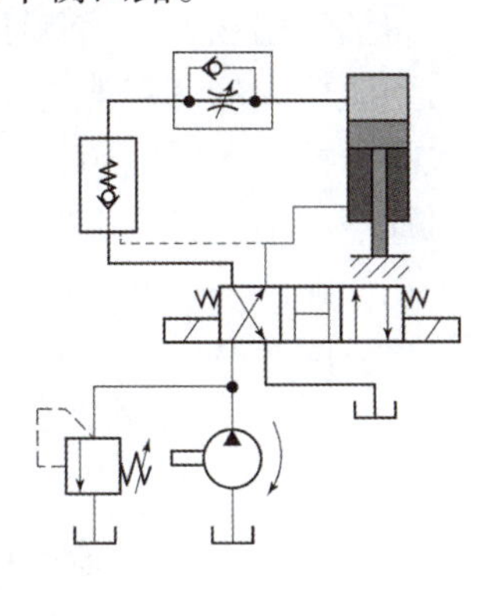

图 3-4-3　采用液控单向阀的平衡回路

缸筒下行时： 换向阀处于左位，液压缸下腔进油，具有一定压力，液控单向阀反向导通，上腔回油，缸筒下行。在回油路上串联单向节流阀以控制活塞的下降速度。

1. 回路特点

缸筒下降过程中，液控单向阀会因控制油路失压而关闭，阀关闭后控制油路又建立起压力，阀再次打开。阀的时开时闭，致使缸筒向下运动过程中产生振动和冲击，运动不平稳。当换向阀处于中位时，由于液控单向阀采用锥面密封，泄漏少，闭锁性好，因此缸筒能够较长时间停止不动，很大程度上延缓了缸筒因阀泄漏而产生的下降。

2. 适用场合

这种回路适合用于对运行平稳性要求不高的场合。

三、采用外控顺序阀的平衡回路

针对内控顺序阀平衡回路功率损失大的缺点，我们可将顺序阀改为外控式，如图 3-4-4 所示。

换向阀处于中位时，单向顺序阀闭锁，液压缸不能回油，停止运动，缸筒不会因自重而下滑。

通常我们把这种回路称为**限速锁**。

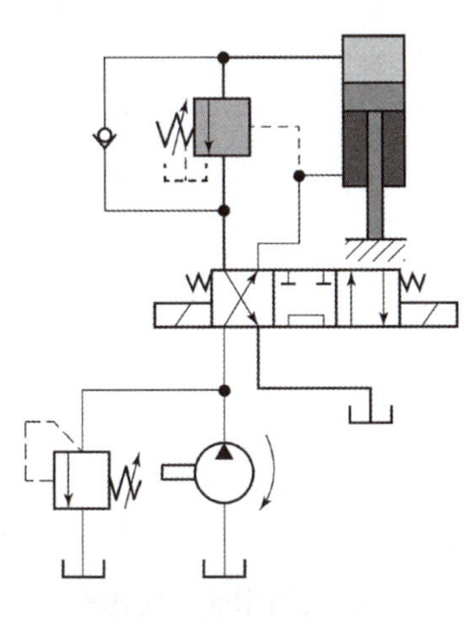

图 3-4-4　采用外控顺序阀的平衡回路

采用液控单向阀的平衡回路：

对比区分

以下哪种平衡回路运行更平稳？（　　）

哪种平衡回路锁紧性能更好？（　　）

A. 采用单向顺序阀的平衡回路

B. 采用液控单向阀的平衡回路

采用外控顺序阀的平衡回路：

讨论探究

简单解释外控顺序阀平衡回路比内控顺序阀平衡回路效率高的原因。

____

____

思想火花

采用外控顺序阀的平衡回路提醒我们安全和节能都很重要。

缸筒下行时： 换向阀处于左位，液压缸下腔进油，压力油作用在外控式顺序阀的控制油口上。当液压油压力达到顺序阀的调定值时，顺序阀开启，液压缸上腔油经顺序阀、换向阀回油箱，缸筒下降。一旦缸筒超速下降，液压缸下腔中的压力会减小，外控式顺序阀控制口处的压力减小，顺序阀的开口减小，液压缸回油阻力增加，缸筒的下降速度减慢，提高了运动的平稳性。

步骤 2：分析同步回路

同步回路的功能是使系统中多个执行元件克服负载、摩擦阻力、泄漏、制造质量和结构变形上的差异，保证在运动上的同步。同步运动分为速度同步和位置同步两类。速度同步是指各执行元件的运动速度相等，位置同步是指各执行元件在运动中或停止时都保持相同的位移量，严格做到每瞬间速度同步，也就能保持位置同步。

采用流量控制阀的同步回路：

一、采用流量控制阀的同步回路

图 3-4-5 所示为采用并联调速阀的同步回路。两个调速阀分别调节两液压缸活塞的运动速度。由于调速阀具有当外负载变化时，仍然能保持流量稳定这一特点，所以只要仔细调整两个调速阀开口的大小，就能使两个液压缸保持同步。

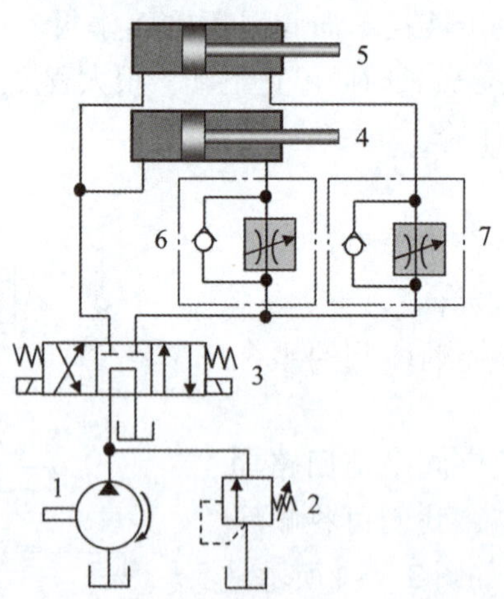

1—液压泵；2—溢流阀；3—换向阀；4，5—液压缸；6，7—调速阀。

图 3-4-5 采用流量控制阀的同步回路

思考讨论

平均速度同步时，位置一定同步吗？

______

学习记录

总结采用调速阀的同步回路的特点。

______

对比区分

图 3-4-5 和图 3-4-6 两个系统中流量控制阀的作用有何不同？

______

二、采用同步马达的容积式同步回路

容积式同步回路是将两相等容积的油液分配到尺寸相同的两执行元件，以实现两执行元件的同步。

图 3-4-6 所示为采用同步液压马达的容积式同步回路。两个等排量的双向马达与轴刚性连接作配流装置，它们输出相同流量的油液，分别送入两个有效工作面积相同的液压缸中，实现两缸同步运动，与马达并联的节流阀用于修正同步误差，这种回路常用于重载大功率的同步系统。

采用同步马达的容积式同步回路：

三、采用同步缸的容积式同步回路

图 3-4-7 所示为采用同步缸的容积式同步回路。同步缸 2 由两个尺寸相同的双杆活塞缸连接而成。当同步缸的活塞左移时，油腔 a 与 b 中的油液使液压缸 5 与液压缸 6 同步上升；若液压缸 5 的活塞先到达终点，则油腔 a 的余油经单向阀 3 和安全阀 4 排回油箱，油腔 b 的油继续进入液压缸 6 下腔，使之到达终点。同理，若液压缸 6 的活塞先到达终点，也可使液压缸 5 的活塞相继到达终点。

采用同步缸的容积式同步回路：

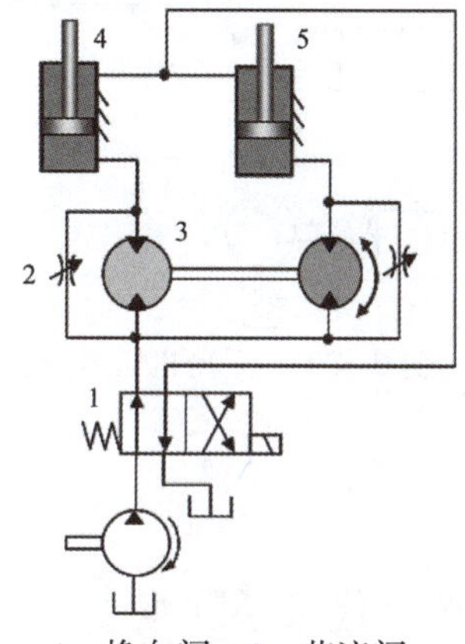

1—换向阀；2—节流阀；
3—同步液压马达；
4，5—液压缸。

图 3-4-6 采用同步液压马达的容积式同步回路

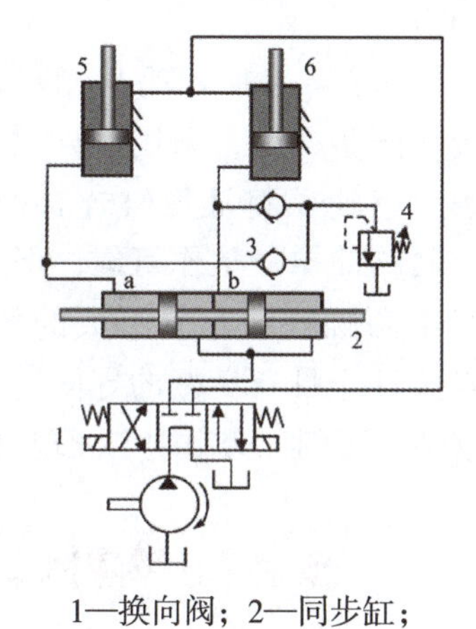

1—换向阀；2—同步缸；
3—单向阀；4—安全阀（溢流阀）；5，6—液压缸。

图 3-4-7 采用同步缸的容积式同步回路

学习记录

根据学习视频，总结采用同步缸的容积式同步回路的特点。

____

____

四、采用串联液压缸的同步回路

图 3-4-8 所示为采用串联液压缸的同步回路。液压缸 6 的有杆腔 A 的有效面积与液压缸 5 的无杆腔 B 的面积相等，因此从 A 腔排出的油液进入 B 腔后，两液压缸便同步下降。

由于执行元件的制造误差、内泄漏及气体混入等因素的影响，在多次运行后将使同步失调，累计为显著的位置上的差异。因此，

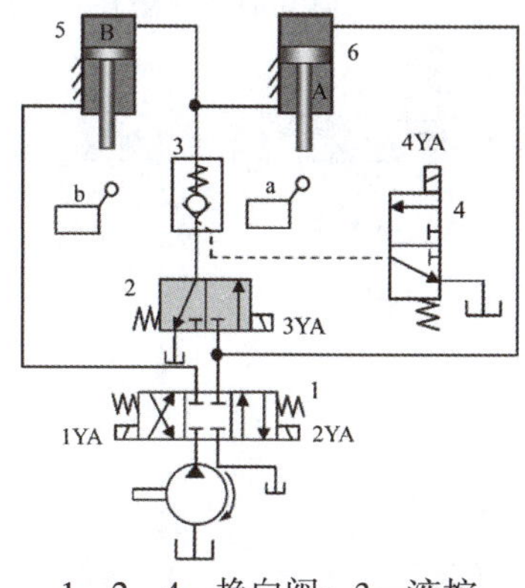

1，2，4—换向阀；3—液控单向阀；5，6—液压缸。

图 3-4-8 采用串联液压缸的同步回路

采用串联液压缸的同步回路：

边学边想

图 3-4-8 采用串联液压缸的同步回路实现的条件是什么？

____

应在回路中设置补偿措施，使同步误差在每一次下行运动中都得到消除。其补偿原理如下：

当三位四通换向阀左位工作时，两液压缸活塞同时下行，若缸 6 活塞先下行到终点，将触动行程开关 a 使阀 2 的电磁铁 3YA 通电，阀 2 处于右位，压力油经阀 2 和液控单向阀 3 向液压缸 5 的 B 腔补油，推动缸 5 活塞继续下行到终点。反之，若缸 5 活塞先运行到终点，则触动行程开关 b，使阀 4 的电磁铁 4YA 通电，阀 4 处于上位，控制压力油经阀 4 打开液控单向阀 3 及阀 2 回油箱，使缸 6 活塞继续下行至终点。这样，两缸活塞位置上的误差即被消除。

学习启示

从同步误差补偿措施的设置中，大家要知道，经常自我反省，实时对比纠偏，树立正确的人生观，才能不断提升自我。

五、采用机械连接的同步回路

图 3-4-9 所示为采用机械连接的同步回路，采用刚性梁、齿条、齿轮等将液压缸连接起来。该回路简单、工作可靠，但只适用于两缸载荷相差不大的场合，连接件应具有良好的导向结构和刚性，否则，会出现卡死现象。

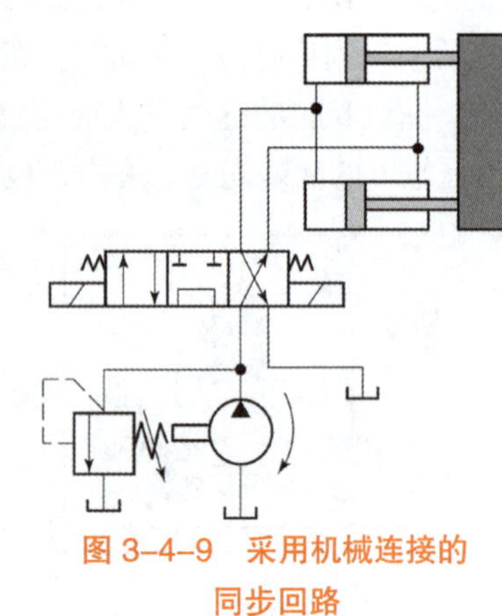

图 3-4-9　采用机械连接的同步回路

学以致用

汽车自卸装置液压系统中的两个液压缸采用的是哪种同步回路？

____

步骤 3：搭建汽车自卸装置液压系统回路

在本任务中，我们采用 FluidSIM 仿真软件搭建汽车自卸装置液压系统回路，具体过程如下。

一、新建文件

打开 FluidSIM 软件，新建一个文件，如图 3-4-10 所示。

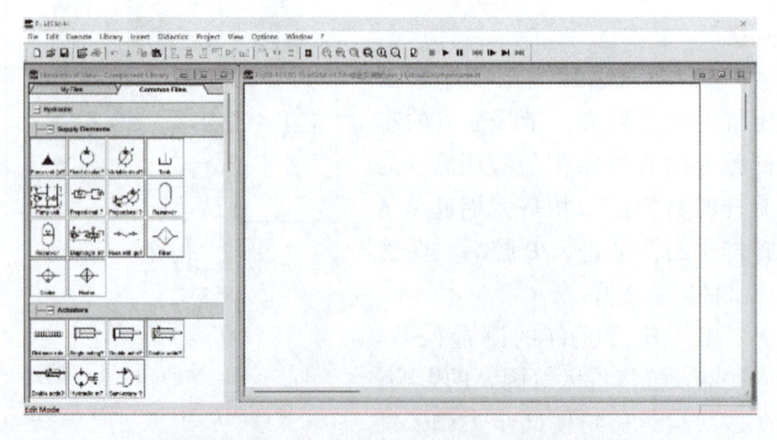

图 3-4-10　FluidSIM 软件新建文件界面

思想火花

深入了解 FluidSIM 软件，将国外先进技术与我国工业发展做对比，认识到差距，坚定信心，努力奋斗，深专本专业领域，干一行、爱一行、专一行、精一行，为祖国建设做贡献。

十年磨一剑，潍柴重塑工程机械和农业装备市场新格局：

二、选择并连接元件

根据汽车自卸装置液压系统组成，在左侧元件库中选择相应元件，放到界面的合适位置，并按图 3–4–1 所示元件相互关系连接好，如图 3–4–11 所示。

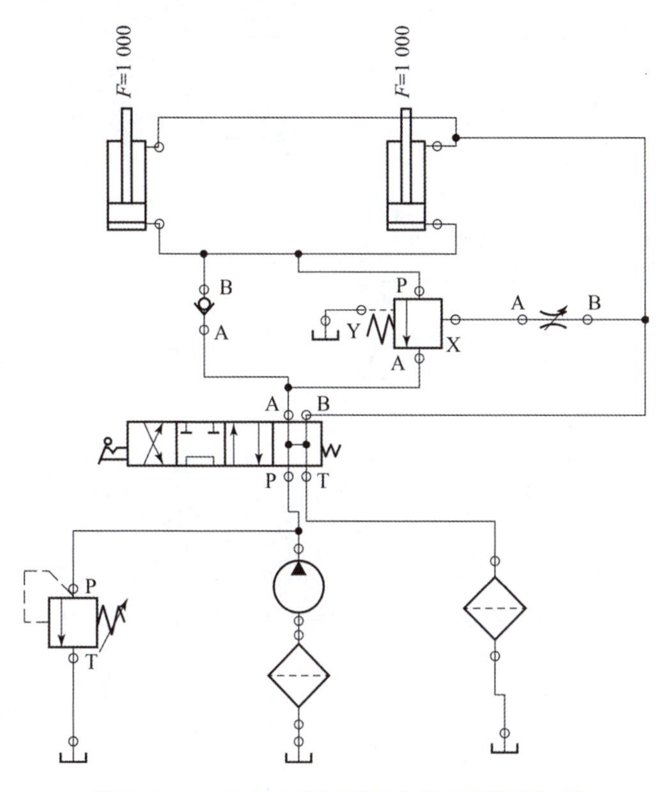

图 3–4–11　在 FluidSIM 软件中搭建好的系统图

注意事项

在元件库选择元件时，务必要仔细认真，看清楚每个符号代表的元件类型；合理布置各元件位置；正确连接各元件接口，确保系统搭建正确。

三、运行汽车自卸装置液压系统工作工况

1. 货厢停止

根据在任务 1 中对汽车自卸装置液压系统工作过程分析，当四位四通换向阀处于最右位，也就是 A、B、P、T 四个口都相通的 H 形连接位置时，即使液压泵向系统供油，货厢也是静止不动的（图 3–4–12），液压缸的进油腔和回油腔的油压理论上均为 0。

汽车自卸装置液压系统仿真运行：

2. 货厢举升

如图 3–4–13 所示，当换向阀处于右二位（A、P 相通，B、T 相通）时，液压缸活塞杆伸出，货厢举升。

3. 货厢中停

如图 3–4–14 所示，当换向阀处于 M 形中位（P、T 相通，A、B 口堵塞）时，液压缸活塞杆停止运行，货厢中停。

4. 货厢下降

如图 3–4–15 所示，当换向阀处于左位（A、T 相通，B、P 相通）时，液压缸活塞杆缩回，货厢下降。

操作练习

在货厢举升仿真操作练习中，进行以下赋值操作：

1. 对液压缸活塞面积、外负载赋不同的值，溢流阀调定压力不变并保持较低水平；

2. 对液压缸活塞面积、外负载赋不同的值，调高溢流阀调定压力。观察以上操作过程液压缸的动作变化。

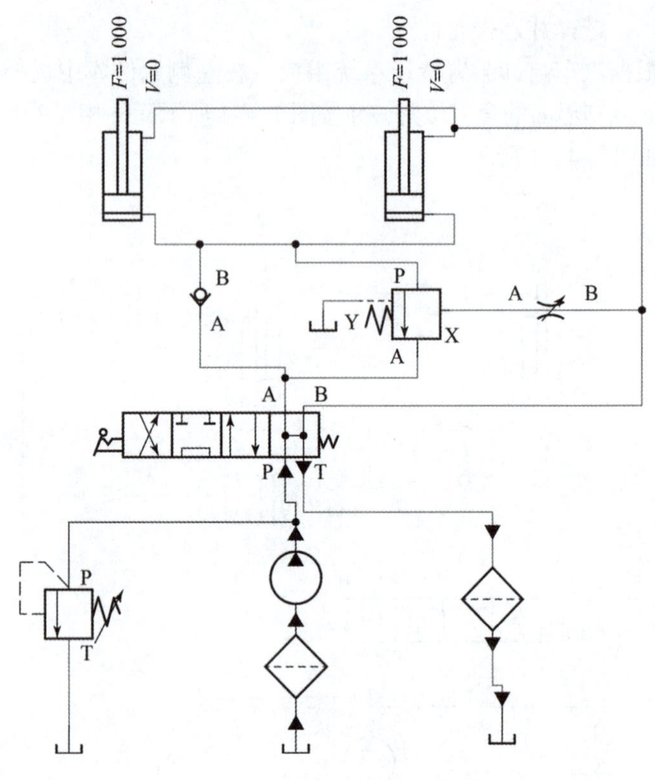

图 3-4-12　货厢停止仿真系统图

思考讨论

货厢中停时，液压泵处于什么状态？试分析此时的液体流向。

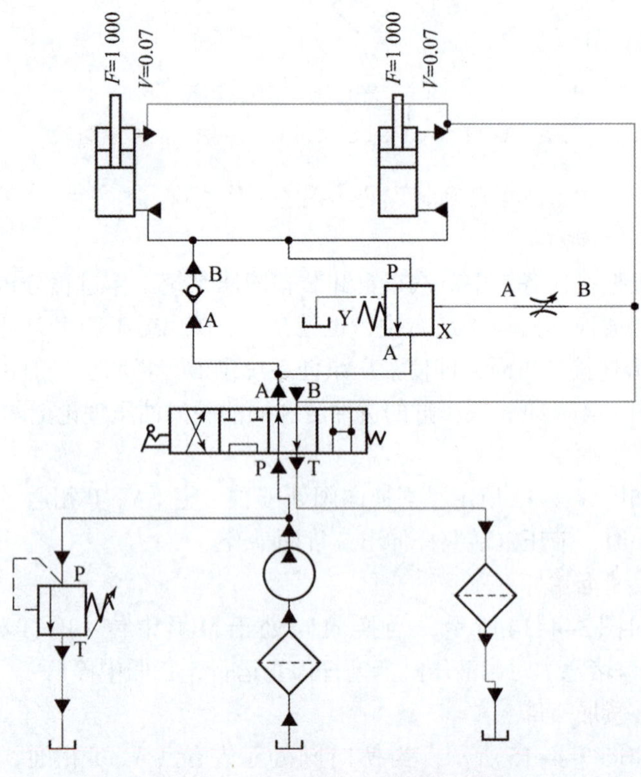

图 3-4-13　货厢举升仿真系统图

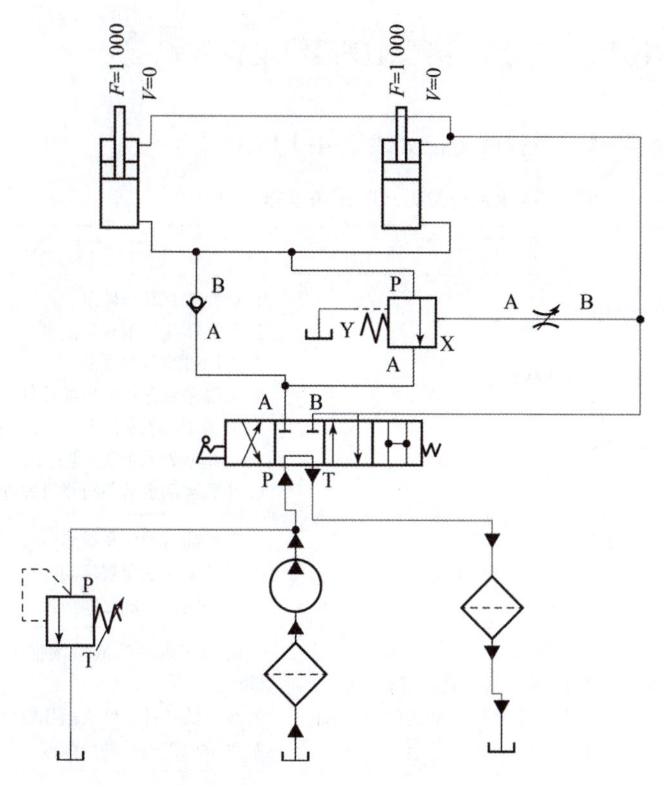

图 3-4-14　货厢中停仿真系统图

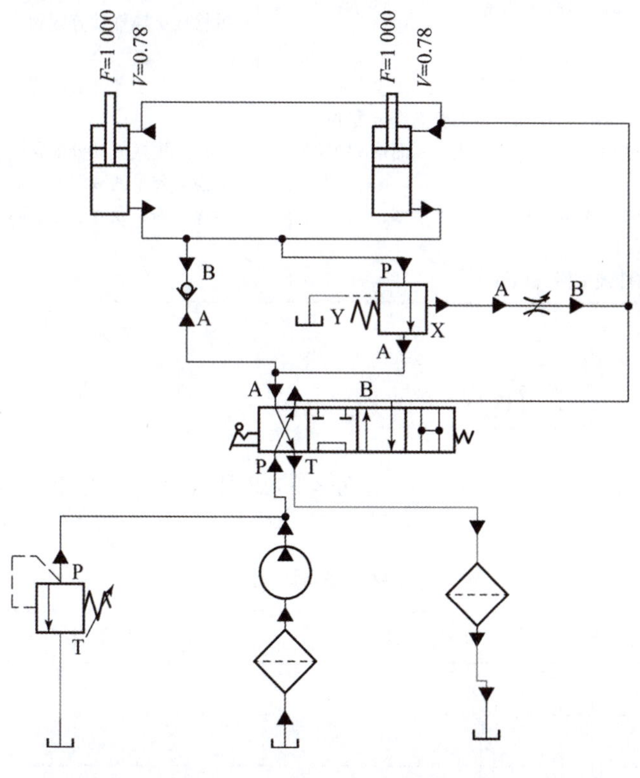

图 3-4-15　货厢下降仿真系统图

训练提示

仿真操作过程要边操作、边思考，认真分析，学到知识的真谛。

操作练习

在仿真操作过程中，进行以下元件参数的赋值变化练习：

1. 变化液压缸加载练习操作；
2. 变化节流阀节流口大小操作。

步骤 4：分析排除汽车自卸装置液压系统常见故障

汽车自卸装置液压系统常见故障现象及排除方法如表 3-4-1 所示。

表 3-4-1 汽车自卸装置液压系统常见故障现象及排除办法

序号	故障现象	产生原因	排除方法
1	不能举升	1. 齿轮泵出现问题； 2. 油箱缺油； 3. 油箱内过滤器或管路被堵塞； 4. 系统存在外泄漏； 5. 系统存在内泄漏； 6. 车厢严重超载	1. 更换或修复齿轮泵； 2. 向油箱注油至规定高度； 3. 清洗过滤器和管路； 4. 维修渗漏部位或更换零件； 5. 检查内泄漏部位（泵、缸或阀），修复或更换相应零件； 6. 卸载至额定载荷行举升操作
2	举升缓慢或举升缸有抖动现象	1. 液压系统内有空气； 2. 油液过少； 3. 各转动支点处阻力太大	1. 工作前对液压系统进行排气； 2. 向油箱注油至规定高度； 3. 对各润滑点加注润滑油脂
3	车厢不能下降	1. 油箱内油液过多； 2. 液压缸活塞杆弯曲变形或液压缸内壁有损伤； 3. 气动分配阀的阀芯不能复位，液压缸下腔油液不能顺利返回油箱	1. 将油箱内的油液量调整至规定范围内； 2. 校直活塞杆，修复液压缸体； 3. 拆检或更换气动分配阀
4	车厢自行下降	1. 载重过重； 2. 液压缸内泄漏，上下腔相通； 3. 气动分配阀阀芯和阀体密封不严，部分液压管路相通	1. 在汽车载重范围内作业； 2. 检查修复或更换液压缸； 3. 拆检或更换气动分配阀
5	车厢下降速度过慢	1. 气动分配阀的阀芯运动不到位，导致车厢下降过程中液压管路中液压油在返油箱途经分配阀的 A 口、O 口时受阻，形成定的负压，从而影响车箱的下降速度； 2. 液压系统（管路和液压元件）被堵塞，液压油中存在杂质； 3. 某些运动件被卡滞或烧蚀	1. 拆检或更换气动分配阀； 2. 更换高质量的液压油； 3. 清除卡滞，及时加注油脂

项目任务实施

根据表 3-4-1 的信息，小组讨论，结合任务 1 至任务 4 的知识内容，请为小王排除故障，完成表 3-4-2。

表 3-4-2 汽车自卸装置液压系统排障任务表

序号	故障现象	产生原因	排除方法
1	启动系统，货厢不动作，无法起升		
2	货厢升降不稳定或抖动		
3	无法切换货厢的升起和放下状态		

拓展任务

【气动分配阀学习】

借助于图书或网络，了解汽车自卸装置所使用的气动分配阀性能，学习相关知识，做好学习笔记。

任务总结评价

请根据学习情况，完成个人学习评价表（表 3–4–3）。

表 3–4–3　个人学习评价表

序号	评价内容	分值	得　分		
			自评	组评	师评
1	能自主完成课前学习任务	10			
2	掌握典型平衡回路的实现方法	10			
3	掌握同步回路的实现方法	10			
4	会分析汽车自卸装置液压系统的特点	5			
5	能够识别汽车自卸装置液压系统标准符号	5			
6	会用 FliudSIM 仿真软件搭建液压系统	15			
7	能够排除简单的汽车自卸装置液压系统	15			
8	能坚持出勤，遵守纪律，按时完成实训任务	10			
9	具备较好的分析问题、解决问题能力	10			
10	能独立完成课后作业和拓展学习任务，养成良好的学习习惯	10			
总　分		100			
自我总结					

新规范：汽车自卸
装置液压系统
设计新规

习　题

一、判断题

1. 从齿轮泵的结构上看，没有专门的配油装置，所以齿轮泵上不符合容积式液压泵正常运行的条件，无法实现吸油和压油。(　　)

2. 齿轮泵存在的困油现象和径向力不平衡现象都可以被消除。(　　)

3. 齿轮泵的排量是可调的。(　　)

4. 在齿轮泵中，为了消除困油现象，常在泵的端盖上开卸荷槽。(　　)

5. 齿轮泵多采用吸油口压油口一大一小是为了消除困油现象。(　　)

6. 齿轮泵结构简单、工作可靠、自吸能力强。(　　)

7. 所有的顺序阀都不能作背压阀。(　　)

8. 三个压力阀都没有铭牌，可通过在进出口吹气的办法来鉴别，能吹通的是减压阀，不能吹通的是溢流阀、顺序阀。(　　)

9. 在同步回路中，速度同步一定会位置同步，但位置同步时速度不一定同步。(　　)

二、简答题

1. 为什么在液压系统中设置平衡回路？

2. 可采取哪些措施实现液压缸的同步运动？

3. 有三个失去铭牌的压力控制阀，分别是直动式溢流阀、内控外泄式直动式顺序阀、直动式减压阀，请问：如何将三种阀区分开？

4. 请列举出顺序阀在液压系统中的作用。

项目四　汽车 ABS 认知与故障诊断

项目描述

汽车 ABS（Anti-lock Braking System，仿抱死制动系统）是一种用于车辆制动的安全系统，是现代汽车安全系统中的重要组成部分。它的主要功能是防止车轮在紧急制动时抱死，保持车轮在地面上的附着力，并确保车辆稳定地制动，帮助驾驶员在紧急制动情况下保持车辆的操控性，并减少发生侧滑和失控的风险，提高整体行车安全性。

ABS（图 4-0-1）由车轮转速传感器、电子控制器（ECU）和执行器（制动压力调节器）组成（详见任务 1）。

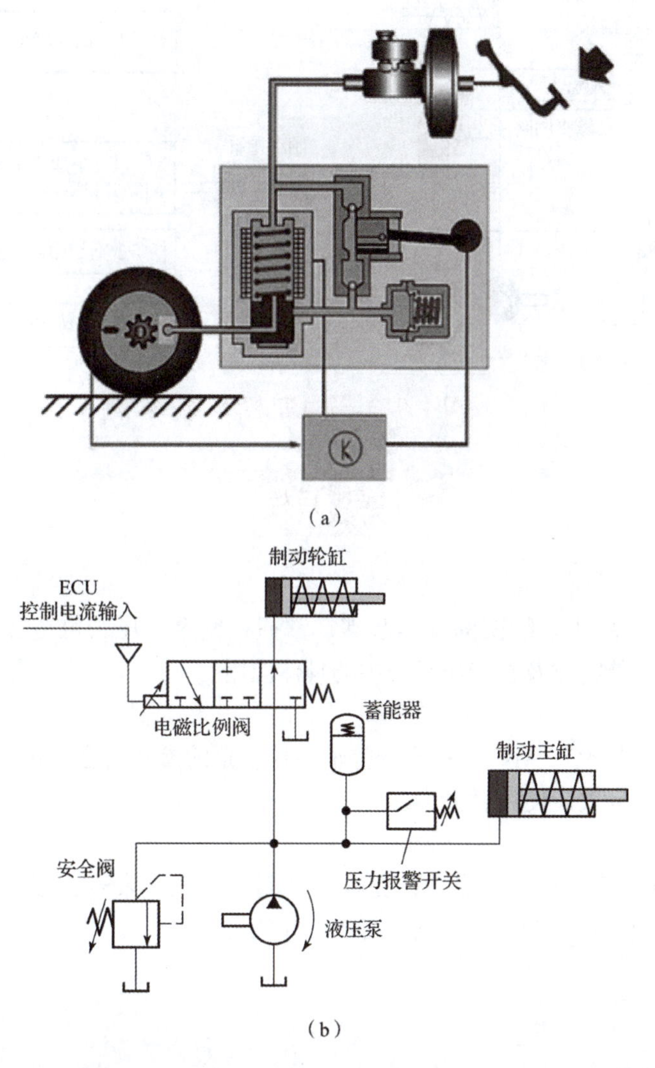

图 4-0-1　汽车 ABS 图

（a）结构原理图；（b）液压系统图

小王是一名刚刚走上汽车维修岗位的职场新人，在工作过程中遇到如下案例：

一位客户的小型汽车，行程 6 万多 km，最近出现制动距离明显延长、制动力减弱、制动效果差的现象。

小王在经过系统检查后，确认该车轮胎良好，车轮转速传感器和 EUC 也正常，主要是制动压力调节器出现了故障。那么，问题到底出现在哪里了呢？

请你通过本项目学习，为小王答疑解惑。

根据学习和工作内容要求，本项目包含以下 4 个学习任务：

任务 1　识读汽车 ABS 图；

任务 2　认识压力继电器；

任务 3　认识柱塞泵；

任务 4　搭建汽车 ABS 回路并排除故障。

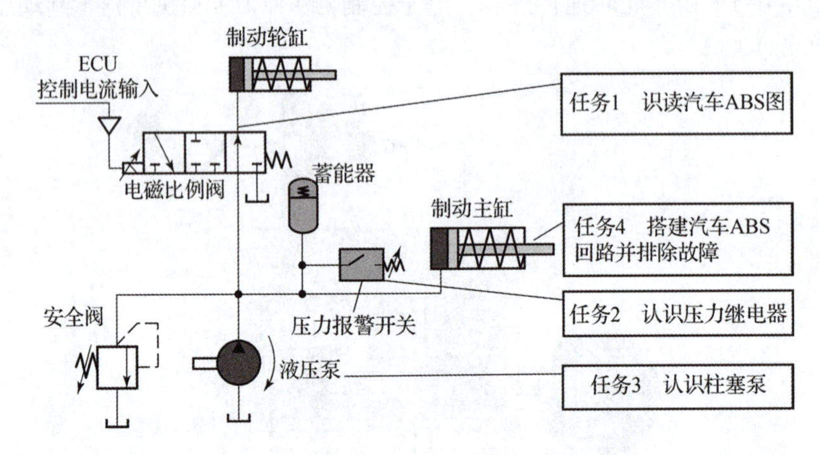

图 4-0-2　项目四学习任务

学习目标

知识目标：

进一步熟悉识读液压系统图的基本步骤；掌握柱塞泵、压力继电器结构组成及性能特点；熟悉蓄能器的性能特点及在液压系统中的具体应用。

能力目标：

能够熟练阅读分析汽车 ABS 图；会调整轴向柱塞泵的参数；会分析压力继电器在液压系统中的性能；能够正确安装使用蓄能器。

素质目标：

锻炼分析问题、解决问题的能力；提升认真刻苦的职业素养；强化安全意识和责任意识；培养干一行、爱一行、专一行、精一行的工匠精神。

任务1　识读汽车 ABS 图

课前学习资源

识读汽车 ABS 图：

任务描述

汽车 ABS 是在普通制动系统的液压装置基础上加装制动压力调节器而形成的。实质上 ABS 就是通过电磁控制阀控制制动油压迅速变大或变小，从而实现了防抱死制动功能。循环式制动压力调节器工作原理是通过串联在制动主缸与制动轮缸之间的电磁阀直接控制制动轮缸的制动压力，以实现汽车制动。通过本任务学习，熟悉汽车 ABS 的常规制动过程、减压过程、保压过程、增压过程，读懂汽车 ABS 图。

边学边想

1. 汽车 ABS 中液压制动装置一般由哪几部分组成？

____

____

2. 汽车 ABS 由哪些液压元件组成？

____

____

3. 汽车 ABS 是如何实现增压、减压和保压切换的？

____

任务目标

知识目标：

1. 熟悉识读液压系统图的一般步骤；
2. 掌握汽车 ABS 的基本组成。

能力目标：

能够正确识读汽车 ABS 图。

素质目标：

1. 具有科学精神和担当意识，干一行、爱一行、专一行；
2. 培养分析问题、解决问题的能力。

任务内容

知识铺垫：认识汽车 ABS 液压制动装置的组成。

步骤 1：明确系统工作目的和要求。

步骤 2：认识 ABS 各组成部件。

步骤 3：按执行元件动作分析进油路、回油路。

步骤 4：分析 ABS 的特点。

知识铺垫：认识汽车 ABS 液压制动装置的组成

汽车 ABS 液压制动装置的组成：

如图 4-1-1 所示，汽车 ABS 液压制动装置一般是由传感器、ECU 和执行器三大部分组成。其中，传感器主要是车轮转速传感

器，执行器主要是指制动压力调节器。

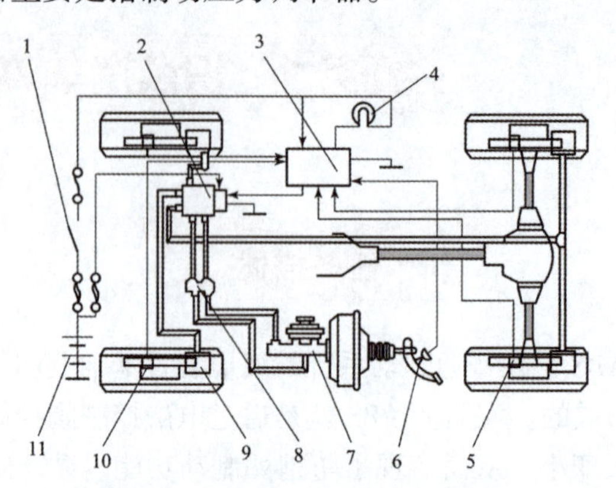

1—点火开关；2—制动压力调节器；3—ABS 电控单元；4—ABS 警示灯；5—后轮速度传感器；6—停车灯开关；7—制动主缸；8—比例分配阀；9—制动轮缸；10—前轮速度传感器；11—蓄电池。

图 4–1–1　汽车 ABS 液压制动装置组成图

边学边练

请在图 4–1–1 中标出车轮转速传感器、ECU 和制动压力调节器。

1. 车轮转速传感器

车轮转速传感器的作用是对车轮的运动状态进行检测，获得车轮转速信号。

2. ECU

ECU 的主要作用是接收轮速传感器等输入信号并进行判断、输出控制指令，控制制动压力调节器等进行工作。

思想火花

有的同学认为，汽车 ABS 三大组成部分中，ECU 和制动压力调节器是核心部件，传感器不重要可有可无，你认为正确吗？

____

3. 制动压力调节器

制动压力调节器是汽车 ABS 中的主要执行器，其作用是接收 ECU 的指令，驱动调节器中的电磁阀动作，调节制动系统的压力增大、保持或减小，以实现对制动器压力的调节，对车轮进行防抱死控制。

液压系统如图 4–1–2 所示。

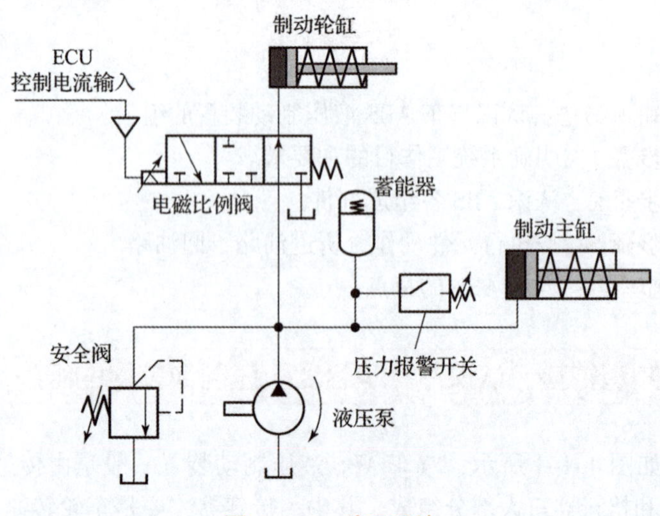

图 4–1–2　液压系统

思路点拨

图 4–1–2 所示系统指的是（　　）液压系统。

A. 车轮转速传感器
B. ECU
C. 制动压力调节器

步骤 1：明确系统工作目的和要求

根据任务描述，写出图 4-1-2 所示汽车 ABS 的具体工作工况。

____

____

汽车 ABS 工作目的及组成：

步骤 2：认识 ABS 各组成部件

请完善表 4-1-1，写出图 4-1-3 中各元件的名称。

表 4-1-1　汽车 ABS 组成元件

序号	元件名称	序号	元件名称
1		5	压力继电器
2	三位三通电磁比例换向阀	6	
3		7	
4	蓄能器	8	

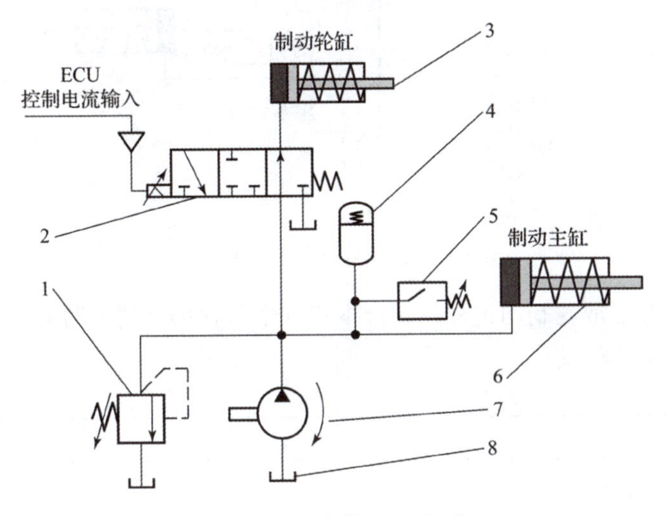

图 4-1-3　汽车 ABS 组成

（1）动力元件：高压泵，它可在短时间内将制动液加压（在蓄能器中）到 15~18 MPa，给整个液压系统提供高压制动液体。

（2）执行元件：两个单作用单活塞杆液压缸，靠弹簧力恢复原位。

（3）控制元件：三位三通电磁比例换向阀，依靠 ECU 控制电流输入来控制换向阀的工作位置，使液压系统完成常规制动、减压过程、保压过程和增压过程；压力继电器，相当于压力报警

边学边练

图 4-1-3 中，三位三通电磁比例换向阀是如何实现换向的？

____

思想火花

对比电磁比例换向阀和普通电磁换向阀的工作性能，可以看出，科技发展为生产带来了方便，希望同学们树立崇尚科学的思想，奋力拼搏，热爱学习，专注液压行业，做有担当的时代青年。

边学边练

图 4-1-3 中，液压控制元件有哪些？

____

____

开关，检测制动主缸压力，当压力值不足时报警；溢流阀起限压保护作用。

（4）辅助元件：蓄能器，储存高压泵及制动轮缸的压力油；油箱起储油、散热等作用。

思考分析

蓄能器在此处起的具体作用是什么？

____

____

步骤 3：按执行元件动作分析进油路、回油路

一、常规制动过程

常规制动过程：

如图 4–1–4 所示，常规制动过程电磁比例阀不通电，在图示位置主缸和轮缸管路相通，制动主缸可随时控制制动压力的增减，此时的电动泵不工作，蓄能器保压。油液在制动轮缸和制动主缸之间保压，驾驶员可随时踩下制动踏板（制动主缸）对汽车进行制动。

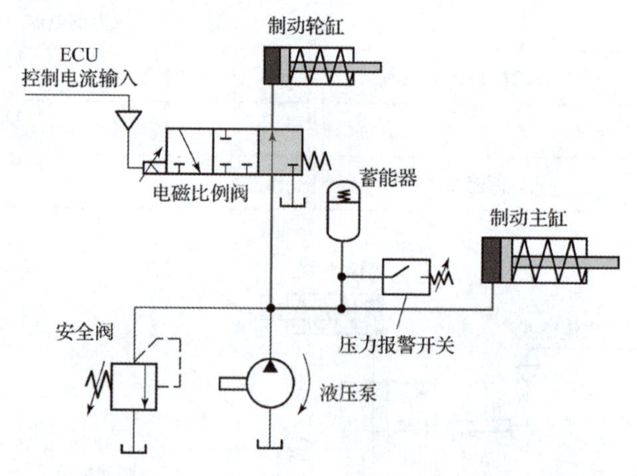

图 4–1–4　汽车 ABS（常规制动）

学习讨论

在常规制动过程中，电磁比例换向阀电磁铁（　　）。

A. 不通电

B. 输入小电流

C. 输入大电流

拓展学习

自主查资料，学习电磁比例换向阀的工作性能。

根据常规制动过程，结合本步骤学习视频，请填写此工况下油液循环路线：

____

____

二、减压过程

减压过程：

当驾驶员紧急制动、轮速减小幅度过大时，制动压力过大，此时，ECU 会给电磁阀提供较大电流，三位三通电磁比例换向阀左位工作，制动主缸和制动轮缸的通路被断开，制动轮缸和储液器（油箱）接通，轮缸的制动液流入储液器，制动压力随之下降。与此同时，电动机带动泵工作，把流回储液器的制动液加压后送回制动主缸。

请结合图 4–1–5，完成汽车 ABS 减压过程的工作油路分析。

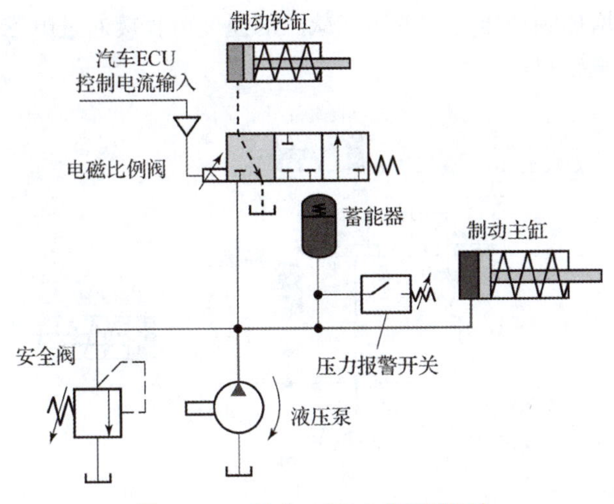

图 4–1–5　汽车 ABS（减压过程）

进油路（粗实线）：

____

____

回油路（粗虚线）：

____

____

三、保压过程

当 ECU 给电磁阀通较小电流时，电磁比例换向阀移至图 4–1–6 所示位置，所有通路都被断开，制动器制动压力保持不变。

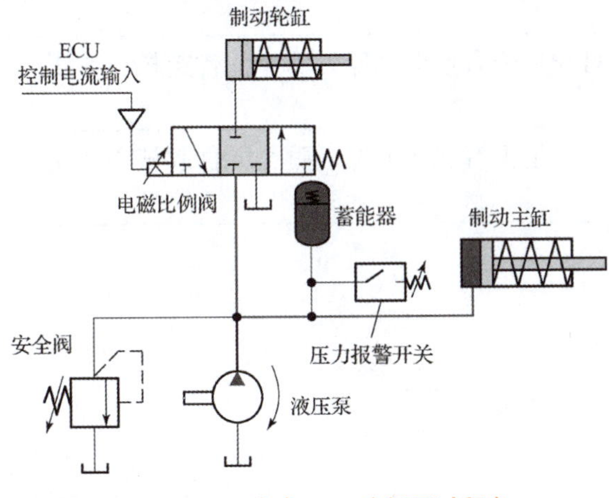

图 4–1–6　汽车 ABS（保压过程）

由图 4–1–6 可知，保压过程中，液压油流动路线为：

____

四、增压过程

当 ECU 对电磁阀断电后，换向阀又回到图 4–1–7 所示位置，制动主缸和制动轮缸再次相通，主缸的高压制动液再次进入制动

边学边想

结合图 4–1–5，分析减压过程是如何实现的？

____

____

____

保压过程：

边学边想

结合图 4–1–6 分析：此时踩汽车制动能否增加车轮的制动力？

____

边学边想

在汽车 ABS 中，压力报警器在什么时候会报警？

____

轮缸，增加制动压力。增压和减压的速度可直接通过电磁阀的进出油口来控制。

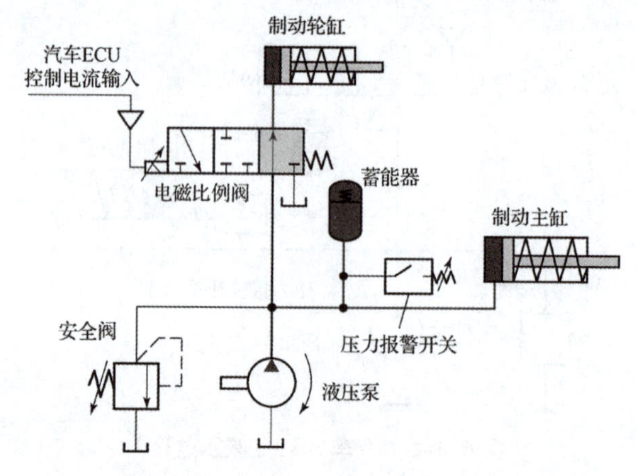

图 4-1-7　汽车 ABS（增压过程）

由图 4-1-7 可知，增压过程中，液压油流动路线为：

____

____

步骤 4：分析 ABS 的特点

根据汽车 ABS 工作过程，结合液压系统图（图 4-1-7），分析：

（1）ABS 是否有调压回路？哪个元件起核心作用？

____

（2）ABS 是否有换向回路？哪个元件起核心作用？

____

（3）ABS 是否有保压回路？哪个元件起核心作用？

____

温馨提示

分析增压过程的油液流动路线时，从液压泵出来的液压油，一路到制动主缸，一路到制动轮缸，注意分析全面。

汽车 ABS 的特点：

思维提升

自行分析汽车 ABS 的特点，锻炼个人的逻辑思维能力。

拓展任务

【学习行业新知识】

小组成员可结合汽车专业课内容学习，学习不同类型和品牌的汽车目前采用的 ABS 的特点，及时了解行业最前沿科技应用和发展动态。

任务总结评价

请根据学习情况，完成个人学习评价表（表 4–1–2）。

表 4–1–2　个人学习评价表

序号	评价内容	分值	得　分		
			自评	组评	师评
1	能自主完成课前学习任务	10			
2	掌握识读液压系统图的一般步骤	15			
3	掌握汽车 ABS 的组成	10			
4	能够按照步骤独立分析汽车 ABS 的工作过程	15			
5	能坚持出勤，遵守纪律	10			
6	能积极参与小组活动，完成课中任务	15			
7	能认识汽车 ABS 各组成元件的国家标准符号	15			
8	能小组协作完成课后作业和拓展学习任务，养成良好的学习习惯	10			
总　分		100			
自我总结					

任务 2　认识压力继电器

课前学习资源

认识压力继电器：

边学边想

1. 压力继电器的功能是什么？

____

2. 列举三种不同类型的压力继电器。

____

3. 画出压力继电器的符号（GB/T 786.1—2021）。

____

4. 压力继电器可用在哪些回路中？

____

任务描述

在汽车 ABS 中，常规制动时，电磁阀不通电，在图 4–2–1 所示位置，制动主缸和制动轮缸管路相通，制动主缸可随时控制制动压力的增减，此时的电动泵不工作，蓄能器保压。此处的压力继电器相当于压力报警开关，检测制动主缸压力，当压力值不足时报警，从而启动液压泵为系统补充压力油，确保制动过程有足够的油压。本任务将系统介绍压力继电器的工作原理、在系统中的具体应用及常见故障现象和排除方法，带领大家全面认识压力继电器。

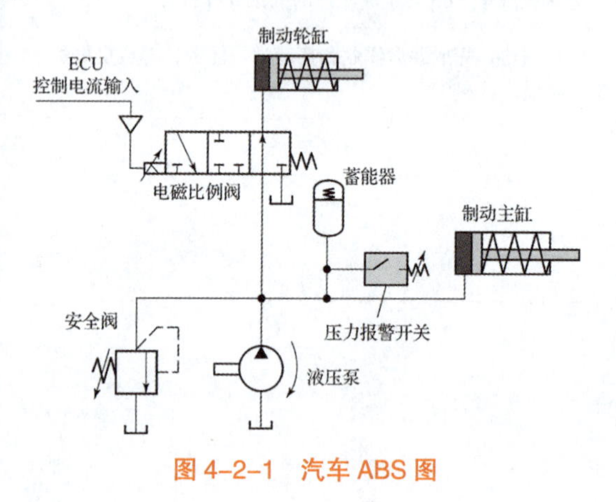

图 4–2–1　汽车 ABS 图

任务目标

知识目标：

1. 熟悉压力继电器在液压系统中的作用；
2. 掌握压力继电器的工作原理。

能力目标：

1. 能够区分不同类型的压力继电器；
2. 会分析压力继电器在液压系统中的具体应用；
3. 会排除压力继电器常见故障。

素质目标：

1. 培养执行国家标准的职业素养，干一行、专一行；
2. 培养团队合作的精神。

任务内容

步骤 1：解析压力继电器的工作过程。
步骤 2：分析压力继电器的具体应用。
步骤 3：分析排除压力继电器常见故障。

步骤 1：解析压力继电器的工作过程

一、压力继电器的功能

压力继电器是一种将液体压力信号转变为电信号的液 – 电转换元件。当控制流体压力达到压力继电器的调定压力值时，它能向外发出电信号，实现自动接通或断开有关电路，使相应的电气元件（电磁铁、中间继电器等）动作，实现系统的预定程序及安全保护。

二、常见的压力继电器的类型

常用的压力继电器有柱塞式、弹簧管式、膜片式和波纹管式等，如图 4–2–2 所示。

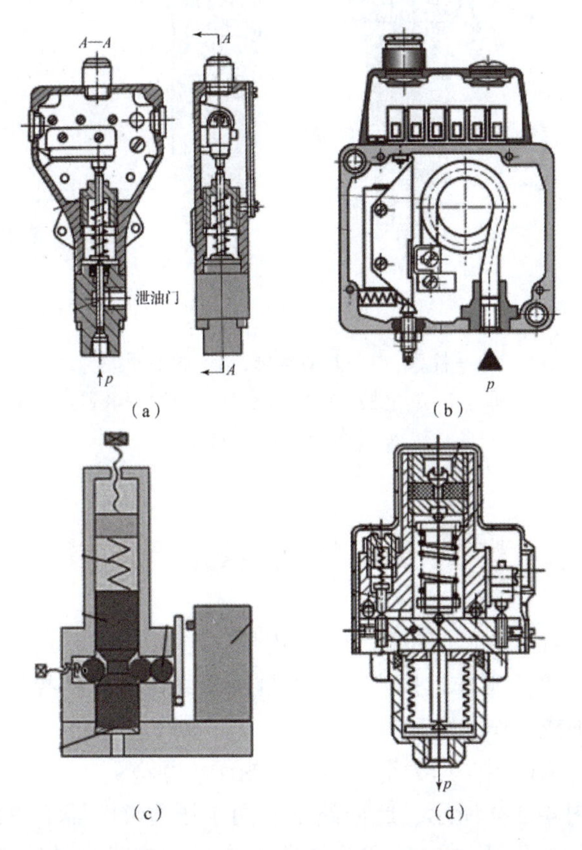

图 4–2–2　常见的压力继电器类型
（a）柱塞式；（b）弹簧管式；（c）膜片式；（d）波纹管式

边学边想

压力继电器是把（　　）转变为（　　）的转换元件。

压力继电器工作过程：

贯标行动

对比区分压力继电器 GB/T 786.1—2021 规定的符号和 1993 年、2009 年相应标准规定的符号，提倡学用新的国标符号。

三、压力继电器的工作过程

一般压力继电器都是通过压力和位移的转换，使微动开关动作，借以实现其控制功能。

下面以最常见的柱塞式压力继电器为例，介绍其具体的工作过程。

如图 4-2-3（a）所示，当柱塞式压力继电器进口油压力 p 达到弹簧调定值时，柱塞 1 推动顶杆上移，使微动开关 3 的触点闭合（或断开），发出电信号。调节螺母 2 可以改变弹簧的预压缩量，用来调节发出信号时的控制油压力。图 4-2-3（b）所示为压力继电器的符号（GB/T 786.1—2021）。

边学边想

如图 4-2-3 所示，怎样调整此压力继电器的调定压力？

______

思考分析

通过查阅资料，结合图 4-2-2（c），自主分析膜片式压力继电器工作过程：

______

______

______

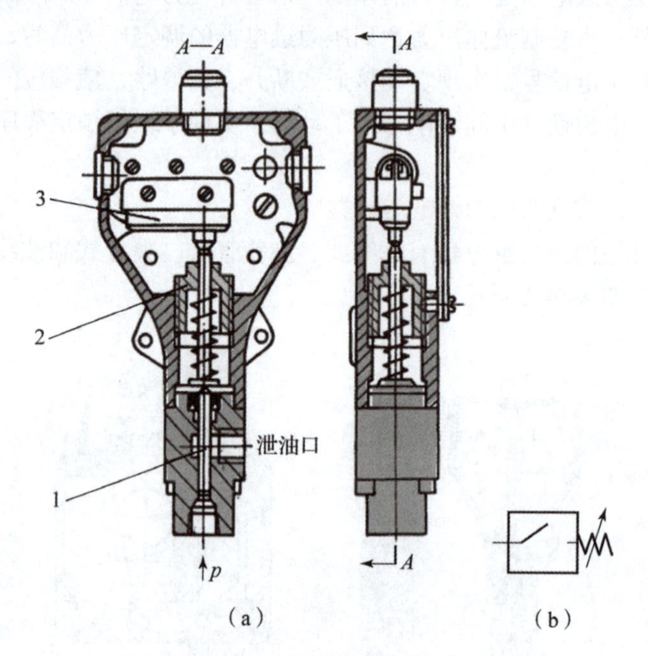

1—柱塞；2—调节螺母；3—微动开关。

图 4-2-3　柱塞式压力继电器的结构和符号

（a）结构；（b）符号

步骤 2：分析压力继电器的具体应用

压力继电器可使电磁铁、继电器、电动机等电气元件通电运转或断电停止工作，以实现对多缸液压系统顺序的控制、保压、过载保护或动作的联动等。

蓄能器与压力继电器组成的保压回路：

一、蓄能器与压力继电器组成的保压回路

如图 4-2-4 所示，此回路中有两个压力继电器 1 和 2，分别安装在液压缸进油口处和蓄能器入口处。该回路具体工作过程如下：

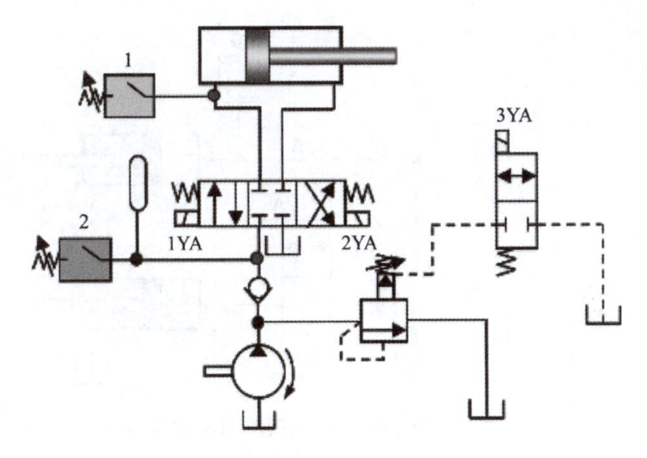

1，2—压力继电器。

图 4-2-4　蓄能器与压力继电器组成的保压回路

（1）初始状态：电磁铁 1YA、2YA、3YA 均处于断电状态。

（2）压力继电器 1 起作用阶段：电磁铁 1YA 通电，三位四通换向阀左位接入系统，液压泵首先给蓄能器充压，液压油经三位四通换向阀左位进入液压缸左腔，液压缸右腔经换向阀左位回油。此时，压力继电器 1 监控液压缸左腔压力，起过载保护作用。当液压缸左腔压力升至继电器 1 的调定压力时，此压力继电器向 3YA 发出通电信号，二位二通换向阀导通，使先导式溢流阀起卸荷作用，液压泵卸荷，不再给系统供油。此时，蓄能器已经充满能量，液压缸左腔压力由蓄能器保证，实现蓄能器保压功能。

（3）压力继电器 2 起作用阶段：由于系统存在泄漏，保压一定时间后，液压缸、蓄能器内的压力均会下降。当蓄能器内压力低于压力继电器 2 的调定压力时，蓄能器不能完成保压功能。此时，压力继电器 2 向 3YA 发出断电信号，3YA 断电，二位二通阀关闭，液压泵再次向系统供油，实现液压缸的连续保压要求。

二、压力继电器控制的顺序动作回路

在图 4-2-5 所示液压系统中，要求缸 A 运动到最右端后缸 B 才能动作。系统具体工作过程如下：

初始状态，电磁铁 1YA 断电，二位二通阀处于关闭状态，液压泵给缸 A 供油，缸 A 活塞右行，压力继电器监控液压缸左腔压力。

缸 A 活塞到达最右端，左腔压力上升。当压力值上升至压力继电器的调定压力后，压力继电器给电磁铁 1YA 发出信号，使电磁铁通电。这时，二位二通阀接通，液压泵开始给缸 B 供油，缸 B 活塞右行，实现两缸顺序动作要求。

思想火花

团队合作：蓄能器和压力继电器相互配合才能实现系统的连续保压。

分析总结

分析图 4-2-4 所示回路的保压过程，总结两个继电器的具体动作要点：

压力继电器 1：监控______的压力不要______（高于/低于）调定值，起______作用。

压力继电器 2：监控______的压力不要______（高于/低于）调定值，起______作用。

压力继电器控制的顺序动作回路：

边学边想

在图 4-2-5 所示系统中，压力继电器控制 1YA 的通电还是断电？

____

学以致用

试分析图4-2-1所示汽车ABS中压力继电器的具体作用。

____

____

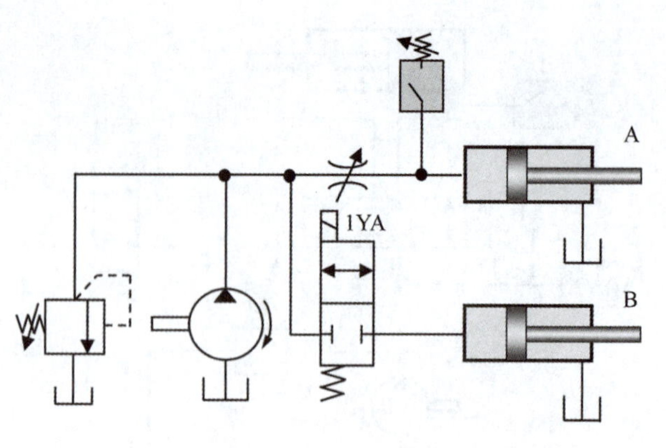

图 4-2-5　压力继电器控制的顺序动作回路

步骤3：分析排除压力继电器常见故障

压力继电器常见故障现象及排除办法如表4-2-1所示。

表 4-2-1　压力继电器常见故障现象及排除办法

序号	故障现象	产生原因	排除方法
1	输出量不合要求或无输出	1. 微动开关损坏； 2. 电气线路故障； 3. 阀芯卡死或阻尼孔堵死； 4. 进油管道弯曲变形，使油液流动不畅通； 5. 调节弹簧太硬或压力调得过高； 6. 管接头处漏油； 7. 与微动开关相接的触头未调整好； 8. 弹簧和杠杆装配不良，有卡滞现象	1. 更换微动开关； 2. 用万用表检查原因，排除故障； 3. 清洗、修配达到要求； 4. 更换管道，使油液流通畅通； 5. 更换合适的弹簧或按要求调节压力值； 6. 拧紧接头，消除漏油； 7. 精心调整，使接触点接触良好； 8. 重新装配，使动作灵敏
2	灵敏度太差	1. 杠杆轴销处或钢球柱塞处摩擦力过大； 2. 装配不良、动作不灵活； 3. 微动开关接触行程太长； 4. 钢球圆度差； 5. 阀芯移动不灵活； 6. 接触螺钉、杠杆调整不当	1. 清洗连接外，重新装配； 2. 重新装配，使动作灵敏； 3. 合理调整位置； 4. 更换钢球； 5. 修理或清洗； 6. 合理调整位置
3	信号发出太快	1. 阻尼孔偏大； 2. 膜片损坏； 3. 系统冲击大； 4. 电气系统设计有缺陷	1. 减小阻尼孔； 2. 更换膜片； 3. 增加阻尼，减小冲击； 4. 重新设计电气系统或增加延时继电器

拓展任务

【液压辅助元件拓展学习】

借助于辅助学习资料和网络，自行学习分析膜片式压力继电器等其他类型压力继电器工作过程，提升个人分析能力和学习能力，做好学习笔记。

任务总结评价

请根据学习情况，完成个人学习评价表（表 4–2–2）。

表 4–2–2　个人学习评价表

序号	评价内容	分值	得　分		
			自评	组评	师评
1	能自主完成课前学习任务	10			
2	熟悉压力继电器在液压系统中的作用	10			
3	掌握压力继电器的工作原理	10			
4	能够区分不同类型的压力继电器	5			
5	会分析压力继电器在液压系统中的具体应用	15			
6	能够画出识别压力继电器的符号	5			
7	会排除压力继电器的常见故障	10			
8	能坚持出勤，遵守纪律	10			
9	在学习中具有团队合作精神	15			
10	能够及时完成课后作业和拓展学习任务，养成良好的学习习惯	10			
总　分		100			
自我总结					

任务 3 认识柱塞泵

课前学习资源

认识径向柱塞泵：

认识轴向柱塞泵：

边学边想

1. 径向柱塞泵有哪些性能特点？

______

2. 轴向柱塞泵有哪些性能特点？

______

3. 请为轴向柱塞泵的困油现象提出有效的解决措施。

______

4. 轴向柱塞泵适用于哪些工作场合？

______

习惯养成

课前自主学习，养成良好的学习习惯，锻炼自主分析问题、解决问题的能力。

任务描述

汽车 ABS 中的液压泵是一个高压泵，它可在短时间内将制动液加压到 15~18 MPa，并给整个液压系统提供高压制动液体。这种高压泵能在汽车起动 1 min 内完成上述工作。泵的工作独立于 ECU，如果 ECU 出现故障或接线问题，液压泵仍能正常工作，这种高压泵就是柱塞泵。通过本任务学习，大家可全面了解柱塞泵的结构组成、工作原理、性能特点、常见故障现象及排除办法。

任务目标

知识目标：

1. 掌握轴向柱塞泵的结构组成、工作原理及性能特点；
2. 了解径向柱塞泵的结构组成、工作原理及性能特点。

能力目标：

1. 会根据需要调节轴向柱塞泵的参数；
2. 会分析排除轴向柱塞泵的常见故障。

素质目标：

1. 培养分析问题、解决问题的能力；
2. 培养认真仔细、一丝不苟的工匠精神。

任务内容

步骤 1： 认识径向柱塞泵。

步骤 2： 认识轴向柱塞泵。

步骤 3： 解决轴向柱塞泵的困油现象。

步骤 4： 分析排除柱塞泵常见故障。

柱塞泵是一种利用柱塞将原动机的机械能转换为液压油的压力能的能量转换装置。按柱塞排列方向的不同，分为径向柱塞泵和轴向柱塞泵两种。

步骤 1：认识径向柱塞泵

径向柱塞泵结构及工作原理：

一、径向柱塞泵的结构组成

径向柱塞泵是一种多柱塞泵，其中柱塞的轴线和传动轴的轴线相互垂直，它由**柱塞、缸体、衬套、定子和配油轴**等部件组成，如图 4–3–1 所示。转子的中心与定子中心之间有一定偏心距 *e*，柱塞径向排列安装在缸体内，缸体由原动机带动连同柱塞一起旋转；衬套紧配合于转子的内孔中，随转子一起转动；而配油轴是不动的，它把衬套内孔分割成上、下两个分油室 a、b。

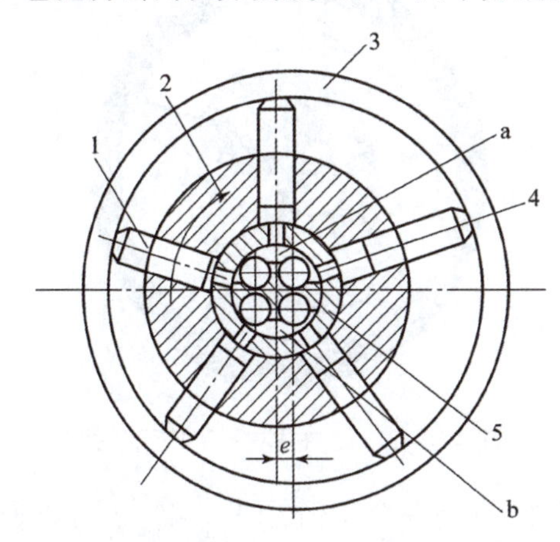

1—柱塞；2—缸体；3—衬套；4—定子；5—配油轴。

图 4–3–1　径向柱塞泵的结构组成

二、径向柱塞泵的工作过程

如图 4–3–1 所示，当转子带动柱塞按图示方向顺时针旋转时，在离心力作用下，处于上半周区域的柱塞往外滑动，头部紧压在定子内壁上。结合“径向柱塞泵结构及工作原理”视频，完成以下过程分析：

（1）吸油过程：

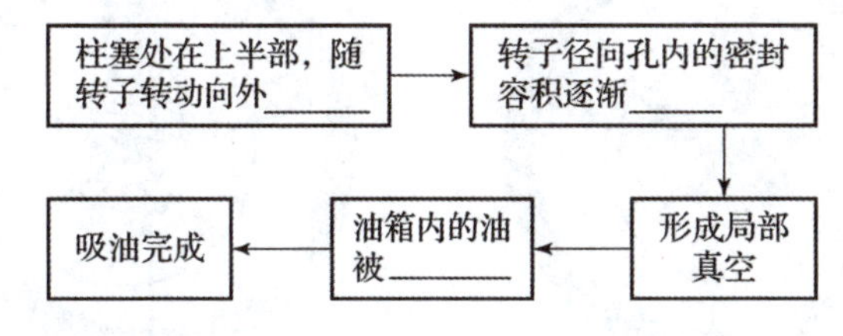

（2）吸油过程：

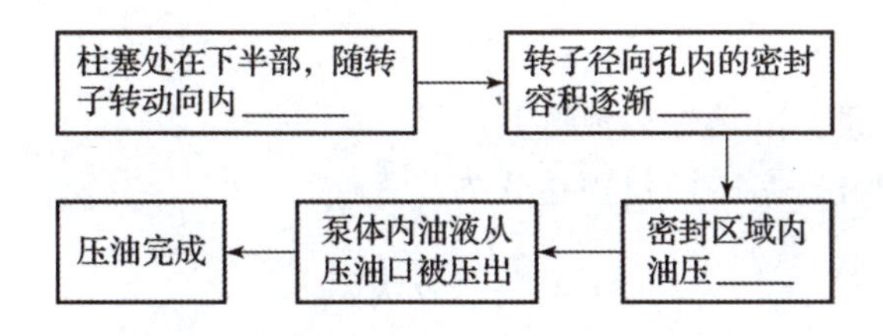

启发引导

根据图 4–3–1 思考以下问题：

1. 径向柱塞泵的定子和转子是同心安装吗？

____

2. 径向柱塞泵有专门的配油装置吗？

____

思考讨论

1. 径向柱塞泵的定子和转子偏心距 *e*=0 时，会发生什么现象？

____

2. 如图 4-3-1 所示，径向柱塞泵工作过程中，转动的部件有__________，静止不动的部件有__________

____

能力提升

自主分析径向柱塞泵的吸油过程和压油过程。和以前的自己做对比，你觉得分析过程还那么难吗？

______

分析径向柱塞泵排量是否可调：

分析径向柱塞泵是否能双向排油：

学以致用

根据对径向柱塞泵排量和输油方向的分析，请问：

1. 怎样调整径向柱塞泵的排量大小？

______

______

2. 怎样改变径向柱塞泵的排油方向？

______

分析径向柱塞泵流量脉动性及径向力：

三、径向柱塞泵的性能特点分析

1. 排量是否可调？

液压泵的排量指的是在不考虑泄漏的情况下泵每旋转一圈排出的液体体积。径向柱塞泵的排量可表达为

$$V=z(V_{max}-V_{min}) \tag{4-3-1}$$

式中，z 为柱塞的个数；V_{max} 为柱塞底部密封容积的最大值；V_{min} 为最小值，如图 4-3-2 所示。

图 4-3-2　径向柱塞泵工作示意图

由分析可知，z 是一个定值，$(V_{max}-V_{min})$ 可以通过调整定子和转子的偏心距 e 来改变，所以，径向柱塞泵的排量可调节，它是一种变量泵。

2. 是否能双向排油？

如图 4-3-3 所示，当变换定子和转子的偏心方向，转子的转动方向不改变，柱塞在上半区域时，由吸油变为压油，而在下半区域时由压油变为吸油。此时，泵的吸油口和压油口互换，所以，径向柱塞泵是一种双向泵。

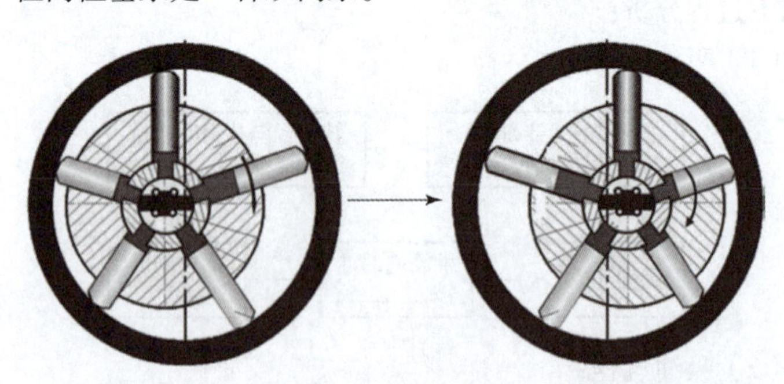

图 4-3-3　径向柱塞泵工双向排油示意图

3. 流量的脉动性如何？

径向柱塞泵的流量表达式为

$$q=\frac{\pi d^2}{2}ezn\eta_V \tag{4-3-2}$$

式中，q 为泵的实际输出流量；d 为柱塞直径；e 为定子与转子间的偏心距；n 为转子转速；z 为柱塞数；η_V 为泵的容积效率。

由式（4–3–2）可看出，由于存在泄漏，η_V 会变化，径向柱塞泵的流量具有一定的脉动性。根据实践经验，奇数柱塞时泵的流量脉动性比偶数柱塞时小，所以，一般径向柱塞泵的个数为奇数，z=7 或 9 比较常见。

4. 是否存在不平衡的径向力？

对于径向柱塞泵，压油区的油压会高于吸油区，所以，从图 4–3–4 中可看出，径向柱塞泵的输入轴会受到来自下部压油区向上的侧向力，它的径向力是不平衡的。由于配油轴受到不平衡的径向力，易磨损，影响其性能和使用寿命，因此，径向柱塞泵常用于 10 MPa 以下的各类液压系统中，如拉床、压力机或船舶等的液压系统。

图 4–3–4　径向柱塞泵受力图

请根据以上分析，填写表 4–3–1。

表 4–3–1　径向柱塞泵性能特点

项目	内容
排量是否可调	
是否能双向排油	
流量的脉动性如何	
是否存在不平衡的径向力	

步骤 2：认识轴向柱塞泵

一、轴向柱塞泵的结构组成

按结构特点不同，轴向柱塞泵有斜盘式和斜轴式两种。

如图 4–3–5 所示，斜盘式轴向柱塞泵主要由斜盘、泵体、柱塞、配油盘、传动轴等零件组成。柱塞安装在沿泵体周向均布的

边学边想

为什么径向柱塞泵的柱塞个数往往是奇数？

____

____

总结应用

根据径向柱塞泵的工作性能，请画出其符号。

____

贯标行动

总结径向柱塞泵性能并画出其符号，贯彻国家标准，提升职业素质，养成善于思考、善于总结的习惯。

轴向柱塞泵
工作原理：

柱塞孔中，弹簧始终使柱塞与斜盘紧密接触，并使泵体紧压在配油盘上。配油盘上两个腰形窗口分别与泵的吸、排油口相通，斜盘具有一定的倾斜角度 γ。

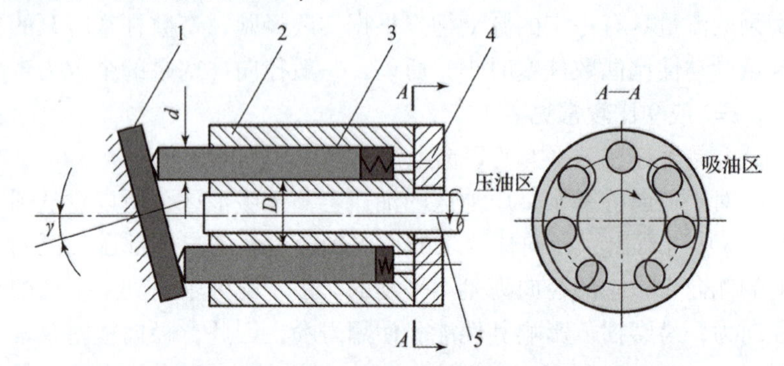

1—斜盘；2—泵体；3—柱塞；4—配油盘；5—传动轴。

图 4-3-5　斜盘式轴向柱塞泵结构示意图

二、轴向柱塞泵的工作过程

如图 4-3-4 所示，当传动轴带着泵体和柱塞一起旋转时，在斜盘的作用下，柱塞在泵体内往复运动。结合“轴向柱塞泵工作原理”视频，完成以下工作分析。

（1）吸油过程：

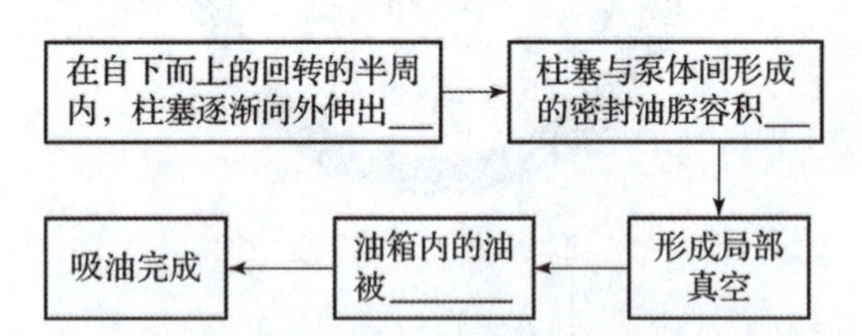

（2）吸油过程：

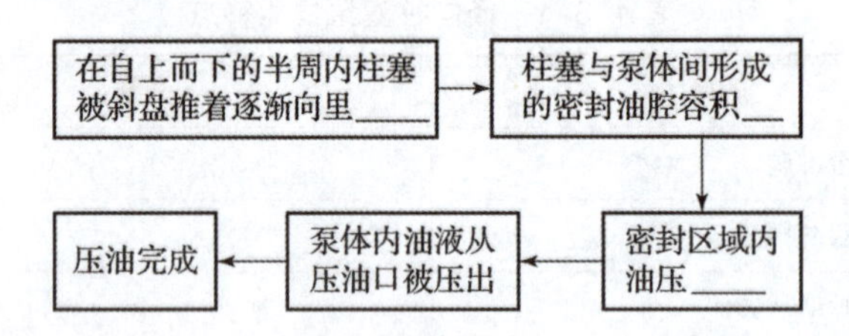

三、轴向柱塞泵的性能特点分析

1. 排量是否可调?

轴向柱塞泵的排量计算公式如下：

$$V = \frac{\pi d^2}{4} ZD \tan\gamma \qquad (4\text{-}3\text{-}3)$$

式中，d 为柱塞直径；Z 为柱塞数；D 为柱塞在泵体上的分布圆直径；γ 为斜盘倾角。

从式（4-3-3）中可看出，当改变 γ 的大小时，泵的排量即可改变。因此，轴向柱塞泵是一种变量泵。

思考讨论

如图 4-3-5 所示，轴向柱塞泵工作过程中，转动的部件有__________，静止不动的部件有____________________________

边学边想

柱塞与泵体间形成的密封油腔容积为何随着泵体的转动会大小可变？____________________

分析轴向柱塞泵性排量是否可调：

分析轴向柱塞泵能否双向排油：

2. 是否能双向排油？

如图 4–3–6 所示，将斜盘倾斜方向改变，传动轴转动方向不变，在自下而上的回转半周内，柱塞由伸出变为向内缩回；在自上而下的回转半周内，柱塞由缩回变为向外伸回。这样，在不改变泵体的转动方向的前提下，泵的吸油过程和压油过程互换，所以它的吸油口和压油口也互换过来。因此，轴向柱塞泵是一种双向泵。

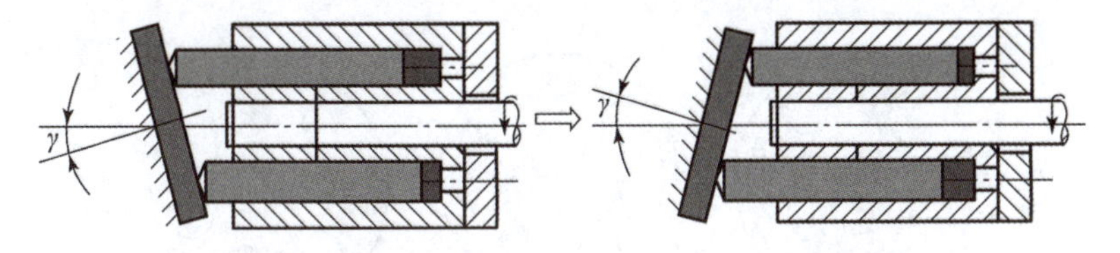

图 4–3–6　轴向柱塞泵斜盘变换倾斜方向示意图

3. 流量的脉动性如何？

我们用流量脉动率表示液压泵的脉动性的大小。轴向柱塞泵的脉动率表达式如下：

$$\sigma=\frac{q_{\max}-q_{\min}}{q_{平均}}=\begin{cases}\dfrac{\pi}{2Z}\tan\dfrac{\pi}{4Z} & (Z\text{ 为大于 1 的奇数})\\[2ex]\dfrac{\pi}{Z}\tan\dfrac{\pi}{2Z} & (Z\text{ 为偶数})\end{cases}\qquad(4\text{–}3\text{–}4)$$

式中，Z 为柱塞的个数。

根据式（4–3–4）可发现，轴向柱塞泵的柱塞数量越多，流量脉动性会越小，并且奇数个数的柱塞泵脉动性优于偶数个数柱塞泵的脉动性。所以，轴向柱塞泵的柱塞数一般为 7、9、11 个。

4. 是否存在不平衡的径向力？

受进、出油口压力的不同，轴向柱塞泵会存在一定的径向力。在结构上，可合理布置圆柱滚子轴承，使径向力的合力作用线在圆柱滚子轴承的长度范围之内以减小径向不平衡力。

为了控制径向不平衡力的大小，轴向柱塞泵的斜盘倾角一般不大于 20°。

由于制造工艺的不断优化、材料性能的不断提升，轴向柱塞泵的额定压力可达 40 MPa，所以这是一种可以用在高压场合的液压泵。

请根据以上分析，填写表 4–3–2。

表 4–3–2　轴向柱塞泵性能特点

项目	内容
排量是否可调	
是否能双向排油	
流量的脉动性如何	
是否存在不平衡的径向力	

边学边想

1. 实际应用中，我们该如何调整轴向柱塞泵的排量？

2. 我们该如何令轴向柱塞泵的吸油口和压油口互换？

联想思考

为什么轴向柱塞泵的柱塞个数往往是单数？

轴向柱塞泵流量脉动性和径向受力分析：

归纳总结

列举出至少两种可以用于高压场合的容积式液压泵。

总结应用

根据轴向柱塞泵的工作性能，请画出其符号。

能力提升

在轴向柱塞泵性能的分析过程中，提升个人分析问题、解决问题的能力。

步骤 3：解决轴向柱塞泵的困油现象

一、轴向柱塞泵的困油现象产生的过程

如图 4–3–7 所示，此轴向柱塞泵有 7 个柱塞。为了把吸油区和压油区完全分开，左右两个腰形窗口（左侧为配油盘的压油窗口，右侧为吸油窗口）离开有一段距离。

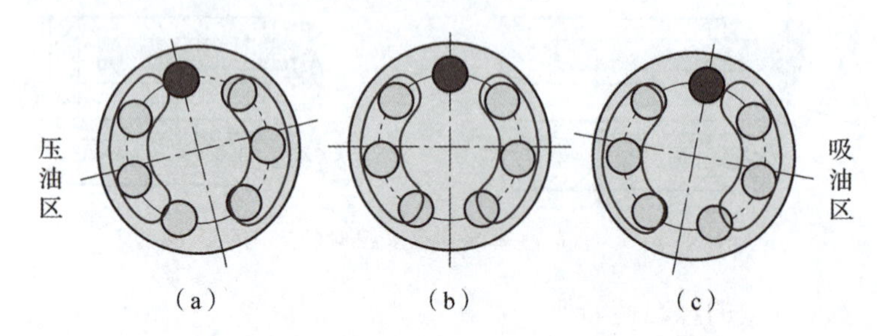

图 4–3–7　轴向柱塞泵困油现象产生过程示意图

当传动轴带动泵体和柱塞顺时针转动时，深色柱塞在图 4–3–7（a）所示位置时离开压油窗口。此时，此柱塞既不和吸油窗口相通，也不和压油窗口相通，柱塞底部形成闭死容积，这就是轴向柱塞泵的**困油现象**。

从图 4–3–7（a）所示位置开始，泵体继续顺时针转动，深色柱塞底部的密封容积会先减小、后增大，直至到达吸油窗口，其内部油压也会先急剧上升，后急剧下降，这将使泵产生强烈的振动和噪声，影响泵的工作性能，降低泵的容积效率，缩短其使用寿命。

二、消除轴向柱塞泵困油现象的措施

为了消除轴向柱塞泵的困油现象，常采用在配油盘上开卸荷槽的办法（图 4–3–8），让密封容积变小过程中与压油区相通，密封容积变大时与吸油区相通。也可在配油盘上打孔，增大密封容积，从而缓解困油现象。

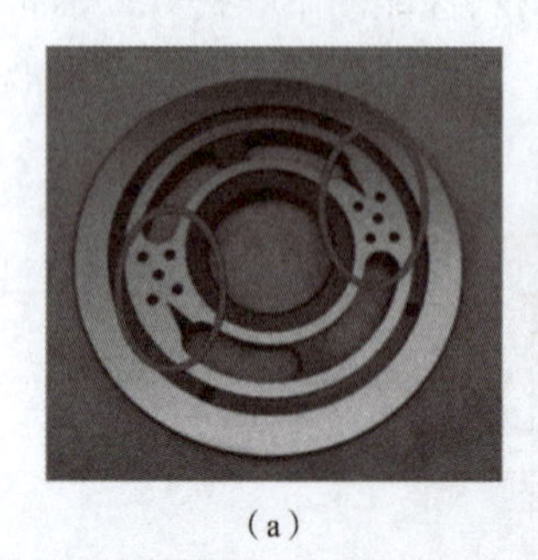

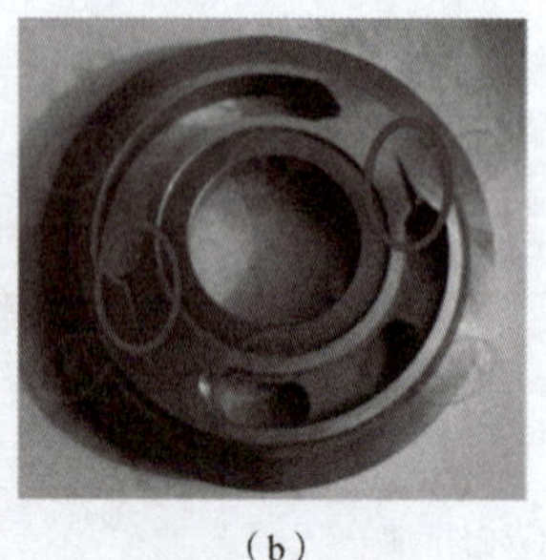

（a）　（b）

图 4–3–8　解决轴向柱塞泵困油现象的措施

（a）在配油盘上打孔；（b）在配油盘上开卸荷槽

轴向柱塞泵困油现象产生过程：

讨论探究

在图 4–3–7 中，深色柱塞运行至图 4–3–7（b）所示位置时，柱塞内部的油压达到最（大 / 小），运行至图 4–3–7（c）所示位置时，柱塞内部的油压达到最（大 / 小）。

头脑风暴

泵体带动柱塞转动一圈，每个柱塞发生几次困油现象？

____

轴向柱塞泵困油现象的解决措施：

能力提升

由轴向柱塞泵困油现象产生的原因，提出有效的解决措施，锻炼学生分析问题、解决问题的能力。

步骤 4：分析排除柱塞泵常见故障

柱塞泵常见故障现象及排除方法如表 4–3–3 所示。

表 4–3–3　柱塞泵常见故障现象及排除方法

序号	故障现象	产生原因	排除方法
1	不能排油或流量不足，压力偏低	1. 转向不对或进出口接反； 2. 吸油管过滤器堵塞； 3. 油箱内液压油的液面过低； 4. 油温太高或油液黏度太低； 5. 配油盘与缸体之间有脏物或配油盘与缸体之间接触不良； 6. 配油盘与缸体结合面拉毛、有沟槽； 7. 柱塞与柱塞孔之间磨损拉伤有轴向沟槽； 8. 中心弹簧损坏，柱塞不能伸出； 9. 吸入端漏气； 10. 变量泵的变量机构出现故障，使斜盘倾角固定在最小位置； 11. 配油盘孔未对正泵盖上安装的定位销	1. 按泵体上标明的方向旋转，检查核对吸油口和压油口； 2. 卸下过滤器仔细清洗； 3. 加注至规定刻度线； 4. 检查油温升高的原因或检查液压油质量，酌情更换； 5. 拆卸清洗，重新装配或检查弹簧是否失效，酌情更换； 6. 研磨再抛光配油盘与缸体结合面； 7. 若配合间隙过大，可研磨缸孔，电镀柱塞外圆并配磨； 8. 更换中心弹簧； 9. 检查拧紧管接头，加强密封； 10. 调整或重新装配变量活塞及变量头，使其活动自如，纠正调整误差； 11. 拆修装配时应认准方向，对准销孔，定位销绝对不准露出配油盘
2	泵不能转动	1. 柱塞因污染物或油温变化太大卡死在缸体内； 2. 滑履与柱塞球头卡死或滑履脱落； 3. 柱塞球头因上述原因折断	1. 查明污染物产生原因并更换新油； 2. 更换或重新装配滑履； 3. 更换柱塞
3	变量机构或压力补偿变量机构失灵	1. 单向阀弹簧折断； 2. 斜盘与变量壳体上的轴瓦圆弧面之间磨损严重，转动不灵活； 3. 控制油管道被污染物阻塞； 4. 伺服活塞或变量活塞卡死； 5. 伺服阀芯对差动活塞内油口遮盖量不够； 6. 伺服阀芯端部拉断	1. 更换弹簧； 2. 磨损轻微可刮削后再装配，若严重，则应更换； 3. 拆开清洗，并用压缩空气吹干净； 4. 应设法使伺服活塞或变量活塞灵活，并注意装配间隙是否合适； 5. 检查伺服阀芯对差动活塞内油口遮盖量并调整合适； 6. 更换伺服阀芯

拓展任务

【学习分享】

通过线上视频、教材、图书查询、网络搜索等渠道获得知识信息，学习工程实际应用中柱塞泵的具体结构，课中分享。

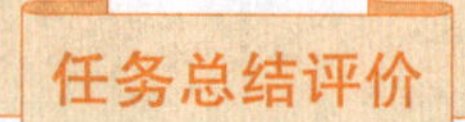

任务总结评价

请根据学习情况，完成个人学习评价表（表 4-3-4）。

表 4-3-4　个人学习评价表

序号	评价内容	分值	得　分		
			自评	组评	师评
1	能自主完成课前学习任务	10			
2	掌握轴向柱塞泵的结构组成、工作原理及性能特点	10			
3	了解径向柱塞泵的结构组成、工作原理及性能特点	10			
4	会根据需要调节轴向柱塞泵的参数	15			
5	会分析排除轴向柱塞泵的常见故障	10			
6	能够画出识别柱塞泵的符号	10			
7	能坚持出勤，遵守纪律	10			
8	在课中分析中能够做到认真细致，一丝不苟	15			
9	能够及时完成课后作业和拓展学习任务，养成良好的学习习惯	10			
总　分		100			
自我总结					

任务 4　搭建汽车 ABS 回路并排除故障

任务描述

在本任务中，将利用 FluidSIM 软件搭建汽车 ABS 回路，仿真运行常规制动、减压、保压和增压四个过程，并对汽车 ABS 常见故障提出排除措施。

任务目标

知识目标：

1. 掌握汽车 ABS 的组成；
2. 掌握汽车 ABS 的工作过程。

能力目标：

1. 会用 FliudSIM 仿真软件搭建汽车 ABS；
2. 能够排除简单的汽车 ABS 故障。

素质目标：

1. 培养耐心细致、一丝不苟的工匠精神；
2. 培养奋发图强、崇尚科技的精神。

任务内容

步骤 1： 搭建汽车 ABS 回路。

步骤 2： 分析排除汽车 ABS 常见故障。

步骤 1：搭建汽车 ABS 回路

一、挑选元件、搭建回路

在 FluidSIM 软件中新建文件，在元件库中挑选汽车 ABS 使用的元件，布置在合适位置，设置好相应的参数，并按图 4-0-1（b）连接各元件，连接好的系统图如图 4-4-1 所示。

课前学习资源

汽车 ABS 仿真操作：

边学边想

1. 怎样在 FluidSIM 软件中体现液压泵的不工作状态？

____

____

2. 汽车 ABS 中的安全阀是（　　）。

A. 溢流阀

B. 减压阀

温馨提示

1. 搭建汽车ABS回路时，为了更好地模拟液压泵工作和不工作两种状态，特增加了一个二位二通换向阀，如图4-4-1所示。

2. 选取三位三通换向阀时，为了更方便模拟各工况，不设置此阀的控制方式。

3. 制动主缸要赋值载荷参数（一般小车制动力为2 000 N左右）。同学们在练习过程中变化此参数，观察仿真运行过程，并分析不同现象产生的原因。

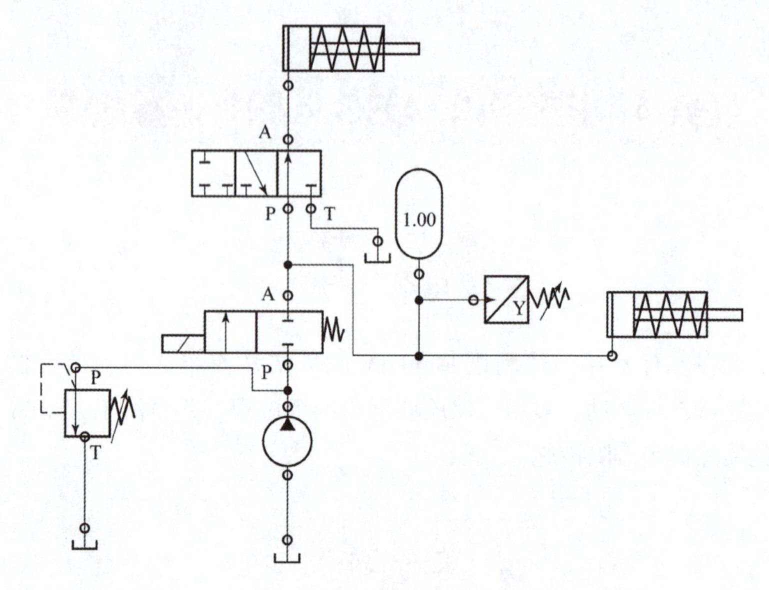

图4-4-1　在FluidSIM软件中搭建好的ABS回路

二、仿真运行

1. 常规制动过程

当三位三通换向阀处于最右位（图4-4-2）时，制动主缸与制动轮缸相通，液压泵不工作，脚踩制动踏板，可随时正常制动车轮。

思想火花

在紧急制动情况下为了快速调整制动压力，以避免车轮抱死并保持最佳制动性能，ABS工作变换频率每秒可达几十次甚至更高。科技助力生产发展，改善我们的生活，同学们要奋发图强、崇尚科技。

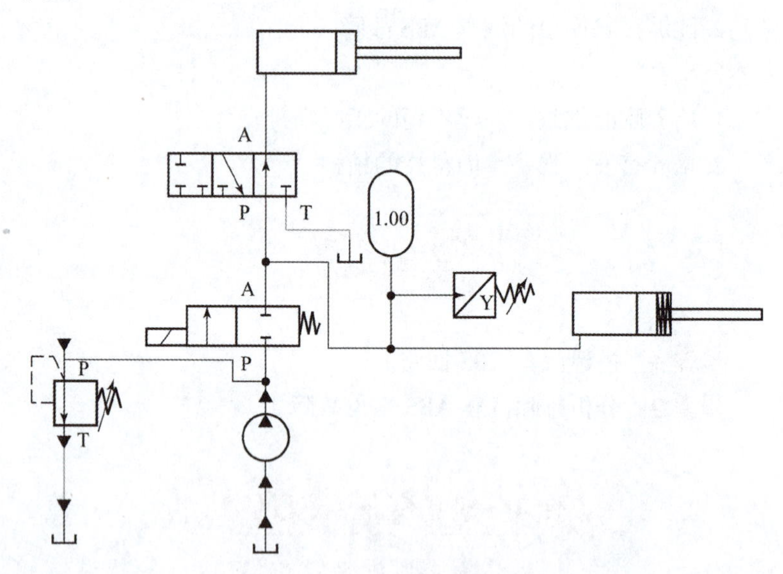

图4-4-2　常规制动过程仿真ABS图

2. 减压过程

当车轮在紧急制动下轮速减小幅度过大趋于抱死时，三位三通换向阀处于中位（图4-4-3），制动轮缸油液流回储油器，制动轮缸减压，制动力下降，达到车轮防抱死目的。

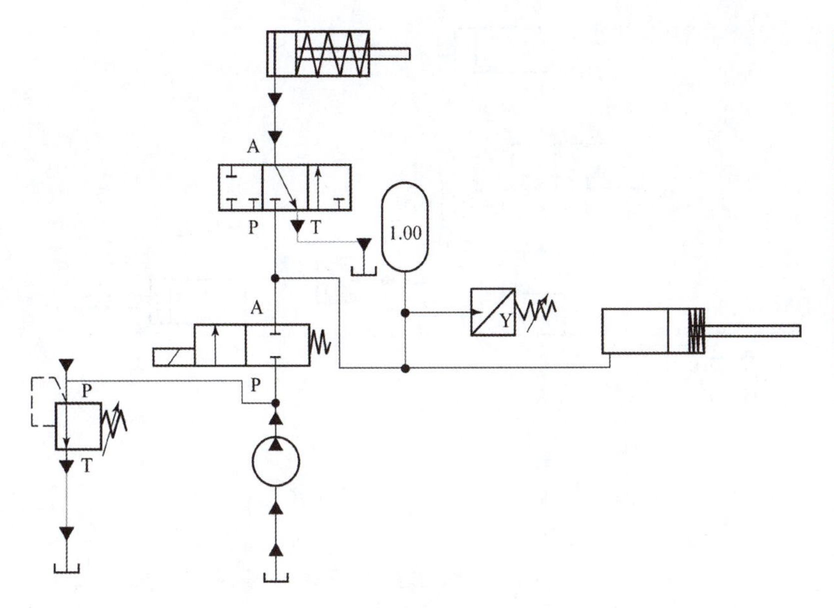

图 4-4-3　减压过程仿真 ABS 图

3. 保压过程

当三位三通阀处于左位（图 4-4-4）时，所有通路被切断，制动轮缸保压，制动力不变。

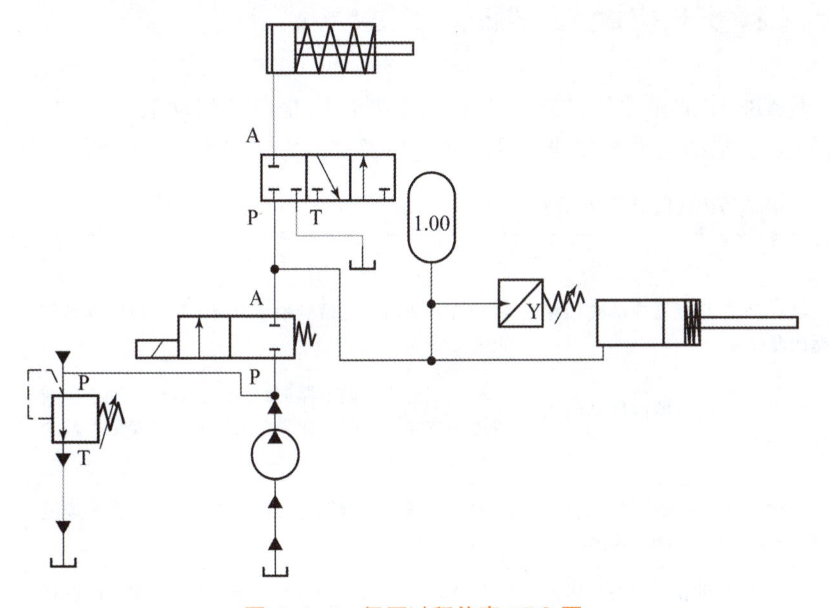

图 4-4-4　保压过程仿真 ABS 图

4. 增压过程

当汽车 ABS 的 ECU 断电，三位三通阀回到常态位（右位）（图 4-4-5）时，制动主缸与制动轮缸再次相通，踩下制作踏板，可随时提供高压制动液，随时制动车轮。

头脑风暴

常规制动压力来自何处？

______

边学边想

变换工况主要是通过哪个元件实现的？

______

边学边想

在实际应用中，三位三通换向阀为电磁比例阀。此阀由右位换到中位信号从何而来？

______

思考讨论

汽车 ABS 中的液压泵在什么情况下会启动工作？

______

______

学习提示

小组协作分析汽车ABS液压制动系统工作过程，注意以下细节：

1. 联系汽车实际运行过程，注意各工况下的汽车行驶状态；

2. 核心元件三位三通换向阀的工作位置变化与工况变化之间的对应关系。

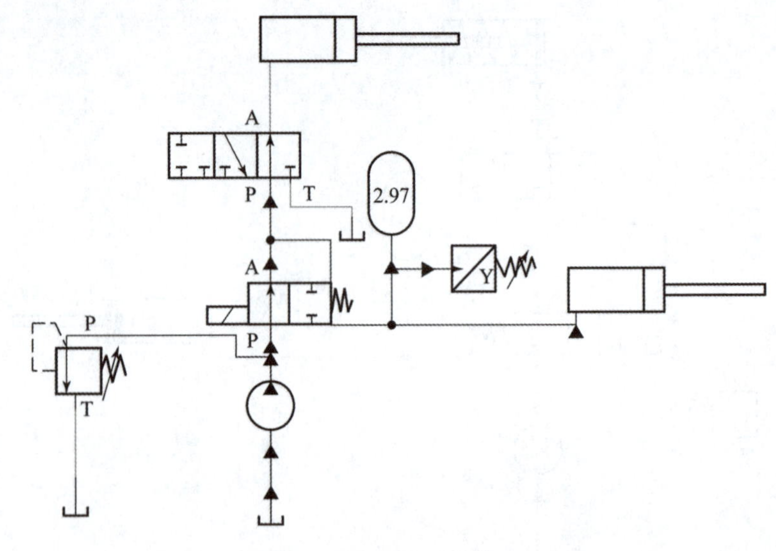

图 4-4-5　增压过程仿真 ABS 图

请结合任务 1 的描述，小组协作，在仿真操作过程中，认真分析汽车 ABS 工作的 4 个工况。

步骤 2：分析排除汽车 ABS 常见故障

制动压力调节器是汽车 ABS 中的重要组件之一，它的主要作用是调节制动液的压力分配，以防止车轮抱死。汽车 ABS 制动压力调节器常见故障现象及排除方法如表 4-4-1 所示。

表 4-4-1　汽车 ABS 制动压力调节器常见故障现象及排除方法

序号	故障现象	产生原因	排除方法
1	制动力不均匀	制动压力调节器内部阀门堵塞或损坏	检查并清洁或更换制动压力调节器，以确保阀门正常工作
2	制动抖动或冲击	制动压力调节器内部阀门出现卡滞或失灵	检查制动压力调节器的阀门是否顺畅运动，清洁或更换故障的阀门。如果无法修复，需要更换整个制动压力调节器
3	制动力不稳定	制动压力调节器阀门调整不当，导致制动力分配不均衡	对制动压力调节器进行重新调节，确保各个通道的制动力均匀分配
4	制动液压力失控	制动压力调节器压力传感器故障或压力传感器线路故障	检查压力传感器和相关线路的连接情况，确保其正常工作。如有必要，更换故障的压力传感器

【说明】表 4-4-1 所示为对汽车 ABS 制动压力调节器常见故障现象及排除办法的汇总，便于分析学习。实际修车时，往往直接更换出现故障的制动压力调节器，不进行维修。

项目任务实施

在本项目描述中，小王遇到一位客户的小型汽车，行程 6 万多 km，出现制动距离明显延长、制动力减弱、制动效果差的现象。通过本项目学习，请为小王提出解决措施。

____

____

拓展任务

【实践经验积累】

到实训工厂与一线工程师交流有关汽车 ABS 故障诊断与维修案例知识，积累工程实践经验。

任务总结评价

请根据学习情况，完成个人学习评价表（表 4–4–2）。

表 4–4–2　个人学习评价表

序号	评价内容	分值	得　分		
			自评	组评	师评
1	能自主完成课前学习任务	10			
2	掌握汽车 ABS 的组成	10			
3	掌握汽车 ABS 的工作过程	10			
4	会用 FliudSIM 仿真软件搭建汽车 ABS 回路	20			
5	能够排除简单的汽车 ABS 故障	15			
6	能坚持出勤，遵守纪律，按时完成实训任务	10			
7	具备较好的安全意识和科学精神	15			
8	能独立完成课后作业和拓展学习任务，养成良好的学习习惯	10			
总　分		100			
自我总结					

新动向：中国液压行业市场前瞻

项目四拓展任务：认识蓄能器

习　题

一、判断题

1. 改变轴向柱塞泵斜盘倾斜的方向就能改变吸、压油的方向。(　　)
2. 柱塞泵是变量泵。(　　)
3. 轴向柱塞泵存在径向不平衡力，所以不能用于高压场合。(　　)
4. 轴向柱塞泵属于单向泵。(　　)
5. 汽车 ABS 液压制动系统中的制动主缸和制动轮缸都是单作用缸。(　　)
6. 汽车 ABS 液压制动系统中所有的工作阶段，液压泵一直处于工作状态。(　　)
7. 调整柱塞泵的斜盘倾斜方向，可互换其吸油口和压油口。(　　)

二、综合题

1. 汽车 ABS 液压制动装置由哪几部分组成?
2. 汽车 ABS 液压制动系统中，压力继电器的作用是什么?
3. 汽车 ABS 液压制动系统中，蓄能器的作用是什么?
4. 请列举出轴向柱塞泵的性能特点。
5. 使用蓄能器时应注意哪些事项?

项目五　组合机床动力滑台液压系统的认知与故障诊断

项目描述

组合机床是一种高效率的专用机床，它由具有一定功能的通用部件和一部分专用部件组合而成，广泛应用于成批大量的生产中。

动力滑台（图 5–0–1）是组合机床上实现进给运动的一种通用部件，只要安装不同用途的旋转刀具，即可实现钻、扩、铰、镗、铣、刮端面、倒角及攻螺纹等加工。动力滑台有机械滑台和液压滑台之分。液压动力滑台是利用液压缸将泵站所提供的液压能转变成滑台运动所需的机械能。

液压动力滑台有不同型号，但其液压系统的工作原理基本相似。小王是一名组合机床动力滑台操作工，他操作的动力滑台是 YT4543 型液压动力滑台，在工作过程中，液压系统经常会出现以下故障：

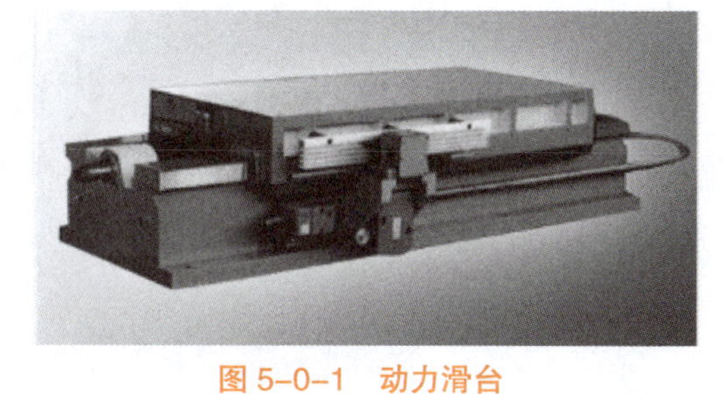

图 5–0–1　动力滑台

（1）没有工作进给；

（2）进给缸二工进速度调节失灵；

（3）泵在卸荷时发热振动严重。

请同学们通过本项目学习，为组合机床动力滑台液压系统排除以上故障。

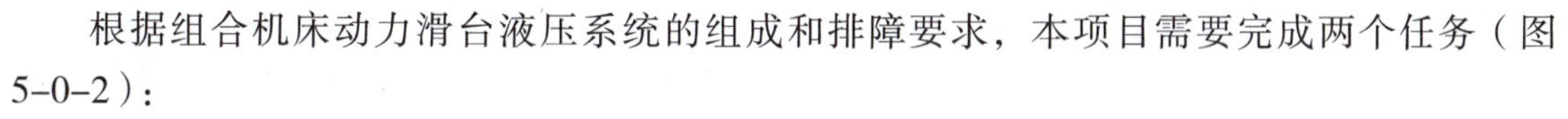

根据组合机床动力滑台液压系统的组成和排障要求，本项目需要完成两个任务（图 5–0–2）：

任务 1　识读动力滑台液压系统图；

任务 2　分析速度换接回路、快速运动回路。

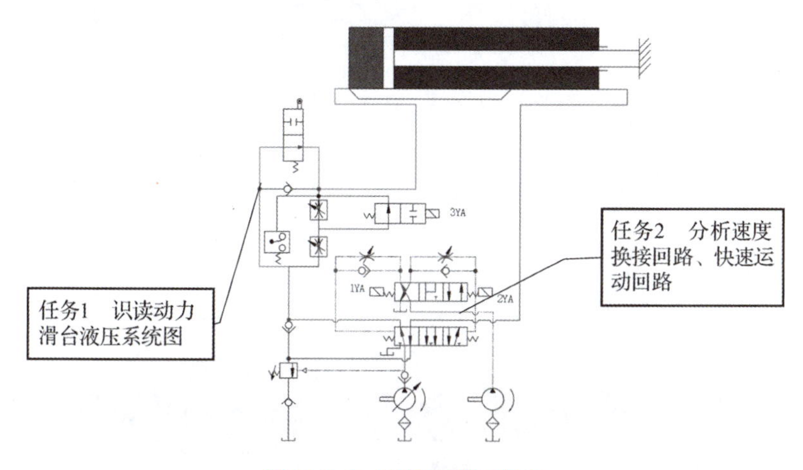

图 5–0–2　项目五学习任务

学习目标

知识目标：

熟悉阅读液压系统图的方法和步骤；认识动力滑台的基本组成；理解液压元件的功能；掌握速度换接回路、快速运动回路的实现方式。

能力目标：

能识读一个完整的液压系统图；会搭建速度换接回路、快速运动回路；能够通过系统分析，归纳总结出系统特点。

素质目标：

在学习过程中锻炼系统分析问题、解决问题的能力，强化全局意识及团队合作意识，培养精益求精的工匠精神。

任务 1　识读动力滑台液压系统图

任务描述

通过识读 YT4543 型组合机床动力滑台的液压系统图（图 5-1-1），分析其系统组成和特点，进一步熟悉机械的液压系统。

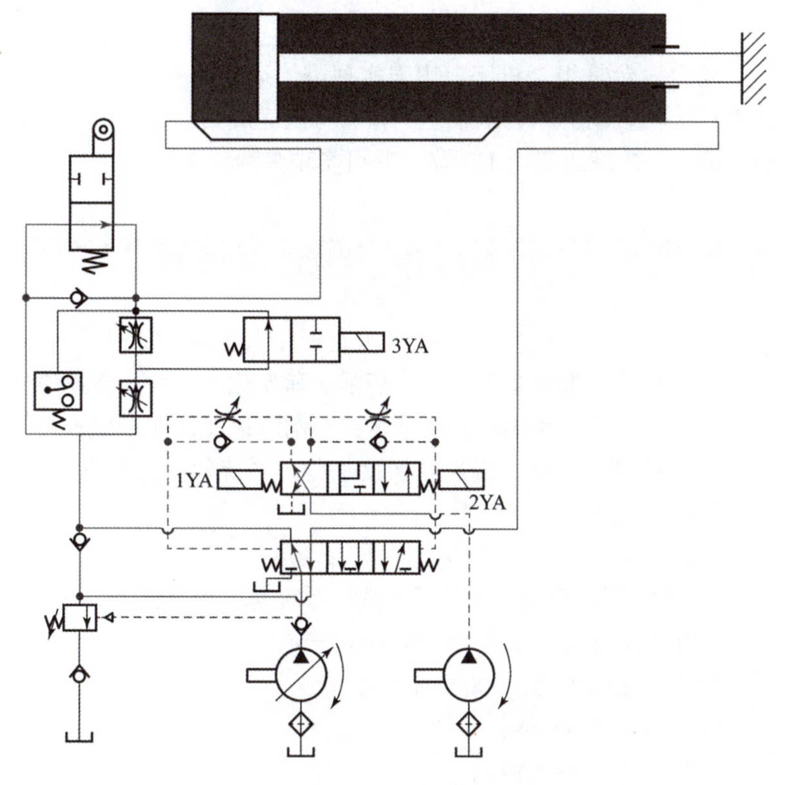

图 5-1-1　YT4543 型组合机床动力滑台液压系统图

任务目标

知识目标：

1. 熟悉动力滑台液压系统的各液压元件；
2. 掌握动力滑台液压系统的基本组成。

能力目标：

1. 会分析动力滑台液压系统图；
2. 会归纳动力滑台液压系统的特点。

课前学习资源

识读动力滑台液压系统：

思考讨论

大家听过“盲人摸象”的故事，请问盲人能正确描述出大象的外貌吗？

____

思想火花

由完整液压系统分析步骤认识到整体分析问题和团队合作的重要性。

素质目标：

1. 培养系统分析问题能力和表达能力；
2. 树立全局意识和团队意识。

任务内容

步骤 1： 识读 YT4543 型组合机床动力滑台液压系统。

步骤 2： 分析 YT4543 型组合机床动力滑台液压系统的特点。

提前了解

边学边想

动力滑台是什么部件？

____

____

动力滑台是组合机床上用来实现进给运动的一种通用部件。在滑台上安装动力箱和多轴主轴箱，可以完成钻、铰、镗、刮端面、倒角、攻螺纹等加工工序，并可实现多种工作循环。

动力滑台简介：

步骤 1：识读 YT4543 型组合机床动力滑台液压系统图

一、YT4543 型组合机床动力滑台液压系统基本要求

组合机床一般为多刀加工，切削负荷变化大，快、慢速差异大，故对其液压系统的基本要求是：切削时速度低而平稳；空行程进、退速度快；快、慢速度换接平稳；系统效率高，发热少，功率利用合理。

二、YT4543 型组合机床动力滑台液压系统工作原理

YT4543 型组合机床动力滑台液压系统基本参数：

工作进给速度范围为 6.6~660 mm/min；

最大快进速度为 7 300 mm/min；

最大推力为 45 kN；

工作压力为 4~5 MPa；

工作循环是：快进→一工进→二工进→止挡块停留→快退→原位停止，如图 5-1-2 所示。

能力提升

由动力滑台液压系统的基本要求分析液压元件的选用，培养个人思考分析问题的能力。

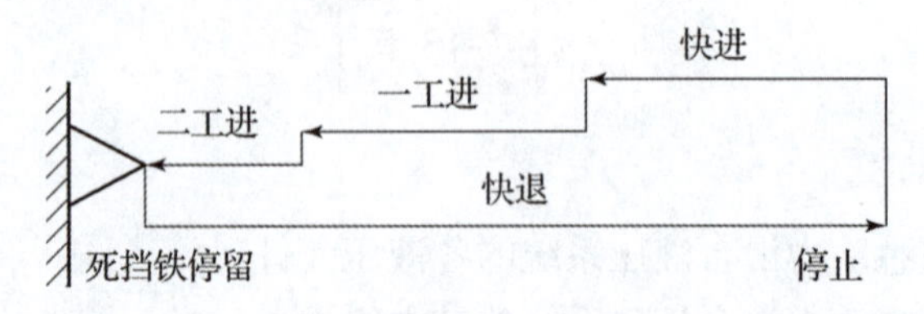

图 5-1-2　YT4543 型组合机床动力滑台工作循环

三、YT4543 型组合机床动力滑台液压系统图

YT4543 型组合机床动力滑台液压系统图如图 5-1-3 所示。

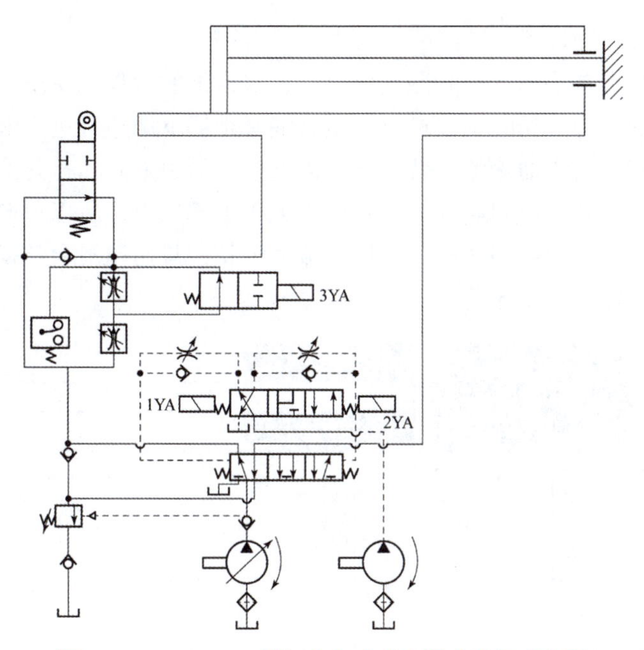

图 5-1-3　YT4543 型组合机床动力滑台液压系统图

四、YT4543 型组合机床动力滑台液压系统工作循环

1. 快进

按下启动按钮，电磁铁 1YA 通电，三位四通电磁换向阀的左位接入系统，液动换向阀在控制压力油作用下也将左位接入系统工作。此时系统负载小、压力低，根据动力滑台液压系统的基本要求，液压动力滑台快进，如图 5-1-4 所示。

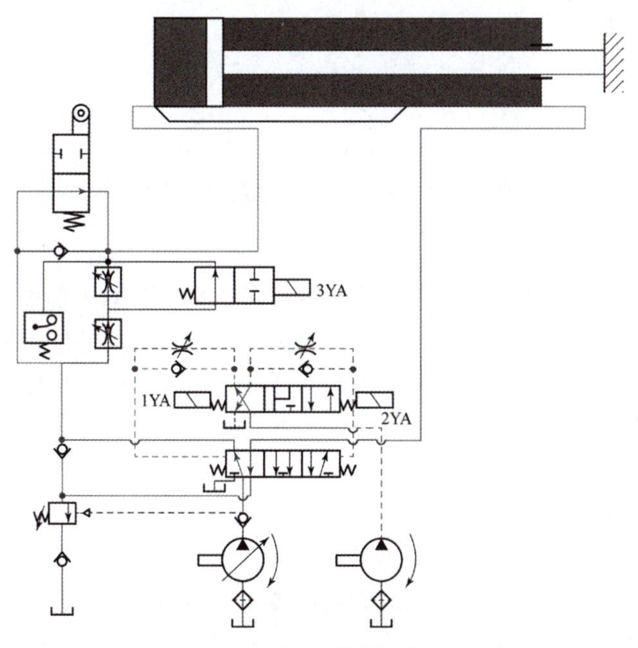

图 5-1-4　动力滑台快进液压系统图

边学边想

1. 根据动力滑台液压系统的基本要求，分析该系统应选择哪种类型的液压泵？

____

____

2. 如何实现动力滑台的工作循环？

____

____

动力滑台工作原理：

讨论

YT4543 型组合机床动力滑台快进过程是如何实现？

____

2. 第一次工作进给（一工进）

当滑台快速运动到预定位置时，滑台上的行程挡块压下了行程阀的阀芯，切断了该通道，压力油必须经下调速阀进入液压缸的左腔。由于油液流经调速阀，因此系统压力上升，打开液控顺序阀，此时，单向阀 5 的上部压力大于下部压力，所以单向阀关闭，回油经液控顺序阀和背压阀流回油箱，从而使滑台转换为一工进，如图 5-1-5 所示。

头脑风暴

1. 由快进转换为一工进时油路是如何换接的？

2. 此时打开的顺序阀是哪种类型的顺序阀？

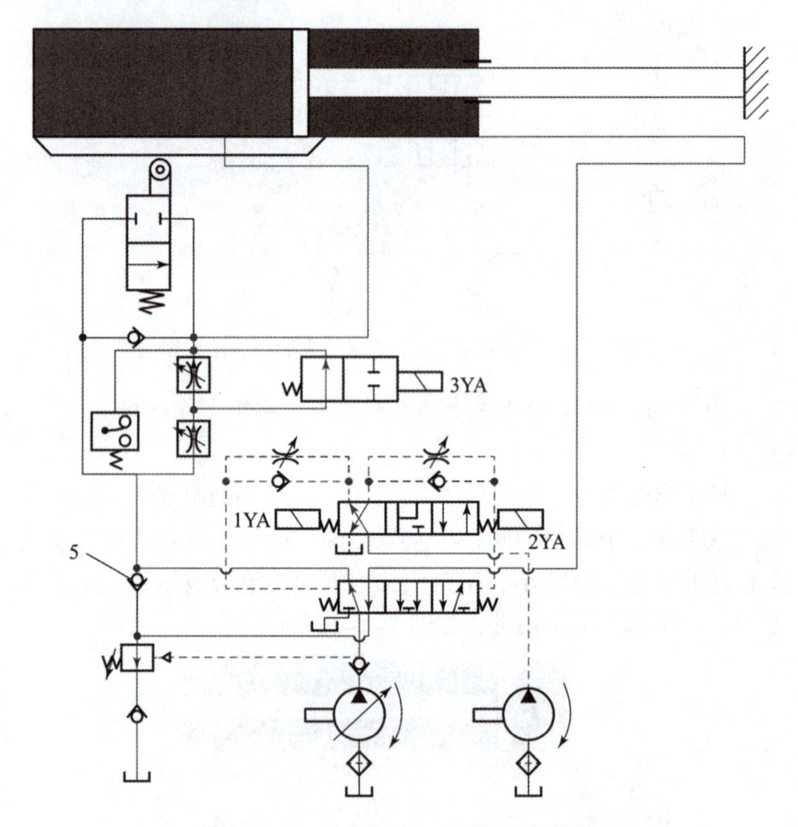

图 5-1-5　动力滑台一工进液压系统图

边学边想

1. 一工进时液压缸的进、回油路如何连接？

2. 二工进时液压缸的进油路有何变化？

3. 第二次工作进给（二工进）

一工进结束后，行程挡块压下行程开关，使 3YA 通电，二位二通换向阀将通路切断，进油必须经上、下调速阀才能进入液压缸，此时，由于上调速阀的开口量小于下调速阀的，所以进给速度再次降低，其他油路情况同一工进，如图 5-1-6 所示。

4. 止位钉停留

当滑台工作进给完毕之后，液压缸碰到滑台前端的止位钉停止运动。同时，系统压力升高，当升高到压力继电器的开启压力，压力继电器动作，向时间继电器发出电信号，由时间继电器控制滑台停留时间。

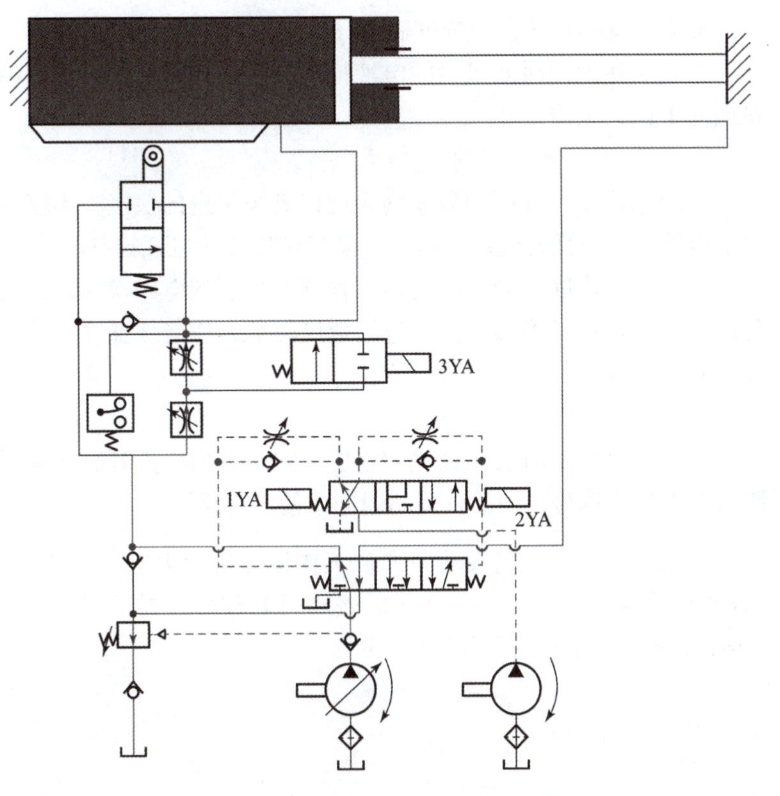

图 5-1-6　动力滑台二工进液压系统图

5. 快退

滑台停留时间结束时，时间继电器发出信号，使电磁铁 2YA 通电，1YA、3YA 断电。这时三位四通电磁换向阀右位接入回路，液动换向阀也换为右位工作，主油路换向。

6. 原位停止

当滑台退回到原位时，行程挡块压下行程开关，发出信号，使电磁铁 2YA 断电，电磁换向阀恢复中位，液压缸失去液压动力源，滑台停止运动。液压泵输出的油液经换向阀 6 直接回到油箱，泵卸荷。

素质提升

由动力滑台系统内部的合理配合来完成整个工作循环培养个人的团队意识和奉献精神，只有团队成员各负其责、齐心协力，才能出色地完成一项复杂的任务。

步骤 2：分析 YT4543 型组合机床动力滑台液压系统的特点

1. 容积节流调速回路

系统采用了“限压式变量叶片泵 + 调速阀 + 背压阀”式容积节流调速回路，能保证稳定的低速运动（进给速度最小可达 6.6 mm/min）、较好的速度刚性和较大的调速范围。

2. 液压缸差动连接的快速回路

系统采用了限压式变量叶片泵和液压缸的差动连接来实现快进，能量利用比较合理。

动力滑台液压系统特点：

3. 电液动换向阀的换向回路

系统采用换向时间可调的电液换向阀的换向回路，可使主油路换向平稳，无冲击。

4. 用行程阀控制的速度转换回路

系统采用了行程阀和顺序阀实现快进与工进的换接，不仅简化了电器电路，而且使动作可靠，换接精度亦比电气控制高。

采用两个串联的调速阀及用行程开关控制的电磁换向阀来实现两种工进速度的换接。由于进给速度较低，亦能保证换接精度和平稳性的要求。

5. 压力继电器控制动作顺序

滑台工进结束时液压缸碰到止位钉时，缸内压力升高，采用压力继电器发信号，使滑台反向退回方便、可靠。

边学边想

1. 限压式变量叶片泵的压力－流量之间有什么特点？

____

2. 动力滑台液压系统采用了什么换向回路？有何优点？

____

能力养成

通过分析动力滑台工作过程中电磁阀和行程阀的动作顺序，培养学生理论联系实际，提高分析问题和解决问题的能力。

练习收获

____

____

____

【练习 5–1–1】完成动力滑台工作循环过程中电磁铁和行程阀动作顺序。注："+"表示电磁阀得电和行程阀压下，"–"表示电磁阀失电和行程阀原位。

表 5–1–1　练习 5–1–1 表

电磁铁、行程阀动作	电磁铁			行程阀
	1YA	2YA	3YA	
快进				
一次工进				
二次工进				
止挡块停留				
快退				
原位停止				

拓展任务

【识读压力机液压系统图】

网络搜索 YB32–200 型液压机的液压系统图，并用四步识读法识读该液压系统图、分析其液压系统的特点。

任务总结评价

请根据学习情况，完成个人学习评价表（表 5–1–2）。

表 5–1–2　个人学习评价表

序号	评价内容	分值	得分		
			自评	组评	师评
1	能自主完成课前学习任务	10			
2	掌握动力滑台液压系统使用的液压元件	10			
3	会叙述 YT4543 型组合机床动力滑台液压系统的基本要求	10			
4	掌握 YT4543 型组合机床动力滑台液压系统的工作原理	15			
5	会分析 YT4543 型组合机床动力滑台液压系统的工作循环	15			
6	能坚持出勤，遵守纪律	10			
7	能积极参与小组讨论	10			
8	能分析动力滑台液压系统的特点	10			
9	能独立完成作业和拓展学习任务	10			
总　分		100			
自我总结					

任务 2 分析速度换接回路、快速运动回路

课前学习资源

分析速度换接回路：

分析快速运动回路：

边学边想

1. 什么是速度换接回路？

______

______

2. 液压系统对速度换接回路有何要求？

______

______

3. 为什么要设置快速运动回路？液压系统对快速运动回路有何要求？

______

______

______

速度换接回路的功能：

任务描述

组合机床动力滑台工作循环过程中，随着负载的变化，要求执行元件的运动速度从快进到一工进，从一工进再到二工进，在这个循环过程中要用到**速度换接回路**。

组合机床动力滑台工作循环开始时，由于负载小、系统压力低，液控顺序阀关闭，液压缸左右腔形成差动连接，变量泵输出最大流量，形成**快速运动回路**，滑台快进。

任务目标

知识目标：

1. 掌握速度换接回路的功用和类型；
2. 掌握快速回路的功用和类型。

能力目标：

1. 会根据实际情况选择并搭建速度换接回路；
2. 会根据实际情况选择并搭建快速运动回路。

素质目标：

1. 培养分析问题、解决问题的能力；
2. 锻炼解决实际问题的能力。

任务内容

步骤 1：分析速度换接回路。

步骤 2：分析快速运动回路。

提前了解

速度换接回路的功能是使液压执行元件在一个工作循环中从一种运动速度变换到另一种运动速度。液压系统对速度换接回路的要求是：具有较高的换接平稳性，具有较高的速度换接精度。

为了提高生产效率和充分利用功率，机床工作部件常常要求实现空行程（或空载）时的快速运动，为此而设置快速运动回

路，又称增速回路。液压系统对快速运回路的要求是：快速运动时，尽量减小需要液压泵输出的流量，或者在加大液压泵的输出流量后，工作运动时又不会引起过多的能量消耗。

步骤 1：分析速度换接回路

边学边想

速度换接回路有几种类型？

____

____

一、速度换接回路的类型

速度换接回路有两种类型：快、慢速换接回路，用行程阀来实现快速与慢速换接的回路；慢、慢速换接回路，用两个调速阀来实现不同工进速度换接的回路。

二、速度换接回路的搭建

1. 快、慢速换接回路

快、慢速度换接回路：

用行程阀实现的快、慢速换接回路如图 5-2-1 所示，当换向阀在右位时，活塞快速运动。当活塞运动到活塞杆上的挡块压下行程阀时，液压缸回油经节流阀流回油箱，活塞变为慢速运动。当换向阀在左位时，活塞快速返回。

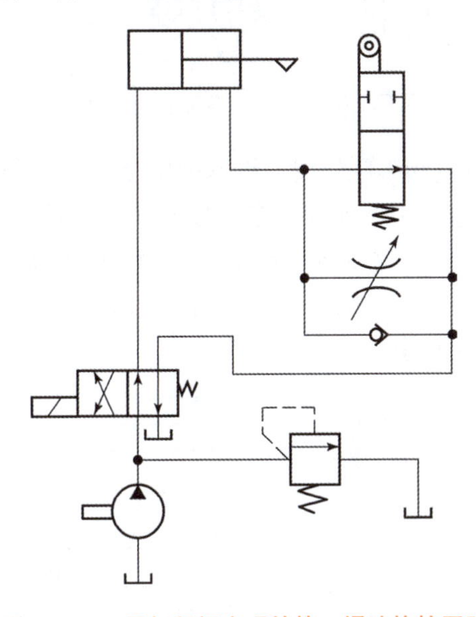

图 5-2-1　用行程阀实现的快、慢速换接回路

温故讨论

行程阀又叫什么阀？该阀有什么特点？

____

该回路由于行程阀位置固定、动作时间准确、切换速度慢，所以速度换接过程平稳、可靠、换接精度高。其缺点是行程阀安装位置不灵活，管路连接复杂。若用挡块压行程开关发信号，用电磁换向阀切换速度，则可简化管路连接，但换接的平稳性、可靠性和换接精度差。

边学边想

1. 调速阀是由____阀和________阀______联而成的组合阀。

2. 简述调速阀的工作原理。

____

2. 慢、慢速换接回路

1）两个调速阀并联的慢、慢速度换接回路

用两个调速阀并联实现的慢、慢速换接回路如图 5-2-2 所示，换向阀在左位时，进入液压缸的流量分别由左或右调速阀控制。当一个调速阀工作时，另一个调速阀无油通过，其减压阀口最大，在速度换接开始的瞬间不能起减压作用，容易造成执行元件前冲现象。因此，这种回路不适用于同一行程的速度切换，可用于不同行程的速度预选。

讨论

比较两种慢、慢速度换接回路，说出各自的优缺点。

____

____

图 5-2-2　用两个调速阀并联实现的慢、慢速度换接回路

慢、慢速度换接回路：

2）两个调速阀串联的慢、慢速度换接回路

用两个调速阀串联实现的慢、慢速度换接回路如图 5-2-3 所示，调速阀 B 比 A 的调定流量小。当油液单独通过调速阀 A 进入液压缸时，缸速大；当油液通过调速阀 A 和 B 时，B 控制进入缸的流量，缸速较小。

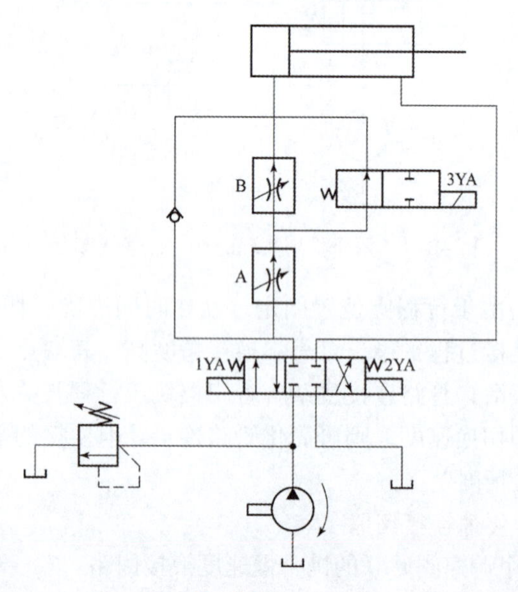

图 5-2-3　用两个调速阀串联实现的慢、慢速度换接回路

职业养成

速度换接回路实现的核心元件是行程阀和调速阀，虽然阀小但作用大。希望同学们也要像行程阀和调速阀一样，发扬敬业、专注的工匠精神。

该回路在工作时，调速阀 A 一直工作，限制着进入液压缸或调速阀 B 的流量，因此在速度换接时不会使液压缸产生前冲现象，换接平稳性较好。其缺点是当油液经过两个调速阀时能量损失较大，系统发热也较大。

步骤 2：分析快速运动回路

一、差动连接的快速运动回路

差动连接快速运动回路是在不增加液压泵输出流量的情况下，提高工作部件运动速度的一种快速运动回路，其实质是减小液压缸在快速运动时的有效作用面积。

如图 5-2-4 所示，当左侧电磁铁通电时，液压缸前进，从液压缸右腔排出的油液进入液压缸左腔，增加进油口处的油量，可使液压缸快速前进，但同时也使液压缸的推力变小。

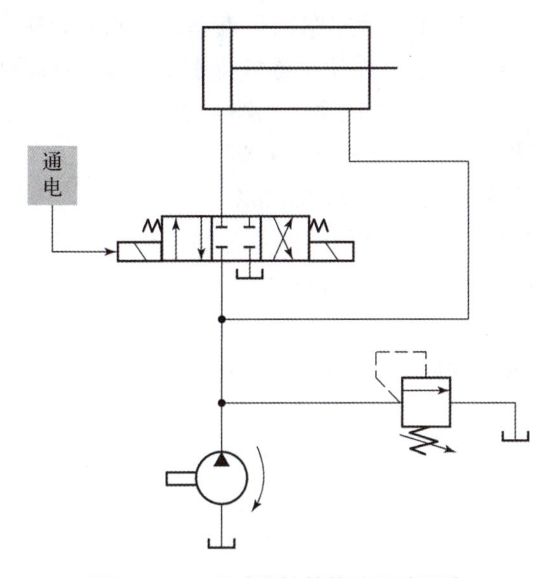

图 5-2-4　差动连接的快速运动回路

采用差动连接的快速运动回路方法简单、较经济，但快、慢速度的换接不够平稳。必须注意，差动油路的换向阀和油管通道应按差动时的流量选择，不然流动液阻过大，会使液压泵部分油液从溢流阀流回油箱，速度减慢，甚至不起差动作用。

二、双泵供油的快速运动回路

双泵供油的快速运动回路是利用低压大流量泵和高压小流量泵并联为系统供油，通过增大执行元件的供油量来实现液压缸快速运动。

如图 5-2-5 所示，高压小流量泵用以实现工作进给，低压大流量泵用以实现快速运动。在快速运动时，大流量泵输出的油

快速运动回路的功能：

知识复习

液压缸活塞的运动速度取决于什么因素？和外负载有无关系？

____

差动连接快速运动回路：

双泵供油快速运动回路：

液经单向阀和小流量泵输出的油液共同向系统供油。在工作进给时，系统压力升高，打开卸荷阀使大流量泵卸荷，此时单向阀关闭，由小流量泵单独向系统供油。

讨论

双泵供油的液压回路中，执行元件工进时是高压大流量泵供油还是低压小流量泵供油？

____

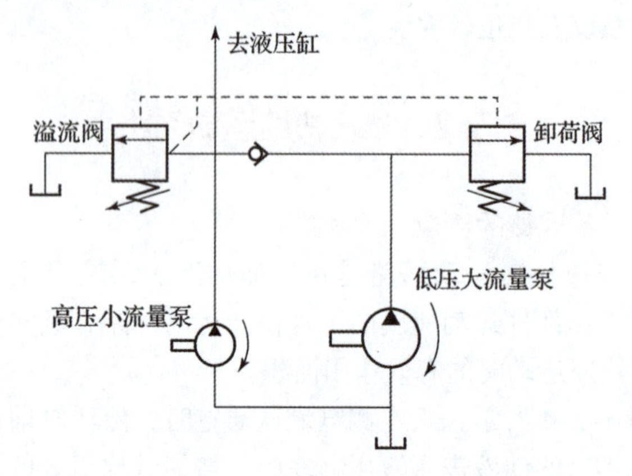

图 5-2-5　双泵供油的快速运动回路

双泵供油的快速运动回路的优点是功率利用合理、效率高，并且速度换接较平稳，在快、慢速度相差较大的机床中应用广泛；其缺点是要用一个双联泵，油路系统也稍复杂。

三、采用蓄能器的快速运动回路

采用蓄能器的快速运动回路：

采用蓄能器的快速运动回路如图 5-2-6 所示，是用蓄能器和小流量泵同时给执行元件供油的一种快速运动回路。当换向阀 5 在左位或右位时，液压泵 1 和蓄能器 4 同时向液压缸供油，实现快速运动。换向阀在中位时，液压泵向蓄能器充油，蓄能器压力升高到顺序阀 3 的调定压力时，泵卸荷。

边学边想

采用蓄能器的快速运动回路有何优缺点？

____

____

____

____

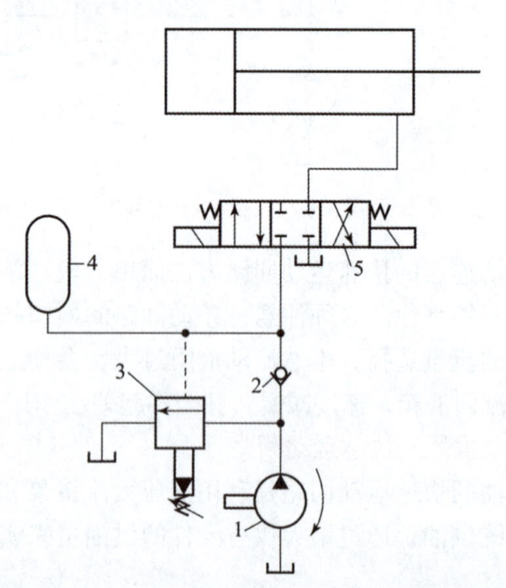

1—液压泵；2—单向阀；3—顺序阀；4—蓄能器；5—换向阀。

图 5-2-6　采用蓄能器的快速运动回路

这种快速运动回路用较小流量的泵就可获得较高的运动速度。其缺点是蓄能器充油时，液压缸需停止工作，在时间上有些浪费。

四、采用增速缸的快速运动回路

采用增速缸的快速运动回路如图 5-2-7 所示，当换向阀左位接入回路时，压力油经柱塞孔进入增速缸小腔 1，推动活塞快速向右移动，大腔所需油液从油箱吸取，活塞缸右腔的油液经换向阀回油箱。当执行元件的负载增加、压力升高时，顺序阀 4 开启，高压油关闭液控单向阀（充液阀）3，并进入增速缸大腔 2，活塞变为慢速运动，且推力增大。当换向阀右位接入回路时，压力油进入活塞缸右腔同时打开充液阀 3，大腔的回油便排回油箱，活塞快速向左返回。

知识复习

何为增速缸？何为增速比？

______

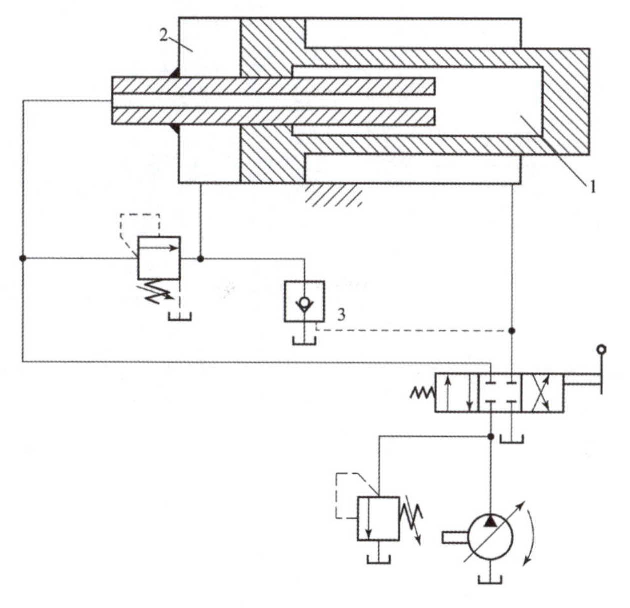

1—增速缸小腔；2—增速缸大腔；3—液控单向阀。

图 5-2-7　采用增速缸的快速运动回路

采用增速缸的快速运动回路：

这种回路功率利用合理，但增速比受增速缸尺寸的限制，且结构比较复杂。

能力提升

善于分析事物发展的主要矛盾或矛盾的主要方面，采取灵活多样的方法去解决实际问题。

拓展任务

【快速运动回路】

一个具体的液压系统需要搭建快速运动回路时，如何选择合适的快速运动回路？通过学习课中内容，你认为实际生产中有没有完美的快速运动回路？

项目任务实施

请结合任务1和任务2的知识内容，通过小组讨论，为小王师傅排除故障，完成表5-2-1。

表 5-2-1　组合机床动力滑台液压系统排障任务表

序号	故障现象	产生原因	排除方法
1	没有工作进给		
2	进给缸二工进速度调节失灵		
3	泵在卸荷时发热振动严重		

任务总结评价

请根据学习情况，完成个人学习表（表5-2-2）。

表 5-2-2　个人学习评价表

序号	评价内容	分值	得　分		
			自评	组评	师评
1	能自主完成课前学习任务	10			
2	掌握速度换接回路的功能	10			
3	掌握速度换接回路的类型	10			
4	会搭建速度换接回路	10			
5	掌握快速运动回路的功能	15			
6	会分析搭建快速运动回路	15			
7	能坚持出勤，遵守纪律	10			
8	能积极参与小组讨论	10			
9	能独立完成课后作业和拓展学习任务，养成良好的学习习惯	10			
总　分		100			
自我总结					

新技术应用

组合机床动力滑台液压新技术

作为一种高效率的专用机床，组合机床在大批、大量机械加工生产中应用广泛。液压系统由于具有结构简单、动作灵活、操作方便、调速范围大、可无级连续调节等优点，因而在组合机床中得到了广泛的应用。液压系统在组合机床上主要用于实现工作台的直线运动和回转运动。近年来组合机床液压系统在技术上也在不断革新，主要表现如下：

PLC 控制技术： PLC 控制技术具有传统继电器所不具有的优点。传统继电器控制，一旦线路安装完成，如要改变其控制功能则非常复杂、费时费力，而采用 PLC 控制后，只要改变控制程序，不需对外部电路接线进行改动，即可适应不同的控制要求，方便快捷、节省成本。

叠加阀集成控制： 传统的液压系统是用油管和管接件将液压元件连接起来，这种连接形式需要的油管和管接头数量较多、装拆困难、占用空间大，空气容易进入。叠加阀是在板式阀集成化的基础上发展起来的新型液压元件。每个叠加阀除了具有液压阀功能，还起油路通道的作用。因此，由叠加阀组成的液压系统，阀与阀之间不需要另外的连接体，而是以叠加阀阀体作为连接体、直接叠合再用螺栓结合而成。

动力滑台电液伺服系统控制： 传统的液压动力滑台在运动过程中，由于运动机构与液压缸的摩擦力，以及系统的非线性因素影响了机构的定位精度与系统的动态特性。特别是在滑台靠近工件低速运动时，容易发生滑台的黏滑以及启动时的跳动。电液伺服系统控制的伺服滑台能够满足低速运动时高精度定位的需要。

习　　题

一、填空题

1. 液压动力滑台是组合机床上用以实现进给运动的一种（　　）部件，其运动是靠液压缸驱动的。

2. 组合机床液压动力滑台液压系统的性能要求是：切削时速度（　　）；空行程进、退速度快；快、慢速度换接（　　）；系统效率高，发热（　　），功率利用合理。

3. 组合机床动力滑台的一个工作循环为：快进、（　　）、（　　）、止位钉停留、（　　）、原位停止。

4. 组合机床动力滑台液压系统使用了（　　）调速回路。

5. 为了提高生产效率，机床工作部件常常要求实现空行程（或空载）的快速运动，故在液压系统中设置（　　）运动回路，也称（　　）回路。

6. 对快速运动回路的要求是：在快速运动时，尽量（　　）液压泵输出的流量，或者在加大液压泵的输出流量后，工作运动时又不会引起（　　）能量消耗。

7．单杆活塞缸在其左、右两腔相互接通并同时输入压力油的连接叫（　　　　）连接。

8．速度换接是用来实现（　　　　）的变换的，使液压执行元件在一个工作循环中从一种运动速度变换到另一种运动速度。

9．液压系统对速度换接回路的要求是：具有较高的（　　），具有较高的（　　）。

10．速度换接回路有两种类型：分别是（　　　　）和（　　　　）。

二、判断题

1．组合机床动力滑台液压系统使用的是双杆活塞缸。（　　）

2．液压缸活塞运动速度只取决于输入流量的大小，与压力无关。（　　）

3．活塞缸可以实现执行元件的直线运动。（　　）

4．组合机床动力滑台的快进过程使用了差动连接的快速回路。（　　）

5．利用液压缸差动连接实现的快速运动回路，一般用于空载。（　　）

6．双泵供油快速运动回路工进时是大流量泵供油。（　　）

7．节流阀和调速阀都是用来调节流量及稳定流量的流量控制阀。（　　）

8．增速缸和增压缸都是柱塞缸与活塞缸组成的复合形式的执行元件。（　　）

9．使用行程阀可以实现快、慢速度的换接。（　　）

10．两个调速阀串联的速度换接回路速度换接平稳性较两个调速阀并联的回路好。（　　）

项目六　数控车床液压系统的认知与故障诊断

项目描述

数控机床：是数字控制机床（Computer Numerical Control Machine Tools）的简称，是一种装有程序控制系统的自动化机床。该控制系统能够逻辑地处理具有控制编码或其他符号指令规定的程序，并将其译码，用代码化的数字表示，通过信息载体输入数控装置。经运算处理由数控装置发出各种控制信号，控制机床的动作，按图纸要求的形状和尺寸，自动地将零件加工出来。

最普通的数控机床有钻床、车床（图 6–0–1）、铣床、镗床、磨床和齿轮加工机床。其中，车床主要用于加工各种回转表面和回转体的端面，如车削内外圆柱面、圆锥面、环槽及成形回转表面，车削端面及各种常用的螺纹，配有工艺装备还可加工各种特形面。在车床上还能做钻孔、扩孔、铰孔、滚花等工作。

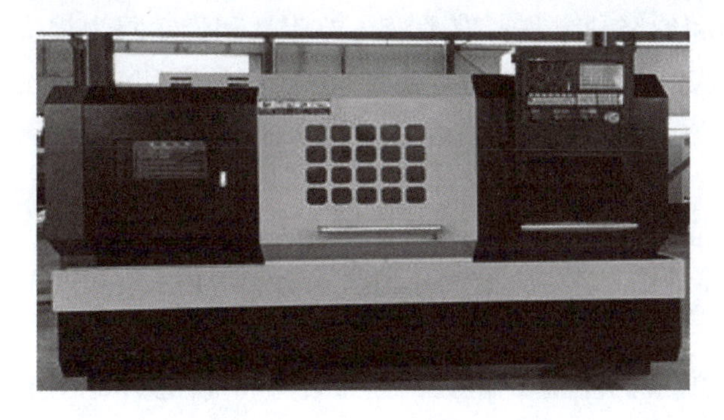

图 6–0–1　数控车床

小王是一名数控车床操作工，他在操作 MJ–50 型数控车床过程中，经常会出现以下故障现象：

（1）MJ–50 型数控车床液压系统会产生冲击；

（2）MJ–50 型数控车床液压系统产生振动和过大的噪声；

（3）MJ–50 型数控车床液压系统压力异常。

请同学们通过本项目学习，为数控车床液压系统排除以上故障。

根据数控车床液压系统的组成和排障要求，本项目需要完成以下 5 个任务（图 6–0–2）：

任务 1　识读数控车床液压系统图；

任务 2　认识液压马达；

任务 3　认识减压阀；

任务 4　分析搭建基本回路；

任务 5　搭建数控车床卡盘控制回路。

图 6-0-2 项目六学习任务

学习目标

知识目标：

掌握连续性方程和伯努利方程；熟悉液体的流型和流动阻力损失；了解液压冲击和气穴现象产生的原因；认识数控车床的基本组成；掌握减压阀和液压马达的功能；掌握减压回路、保压回路、顺序动作回路和多缸动作回路的实现方式。

能力目标：

会利用连续性方程和伯努利方程解决实际问题；能识读完整的液压系统图；会搭建减压回路、保压回路、顺序动作回路和多缸动作回路；会使用减压阀和液压马达。

素质目标：

培养灵活分析问题、解决问题的能力，强化自身的责任意识和使命担当，培养精益求精的工匠精神，提高民族自豪感和民族自信心。

任务1　识读数控车床液压系统图

任务描述

数控车床是数字控制车床的简称，是一种装有程序控制系统的自动化车床。

数控车床由液压系统控制实现的动作有：卡盘的夹紧与松开，以及夹紧力的改变；刀架的夹紧与松开；刀架的正转与反转；尾座套筒的伸出与缩回。

课前学习资源

识读数控车床液压系统图：

任务目标

知识目标：

1. 掌握数控车床液压系统的工作原理；
2. 掌握数控车床液压系统的特点。

能力目标：

1. 会识读数控车床液压系统图；
2. 会分析数控车床液压系统的基本回路。

素质目标：

1. 培养分析问题、解决问题的能力；
2. 锻炼逻辑思维能力。

温故讨论

1. 何为液压系统图？

____

____

2. 液压执行元件有哪些？

____

____

3. 如何识读一个完整的液压系统图？

____

____

____

任务内容

步骤1： 数控车床液压系统概述。

步骤2： 数控车床液压系统的工作原理。

步骤3： 数控车床液压系统特点分析。

提前了解

随着科学技术的发展，复杂形状的零件使用越来越多，加工精度要求也越来越高，传统的机械加工设备已难以适应社会发展的要求，数控机床应运而生。数控机床是数字控制机床的简称，是一种装有程序控制系统的自动化机床。数控机床能按图纸要求的形状和尺寸，自动地将零件加工出来，较好地解决了复杂、精密、小批量、多品种的零件加工问题，是一种柔性的、高效能的自动化机床。普通数控机床包括数控车床、数控铣床、数控磨床等。在数控机床中，液压传动系统用来辅助实现整机的自动运行功能。

数控机床简介：

步骤 1：数控车床液压系统概述

由图 6–1–1 可以看出，MJ–50 型数控车床液压系统主要承担卡盘、回转刀架及尾座套筒的驱动与控制。实现的动作有卡盘的夹紧与松开，以及夹紧力的改变；刀架的夹紧与松开；刀盘的正转与反转；尾座套筒的伸出与缩回。液压系统的所有电磁铁的通、断均有数控系统用 PLC 来控制。整个系统由卡盘、回转刀架和尾座套筒三个子系统组成，并以一变量液压泵为动力源。系统的压力值调定为 4 MPa。

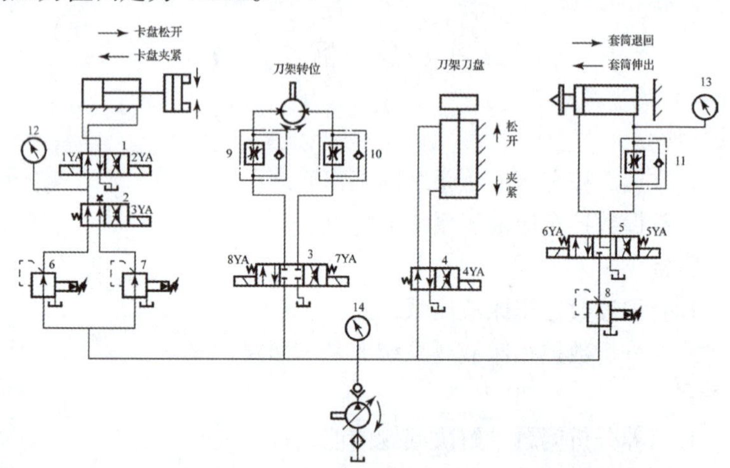

1，2，4—两位四通电磁换向阀；3，5—三位四通电磁换向阀；6，7，8—减压阀；9，10，11—单向调速阀；12，13，14—压力表。

图 6–1–1　MJ–50 数控车床液压系统图

步骤 2：数控车床液压系统的工作原理

一、卡盘的夹紧与松开

卡盘夹紧子系统由二位四通电磁换向阀 1（带两个电磁铁），二位四通电磁换向阀 2，两个减压阀 6、7 和液压缸等组成，如图 6–1–2 所示。主轴卡盘的夹紧与松开，由二位四通电磁换向阀 1 控制；卡盘的高压夹紧与低压夹紧转换，由二位四通电磁换向阀 2 控制。

1. 高压夹紧

当卡盘处于正卡且在高压夹紧状态时，夹紧力的大小由减压阀 6 来调节。当 3YA 断电、1YA 通电时，电磁换向阀 1 和 2 均位于左位，夹紧力的大小可通过减压阀 6 调节。这时，液压缸活

边学边想

1. 数控机床的优点有哪些？

2. 数控车床液压系统主要承担哪些任务？

3. 数控车床液压系统有哪几个子系统？

4. 卡盘子系统包括哪些液压元件？

5. 卡盘的高压夹紧和低压夹紧压力分别由哪个液压元件控制？

塞左移使卡盘夹紧。减压阀 6 的调定值高于减压阀 7 的调定值，卡盘处于高压夹紧状态。松夹时，使 1YA 失电、2YA 得电，电磁换向阀 1 切换至右位，液压缸活塞右移，卡盘松开。

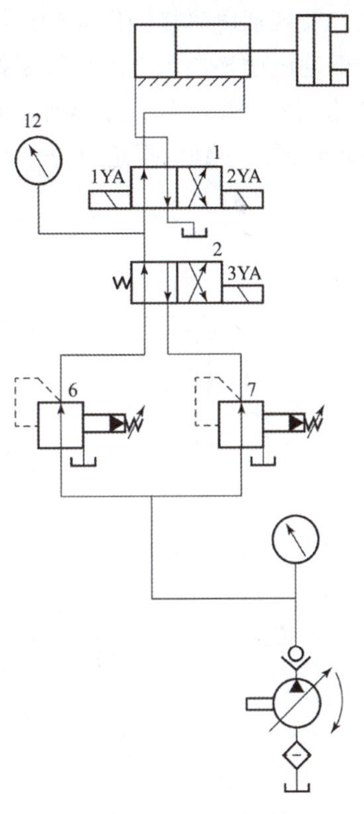

1，2 两—四通换向阀；6，7—减压阀；12—压力表。

图 6-1-2　卡盘夹紧子系统图

2. 低压夹紧

当卡盘处于正卡且在低压夹紧状态下时，夹紧力的大小由减压阀 7 来调节。1YA、3YA 通电，压力油经减压阀 7 和电磁换向阀 2 的右位进入液压缸，液压缸活塞向左移动，卡盘夹紧。松夹时，使 1YA 失电，2YA 得电时，电磁换向阀 1 切换至右位，液压缸活塞右移，卡盘松开。

【练习 6-1-1】完成卡盘夹紧与松开电磁铁动作顺序表，如表 6-1-1 所示。

表 6-1-1　练习 6-1-1 表

动作			1YA	2YA	3YA
卡盘正卡	高压	夹紧			
		松开			
	低压	夹紧			
		松开			

讨论

卡盘夹紧子系统分高压夹紧和低压夹紧的优势是什么？

____

____

卡盘的夹紧与松开：

练习收获

____

____

____

二、刀架的回转与夹紧

刀架的回转与夹紧子系统（图 6–1–3）有两个执行元件，刀架的松开与夹紧由液压缸执行，而液压马达驱动刀架回转。刀架的松开与夹紧通过二位四通电磁换向阀 4 的切换来实现。刀盘的正、反转通过三位四通电磁换向阀 3 的切换来控制，正、反转的速度由两个单向调速阀 9、10 调节。刀架换刀的完整过程是：刀架松开→刀盘通过正转或反转到达指定刀位→刀架夹紧。

边学边想

刀架的回转与夹紧子系统有几个执行元件？

____

____

刀架的回转与夹紧：

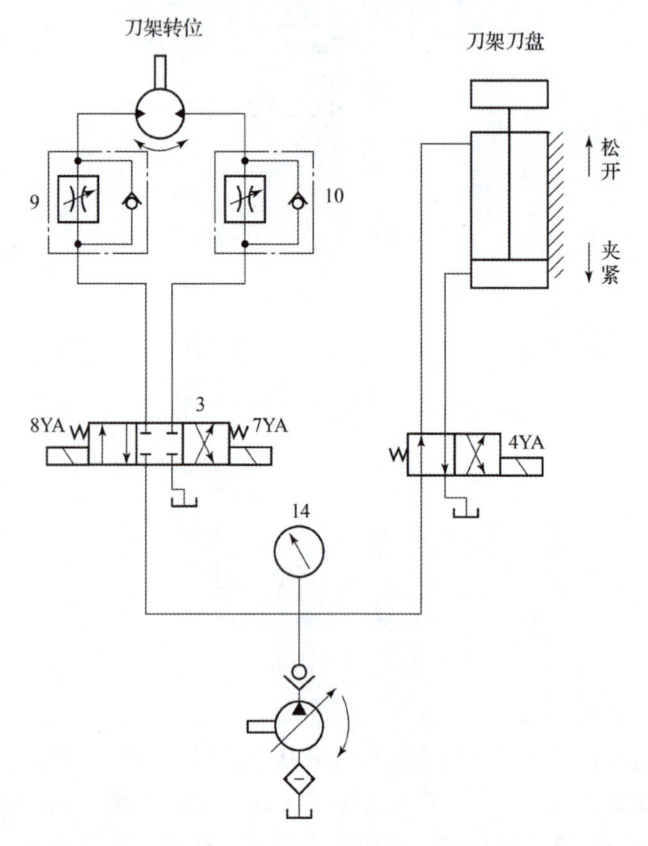

图 6–1–3 刀架的回转与夹紧子系统图

拓展思考

刀架的夹紧与回转子系统内执行元件的动作先后顺序是如何实现的？

____

【练习 6–1–2】完成刀架的回转与夹紧电磁铁顺序表，如表 6–1–2 所示。

表 6–1–2 练习 6–1–2 表

工具	动作	4YA	7YA	8YA
回旋刀架	正转			
	反转			
刀盘	松开			
	夹紧			

职业能力养成

通过学习要养成细心、专注、专业、敬业的工匠精神。

三、尾座套筒的伸缩动作

尾座套筒通过液压缸实现伸出与缩回。尾座套筒伸缩子系统图如图 6–1–4 所示。控制回路由减压阀 8、三位四通电磁换向阀 5 和单向调速阀 11 组成。减压阀 8 调节尾座套筒伸出压力。单向调速阀 11 用于在尾座套筒伸出时实现回油节流调速控制伸出速度。6YA 得电，尾座套筒伸出。5YA 得电，尾座套筒缩回。

尾座套筒的伸缩动作：

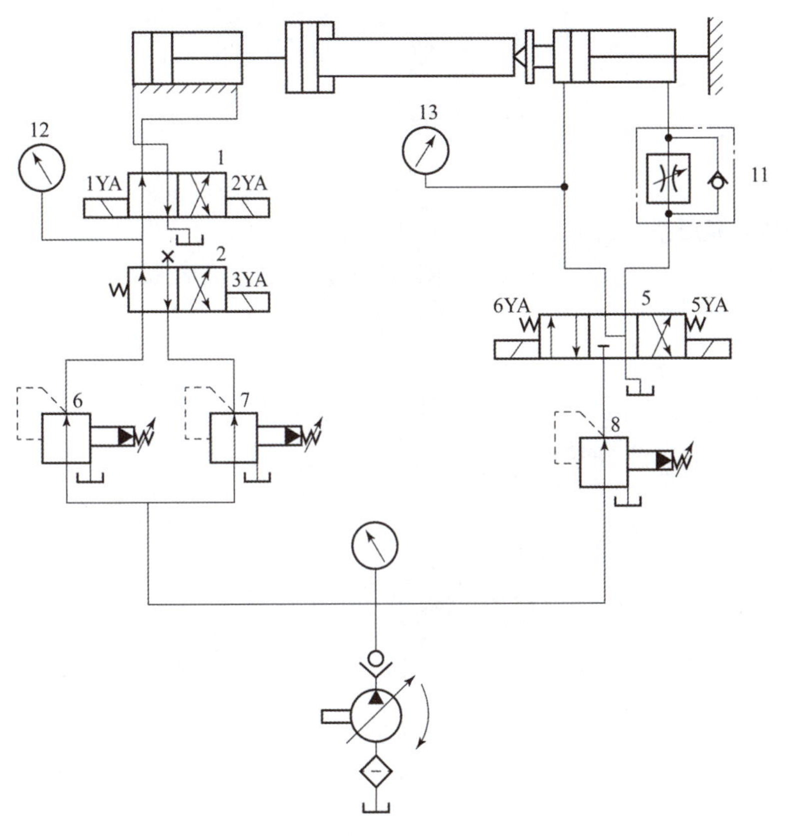

图 6–1–4　尾座套筒伸缩子系统图

边学边想

尾座套筒伸出时的压力由谁来调节？

______

______

步骤 3：数控车床液压系统特点分析

数控车床液压系统包含的基本回路有：变量泵容积节流调速回路、减压回路、采用电磁换向阀的换向回路等。其特点如下：

（1）该系统采用单向变量泵供油，可根据系统所需压力高低自动调节输出油量，从而使能量损失小。

（2）该系统采用液压马达实现刀盘转位，可实现无级变速，并能控制刀盘正反转。

（3）由液压系统图可看出，各子系统均设置了压力表。压力表可显示系统对应点的压力，便于监视、调试和故障诊断。

学习思考

数控车床液压系统中各子系统是如何完成运行动作的？

______

______

素质养成

立足本职、顾全大局，从整体利益出发，增强集体荣誉感，注重培养团队合作精神。

（4）换向阀控制尾座套筒液压缸的换向，以实现套筒的伸出或缩回运动，并能通过减压阀调节尾座套筒伸出工作时预紧力的大小，以适应不同工件的需要。

（5）利用换向阀控制卡盘，实现高压和低压夹紧的转换，并且可分别调节高压夹紧或低压夹紧力的大小。这样，可以根据工件情况调节夹紧力，操作方便简单。

拓展任务

【识读“穿地龙”机器人液压系统图】

网络搜索“穿地龙”机器人的液压系统图，并用四步识读法识读该液压系统图、分析其液压系统的特点。

任务总结评价

请根据学习情况，完成个人学习评价表（表 6-1-3）。

表 6-1-3　个人学习评价表

序号	评价内容	分值	得　分		
			自评	组评	师评
1	能自主完成课前学习任务	10			
2	掌握数控车床液压系统能完成的动作	10			
3	会分析刀架的回转与夹紧步骤	15			
4	会分析卡盘的夹紧与松开的完成过程	15			
5	会分析尾座套筒伸缩动作的完成过程	10			
6	能坚持出勤，遵守纪律	10			
7	能积极参与小组讨论	10			
8	能分析数控车床液压系统的特点	10			
9	能独立完成作业和拓展学习任务	10			
总　分		100			
自我总结					

任务 2 认识液压马达

任务描述

在数控车床液压装置中，刀架刀盘要正转或反转到指定位置并夹紧后方可进行加工操作。而刀架刀盘的正转或反转是由液压马达来驱动的。通过本任务将全面认识液压马达。

任务目标

知识目标：

1. 掌握液压马达的作用；
2. 熟悉液压马达的类型和符号。

能力目标：

1. 能够叙述液压马达的工作原理；
2. 会计算液压马达的性能参数。

素质目标：

1. 培养比较分析问题的能力；
2. 强化职业素养的养成意识。

任务内容

步骤 1： 液压马达的类型及工作原理。
步骤 2： 液压马达的符号。
步骤 3： 液压马达与液压泵的性能比较。
步骤 4： 液压马达的性能参数。
步骤 5： 分析排除液压马达的常见故障。

提前了解

液压系统中的液压马达，是将液体的压力能转化为机械能的元件。它驱动机构做旋转运动，同时输出转矩和转速。

从能量转换的观点来看，液压马达与液压泵是可逆工作的液压元件，具有同样的基本结构要素，但由于工作条件和性能要求不一样，所以同类型的液压马达和液压泵之间，仍有许多差别。

课前学习资源

认识液压马达：

温故复习

液压泵的作用是什么？属于什么元件？

______

______

边学边想

1. 执行元件的作用是什么？

______

2. 执行元件有几类？

______

边学边想

按结构不同，液压马达分为哪些类型？按额定转速分为几类？

______

______

液压马达的性能参数与液压泵的性能参数有相似的含义，差别是液压马达的是输出参数，液压泵的是输入参数。

步骤 1：液压马达的类型及工作原理

一、液压马达的类型

液压马达按结构形式可分为叶片式、柱塞式、齿轮式。

液压马达按额定转速分为高速和低速两大类。额定转速高于 500 r/min 的属于高速液压马达，额定转速低于 500 r/min 的属于低速液压马达。

借助于图书、网络资料等查找高速液压马达和低速液压马达的特点。

★高速液压马达的特点：

______

______

______

______

★低速液压马达的特点：

______

______

______

______

二、液压马达的工作原理

1. 叶片式液压马达

边学边想

1. 叶片式液压马达由哪些构件组成？

______

______

2. 叙述叶片式液压马达的工作原理。

______

______

______

如图 6-2-1 所示，叶片式液压马达由定子、转子、叶片、配油窗口和马达体组成。

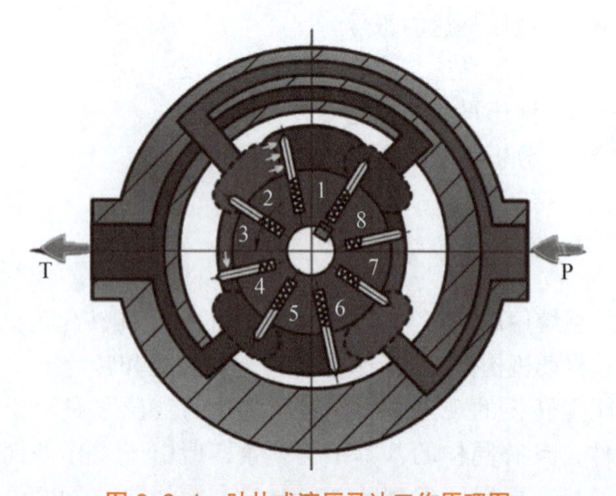

图 6-2-1　叶片式液压马达工作原理图

叶片式液压马达：

其工作原理为：当压力为 p 的油液从进油口 P 进入叶片 2 与叶片 4 之间时，叶片 3 因两面均受压力油的作用而不产生转矩。在叶片 2 和叶片 4 上，一面作用有高压油，另一面作用有低压油。由于叶片 2 伸出的面积大于叶片 4 伸出的面积，因此作用于叶片 2 上的总液压力大于作用于叶片 4 上的总液压力，于是压力差使转子产生顺时针的转矩。同理，压力油进入叶片 6 与叶片 8 之间时，叶片 6 伸出的面积大于叶片 8，也产生顺时针转矩。这样就把油液的压力能转变成了机械能，这就是叶片式液压马达的工作原理。当输油方向改变时，叶片式液压马达就反转。

叶片式液压马达的体积小、转动惯量小、动作灵敏，但泄漏量大，低速工作不稳定，一般用于转速高、转矩小和动作灵敏的场合。

2. 轴向柱塞式液压马达

轴向柱塞式液压马达的结构形式基本上与轴向柱塞泵一样，其种类与轴向柱塞泵相同，也分为直轴式（斜盘式）轴向柱塞式液压马达和斜轴式（摆缸式）轴向柱塞式液压马达两类。

斜盘式轴向柱塞式液压马达的工作原理如图 6–2–2 所示，当压力油经过配油盘 4 的窗口进入马达体 2 的柱塞孔中时，柱塞 3 便在油压作用力 pA 的作用下外伸，紧贴斜盘 1，斜盘 1 对柱塞 3 产生一个法向反作用力 F_R，此力可分解为轴向分力 F_N 和垂直分力 F_T。柱塞的轴向分力 F_N 与柱塞所受液压力平衡；另一分力 F_T 与柱塞轴线垂直，它与马达体中心线的距离为 r，这个力便产生驱动马达旋转的力矩。力 F_T 的大小为

$$F_T=pA\tan\gamma \tag{6–2–1}$$

式中，γ 为斜盘的倾斜角。

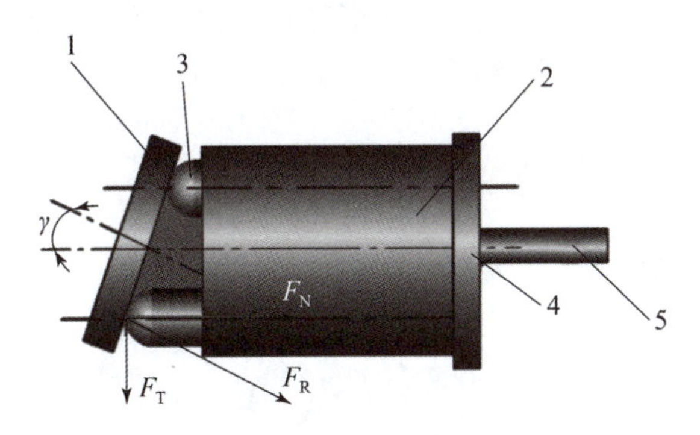

1—斜盘；2—马达体；3—柱塞；4—配油盘；5—马达轴。

图 6–2–2　斜盘式轴向柱塞式液压马达的工作原理

随着角度 γ 的变化，柱塞所产生的转矩也跟着变化。整个液压马达产生的总转矩是所有处于压力油区的柱塞产生的转矩之和。

边学边想

1. 轴向柱塞式液压马达分为哪两类？

____

____

2. 一般情况下，轴向柱塞式液压马达是高速马达还是低速马达？

____

____

柱塞式液压马达工作原理：

一般来说，轴向柱塞式液压马达都是高速马达，输出转矩小，因此必须通过减速器来带动工作机构。如果能使液压马达的排量显著增大，也可以将轴向柱塞式马达做成低速大转矩马达。

3. 齿轮式液压马达

以外啮合齿轮式液压马达为例，其工作原理如图 6-2-3 所示。c 为Ⅰ、Ⅱ两齿轮的啮合点，h 为齿轮的全齿高。啮合点 c 到两齿轮的齿根距离分别为 a、b，齿宽为 B。当压力为 p 的高压油进入马达的高压腔时，处于高压腔中的所有齿轮都受到压力油的作用，其中相互啮合的两个轮齿的齿面上只有一部分齿面受到高压油的作用。因为 a、b 均小于齿高 h，所以在两个齿轮Ⅰ、Ⅱ上分别产生大小为 $pB(h-a)$ 和 $pB(h-b)$ 的作用力。这两个力使啮合齿轮产生输出转矩，随着齿轮按图 6-2-3 所示方向旋转，油液被带到低压腔排出。

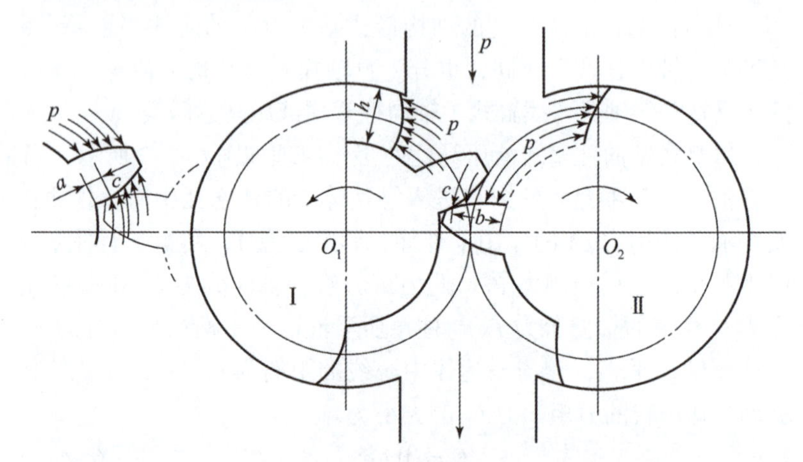

图 6-2-3　外啮合齿轮液压马达的工作原理

齿轮式液压马达适用于负载转矩不大，速度平稳性要求不高，噪声限制不大的场合。

步骤 2：液压马达的符号

液压马达的符号如图 6-2-4 所示。

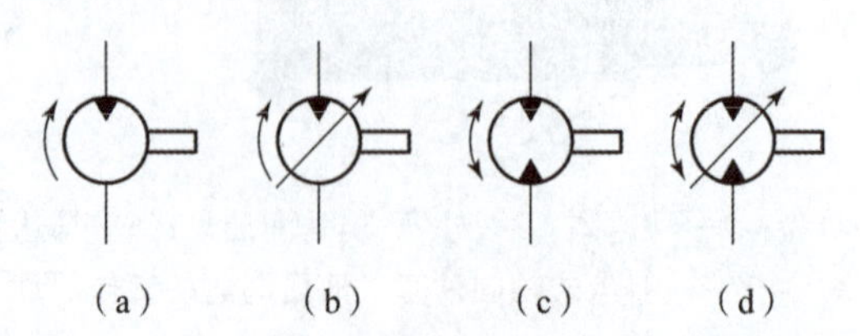

图 6-2-4　液压马达的符号

(a) 单向定量液压马达；(b) 单向变量液压马达；
(c) 双向定量液压马达；(d) 双向变量液压马达

边学边想

1. 叙述外啮合式齿轮液压马达的工作原理。

______

2. 齿轮式液压马达适用于什么场合？

______

能力提升

结构不同的液压马达，使用场合不同。这就要求同学们注重实际，具体问题具体分析，采取实际可行的解决问题的措施。

贯标行动

尊重国家标准，规范表达方式。

步骤 3：液压马达与液压泵的性能比较

从能量转换的观点来看，液压马达与液压泵都是可逆工作的液压元件，具有同样的基本结构要素，但由于工作条件和性能要求不一样，所以同类型的液压马达和液压泵之间，仍有许多差别。

借助于图书、网络资料、学习视频，自主总结液压马达与液压泵的相同点和不同点。

★液压马达与液压泵的相同点：

____

____

____

★液压马达与液压泵的不同点：

____

____

____

____

____

____

练习收获

____

____

____

步骤 4：液压马达的性能参数

在液压马达的各项性能参数中，压力、排量、流量等参数与液压泵的同类参数有相似的含义，其差别在于在液压泵中它们是输出参数，在液压马达中它们是输入参数。下面介绍液压马达的几个主要性能参数。

一、液压马达的排量、流量、容积效率和转速

液压马达在没有泄漏的情况下，马达轴旋转一周所需输入的液体体积，称为液压马达的排量 V。

根据液压泵的工作原理可知，液压马达的理论流量 q_t 为

$$q_t=Vn \tag{6-2-2}$$

由于有泄漏损失，为了达到液压马达所要求的转速，实际输入的流量 q 必须大于理论输入流量 q_t。

$$q=q_t+\Delta q \tag{6-2-3}$$

式中，Δq 为泄漏流量。

液压马达的容积效率 η_V 为

$$\eta_V=\frac{q_t}{q} \tag{6-2-4}$$

液压马达的转速 n 为

$$n=\frac{q}{V}\eta_V \tag{6-2-5}$$

边学边想

1. 液压马达的理论流量比实际流量大还是小？为什么？

____

____

2. 液压马达的理论转矩比实际转矩大还是小？为什么？

____

____

液压马达性能参数：

讨论

液压马达的总效率如何计算？

____

____

能力养成

探索未知，追求真理，抓住主要矛盾分析问题、解决问题。

二、液压马达的转矩、机械效率和总效率

液压马达输出的理论转矩为 T_t，角速度为 ω，如果不计损失，液压马达输入的液压功率应全部转化为液压马达输出的机械功率，即 $P_t=T_t\omega$，又因为 $\omega=2\pi n$，所以液压马达的理论转矩 T_t 为

$$T_t=\frac{\Delta pV}{2\pi} \quad (6\text{–}2\text{–}6)$$

式中，Δp 为马达进出口之间的压力差，一般可取液压马达进油口的压力。

由于液压马达内部不可避免地存在各种摩擦，实际输出的转矩 T 总要比理论转矩 T_t 小，即液压马达的机械效率 η_m 为

$$\eta_m=\frac{T}{T_t} \quad (6\text{–}2\text{–}7)$$

液压马达实际输出转矩 T 为

$$T=T_t\eta_m \quad (6\text{–}2\text{–}8)$$

液压马达的总效率 η 为马达的实际输出功率与实际输入功率的比值，即

$$\eta=\frac{P_o}{P_i}=\frac{2\pi nT}{pq}=\eta_m\eta_V \quad (6\text{–}2\text{–}9)$$

即液压马达的总效率等于其机械效率和容积效率的乘积。

步骤 5：分析排除液压马达的常见故障

液压马达的常见故障现象及排除方法如表 6–2–1 所示。

表 6–2–1　液压马达的常见故障现象及排除方法

序号	故障现象	产生原因	排除方法
1	泄漏	1. 密封件磨损或损坏； 2. 密封件安装不正确	1. 更换密封件； 2. 重新安装密封件或调整紧固件
2	不工作或转速下降	1. 液压系统供应不足； 2. 马达内部磨损； 3. 堵塞	1. 检查液压系统供应； 2. 清理或更换马达内部部件； 3. 清洁或更换液压油
3	噪声和振动	1. 内部部件磨损； 2. 松动的连接或不平衡引起的	1. 检查和更换磨损的部件； 2. 紧固松动的连接或进行平衡调整
4	过热	1. 液压系统供应不足； 2. 过大的负载； 3. 磨损过多的部件； 4. 不正确的冷却	1. 检查液压系统供应； 2. 减小负载； 3. 更换磨损的部件； 4. 改善冷却系统

拓展任务

【液压马达和液压泵】

液压马达与液压泵从能量转换观点上看是互逆的，因此所有液压马达和液压泵是否可以互换使用？

任务总结评价

请根据学习情况，完成个人学习表（表 6–2–2）。

表 6–2–2 个人学习评价表

序号	评价内容	分值	得分		
			自评	组评	师评
1	能自主完成课前学习任务	10			
2	掌握液压马达的类型和工作原理	20			
3	会画液压马达的符号	15			
4	会分析比较液压马达和液压泵的相似点和不同点	15			
5	会分析计算液压马达的性能参数	10			
6	能坚持出勤，遵守纪律	10			
7	能积极参与小组讨论	10			
8	能独立完成作业和拓展学习任务	10			
总　分		100			
自我总结					

任务 3　认识减压阀

课前学习资源

认识减压阀：

任务描述

在数控车床液压系统中，系统的操作压力为 4 MPa，而卡盘的夹紧和尾座套筒伸出工作时，所需压力均比系统压力低。因此，在此工况下，就要使用减压阀来降压。通过本任务将全面认识减压阀。

任务目标

知识目标：

1. 掌握直动式和先导式减压阀的结构组成、工作原理及符号；
2. 熟悉减压阀的应用。

能力目标：

1. 能够识别并画出不同类型减压阀的符号；
2. 能够对减压阀进行简单的故障诊断和排除。

素质目标：

1. 培养爱岗敬业、一丝不苟的工匠精神；
2. 强化使命担当意识。

边学边想

1. 减压阀是如何减压的？

______

______

2. 减压阀按结构分为几种？

______

______

任务内容

步骤 1： 认识直动式减压阀。

步骤 2： 认识先导式减压阀。

步骤 3： 分析排除减压阀的常见故障。

提前了解

减压阀的作用：

减压阀利用油液流过缝隙产生压降的原理，使出油口的压力低于进油口的压力。减压阀按结构和工作原理不同，可分为直动式减压阀和先导式减压阀两种；按调节要求不同可分为定压减压阀、定差减压阀和定比减压阀三种。其中，定压减压阀应用最广，简称减压阀。

步骤 1：认识直动式减压阀

一、直动式减压阀的结构组成

如图 6-3-1 所示，直动式减压阀由阀体 1、阀芯 2、调节弹簧 3 和调节手柄 4 组成。

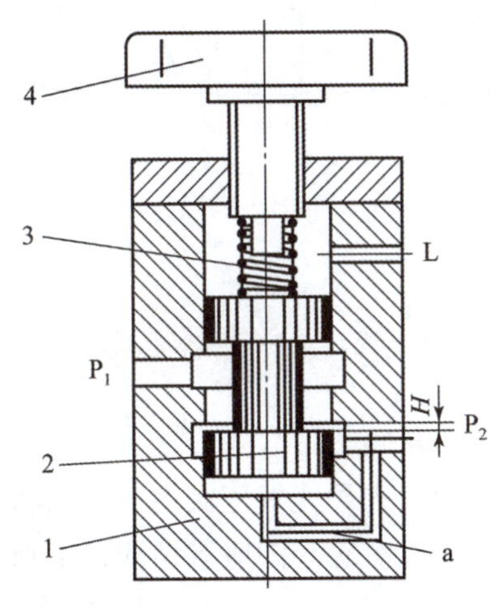

1—阀体；2—阀芯；3—调节弹簧；4—调节手柄。

图 6-3-1　直动式减压阀的结构

二、直动式减压阀的工作原理

如图 6-3-2 所示，压力为 p_1 的油液从进油口流入，经过缝隙 m 减压以后，出油口的压力降为 p_2。当 $p_2A<F_t$ 时，阀芯处于最下端，缝隙 m 最大，不减压；当 $p_2A \geqslant F_t$ 时阀芯上移，缝隙 m 减小，起减压作用，直至 $p_2A=F_t$ 时，即 $p_2=F_t/A$ 时，阀芯处于相对平衡状态，减压阀出口压 p_2 维持一个常值。

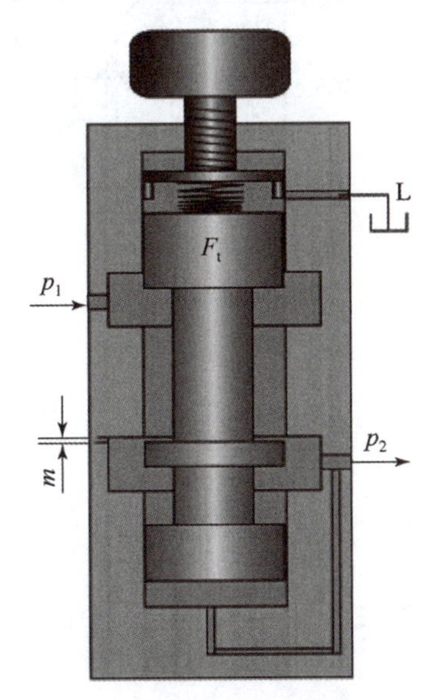

图 6-3-2　直动式减压阀的工作原理

边学边想

直动式减压阀由几部分组成？

____

____

边学边想

1. 叙述直动式减压阀的工作原理。

____

____

____

2. 直动式减压阀适用于什么场合？

直动式减压阀的工作原理：

由于直动式减压阀弹簧粗，调节不方便、振动大、出口压力脉动较大，所以一般用于低压系统。

三、直动式减压阀的符号

直动式减压阀的符号如图 6–3–3 所示。

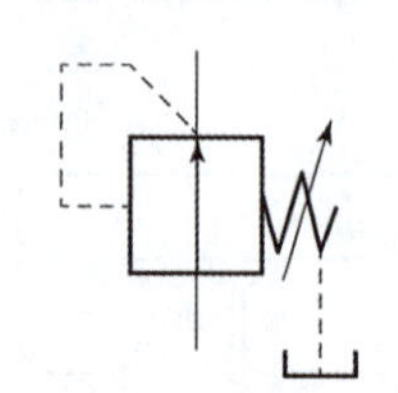

图 6–3–3 直动式减压阀的符号

随堂训练

画出直动式减压阀的符号。

____

步骤 2：认识先导式减压阀

一、先导式减压阀的结构组成

如图 6–3–4 所示，先导式减压阀由先导阀和主阀组成，先导阀由手轮、弹簧、先导阀芯和阀座等组成，主阀由主阀芯、主阀体、阀盖等组成。

边学边想

先导式减压阀由几部分组成？

____

____

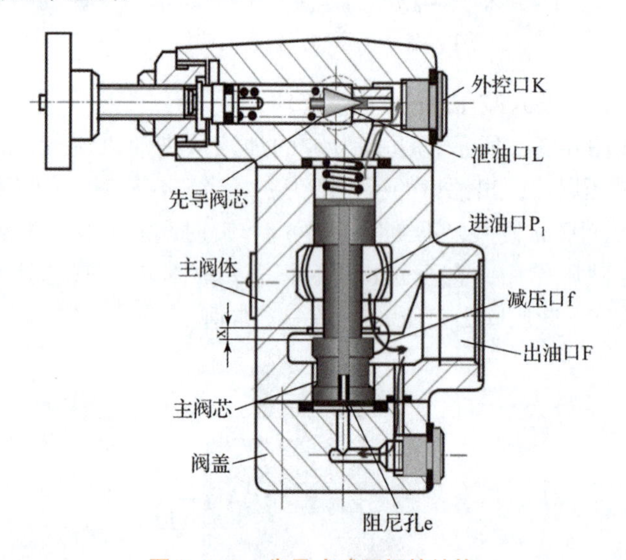

图 6–3–4 先导式减压阀的结构

二、先导式减压阀的工作原理

如图 6–3–5 所示，进口压力油 p_1 经主阀阀口和减压缝隙流至出口，压力为 p_2。与此同时，出口压力油 p_2 经阀体、端盖上的通道进入主阀下腔，然后经主阀芯上的阻尼孔到主阀上腔，作用在先导阀芯上。在负载较小、出口压力 p_2 低于先导阀调压弹簧所调定的压力时，先导阀关闭，主阀芯阻尼孔中的油液不流动，主阀上、下两腔压力相等，主阀芯在弹簧作用下处于最下端，阀口全开而不起减压作用。当出口压力 p_2 随负载增大超过调压弹簧调定

思考讨论

先导式减压阀工作时，先导阀起什么作用？主阀起什么作用？

____

____

的压力时，先导阀阀口开启，主滑阀上端油腔中的部分压力油便经先导阀开口及泄油口 L 流入油箱。

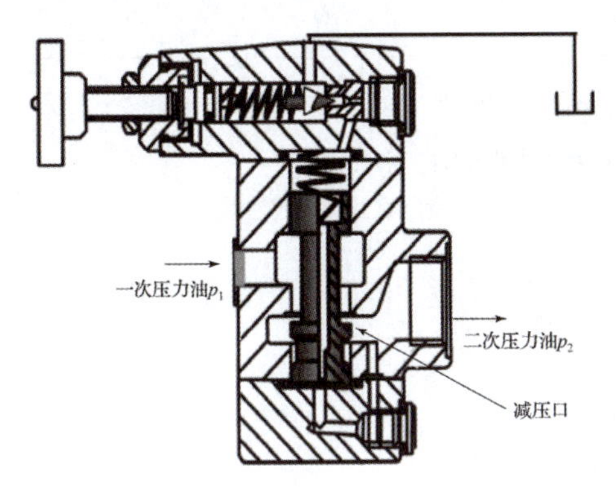

图 6-3-5　先导式减压阀的工作原理

因阻尼孔的阻尼作用，主阀上、下两腔出现压力差，主阀芯在压力差作用下克服上端弹簧力向上运动，主阀阀口减小起减压作用。当出口压力 p_2 下降到调定值时，先导阀芯和主阀芯同时处于受力平衡状态，出口压力稳定不变。调节调压弹簧的预压缩量即可调节阀的出口压力。

三、先导式减压阀的符号

先导式减压阀的符号如图 6-3-6 所示。

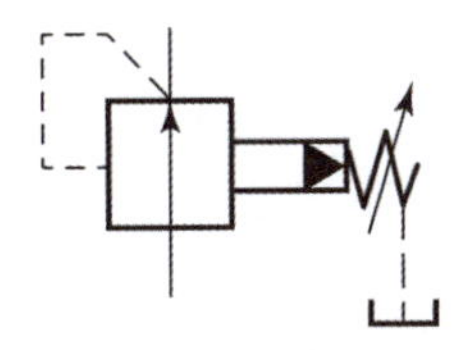

图 6-3-6　先导式减压阀的符号

步骤 3：分析排除减压阀的常见故障

减压阀的常见故障现象及排除方法如表 6-3-1 所示。

表 6-3-1　减压阀的常见故障现象及排除方法

序号	故障现象	产生原因	排除方法
1	出口压力不稳定	1. 油箱液面太低，空气进入系统； 2. 主阀弹簧太软，变形； 3. 滑阀卡住； 4. 锥阀与阀座配合不良； 5. 泄漏	1. 补油； 2. 换弹簧； 3. 清洗或更换滑阀； 4. 更换锥阀； 5. 检测密封，拧紧螺钉
2	压力调整无效	1. 弹簧折断； 2. 阻尼孔堵塞； 3. 滑阀卡住； 4. 先导阀座小孔堵塞； 5. 泄油口被堵	1. 更换弹簧； 2. 清洗阻尼孔； 3. 清洗或更换滑阀； 4. 清洗小孔； 5. 拧出螺钉，接上泄油管

发现之美

减压阀根据受力平衡原理达到控制出油口压力稳定不变。事实上，生活中有许多平衡现象，用你智慧的双眼去发现平衡之美吧。

随堂训练

画出先导式减压阀的符号。

____

素质提升

小小减压阀，本领可不小，减压重任勇担当。同样，青春年华的你们，也要勇担当。因为青年兴则国兴，青年强则国强。青年一代有理想、有本领、有担当，国家就有前途，民族就有希望。

拓展任务

【先导式减压阀】

查找资料，列举出先导式减压阀的控制油口 K 的用途。

任务总结评价

请根据学习情况，完成个人学习表（表 6-3-2）。

表 6-3-2　个人学习评价表

序号	评价内容	分值	得分		
			自评	组评	师评
1	能自主完成课前学习任务	10			
2	掌握减压阀的作用	10			
3	掌握直动式减压阀的结构组成和工作原理	20			
4	会画直动式减压阀的符号	5			
5	掌握先导式减压阀的组成和工作原理	20			
6	会画先导式减压阀的符号	5			
7	能坚持出勤、遵守纪律	10			
8	能积极参与小组讨论	10			
9	能独立完成作业和拓展学习任务	10			
总　分		100			
自我总结					

任务 4　分析搭建基本回路

任务描述

在数控车床液压系统中，卡盘子系统液压缸实现卡盘的夹紧与松开动作，以及尾座套筒液压缸实现尾座套筒的伸出与缩回动作时，所需操作压力均低于液压泵的输出压力。此时，要满足车床液压系统完成上述动作的要求，就要搭建减压回路。

机床加工工件时，利用虎钳夹紧工件，要求工件在加工过程中虎钳仍然要有足够的夹紧力，即要保持液压缸的压力，此时就要搭建保压回路。

数控车床的自动换刀系统的工作过程为：刀架刀盘松开→刀盘正转或反转到达指定位置→刀盘夹紧。可见，液压缸和液压马达的动作是按指定顺序进行的，完成此类动作就要搭建顺序动作回路。

在一个液压系统中，如果由一个油源给多个执行元件供油，各个执行元件会因回路中的压力和流量的影响而在动作上互相牵制，这时就需要一些特殊回路才能实现预定动作。这些特殊回路包括顺序动作回路、同步回路和多缸动作互不干扰回路。

任务目标

知识目标：

1. 掌握减压回路、保压回路、顺序回路和多缸动作互不干扰回路的功用；

2. 熟悉减压回路、保压回路、顺序回路和多缸动作互不干扰回路的类型。

能力目标：

1. 能够搭建减压回路、保压回路、顺序回路和多缸动作互不干扰回路；

2. 能够根据操作工况选择不同的减压回路、保压回路、顺序回路和多缸动作互不干扰回路。

素质目标：

1. 培养分析问题、解决问题的能力；

2. 强化自我提升意识。

课前学习资源

分析减压回路：

分析保压回路：

分析顺序动作回路：

分析多缸工作互不干扰回路：

温顾复习

1. 哪种阀可以实现减压作用？

______

2. 哪种阀被称为压力开关？

______

3. 液控单向阀和普通单向阀有何不同？

______

______

4. 液压缸活塞运动速度的大小取决于什么？

______

______

任务内容

步骤 1：分析减压回路。

步骤 2：分析保压回路。

步骤 3：分析顺序动作回路。

步骤 4：分析多缸动作互不干扰回路。

提前了解

机床的夹紧、定位、导轨润滑及液压控制油路工作时常需要比系统压力低的压力。减压回路能将系统压力减小到需要的稳定值，以满足这些油路的需要。液压系统对减压回路的要求有：减压回路的最低调整压力不小于 0.5 MPa；减压回路的最高调整压力至少应比系统压力小 0.5 MPa。

保压回路使液压系统液压执行元件在一定位置上停止运动或因工件变形而产生微小位移的工况下保持油路压力稳定不变。保压回路的性能指标有保压时间和压力稳定性。

一个油源给多个执行元件供油时，各执行元件因回路中压力、流量的相互影响，造成各动作相互牵制。若采用合适的控制回路，则能使各执行元件不受牵制，按预定要求动作。

顺序动作回路能使几个执行元件严格按预定顺序动作。按控制方式不同，顺序动作回路分为压力控制和行程控制两种方式。

在一泵多缸的液压系统中，其中一个液压缸快速运动会造成系统的压力下降，进而影响其他液压缸工作进给的稳定性。因此，在工作进给要求比较稳定的多缸液压系统中，必须采用快慢速互不干涉回路，防止因液压系统中的几个液压执行元件因速度快慢的不同而在动作上的相互干扰。

边学边想

1. 液压系统对减压回路有何要求？

______

2. 何为保压回路？保压回路的性能指标有哪些？

______

3. 顺序动作回路有几种控制方式？

______

减压回路的功用：

步骤 1：分析减压回路

液压系统中局部回路或支路具有低于系统压力的稳定压力，这部分回路称为减压回路。减压回路一般由减压阀实现。

一、单级减压回路

如图 6-4-1 所示，主油路的压力 p_y 由溢流阀设定，减压支路的压力 p_j 根据负载由减压阀调定。

搭建单级减压回路时，为防止主油路负载减小，主油路压力降低到小于减压支路压力时，减压支路油液倒流，应在减压阀的后面加装单向阀。

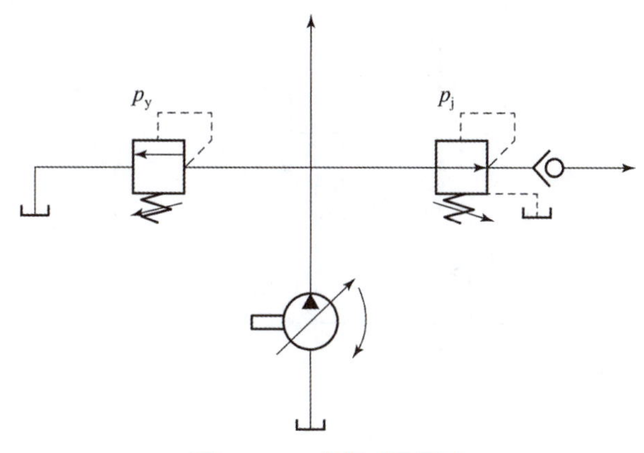

图 6-4-1　单级减压回路

讨论

减压回路如何实现?

______

______

单级减压回路:

二、二级减压回路

如图 6-4-2 所示，回路中利用先导式减压阀的远控口接一个远程调压阀，则可由减压阀和远程调压阀各调定一个低压。主油路压力 p_{y1} 由溢流阀调定。当二位二通电磁阀断电时，减压支路压力为减压阀调定的压力 p_j；当二位二通电磁阀通电时，减压支路压力为远程调压阀调定的压力 p_{y2}。

边学边想

搭建单级减压回路时要采取哪种安全措施?

______

二级减压回路:

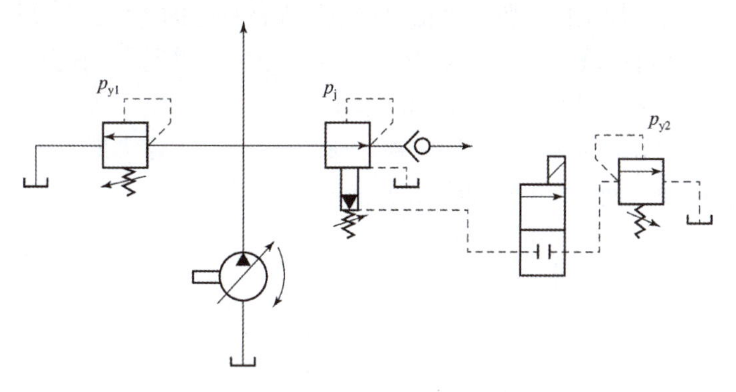

图 6-4-2　二级减压回路

搭建二级减压回路时，减压阀的调定压力 p_j 要小于溢流阀的调定压力 p_{y1}，远程调压阀的调定压力 p_{y2} 要小于减压阀的调定压力 p_j。

头脑风暴

图 6-4-2 中远程调压阀的调定压力大于减压阀的调定压力会出现什么情况?

三、无级减压回路

如图 6-4-3 所示，采用先导式比例电磁减压阀，调节进入阀的输入电流（或电压）的大小，即可实现减压支路压力的无级调节。

该减压回路搭建简单、压力切换平稳，更容易实现远距离控制或程控。

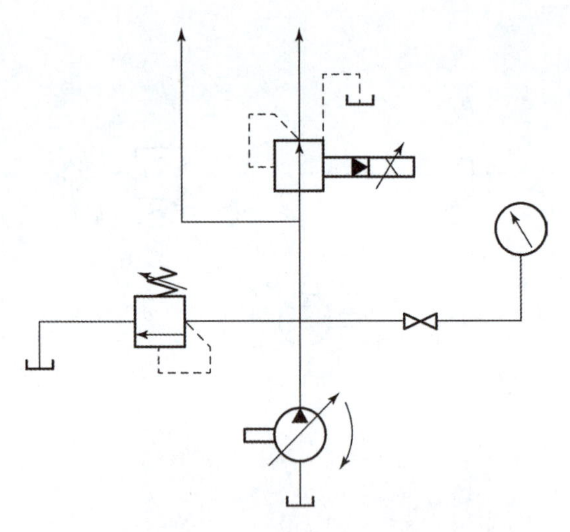

图 6-4-3　无级减压回路

步骤 2：分析保压回路

为使机床获得足够而稳定的进给力，保证加工精度，避免发生事故，对于加工或夹紧工件都要求系统保持一定的压力，并使压力的波动保持在最小的限度内，在这些情况下就要用到保压回路。

一、采用液控单向阀的保压回路

如图 6-4-4 所示，当电磁换向阀 1YA、2YA 断电时，液压缸停止运动，使用密封性能较好的液控单向阀 3 保压。

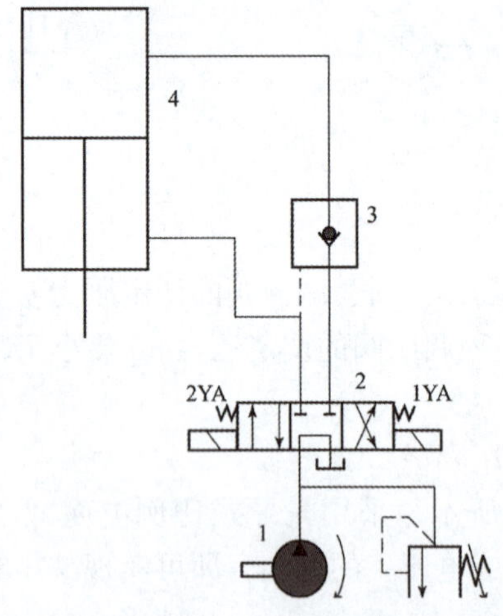

1—液压泵；2—三位四通电磁换向阀；
3—液控单向阀；4—液压缸。

图 6-4-4　采用液控单向阀的保压回路

由于阀类元件的泄漏，因此这种回路的保压时间不能维持太久，仅适用于保压时间短、对保压稳定性要求不高的场合。

思想火花

先导式比例电磁减压阀通过自身控制方式的升级，使用质量和范围都得到了很大的提升。同学们也要注意自我提升，拓宽自己职业视野。

保压回路的功用：

采用液控单向阀的保压回路：

二、利用辅助泵的保压回路

如图 6-4-5 所示，利用大小两个不同流量的油泵供油，当压力达到设定压力时，大流量泵卸荷，小流量高压泵用作泄漏补充，保持系统压力。

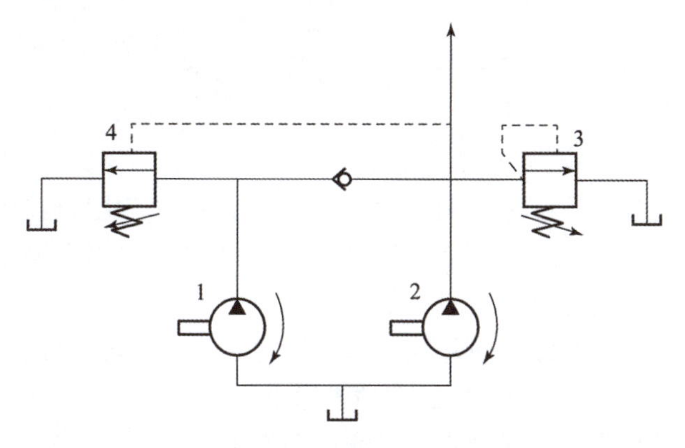

1—低压大流量泵；2—高压小流量泵；3—安全阀；4—卸荷阀。

图 6-4-5　利用辅助泵的保压回路

选用小流量泵保压，功率损失小，压力的稳定性取决于溢流阀 3 的稳压性能 。

三、利用蓄能器的保压回路

图 6-4-6（a）所示为单执行元件保压回路，当进油路压力升高到压力继电器 3 的调定值时，压力继电器 3 发出信号使电磁阀 7 通电，液压泵 1 卸荷，单向阀 2 自动关闭，液压缸则由蓄能器 4 保压。液压缸压力不足时，压力继电器复位使泵重新工作。保压时间取决于蓄能器的容量，调节压力继电器的通断调节区间即可调节液压缸压力的最大值和最小值。

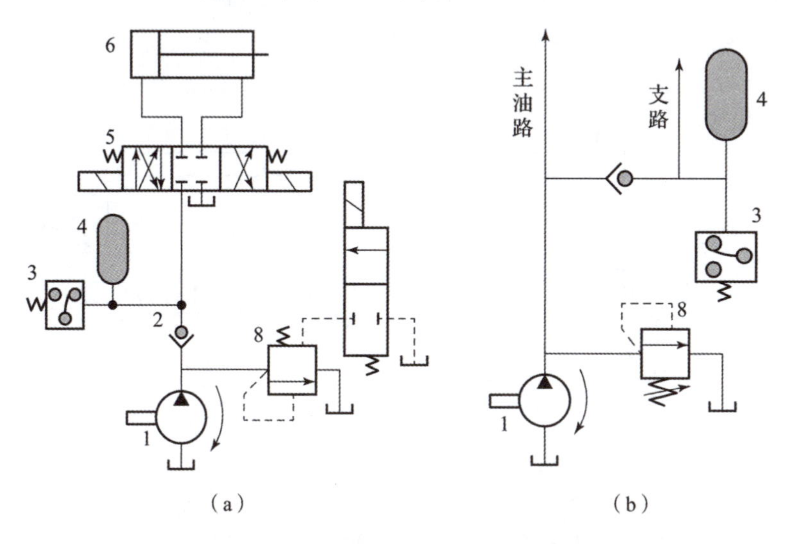

图 6-4-6　利用蓄能器的保压回路

（a）单执行元件；（b）多执行元件

边学边想

液控单向阀控制的保压回路有何特点？

______

______

利用辅助泵的保压回路：

边学边想

1. 利用辅助泵保压时大流量泵处于什么状态？

______

______

2. 利用辅助泵保压的好处是什么？

______

______

采用蓄能器的保压回路：

边学边想

利用蓄能器的保压回路的保压时间取决于什么？

______

自动补油式
保压回路：

顺序动作回路的
功用：

顺序动作回路的
类型：

压力继电器控制的
顺序动作回路：

图 6-4-6（b）所示为多执行元件系统中的保压回路。当支路压力达到压力继电器 3 的调定值时，单向阀关闭，支路由蓄能器 4 保压并补偿泄漏，与此同时，压力继电器 3 发出信号，使主油路开始工作。

步骤 3：分析顺序动作回路

一、压力控制顺序动作回路

压力控制顺序动作回路利用油路本身的压力变化来控制液压缸的先后动作顺序，它主要利用压力继电器和顺序阀来控制顺序动作。

1. 压力继电器控制的顺序动作回路

图 6-4-7 所示为利用压力继电器控制的顺序动作回路。操作时按下启动按钮，使电磁铁 1YA 通电，三位四通换向阀 1 左位工作，使液压缸 5 活塞右移，完成动作①。当液压缸 5 的活塞运动到右端后，液压缸 5 左腔压力升高，达到压力继电器 3 调定值时，压力继电器 3 发出信号，使电磁铁 1YA 断电，电磁铁 3YA 通电，三位四通换向阀 2 左位工作，油液进入液压缸 6 的左腔，使活塞右移，实现动作②。当液压缸 6 的活塞运动到右端后，按下返回按钮，电磁铁 3YA 断电，电磁铁 4YA 通电，三位四通换向阀 2 右位工作，油液进入液压缸 6 的右腔，使其活塞左移，实现动作③。当液压缸 6 的活塞运动到左端后，液压缸 6 右腔压力升高，达到压力继电器 4 的调定值，压力继电器 4 发出信号，使电磁铁 4YA 断电，电磁铁 2YA 通电，三位四通换向阀 1 右位工作，压力油进入液压缸 5 的右腔，使其活塞杆移，实现动作④。这就是压力继电器控制的顺序动作回路完成过程。

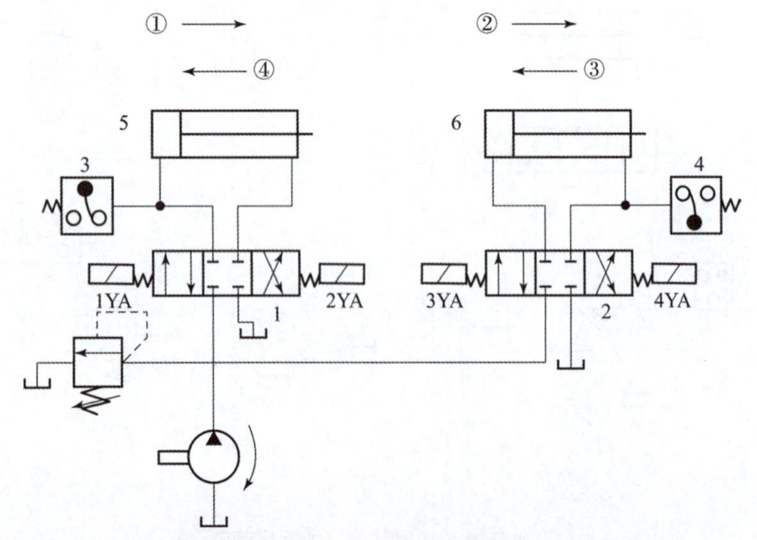

1，2—三位四通换向阀；3，4—压力继电器；5，6—液压缸。

图 6-4-7　压力继电器控制的顺序动作回路

思考讨论

压力继电器压力值设定时有何要求？为什么？

______

______

______

压力继电器控制的顺序动作回路简单易行，应用较普遍。使用时应注意，压力继电器的压力调定值应比先动作的液压缸的最高工作压力高，同时应比溢流阀调定压力低 3×10^5~5×10^5 Pa，以防止压力继电器误发信号。

2. 顺序阀控制的顺序动作回路

图 6-4-8 所示为顺序阀控制的顺序动作回路。

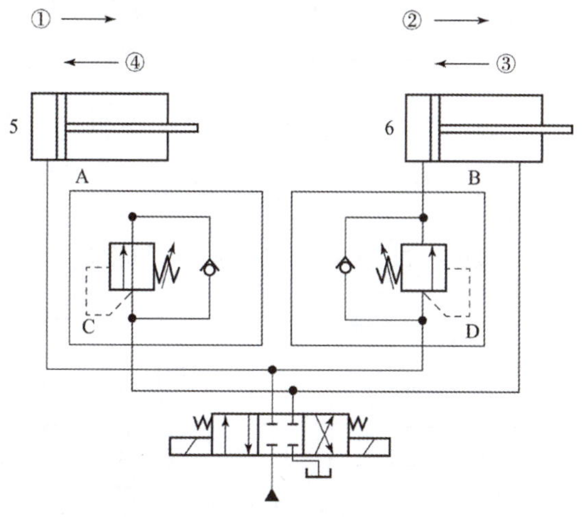

图 6-4-8　顺序阀控制的顺序动作回路

顺序阀控制的顺序动作回路：

顺序阀控制的顺序动作回路顺序动作的可靠程度主要取决于顺序阀的性能和压力调定值。为了保证顺序动作的可靠准确，应使顺序阀的调定压力大于先动作液压缸的最高工作压力（8×10^5~10×10^5 Pa），以避免因压力波动使顺序阀先行开启。

举一反三

叙述图 6-4-8 所示顺序动作回路的顺序动作完成过程。

____

二、行程控制顺序动作回路

行程控制顺序动作回路利用执行元件到达一定位置时发出的信号来控制液压缸的先后动作顺序，它可以利用行程开关、行程阀或顺序缸来实现。

边学边想

行程控制顺序动作回路的工作原理是什么?

____

____

____

1. 行程阀控制的顺序动作回路

行程阀控制的顺序动作回路如图 6-4-9 所示，具体动作控制过程为：手动换向阀 C 左位工作，油液进入 A 缸右腔，活塞左移，实现动作①。A 缸活塞左移至挡块触动行程阀 D，行程阀 D 上位工作，油液进入 B 缸右腔，B 缸活塞左移，实现动作②。B 缸活塞左移至终点，手动换向阀 C 复位，油液进入 A 缸左腔，A 缸活塞右移，实现动作③。A 缸活塞杆离开行程阀 D，行程阀 D 复位，油液进入 B 缸左腔，B 缸活塞右移，实现动作④。这就是行程阀控制的顺序动作回路。

行程阀控制的顺序动作回路工作可靠，动作顺序换接平稳，但行程阀需布置在液压缸附近，要改变动作顺序比较困难，且管路长，压力损失大，不易安装，主要用于专用机械的液压系统中。

行程开关控制的顺序动作回路如图 6-4-10 所示。

行程阀控制的顺序动作回路：

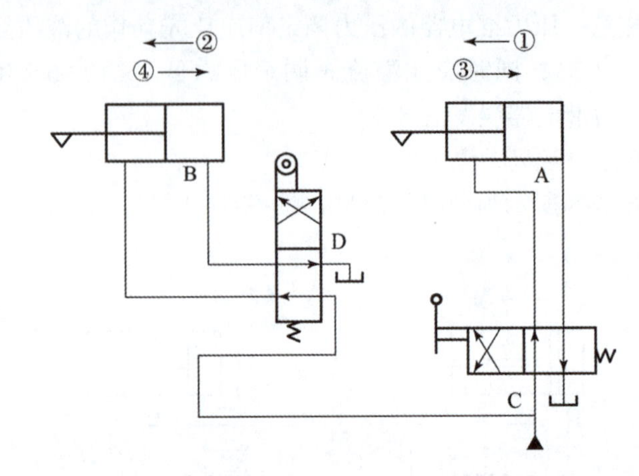

图 6-4-9　行程阀控制的顺序动作回路

边学边想

行程阀控制的顺序动作回路有何优缺点？

____

____

____

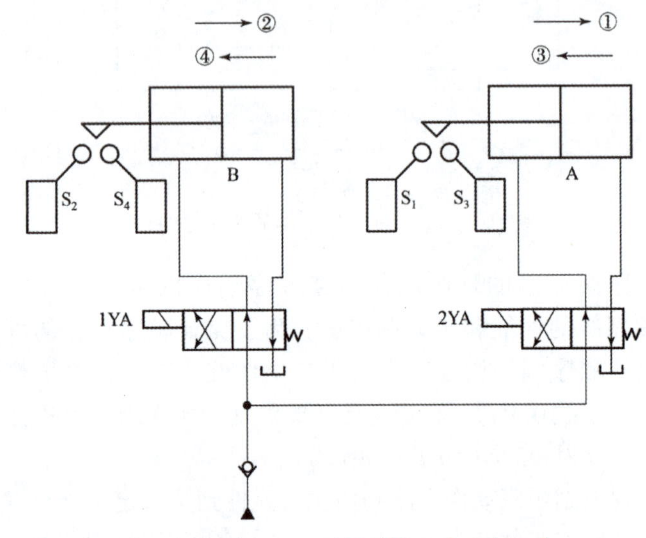

图 6-4-10　行程开关控制的顺序动作回路

讨论思考

何为“行程开关”？

____

____

____

行程开关控制的顺序动作回路：

【练习 6-4-1】填写表 6-4-1，完成行程开关控制的顺序动作回路的动作过程。

表 6-4-1　练习 6-4-1 表

动作	控制元件状态	液压缸活塞状态	进油路	回油路
①	2YA 通电，1YA 断电，所有行程开关不触发	A 缸		
		B 缸		
②	A 缸活塞杆碰触 S1，S1 发出信号，1YA 通电（2YA 继续通电）	A 缸		
		B 缸		
③	B 缸活塞杆碰触 S2，S2 发出信号，2YA 断电（1YA 继续通电）	A 缸		
		B 缸		
④	A 缸活塞杆碰触 S3，S3 发出信号，1YA 断电（2YA 继续通电）	A 缸		
		B 缸		

最后触动 S_4 使泵卸荷或引起其他动作，完成一个工作循环。

行程开关控制的顺序动作回路的优点是控制灵活方便，只需要改变电气线路即可改变动作顺序，顺序转换精度较高，容易实现自动控制；其缺点是顺序转换时有冲击声，位置精度与工作部件的速度和质量有关。该回路广泛用于机床的液压系统，特别适合动作循环经常要求改变的、顺序动作位置精度较高的场合。

边学边想

行程开关控制的顺序动作回路适用于什么场合？

______

______

______

步骤 4：分析多缸动作互不干扰回路

在一泵多缸的液压系统中，其中一个液压缸快速运动会造成系统的压力下降，进而影响其他液压缸工作进给的稳定性。因此，在工作进给要求比较稳定的多缸液压系统中，必须采用快慢速互不干涉回路，防止因液压系统中的几个液压执行元件因速度快慢的不同而在动作上的相互干扰。

在图 6-4-11 所示的双泵供油互不干扰回路中，两液压缸各自要完成“快进 - 工进 - 快退”的自动工作循环。回路采用双泵供油系统，泵 1 为高压小流量泵，供给各缸工作进给所需的压力油；泵 2 为低压大流量泵，为各缸快进或快退时输送低压油，它们的压力分别由溢流阀 3 和 4 调定。

互不干扰回路的功用：

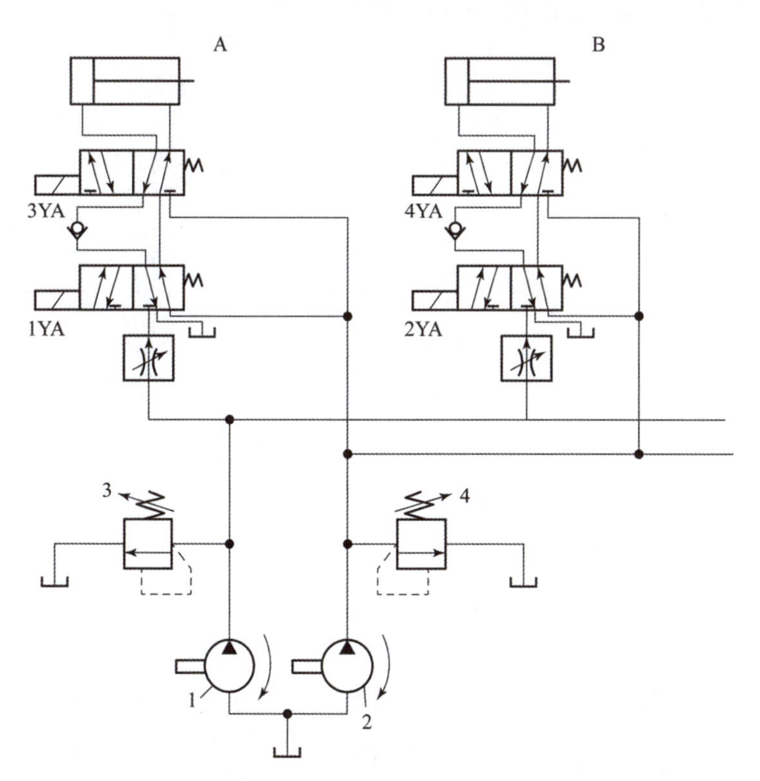

1—高压小流量泵；2—低压大流量泵；3，4—溢流阀。

图 6-4-11　双泵供油互不干扰回路

边学边想

1. 在液压系统中，执行元件快速运动时系统压力如何变化？

______

______

2. 在一泵多缸液压系统中，某一液压缸快速运动时，是否会影响其他液压缸的进给稳定性？

______

双泵供油互不干扰回路中两个液压缸的工作循环如图 6–4–12 所示，具体工作过程如图 6–4–13 所示。

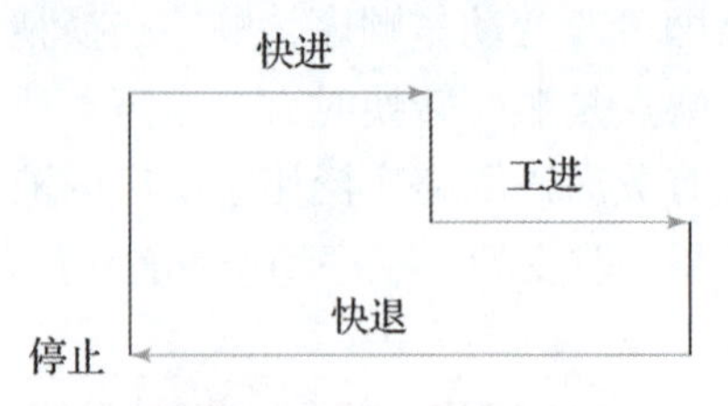

图 6–4–12　双泵供油互不干扰回路两缸工作循环

1	A缸快进 B缸停止
2	A缸快进 B缸快进
3	A缸工进 B缸快进
4	A缸工进 B缸工进
5	A缸快退 B缸工进
6	A缸快退 B缸快退
7	A缸停止 B缸停止

图 6–4–13　双泵互不干扰回路中 A、B 缸完成的动作

【练习 6–4–2】填写表 6–4–2，完成双泵互不干扰回路工作过程中电磁铁的通、断电情况。

表 6–4–2　练习 6–4–2 表

动作	A 缸		B 缸	
	1YA	3YA	2YA	4YA
快进				
工进				
快退				
停止				

双泵供油互不干扰回路：

讨论

在双泵互不干扰回路中，液压缸快进时由大流量泵供油还是小流量泵供油？

____

思想提升

通过学习各个回路的功用应认识到只有各个基本回路各负其责，才能保证整个液压系统顺利完成其动作过程。要求同学们也要有责任意识，只有每个成员都认真负责，企业才能保质保量地完成生产任务。

拓展任务

【汽车起重机液压系统】

网络搜索汽车起重机液压系统图，进行分析识读，并指出汽车起重机液压系统中都用到哪些基本回路。

任务总结评价

请根据学习情况，完成个人学习评价表（表 6–4–3）。

表 6–4–3　个人学习评价表

序号	评价内容	分值	得分		
			自评	组评	师评
1	能自主完成课前学习任务	10			
2	掌握减压回路的功用及搭建方法	10			
3	掌握保压回路的功用及搭建方法	10			
4	掌握顺序动作回路的功用及搭建方法	10			
5	掌握多缸动作的互不干扰回路	10			
6	能坚持出勤，遵守纪律	10			
7	能积极参与小组讨论	10			
8	会判断基本回路的类型并分析其优缺点	20			
9	能独立完成作业和拓展学习任务	10			
总　分		100			
自我总结					

任务 5　搭建数控车床卡盘控制回路

课前学习资源

搭建数控车床卡盘控制回路：

温故复习

数控车床卡盘控制回路的作用是什么？

______

______

任务描述

在数控车床液压装置中，刀架刀盘夹紧后方可进行加工操作，而且刀架刀盘的夹紧力随工况的要求需要进行调节。本任务将介绍如何搭建卡盘控制回路并对夹紧力进行调节。

任务目标

知识目标：

1. 熟悉回路中的液压元件；
2. 熟悉液压基本回路。

能力目标：

1. 会识读液压回路图；
2. 能根据液压回路图搭建液压回路。

素质目标：

1. 培养学生的实际动手能力；
2. 培养学生爱岗敬业、一丝不苟的工匠精神。

任务内容

步骤 1：识读数控车床卡盘控制回路液压系统图。

步骤 2：搭建数控车床卡盘控制回路。

步骤 3：调试数控车床卡盘高压夹紧控制回路Ⅰ。

步骤 4：调试数控车床卡盘低压夹紧控制回路Ⅱ。

提前了解

本任务的教学目的是通过动手操作，帮助同学们进一步掌握识读液压系统图的能力；加深理解基本回路的组成及其功能；通过搭建油路、调试控制参数、分析控制过程，提高大家系统分析问题的能力和动手操作能力，养成认真细心的工作习惯。

步骤 1：识读数控车床卡盘控制回路液压系统图

如图 6–5–1 所示，根据数控车床卡盘控制回路液压系统图，在实训元件库挑选合适的元件。

搭建数控车床卡盘控制回路需要 2 个电磁换向阀、2 个压力表、1 个单杆活塞液压缸、1 个单向阀、2 个减压阀和若干连接油管，液压泵是实训台自带的液压泵。

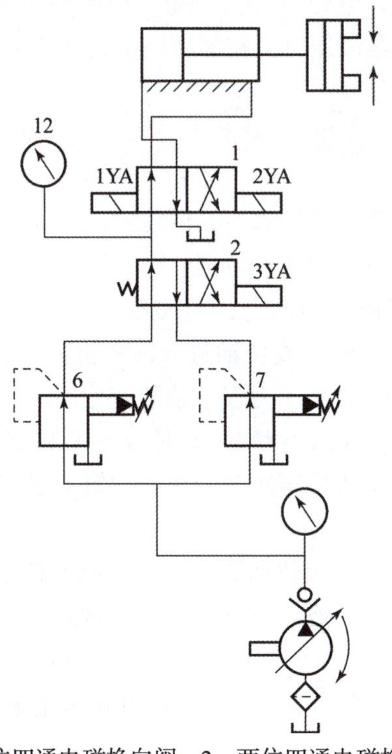

1—两位四通电磁换向阀；2—两位四通电磁换向阀；
6，7—减压阀；12—压力表。

图 6–5–1　数控车床卡盘控制回路液压系统图

边做边想

1. 什么叫换向阀的常态位？

______

2. 连接回路时应连接在换向阀的什么位置？

______

______

步骤 2：搭建数控车床卡盘控制回路

依照图 6–5–1 所示的液压系统图，搭建卡盘控制回路。（备注：为了便于观察，实际搭建回路时用一个三位四通电磁换向阀替换了图中的两位四通电磁换向阀 1。）

思考讨论

减压阀前后两个压力表的读数为什么不一样？

______

______

______

步骤 3：调试数控车床卡盘控制回路 I

全松减压阀 6 的调压螺钉，三位四通换向阀处于中位；启动液压泵。

接通三位四通换向阀左位电磁铁 1YA 的电源，使电磁换向阀处于左位，此时可看到，液压油进入液压缸左腔，活塞向右运动，观察活塞运动时两个压力表读数的变化。液压缸活塞运动到终点时，记录压力表 12 的读数，此时压力表 12 的读数就是卡盘高压夹紧的压力。调节减压阀 6 的调压螺钉，观察卡盘夹紧压力的变化。

调节结束后，给三位四通电磁换向阀右位电磁铁 2YA 通电，使换向阀处于右位，液压油进入液压缸右腔，活塞返回，卡盘松开。活塞返回后，电磁铁 2YA 断电，换向阀处于中位，液压缸活塞停止运行。卡盘高压夹紧控制回路 I 调试结束。

步骤 4：调试数控车床卡盘控制回路 II

全松减压阀 7 的调压螺钉，两位四通换向阀右位电磁铁 3YA 通电，三位四通换向阀处于中位。

接通三位四通换向阀左位电磁铁 1YA 的电源，使换向阀处于左位，此时可看到，液压油进入液压缸左腔，活塞向右运动，观察液压缸运动时两个压力表读数的变化。液压缸活塞运动到终点时，记录压力表 12 的读数，此时压力表 12 的读数就是卡盘低压夹紧的压力。调节减压阀 7 的调压螺钉，观察卡盘夹紧压力的变化。

调节结束后，给三位四通电磁换向阀右位电磁铁 2YA 通电，使换向阀处于右位，液压油进入液压缸右腔，活塞返回，卡盘松开。活塞返回后，电磁铁 2YA 断电，换向阀处于中位，液压缸活塞停止运行。卡盘低压夹紧控制回路 II 调试结束。

素质养成

认真细致，严格守纪，养成良好的职业素养，培养精益求精的工匠精神。

浙江畅尔应炎鑫——以工匠精神钻研液压技术：

项目任务实施

根据任务 1 至任务 5 的知识内容，小组讨论为小王师傅排除故障，完成表 6–5–1。

表 6–5–1　数控车床液压系统排障任务表

序号	故障现象	产生原因	排除方法
1	液压系统产生冲击现象		
2	液压系统产生振动和噪声		
3	液压系统压力异常		

拓展任务

【数控车床刀架的回转与夹紧回路】

根据数控车床刀架的回转与夹紧液压系统图，自行搭建数控车床刀架的回转与夹紧回路，并分别进行正、反转操作。

任务总结评价

请根据学习情况，完成个人学习评价表（表 6–5–2）。

表 6–5–2　个人学习评价表

序号	评价内容	分值	得分		
			自评	组评	师评
1	能自主完成课前学习任务	10			
2	会识读卡盘夹紧回路液压系统图	10			
3	认识卡盘夹紧回路所用液压元件	10			
4	会搭建卡盘夹紧回路	15			
5	会对卡盘夹紧回路的参数进行调节	15			
6	试验结束后整理试验台并打扫卫生	10			
7	能坚持出勤，遵守纪律	10			
8	能积极参与小组讨论	10			
9	能独立完成课后作业和拓展学习任务，养成良好的学习习惯	10			
总　分		100			
自我总结					

新技术应用

数控机床液压系统技术新发展

1. 电液伺服技术：电液伺服系统将液压系统和电气控制相结合，利用先进的电液比例技术和高性能的伺服控制算法，实现对机床运动的高精度、高速度和高响应性的控制。

2. 高压液压技术：可以提供更高的工作压力和功率密度，从而使数控机床在更大范围内适应不同的加工需求。高压液压系统的应用可以实现更大的切削力和更高的加工速度，提高机床的加工能力和生产效率。

3. 高响应液压阀技术：高响应液压阀是指能够在极短的时间内实现输出流量和压力的液压阀。这些阀门通常采用先进的比例阀技术、快速开关阀技术或伺服阀技术，以实现更快速的响应和更精确的控制。

4. 节能液压技术：是采用节能元件和技术，如可调速泵、液压蓄能器、能量回收装置等，以降低液压系统的能耗。这些技术可以减少压力损失、泄漏损失和能量浪费，提高液压系统的能源利用效率。

总的来说，液压系统在数控机床中的应用可以提升机床的控制精度、加工效率和能源利用效率，同时实现智能化、节能环保等要求，推动数控机床的不断发展和进步。

习　题

一、填空题

1. 在研究流动液体时，把假设既（　　）又（　　）的液体称为理想流体。

2. 液体在管道中存在两种流动状态，（　　）时黏性力起主导作用，（　　）时惯性力起主导作用，液体的流动状态可用（　　）来判断。

3. 由于流体具有（　　），液流在管道中流动需要损耗一部分能量，它由（　　）损失和（　　）损失两部分组成。

4. 静止液体内任意点的压力在各个方向（　　）。

5. 在液压系统中，由于某一元件的工作状态突变引起油压急剧上升，在一瞬间突然产生很高的压力峰值，同时发生急剧的压力升降交替的阻尼波动过程称为（　　）。

6. 气穴现象多发生在阀口和液压泵的（　　）口处。

7. 为使减压回路可靠的工作，其最高调定压力应（　　）系统压力。

8. 液体的流动状态可用（　　）来判定。

9. 减压阀主要用于降低系统某一支路的油液压力，它能使阀的（　　）压力基本不变。

10. 顺序动作回路的功用在于使几个执行元件严格按预定顺序动作，按控制方式不同，分为（　　）控制和（　　）控制。同步回路的功用是使相同尺寸的执行元件在运动上同步，同步运动分为（　　）同步和（　　）同步两大类。

二、判断题

1. 液体在变径管中流动时，其管道截面积越小，则流速越高，而压力越小。（　　）

2. 液体流动时，其流量连续性方程是能量守恒定律在流体力学中的一种表达形式。（　　）

3. 油液流经无分支管道，横截面积越大的截面通过的流量就越大。（　　）

4. 理想流体伯努利方程的物理意义是：在管内做稳定流动的理想流体，在任一截面上的压力能、势能和动能可以互相转换，但其总和不变。（　　）

5. 雷诺数是判断层流和紊流的判据。（　　）

6. 沿程压力损失与液体的流速有关，而与液体的黏度无关。（　　）

7. 液压马达与液压泵从能量转换观点上看是互逆的，因此所有的液压泵均可以用来作马达使用。（　　）

8. 因存在泄漏，因此输入液压马达的实际流量大于其理论流量，而液压泵的实际输出流量小于其理论流。(   )

9. 串联了定值减压阀的支路，始终能获得低于系统压力调定值的稳定的工作压力。(   )

10. 因液控单向阀关闭时密封性能好，故常用在保压回路和锁紧回路中。(   )

11. 同步运动分速度同步和位置同步，位置同步必定速度同步；而速度同步未必位置同步。(   )

12. 压力控制的顺序动作回路中，顺序阀和压力继电器的调定压力应为执行元件前一动作的最高压力。(   )

13. 压力控制顺序动作回路的可靠性比行程控制顺序动作回路的可靠性差。(   )

14. 液压系统中一般安装多个压力表以测定多处压力值。(   )

15. 液压传动系统的泄漏必然引起阻力损失。(   )

项目七　公交车车门启闭气动系统认知

项目描述

操纵公交车车门启闭的是气动系统。该系统在驾驶员和售票员的座位处都装有气动开关，均可以控制开关车门。当车门在关闭过程中遇到障碍物时，能使车门自动开启，起到安全保护作用。本项目以公交车车门气动安全操纵回路为载体，详细介绍气动系统的基本组成和工作过程，引导学生将液压系统的知识和技能进行迁移，触类旁通地掌握气压传动技术。

本项目包含 7 个任务，如图 7–0–1 所示。

任务 1　识读公交车车门气动系统图；　　任务 2　认识气源和气源处理装置；

任务 3　认识气动执行元件；　　任务 4　认识方向控制阀和往复回路；

任务 5　认识压力控制阀；　　任务 6　搭建顺序回路、同步回路；

任务 7　搭建位置控制回路、安全保护回路。

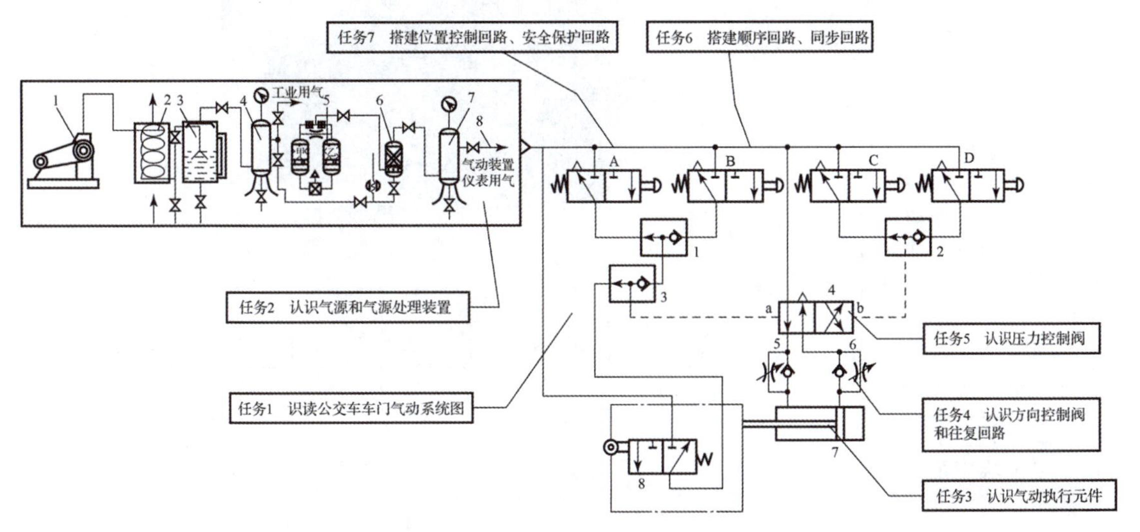

图 7–0–1　项目七学习任务

学习目标

素质目标：

培养严谨、细致、认真的工科系统思维，气动工作情境下的现代工业控制理念，积淀和历练精益求精的工匠精神。

知识目标：

掌握气压传动的基本概念和基础知识，气压元件的功用、组成、工作原理和应用，具有阅读并分析换向回路、调速回路等典型气压传动系统组成、工作原理及特点的能力。

能力目标：

理论联系实际，能正确选用和使用气动元件，并熟练地绘制出气动系统图，能搭建气动系统的基本回路。

任务1 识读公交车车门气动系统图

课前学习资源

公交车车门气动系统：

边学边想

1. 公交车车门启闭为什么用气动系统控制而不用液压系统控制呢？

2. 公交车车门启闭气动系统中都有哪些元件？

3. 气动元件的名称、图形符号和液压元件的名称、符号有何异同？

任务描述

公交车车门［图 7-1-1（a）］的启闭一般是由气动系统控制的。请观察乘坐公交车时车门的动作、驾驶员的动作，再结合学习液压系统时的识图知识储备，正确识读公交车车门气动系统图［图 7-1-1（b）］，并将气动系统与液压系统进行类比，以便全面掌握流体传动技术。

（a）

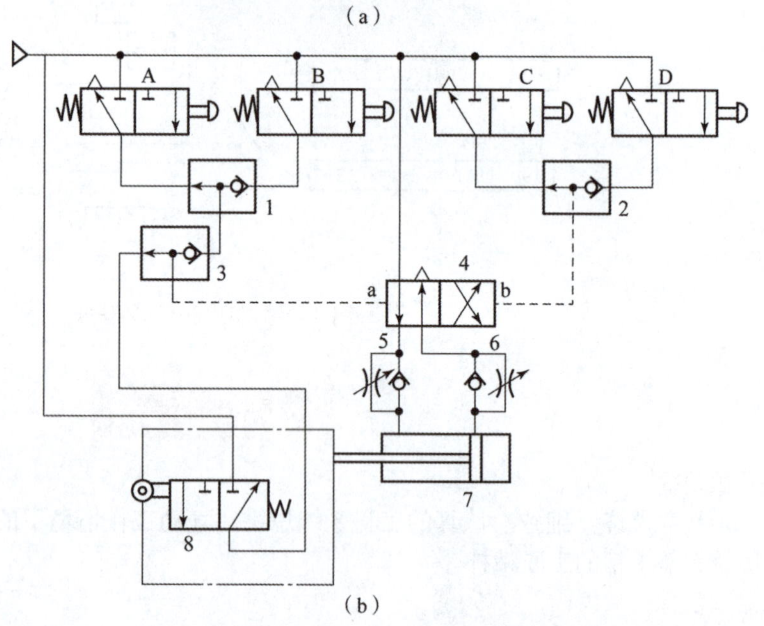

（b）

图 7-1-1 公交车及其车门气动系统图

（a）公交车车门；（b）公交车车门气动系统图

公交车车门需要驾驶员和售票员都可以控制开关车门，在驾驶员座位和售票员座位都装有气动开关，并且当车门在关闭过程中遇到障碍物时，能使车门自动开启，起到安全保护作用。

任务目标

知识目标：

1. 掌握公交车车门气动系统的构成和工作原理；
2. 熟悉常见气动系统的组成和优缺点。

能力目标：

1. 能够识读气动系统图和常见的气动元件符号；
2. 能够结合气动系统使用场合选用合适的气动元件。

素质目标：

1. 具备一定的知识和技能的迁移能力；
2. 训练工程系统思维，培养工匠精神。

任务内容

步骤 1： 识读公交车车门气动系统图。

步骤 2： 分析气动系统的优缺点。

提前了解

气动技术是以空气压缩机为动力源，以压缩空气为工作介质，进行能量传递或信号传递的工程技术，是实现各种生产控制、自动控制的重要手段。

气动系统原理图采用《流体传动系统及元件图形符号和回路图》（GB/T 786.3—2021）中的有关规定进行绘制。

观察思考

公交车车门气动系统有没有气体回路？为什么？

____

____

步骤 1：识读公交车车门气动系统图

一、明确系统工作目的和要求

认真阅读“项目描述”，请说明图 7-1-1 所示公交车车门气动系统中执行元件的具体动作有哪些？

____

____

二、认识系统组成元件

请类比液压系统的元件名称，识读图 7-1-1 中各气动元件的名称并填写表 7-1-1。

拓展思考

公交车车门启闭的时候对速度有没有要求呢？如果有，通过什么方法来控制？

____

____

表 7-1-1　公交车车门气动系统组成元件

序号	元件名称	序号	元件名称	序号	元件名称
1	梭阀	5		A	
2	梭阀	6		B	
3	梭阀	7		C	
4		8		D	

三、归类系统组成元件

气动系统可以将组成元件归类为能源装置（即气源装置）、执行元件、控制元件和辅助元件。在公交车车门气动系统中，动力来源于高压空气，而高压空气的获得需要一整套气源装置，在本项目气动系统图中以正向的三角形符号代替表达，具体我们在本案例的后面将会讲到。

在本系统中，执行元件即 7 号元件单出杆双作用气缸，一般公交车前门是一个，后门是两个。

该系统中，控制元件有梭阀 1、2、3 号元件，4 号元件双气控换向阀，5 和 6 号元件是单向节流阀，8 号元件是机动换向阀以及 A、B、C、D 手动按钮阀。

辅助元件有各种管路、压缩空气净化、润滑、消声以及各种附件等，这些在图 7-1-1 中并未标明。

四、分析系统工作状态

在公交车车门启闭气动系统中，气缸 7 用于开关车门，通过 A、B、C、D 四个两位换向阀按钮的操纵，控制双气换向阀，进而控制气缸的换向。气缸运动速度的快慢由单向速度控制阀 5、6 来调节。当压下阀 A 或 B 的按钮时，可以使车门开启，当压下阀 C 或 D 的按钮时，可以使车门关闭，先导阀 8 在这里起的是安全作用。

当操纵阀 A 或 B 的按钮时，气源压缩空气经阀 A 或 B 进入阀 1，把控制信号送到阀 4 的 a 侧，使阀 4 向车门开启的方向切换。气源压缩空气经阀 4 和阀 5 到气缸 7 的有杆腔，打开车门。

当操纵阀 C 或 D 的按钮时，气源压缩空气经阀 C 或 D 到阀 2，把控制信号送到阀 4 的 b 侧，使阀 4 向车门关闭的方向切换。压缩空气经阀 4 和阀 6 到气缸的无杆腔，关闭车门。

车门关闭中如果遇到障碍物，便启动安全阀 8，此时气源压缩空气经阀 8 把控制信号通过阀 3 送到阀 4 的 a 侧，使阀 4 向车门开启的方向切换。

气动噪声

“绿水青山就是金山银山”。气动系统利用高压气体作为工作介质，其源于自然、归于自然，对环境的影响较小。很多同学会有这样的体验：乘坐公交车，在车门开关的时候，经常会听到高压气体释放时发出的刺耳的噪声，这也是一种环境污染，即“噪声污染”。不过，只要我们在系统中加装适配的消声器即可解决这个噪声污染的问题。

讨论争鸣

公交车车门启闭气动系统是否可以实现让车门在任意位置停止？

______
______
______

无师自通

为什么阀 4 被称之为双气控换向阀？它在公交车车门启闭气动系统中是如何动作和工作的？

______
______
______

需要指出的是，如果阀 C 或者阀 D 仍然保持在压下状态，则阀 8 起不到自动开启车门的安全作用。

请用红笔在图 7-1-2 中补全车门开启时的气路。

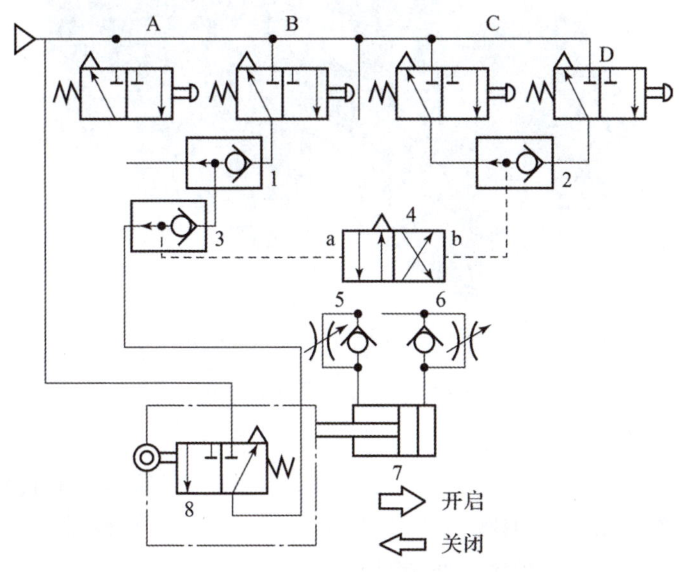

图 7-1-2　公交车车门气动系统开启气路

步骤 2：分析气动系统的优缺点

一、气压传动的工作原理

气压传动的工作原理是利用空压机把电动机或其他原动机输出的机械能转换为空气的压力能，然后在控制元件的作用下，通过执行元件把压力能转换为直线运动或回转运动形式的机械能，从而完成各种动作，并对外做功。

二、气压传动技术的应用现状

气压技术应用广泛，目前主要有以下几方面。

（1）机械制造：其中包括机械加工生产线上工件的装夹及搬送，铸造生产线上的造型、捣固、合箱等。

（2）汽车制造：汽车自动化生产线、车体部件自动搬运与固定、自动焊接等。

（3）电子电器：如用于硅片的搬运、元器件的插装与锡焊、家用电器的组装等。

（4）石油化工：如石油提炼加工、气体加工、化肥生产等。

（5）轻工业：包括各种半自动或全自动包装生产线，如酒类、油类、煤气罐装，各种食品的包装等。

（6）机器人：如装配机器人、喷漆机器人、搬运机器人、爬墙及焊接机器人等。

安全是前提

发展与安全要相互促进、协调并进。同样，在气动系统中也要注意，在保证人员和设备安全的前提下完成预定的动作和任务。气缸杆在伸出、缩进，从而带动公交车门启闭的过程中，如遇人或物加塞，就要立即启动安全阀 8，使车门打开，起到安全保护作用。

温故知新

液压传动的工作原理是什么？

____

____

____

无师自通

2 500 多年前，人们开始使用风箱，这是气压技术的最初应用。你还能列举哪些气压传动的应用案例？

____

____

____

气动自动化生产线实训装置如图 7–1–3 所示。

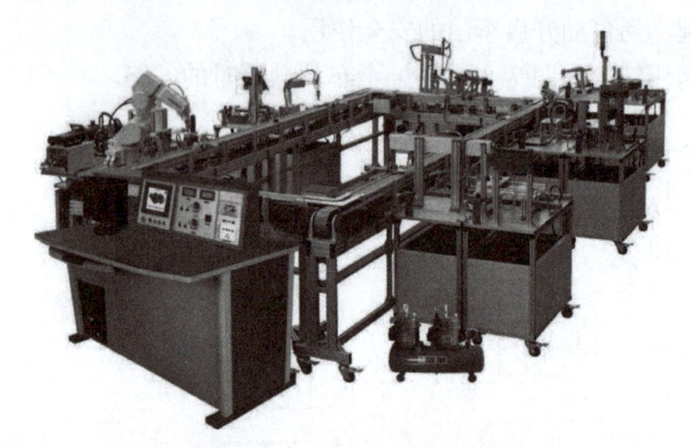

图 7–1–3 气动自动化生产线实训装置

三、气动系统的优点

气动系统的优点如下：

（1）气动装置结构简单、轻便，安装维护简单，适合标准化、系列化和通用化。

（2）压力等级低，使用安全。

（3）工作介质是取之不尽、用之不竭的空气，排气处理简单，不污染环境，成本低。

（4）输出力及工作速度的调节非常容易。

（5）可靠性高，使用寿命相对较长。

（6）利用空气的可压缩性，可以储存能量，实现集中供气，远距离输送。

（7）可以短时间释放能量，以获得间歇运动中的高速响应。

（8）可实现缓冲，对冲击负载及过载有较强的适应能力，在一定条件下，可使气动装置有自保持能力。

（9）全气动控制具有防火、防爆、耐潮的能力，特定条件下可在高温场合使用。

四、气动系统的缺点

当然，气动系统也不可避免地存在一些缺点。

（1）由于空气具有可压缩性，气缸的运行速度易受负载的变化而变化，动作的稳定性差。

（2）配管、配线相对较为复杂。

（3）气缸在低速运动时，由于摩擦力占据推力的比例较大，气缸的低速稳定性不如液压缸。

（4）输出力比液压缸小。

五、气压传动技术的发展趋势

随着信息化、数字化、智能化等技术的发展，气压技术的发展趋向于以下几个方面：

扬长避短

任何事物既有优点，又有缺点，气动系统也不例外。我们利用气动系统的时候，要善于扬长避短，根据工程实践的需要，合理地选用和配置。

产教融合

请通过专业书刊、网络、新闻媒体等查询，或者到有关行业企业去了解气压技术的行业品牌企业名称、行业展会名称，并列于下方：

____

____

____

（1）小型化、集成化。这可以缩小其元件的外形尺寸，便于系统集成。

（2）组合化、智能化。最常见的组合是阀组、阀岛，还有带开关气缸的。在物料搬运系统中，有使用了气缸、摆动气缸、气动夹头和真空吸盘的组合体，同时配有电磁阀、程控器，结构紧凑、占用空间小、行程可调。

（3）精密化。目前开发了非圆活塞气缸、带导杆气缸等可减小普通气缸活塞杆工作时的摆转；为了使气缸的定位更精确，使用了传感器、比例阀等实现反馈控制，定位精度达 0.01 mm。在精密气缸方面已开发了 0.3 mm/s 低速气缸和 0.01 N 微小载荷气缸。在气源处理中，过滤精度达 0.01 mm，过滤效率为 99.999 9% 的过滤器和灵敏度达 0.001 MPa 的减压阀也已开发出来。

（4）高速化。目前气缸的活塞速度范围为 50~750 mm/s。为了提高生产率，自动化的节拍正在加快。今后要求气缸的活塞速度提高到 5~10 m/s。与此相应，阀的响应速度也将加快，要求由现在的 1/100 s 级提高到 1/1 000 s 级。

（5）无油、无味、无菌化。由于人类对环境的要求越来越高，不希望气动元件排放的废气带油雾污染环境，因此无油润滑的气动元件将会普及。还有些特殊行业，如食品、饮料、制药、电子等，对空气的要求更为严格，除无油外，还要求无味、无菌等，这类特殊要求的过滤器将被不断开发出来。

（6）高寿命、高可靠性和智能诊断功能。气动元件大多用于自动化生产中，元件的故障往往会影响设备的运行，使生产线停止工作，造成严重的经济损失，因此，对气动元件的工程可靠性提出了更高的要求。

（7）节能、低功耗。气动元件的低功耗能够节约能源，并能更好地与微电子技术相结合。功耗≤ 0.5 W 的电磁阀已开发和商品化，可由计算机直接控制。

（8）机电一体化。为了精确达到预定的控制目标，应采用闭路反馈控制方式。为了实现这种控制方式要解决计算机的数字信号，传感器反馈模拟信号和气动控制气压或气流量三者之间的相互转换问题。

（9）应用新技术、新工艺、新材料。在气动元件制造中，型材挤压、铸件浸渗和模块拼装等技术已在国内广泛应用；压铸新技术（液压抽芯、真空压铸等）目前已在国内逐步推广；压电技术、总线技术，新型软磁材料、透析滤膜等正在被应用。

边学边想

请完善表 7-1-2，对比气压传动与液压传动的有关性能。必要时可讨论、查阅资料。

表 7-1-2 气压、液压传动性能比较

项目	气压传动	液压传动
元件结构		
输出力		大
动作速度		
操作距离		
信号响应		
环境要求		抗振
工作寿命		
负载变化影响	较大	
无级调速		
体积		
维护		要求高
价格	便宜	稍贵

拓展任务

1. 分析气动系统时从何处着手效率更高？需要分析气体释压的路径吗？

____

2. 地铁车门启闭是不是由气动系统控制的？为什么用或者不用？

____

3. 高海拔地区使用气动系统是否受限，为什么？

____

任务总结评价

根据个人学习情况，完成个人学习评价表（表 7–1–3）。

表 7–1–3　个人学习评价表

序号	评价内容	分值	完成情况记录		
			自评	组评	师评
1	自主完成课前任务	5			
2	对本气动系统功能的认知	10			
3	认识气压系统元件	15			
4	车门开启动作完成情况	10			
5	车门关闭动作完成情况	10			
6	安全保护回路及其动作完成情况	15			
7	气压技术与液压技术的比较	15			
8	拓展任务完成情况	20			
总　分		100			

任务2　认识气源和气源处理装置

任务描述

气动系统是以压缩空气为工作介质进行能量传递或信号传递的。空气的性质和压缩空气质量对气动系统工作的可靠性和稳定性影响极大。

空气的性质主要包括空气的物理性质、空气的热力学性质及压缩空气的流动特性等，压缩空气质量是指杂质的含量。

要获得符合工程实践需要的可靠气源，需要空气压缩机、冷却器、干燥器等一整套气源处理装置。

课前学习资源

认识起源及气源处理装置：

任务目标

知识目标：

1. 掌握空气的组成、湿度及压力等物理性质；
2. 理解空气的热力学性质；
3. 掌握气源处理装置的组成及工作原理。

能力目标：

1. 能够根据气动系统仪表数据判断压缩空气状态和有关性能；
2. 能够绘制气源处理装置的符号；
3. 会判断和排除空气压缩机常见故障。

素质目标：

1. 锤炼精益求精的工匠精神；
2. 强化根脉意识和源流意识。

边学边想

1. 自然界的空气能直接作为气动系统的介质使用吗？为什么？

____

____

____

2. 自然空气中，以体积计，氮气约占78%，氧气约占20%，其他为氩气、二氧化碳等气体。那么，自然空气被压缩进入气动系统后，它们的体积占比会有所变化吗？为什么？

____

____

____

任务内容

步骤1：认识空气的组成和性质。

步骤2：认识气源处理装置。

步骤1：认识空气的组成和性质

一、空气的组成

在空气的组成中，氮气和氧气是占比最大的两种气体，其

观察思考

空气的湿度通常由单位体积湿空气中所含水蒸气的质量表示，有绝对湿度、相对湿度等表达方式。湿度与温度密切相关。请你思考一下，夏天和冬天饱和湿气的值一样吗？具体到气动系统中，系统启动之初和长时间运行后的压缩空气是否有干湿之分？

次是氩气和二氧化碳，还包括氖气、氦气、氪气、氙气等其他气体，以及水蒸气和沙土等细小颗粒。组成成分的比例与空气所处的状态和位置有关。例如，位于地表的空气和高空的空气有差别，但在距离地表 20 km 以内，其组成可以看成均一不变的。在空气有污染的情况下，其中还含有二氧化硫、亚硝酸、碳氢化合物等物质。

因为空气的组成中比例最大的氮气具有稳定性，不会自燃，所以空气作为工作介质可以用在易燃、易爆场所。

二、空气的湿度

根据空气中是否含有水蒸气成分，可以将空气分为干空气和湿空气。其中，完全不含有水蒸气的空气称为干空气，气压传动中以干空气作为工作介质。含有水蒸气的空气称为湿空气，湿空气中含有的水蒸气越多，则湿空气越潮湿。在一定的温度和压力条件下，如果湿空气中含有的水蒸气达到最大值，湿空气称为饱和湿气。

三、空气的压力

在物理学上，将单位面积上受力的大小称为压力强度，简称压强，但在工程上**习惯称压强为压力**。气体的压力是分子的热运动而相互碰撞，在容器的单位面积上产生的力的统计平均值，通常用 p 表示。在国际单位制中，压力的单位为 Pa（帕），1 Pa=1 N/m^2。较大的压力用 kPa 和 MPa 表示，1 MPa=10^3 kPa=10^6 Pa。常用的压力单位还有 atm（大气压）。以绝对真空为基准，测得的大气压力为 760 mmHg（毫米汞柱），称为 1 **绝对大气压**或 1 **标准大气压**。

1 绝对大气压 =760 mmHg=1.013 25 × 10^5 Pa=0.101 325 MPa。

为了计算方便，在工程上取 0.980 665 × 10^5 Pa 为 1 工程大气压。

1（标准）绝对大气压 =1.033 2 工程大气压。

边学边做

请根据空气压力的定义，在图 7-2-1 中标明各压力的值域（注意区分真空度与相对压力的关系）。

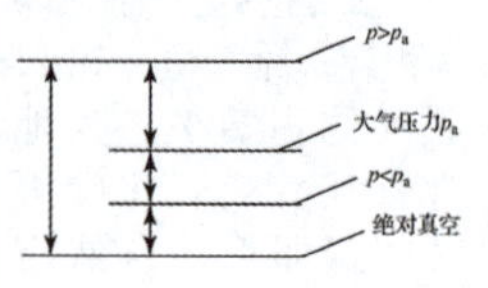

图 7-2-1　绝对压力、相对压力、大气压力、真空度关系图

压力的表示方法有绝对压力和相对压力。**绝对压力**是以绝对真空为基准来进行度量的压力；**相对压力**是以大气压为基准来进行度量的压力。如果气体的绝对压力低于大气压力，则习惯上称为**真空**，并以真空来表示。绝对压力比大气压力小的那部分数值，叫作**真空度**。由常用压力测试仪表所测得的压力为相对压力，因而习惯把相对压力称为**表压力**。在运算公式中一般采用绝对压力。

绝对压力、相对压力、大气压力及真空度之间关系可表示为

绝对压力 = 相对压力 + 大气压力

真空度 = 大气压力 – 绝对压力

微课助力

气体压力：

四、空气的温度

空气温度常用三种形式表达：

绝对温度：以气体分子停止运动时的最低极限温度为起点测

量的温度，用 T 表示，单位为开尔文，单位符号为 K。

摄氏温度：用符号 t 表示，单位为摄氏度，单位符号为 ℃。

华氏温度：用符号 t_F 表示，单位为华氏度，单位符号为℉。

三者的关系为

$$T=t+273.1$$

$$t_F=1.8t+32$$

五、气体的状态变化（热力学性质，难点）

气动系统中，工作介质的实际变化过程非常复杂。为简化分析，通常将空气的状态变化归纳为等容、等压、等温、绝热和多变五种过程。

等容过程遵守查理法则，即 $p_1/T_1=p_2/T_2$；

等压过程遵守盖· 吕萨克法则，即 $V_1/T_1=V_2/T_2$；

等温过程遵守波义耳法则，即 $p_1V_1=p_2V_2$。

绝热过程指的是气体与外界无热交换的状态变化过程，一般气罐内的气体在很短的时间内放气，这样的过程就可以看作是绝热过程。

多变过程是上述几种过程都有的气体状态变化，这也是气动系统中大多数的空气变化过程。

扣好第一扣

“扣好人生第一粒扣子”，事关人生每一步。作为气动系统工作介质的压缩空气，就是系统能否正常工作、发挥效能的“第一粒扣子”。我们一定要把有关压缩空气的知识学习好、掌握好。

步骤 2：认识气源处理装置

气源处理装置简图如图 7-2-2 所示。

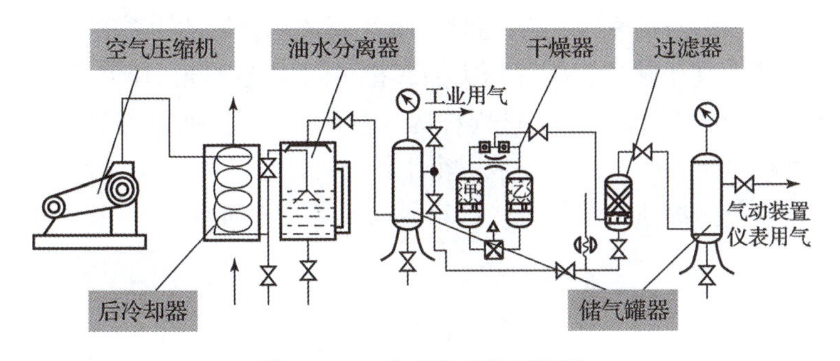

图 7-2-2　气源处理装置简图

一、空气压缩机

空气压缩机，是气源装置的核心，用以将原动机输出的机械能转化为气体的压力能，满足气动设备对压缩空气压力和流量的要求。空气压缩机有活塞式、膜片式、螺杆式等类型，活塞式空压机最常见。

单级单作用活塞式空气压缩机的工作原理如图 7-2-3 所示，其外形如图 7-2-4 所示。

边学边做

1. 打气筒中的空气在充填轮胎的过程中其热力学过程主要是：

____

____

____

2. 家用冰箱中是否有空气压缩机，一般是什么类型的？

____

____

____

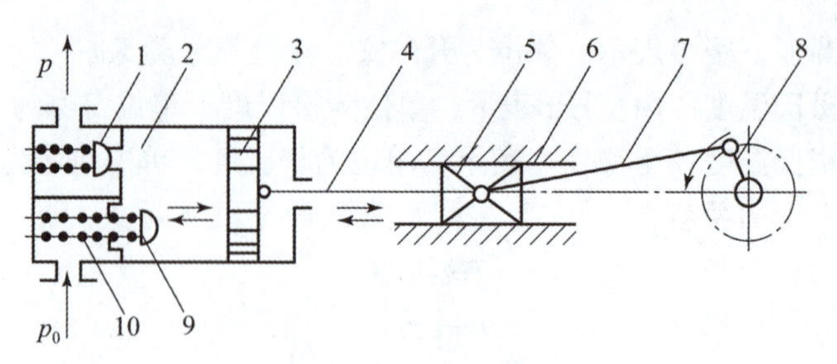

1—排气阀；2—气缸体；3—活塞；4—活塞杆；5—十字头；
6—导向套；7—连杆；8—曲柄；9—吸气阀；10—弹簧。

图 7-2-3　单级单作用活塞式空气压缩机的工作原理

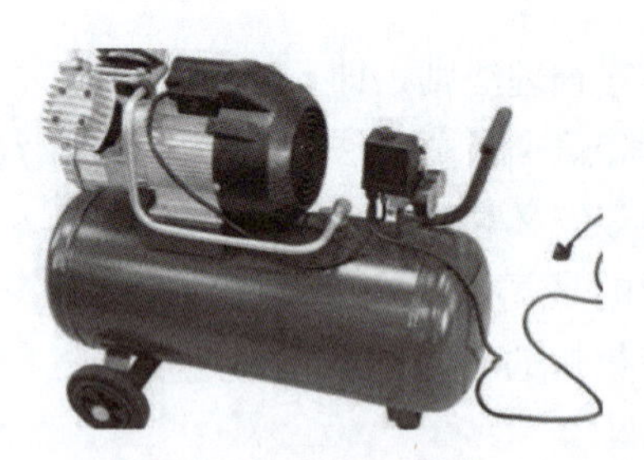

图 7-2-4　单级单作用活塞式空气压缩机的外形

活塞式空气压缩机通过曲柄连杆机构使活塞做往复运动而实现吸、压气，并达到提高气体压力的目的。曲柄由原动机（电动机）带动旋转，从而驱动活塞在气缸体内往复运动。当活塞向右运动时，气缸内容积增大而形成部分真空，活塞左腔的压力低于大气压力，吸气阀开启，外界空气进入缸内，这个过程称为“吸气过程”；当活塞反向运动时，吸气阀关闭，随着活塞的左移，缸内压力高于输出气管内压力后，排气阀 1 被打开，压缩空气被送至输出气管内，这个过程称为“排气过程”。曲柄旋转一周，活塞往复行程一次，即完成一个工作循环。

空气压缩机（气压源）的符号如图 7-2-5 所示。

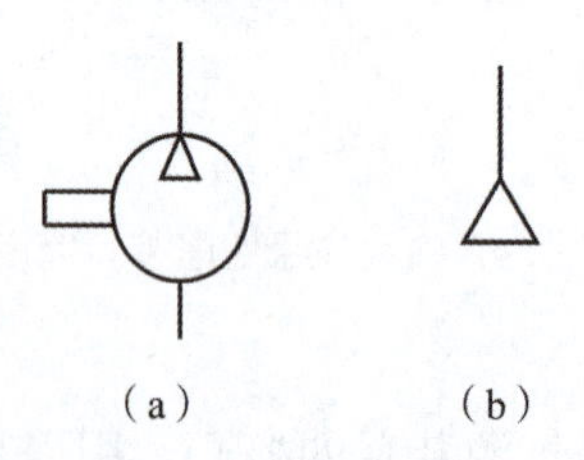

（a）　（b）

图 7-2-5　空气压缩机（气压源）的符号

（a）详细符号；（b）简化符号

空气压缩机按输出压力大小可以分为：低压空气压缩机（0.2~1 MPa）、中压空气压缩机（1~10 MPa）、高压空气压缩机（10~100 MPa）、超高压空气压缩机（>100 MPa）。

空气压缩机按输出流量（排量）可以分为：微型空气压缩机

微课助力

空气压缩机：

边学边做

1. 请简述活塞式空压机的工作原理。

______

2. 请手绘空气压缩机的符号。

______

3. 活塞式空气压缩机的输出压力一般为 1 MPa，排量不超过 100 m³/min，使用范围最广泛。请问，本案例中，公交车车门启闭气动系统是否应该选用活塞式空气压缩机，为什么？

______

（<1 m³/min）；小型空气压缩机（1~10 m³/min）；中型空气压缩机（10~100 m³/min）；大型空气压缩机（>100 m³/min）。

二、空气压缩机常见故障分析与排除

1. 空气压缩机有不正常的响声

1）气缸内有响声

（1）气缸内掉入异物或破碎阀片，清除异物或破碎阀片。

（2）活塞顶部与气缸盖发生顶碰，应调整间隙。

（3）连杆大头瓦、小头衬套及活塞横孔磨损过度，应更换之。

（4）活塞环过分磨损，工作时在环槽内发生冲击，更换活塞环。

（5）气缸内有水。

2）阀内有响声

（1）进、排气阀组未压紧，应拧紧阀室方盖紧固螺母。

（2）阀片弹簧损坏，及时更换。

（3）气阀结合螺栓、螺母松动，拧紧螺母。

（4）阀片与阀盖之间间隙过大，调整间隙，必要时更换阀片。

3）曲轴箱内有响声

（1）连杆瓦磨损过度，换新瓦。

（2）连杆螺栓未拧紧，紧固之。

（3）飞轮未装紧或键配合过松，应装紧。

（4）主轴承损坏，更换轴承。

（5）曲轴上之挡油圈松脱，换新挡油圈。

2. 润滑系统的故障

（1）击油针折断，应更换；

（2）油位过高或过低，调整油位至规定范围；

（3）油牌号不对，应按说明书要求换油；

（4）润滑油太脏，应换洁净的润滑油。

3. 各级压力不正常（偏低或偏高）

（1）进、排气阀的阀片或弹簧损坏，漏气，应更换；

（2）进、排气阀的阀座上夹有脏物，漏气，清除脏物；

（3）空气滤清器堵塞严重，应清洗；

（4）气管路有漏气或冷却器漏气，修理之；

（5）活塞环、气缸磨损严重，漏气，应更换。

4. 排气温度或冷却水排水温度过高（指水冷式）

（1）气缸拉毛使气缸过热，修理气缸、活塞。

（2）排气阀漏气或阀弹簧、阀片损坏，更换损坏零件。

（3）冷却水量不足，加大冷却水流量。

（4）冷却水路堵塞，气缸、气缸盖、冷却器内积垢过厚或堵塞，清除水垢或堵塞物。

（5）进、排气阀积炭，使气体通道不畅，清理积炭。

防患未然

空气压缩机在使用过程中一定要遵守技术规程和工作要求，发生故障一般要么是人为的，要么是设备本身的。我们要尽量减少甚至杜绝人为原因造成故障、影响生产的情况发生。

案例解读

某空气压缩机每天运转 12 h，已经正常使用了 2 年。某日，该空压机正在运转期间，突然出现排量减小、输出压力偏低的现象。经现场值班人员检查，该空气压缩机的电路系统是正常的。请根据你刚才学习到的知识，分析判断故障原因，并确定检修方法。

____

____

____

____

____

____

5. 排气压力表跳动

（1）进、排气阀片或弹簧滞住，检修。

（2）压力表损坏，更换之。

（3）仪表管路有异物，清理吹除。

6. 排气量减小

（1）气阀漏气，研磨修理或更换新件。

（2）活塞环、刮油环、气缸磨损过度，更换磨损件。

（3）空气滤清器堵塞，气管路漏气，清除滤网下粉尘，修理管路。

（4）活塞上止点间隙过大，减少气缸垫、降低余隙容积。

（5）空气压缩机转速低于额定转速，检查线路电压、频率检修或更换电动机。

7. 机械故障

活塞环卡死，气缸发生干磨，曲轴连杆咬死，滚动轴承损坏、系装配间隙过小或润滑油太脏、油位过低，应调整装配间隙或更换添加润滑油。

三、气源处理装置

混入压缩空气中的油分、水分、灰尘等杂质会对系统产生不良影响，因此必须要设置除油、除水、除尘，并使压缩空气保持干燥的辅助设备，以提高压缩空气的质量、进行气源净化处理。压缩空气净化设备一般包括后冷却器、油水分离器、空气干燥器和气动三联件。

（1）后冷却器。冷却器安装在压缩机出口后面，可以使压缩空气降温至 40~50 ℃，使其中的大部分水汽、油雾凝结成水滴和油滴后分离。常见的后冷却器有蛇形管式（图 7–2–6）、列管式（图 7–2–7）、套管式等。

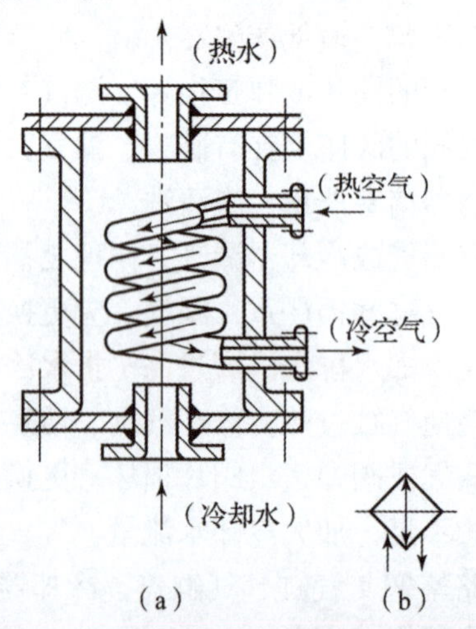

图 7–2–6　蛇形管式冷却器结构和符号

（a）结构；（b）符号

边学边做

1. 经过空气压缩机的空气已经是高压空气了，为什么要加装冷却器？

______

2. 请手绘冷却器的符号：

______

3. 活塞式空气压缩机一般输出的高压空气温度为 140~170 ℃，经过冷却器以后温度降为 40~50 ℃。请问，本案例中，公交车车门启闭气动系统中的高压空气温度是多少？

______

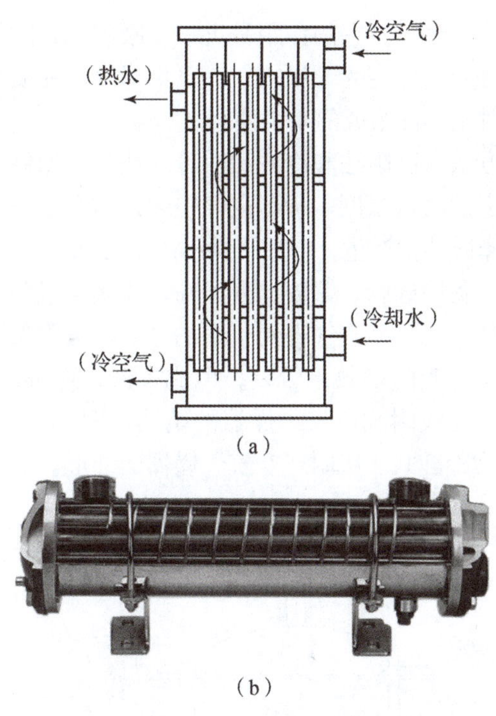

图 7-2-7　列管式冷却器的结构和实物

（a）结构；（b）实物

（2）油水分离器（图 7-2-8）。油水分离器又称除油器，它的作用是将压缩空气中的水分、油分和灰尘等分离出来。其结构形式有环形回转式、撞击并折回式、离心旋转式、水浴式及以上形式的组合等。

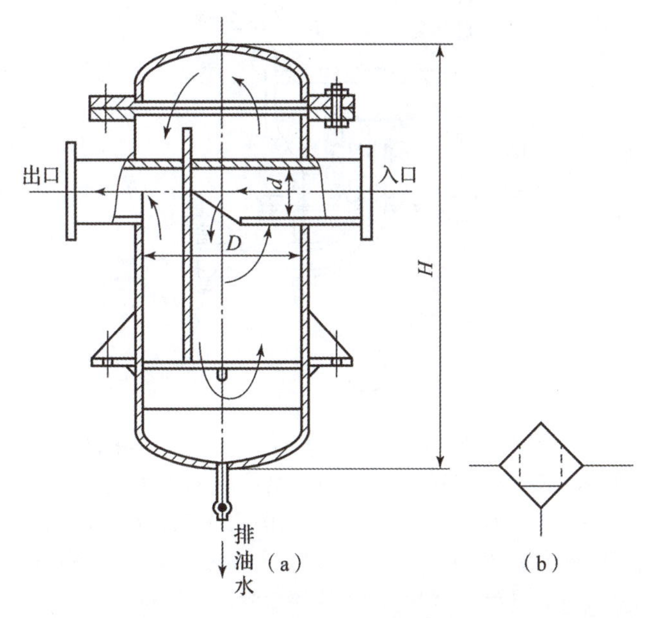

图 7-2-8　油水分离器的结构和符号

（a）结构；（b）符号

头脑风暴

你还见过哪种类型的冷却器？它们是否适用于气动系统？

______

边学边做

1. 请查阅有关资料，了解油水分离器、空气干燥器的生产厂商和应用现状。

______

2. 请手绘油水分离器的符号。

______

（3）空气干燥器。它的作用是进一步吸收和排除压缩空气中的水分、油分，使之变为干燥空气，以供对气源品质要求较高的气动仪表、射流元件组成的系统使用。

干燥的方法有吸附法和冷冻法。冷冻法是利用制冷设备使空气冷却到一定的露点温度，析出空气中超过饱和水蒸气气压部分的水分，以降低其含湿量，增加干燥程度的方法。

吸附法是利用硅胶、铝胶、分子筛、焦炭等吸附剂吸收压缩空气中的水分，使压缩空气得到干燥的方法。吸附法除水效果很好。采用焦炭作吸附剂效果较差，但成本低，还可以吸附油分。图 7-2-9 所示为吸附式空气干燥器的结构，图 7-2-10、图 7-2-11 分别所示为冷冻式、吸附式空气干燥器的外形。

思考讨论

吸附式空气干燥器中利用的是各种吸附剂将水分吸收而得到干燥空气，那么吸附剂中的含水量会越来越多，如果达到饱和状态了，那么是不是吸附剂不能再吸附，干燥器是不是就失效而不能再使用了呢？

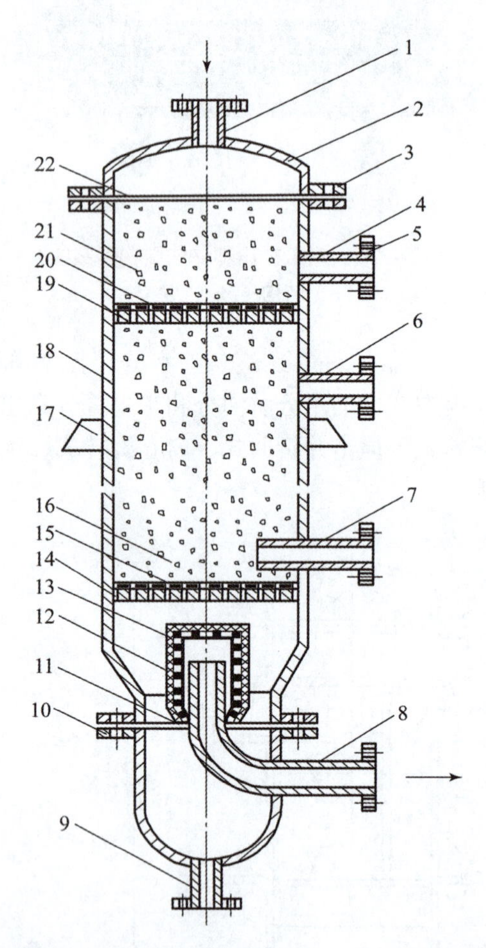

1—湿空气进气口；2—上封头；3，11，22—密封；
4，6—再生空气排气口；5—法兰盘；7—再生空气进气口；
8—干空气排气口；9—排水口；10—下封头；12—毛毡；
13—钢丝滤网；14—下栅板；15—下滤网；16—下吸附层；
17—支撑架；18—壳体；19—上栅板；
20—上滤网；21—上吸附层。

图 7-2-9　吸附式空气干燥器的结构

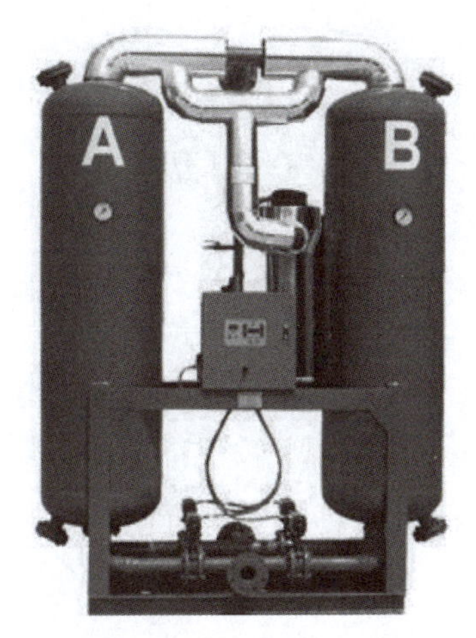

图 7-2-10　冷冻式空气干燥器的外形

图 7-2-11　吸附式空气干燥器的外形

选择空气干燥器的基本原则：

① 先确定气动系统的露点温度，然后才能确定选用空气干燥器的类型和使用的吸附剂等。

② 确定干燥器的容量时，应注意整个气动系统所需流量大小以及输入压力、输入端的空气温度。

③ 若用有油润滑的空气压缩机作气压发生装置，须注意压缩空气中混有油粒子，油能黏附于吸附剂的表面，使吸附剂吸附水蒸气能力降低，对于这种情况，应在空气入口处设置除油装置。

④ 干燥器无自动排水器时，需要定期手动排水，否则一旦混入大量冷凝水后，干燥器的干燥能力会降低，影响压缩空气的质量。

（4）气动三联件。由分水过滤器、减压阀和油雾器三个元件无管连接而成的组件称为气动三联件。一般三件组合使用，有时也只用一件或两件。

图 7-2-12 所示气动三联件的外形和图形符号。

边学边做

请查阅有关资料，了解冷冻式干燥器的工作原理。

____

____

____

____

____

思路拓展

1. 在我们这门课程中的“气动”指的是以压缩空气为介质的动力控制或信号传递系统，而并非由“空气动力学”所简称的“气动”，请注意区分。

2. 气动三联件在使用的时候要注意：如果部分零件使用 PC 材质，应避免接近或在有机剂环境中使用，如需清洗，请使用中性清洗剂。

边学边做

请手绘气动三联件的图形符号。

____

系统互联

事物的联系具有普遍性，任何事物内部的各个部分、要素是相互联系的，任何事物都与周围的其他事物相互联系着，整个世界是一个相互联系的统一整体。气源及其处理装置是气动系统的一个有机组成部分，它本身的价值要在系统中才能体现出来。从这个角度出发，我们每个人是社会的有机组成，我们个体的价值也要在同周围的人和事相互联系中体现和发挥出来。

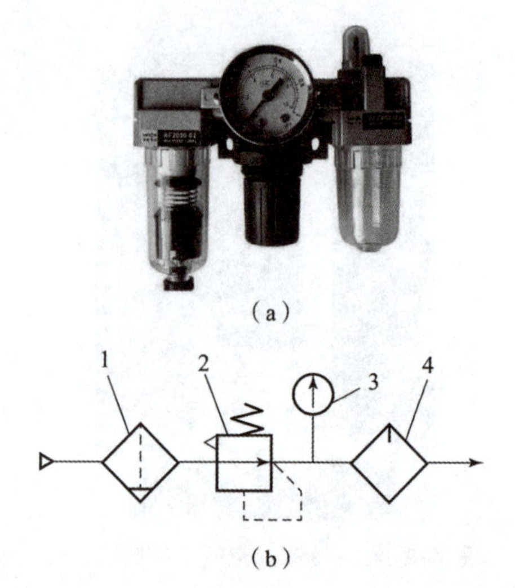

图 7-2-12　气动三联件的外形和图形符号

(a) 外形；(b) 图形符号

拓展任务

气源装置各元件都是用管道和管接头连接起来的。请查阅相关资料，走访生产企业和经销商，列出气动系统常用的管道和管接头的种类和规格。

任务总结评价

请根据个人学习情况完成评价表（表 7-2-1）。

表 7-2-1　个人学习评价表

序号	任务	分值	完成情况记录		
			自评	组评	师评
1	课前任务完成情况	5			
2	知道空气的组成	15			
3	理解空气的性质	15			
4	理解空气压缩机的结构和原理	15			
5	理解气动三联件的组成和原理	15			
6	了解冷却器、干燥器等其他元件的功用	15			
7	拓展任务完成情况	10			
8	学习过程参与度和积极性	10			
总　分		100			

任务 3 认识气动执行元件

任务描述

气动执行元件是将压缩空气的压力能转换为机械能的装置。它包括气缸和气动马达。气缸用于实现直线往复运动，输出力和直线位移。气动马达用于实现连续回转运动，输出力矩和角位移。

任务目标

知识目标：

1. 掌握气缸的结构组成、工作原理及符号；
2. 掌握气动马达的结构组成、工作原理及符号。

能力目标：

1. 能够根据需求选用合适的气缸；
2. 能够根据需求选用合适的气动马达。

素质目标：

1. 以实事求是的态度，准确把握工况，历练工匠精神；
2. 增强应变能力，培养创新意识。

任务内容

步骤 1： 认识气缸。
步骤 2： 认识气动马达。

提前了解

与液压缸、液压马达相比，气动执行元件运动速度快、工作压力低，适应的环境温度宽（一般可在 -35~80 ℃下正常工作），结构简单、成本低、维修方便，便于调节，抗负载影响的能力强。

步骤 1：认识气缸

气缸是气动系统的执行元件之一。它是将压缩空气的压力能

课前学习资源

气缸：

温故知新

1. 液压缸的种类都有哪些？常见的单作用液压缸的结构和符号是什么样的？

____
____
____

2. 液压马达都有哪些种类？常见的叶片式液压马达的结构和工作原理、图形符号都是什么样的？

____
____
____
____

3. 查阅资料，解释气缸的“爬行”和“自走”分别是一种什么状态？

____
____
____

边学边做

1. 请问气液阻尼缸中所用的单向阀、节流阀属于液压阀还是气压阀？

2. 请绘制气缸的符号。

3. 气缸是否有单出杆、双出杆之分？

讨论交流

气缸是否需要注意端头缓冲的问题？为什么？

转换为机械能并驱动工作机构做往复直线运动或摆动的装置。与液压缸比较，它具有结构简单、制造容易、工作压力低和动作迅速等优点。

气缸种类很多，结构各异，分类方法也多，常用的有以下几种。

（1）按压缩空气在活塞端面作用力的方向不同分为单作用气缸和双作用气缸。

（2）按结构特点不同分为活塞式、薄膜式、柱塞式和摆动式气缸等。

（3）按安装方式可分为耳座式、法兰式、轴销式、凸缘式、嵌入式和回转式气缸等。

（4）按功能分为普通式、缓冲式、气－液阻尼式、冲击和步进气缸等。

气缸的安装形式分两大类：固定式安装和销轴式安装。常见的固定式安装包括直接安装、螺纹轴颈式安装、脚码式安装、前法兰安装、后法兰安装，销轴式安装有耳环连接式安装、中间销轴式安装。

普通气缸工作时，由于气体的压缩性，当外部载荷变化较大时，会产生“爬行”或“自走”现象，使气缸的工作不稳定。为了使气缸运动平稳，普遍采用气－液阻尼缸。图 7–3–1 所示为串联式气液阻尼缸的外形和结构。

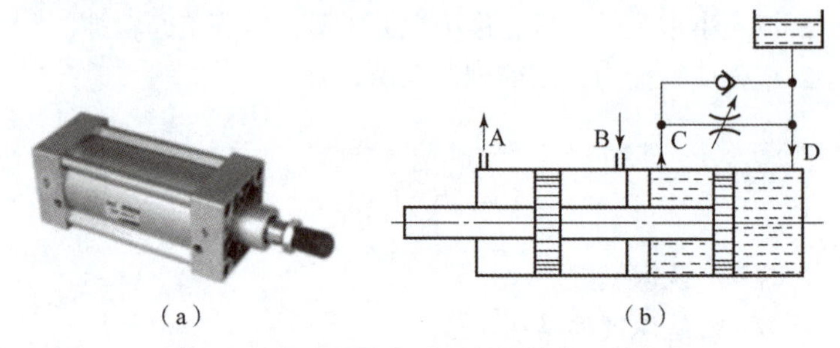

图 7–3–1　串联式气液阻尼缸的外形和结构

（a）外形；（b）结构

气－液阻尼缸中气缸和液压缸共用同一个缸体，气缸活塞和液压缸活塞用一根活塞杆串联起来，两缸之间用中盖隔开，防止空气与液压油互窜。在液压缸的进、出口处连接了调速用的液压单向节流阀，通过调节液压缸的排油量，从而调节活塞运动的速度。将双活塞杆腔作为液压缸，储油杯内的油液用于补偿液压缸的泄漏。

当气缸右腔 B 供气时，活塞带动液压缸的活塞同时向左运动，液压缸左腔 C 的液压油经节流阀排到液压缸的右腔，对活塞的运动起阻尼（液压缸左腔的压力大于右腔的压力）的作用。调节节流阀的开口，可调节活塞的运动速度。当气缸左腔A供气时，活塞带动液压缸向右运动，液压缸右腔D液压油经单向阀进入液压缸的左腔，加速活塞向右运动。

薄膜式气缸（图7-3-2）是一种利用压缩空气通过膜片推动活塞杆做往复直线运动的气缸。它由缸体、膜片、膜盘和活塞杆等主要零件组成。其功能类似于活塞式气缸，分为单作用式和双作用式两种，适用于气动夹具、自动调节阀及短行程工作场合。

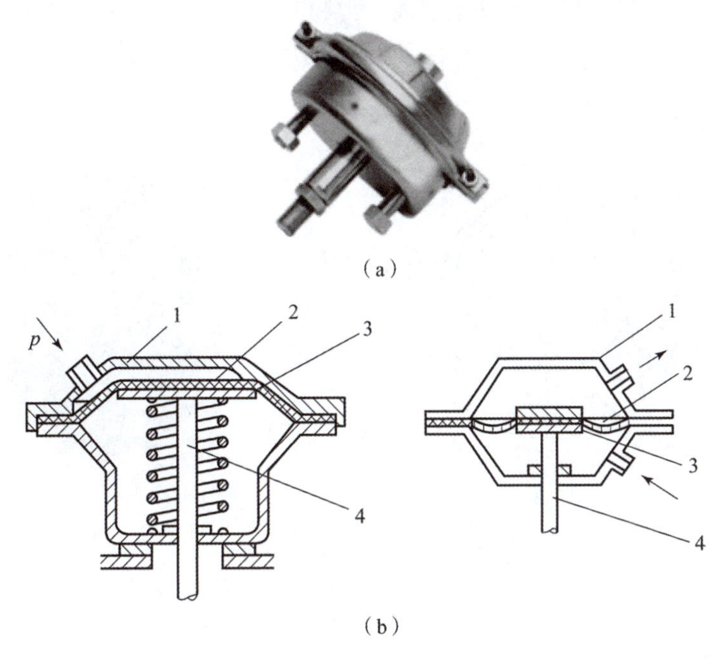

1—缸筒；2—膜片；3—膜盘；4—活塞杆。

图7-3-2 薄膜式气缸的外形和结构

薄膜式气缸的膜片可以做成盘形膜片和平膜片两种形式。膜片材料为夹织物橡胶、钢片或磷青铜片。常用的是夹织物橡胶，橡胶的厚度为5~6 mm。金属式膜片只用于行程较小的薄膜式气缸中。

步骤2：认识气动马达

气动马达是将压缩空气的压力能转换成旋转的机械能的装置，其作用相当于电动机或液压马达，即输出力矩，拖动机构做旋转运动。

一、气动马达的分类及特点

气动马达按结构形式可分为叶片式气动马达、活塞式气动马达和齿轮式气动马达等。最为常见的是活塞式气动马达和叶片式气动马达。叶片式气动马达制造简单、结构紧凑，但低速运动转矩小、低速性能不好，适用于中低功率的机械，目前在矿山及

适者生存

我们每个人在大学阶段都青春激昂、踌躇满志，虽说目前在同一个专业学习，接受同样的学校教育，但走上社会，我们每个人的人生都各不相同。这是由于我们在人生选择和适应社会时人各有志。只要主动和积极地适应社会，在追求真善美的过程中充分体现自己的人生价值，就能走好人生每一程。就像气缸一样，为了适应不同的工况，就要有各种适应性的设计、制造、安装，这样才能满足工程所需。

随堂提问

“马达”的原意是什么？气动马达属于动力元件还是执行元件？

风动工具中应用普遍。活塞式气动马达在低速情况下有较大的输出功率，它的低速性能好，适用于载荷较大和要求低速转矩的机械，如起重机、铰车、铰盘、拉管机等。

二、叶片式气动马达的工作原理

叶片式气动马达（图 7–3–3）与叶片式液压马达相似，主要包括一个径向装有 3~10 个叶片的转子，偏心安装在定子内，转子两侧有前后盖板，叶片在转子的槽内可径向滑动，叶片底部通有压缩空气，转子转动是靠离心力和叶片底部气压将叶片紧压在定子内表面上。定子内有半圆形的切沟，提供压缩空气及排出废气。

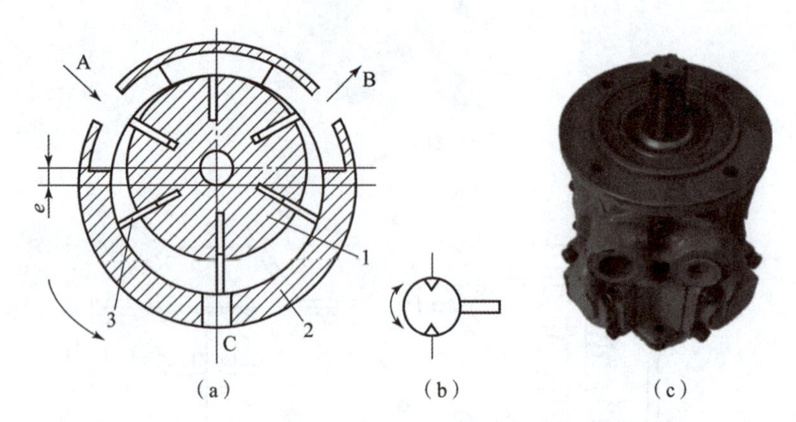

1—转子；2—定子；3—叶片。

图 7–3–3　叶片式气动马达的结构、符号和外形

（a）结构；（b）符号；（c）外形

压缩空气从 A 口进入定子腔内，一部分进入叶片底部，将叶片推出，使叶片在气体推力和离心力综合作用下，抵在定子内壁上，另外一部分气体进入密封工作腔，作用在叶片的外伸部分，产生力矩，使叶片带动。

转子逆时针旋转，废气从排气口 C 排出；而定子腔内残留气体则从 B 口排出。如需改变气马达旋转方向，只需改变进、排气口（A、B 口）即可。

叶片式气动马达一般输出功率为 0.1~20 kW，转速为 500~25 000 r/min。由于它在启动和低速运转时特性不好，因此在转速 500 r/min 以下的场合使用时需要配相应的减速机构。

三、气动马达与液压马达相比的优缺点

1. 优点

（1）工作安全，具有防爆性能，同时不受高温及振动的影响。

（2）可长期满载工作，而温升较小。

（3）功率范围及转速范围均较宽，功率小至几百瓦，大至几

微课助力

叶片式气动马达：

边学边做

1. 请手绘气动马达的符号。

2. 叶片式液压马达、叶片式气动马达是不是都能反转？

3. 请结合图 7–3–3，简述叶片式气动马达的工作原理。

万瓦；转速可从每分钟几转到几千转以上。

（4）具有较高的启动转矩，能带载启动；

（5）结构简单、操纵方便、维修容易、成本低。

2. 缺点

（1）速度稳定性差。

（2）输出功率小、效率低、耗气量大。

（3）噪声大，容易产生振动。

思路拓展

现在很多自动化生产线上应用气动手指气缸（亦称气指、气爪），可实现各种抓取功能，请查阅相关资料，了解平动气指和摆动气指的基本知识。

拓展任务

在自动化设备上的气爪，也称手指气爪，它是配合自动化设备，完成替换人工操作的一种夹持执行元件。不同的应用场景和设备，所对应的气爪为不同的规格和类型。请查阅相关资料，走访生产企业，列出气爪的规格、选型方式以及气爪的夹持力计算方法。

任务总结评价

请根据个人学习实际情况完成自我评价（表 7–3–1）。

表 7–3–1　个人学习评价表

序号	任务	分值	完成情况记录		
			自评	组评	师评
1	课前任务完成情况	10			
2	对气动执行元件的总体认识	15			
3	对气缸分类、结构的认知	20			
4	理解气动马达结构和功能	20			
5	会根据使用场景合理选用气缸	20			
6	气动思维养成	15			
总　分		100			

任务4　认识方向控制阀和往复回路

课前学习视频

方向控制阀：

温故知新

1. 在液压部分，你学过的方向控制阀都有哪些？其符号是什么样的？

____

____

2. 试手绘液压连续往复运动回路图。

____

任务描述

方向控制阀是通过改变压缩空气的流动方向和气流的通断，来控制执行元件启动、停止及运动方向的气动阀。

公交车车门气动系统就是典型的应用方向控制阀的气动系统。本任务将介绍一种应用方向控制阀的往复回路，带领同学们进入气动系统设计与构建的学习新阶段。

任务目标

知识目标：

1. 掌握方向控制阀的类型、工作原理及符号；
2. 掌握往复回路的组成和工作原理。

能力目标：

1. 能够根据需求选用方向控制阀；
2. 能够初步搭建往复回路。

素质目标：

1. 思路决定出路，学会理性、正确地做出方向选择；
2. 培养系统思维，避免顾此失彼。

任务内容

步骤1：认识方向控制阀。

步骤2：搭建往复回路。

提前了解

气动控制元件的功用、工作原理等和液压控制元件相似，但也有以下特点：结构紧凑、质量轻，易于集成安装，工作频率高、使用寿命长；除间隙密封的阀外，原则上不允许内部泄露；大多需要油雾润滑，阀的零件材料应选择不易受水腐蚀的材料；工作压力通常为 1 MPa（少数可达到 4 MPa）以内，大大低于液压控制阀的工作压力范围。

步骤 1：认识方向控制阀

方向控制阀可按其功能、控制方式、结构形式、阀内气流的方向及密封形式等进行分类。按阀内气流的方向可分为单向阀和换向阀两种，具体分类如表 7–4–1 所示。

表 7–4–1　方向控制阀的分类

分类方式	形式
按阀内气流的方向	单向阀、换向阀
按阀芯的结构形式	截止阀、滑阀
按阀的密封形式	硬质密封、软质密封
按阀的工作位数及通路数	二位三通、二位五通、三位五通等
按阀的控制操纵方式分	气压控制、电磁控制、机械控制、手动控制

一、单向型

单向型控制阀包括单向阀、或门型梭阀、与门型梭阀和快速排气阀。

1. 或门型梭阀

在气压传动系统中，当两个通路 P_1 和 P_2 均与另一通路 A 相通，而不允许 P_1 与 P_2 相通时，可用或门型梭阀，如图 7–4–1 所示。当 P_1 进气时，将阀芯推向右边，通路 P_2 被关闭，于是气流从 P_1 进入通路 A。反之，气流则从 P_2 进入 A。当 P_1、P_2 同时进气时，哪端压力高，A 就与哪端相通，另一端就自动关闭。

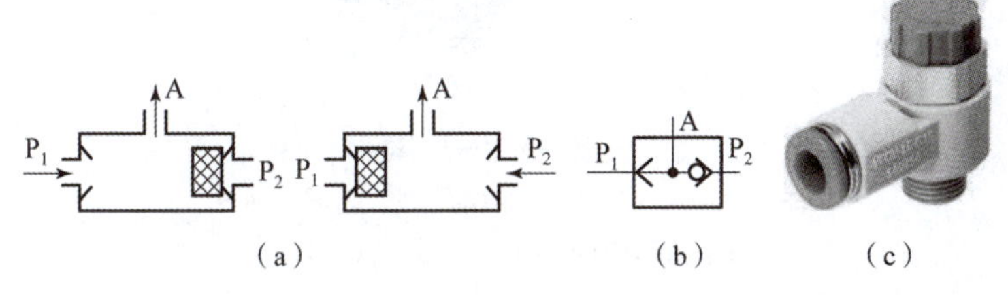

图 7–4–1　或门型梭阀的结构原理、符号和外形

（a）结构原理；（b）符号；（c）外形

2. 与门型梭阀（双压阀）

与门型梭阀（图 7–4–2）又称双压阀，该阀只有当两个输入口 P_1、P_2 同时进气时，A 口才能输出。

3. 快速排气阀

快速排气阀（图 7–4–3）又称快排阀，它是为加快气缸运动做快速排气用的。其中，P 口接压缩空气、A 口接执行元件、O 口为排气口。当 P 口有压缩空气输入时，推动膜片下移，P 口与 A 口相通，给执行元件供气；当 P 口无压缩空气输入时，执行元

逻辑基础

本任务中出现的“或门”“与门”等名词指的是逻辑门的一种。它们表达的是某种系统、路径输入信号和输出信号的关系。简单说明如下：

1. 与门（AND Gate）：

当所有的输入同时为 1 时，输出才为 1，否则输出为 0。总结规律：全 1 为 1，有 0 为 0。

这里的 1、0，在气动系统中可以理解为通、断。

2. 或门（OR Gate）：

只要输入中有一个为 1，输出就为 1；只有当所有的输入全为 0 时，输出才为 0。总结规律：全 0 为 0，有 1 为 1。

3. 非门（NOT Gate）：

当其输入端为 1 时，输出端为 0，当其输入端为 0 时，输出端为 1，即输入端和输出端的电平状态总是相反的。总结规律：为 1 则 0，为 0 则 1。

方向决定道路

我们的人生很多时候也面临选择，就是对未来方向的抉择，向左向右、向前向后。大脑的思考和预判，类似于“方向控制阀”。不过，人的生命是单行道，没有后悔重来的机会，所以“往复回路”是不可能的。

件中的气体通过 A 口使膜片上移，堵住 P、A 通路；打开 A、T 通路，气体通过 T 口快速排出。

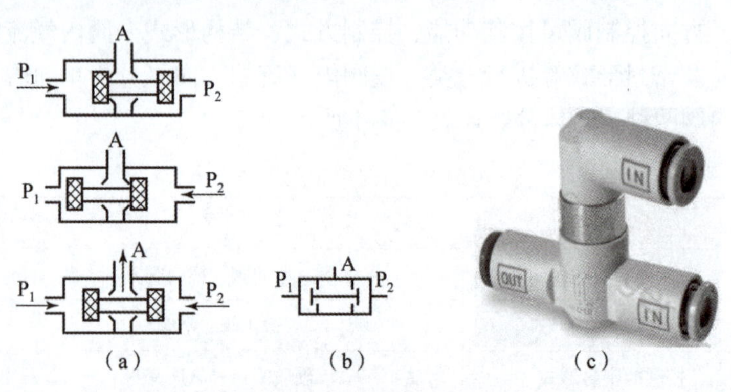

图 7-4-2　与门型梭阀的结构原理、符号和外形

（a）结构原理；（b）符号；（c）外形

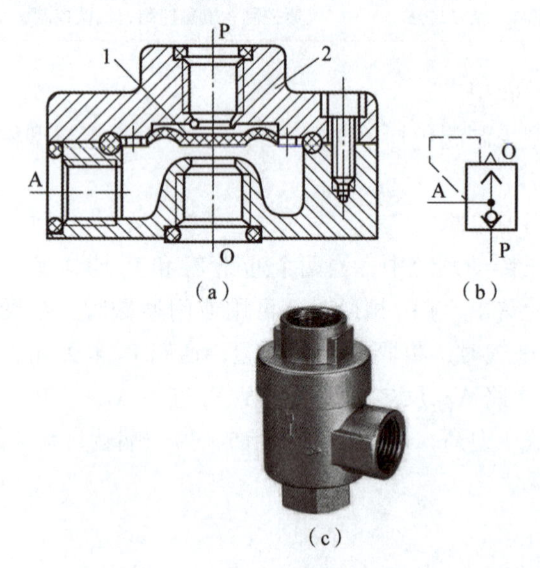

1—膜片；2—阀体。

图 7-4-3　快排阀的结构原理、符号和外形

（a）结构原理；（b）符号；（c）外形

快速排气阀常装在换向阀和气缸之间，使气缸的排气不用通过换向阀而快速排出。加快气缸往复运动速度，缩短工作周期。

二、换向阀

1. 气压控制换向阀

如图 7-4-4 所示，该阀是单气控加压式换向阀，它是利用空气的压力与弹簧力相平衡的原理来进行控制的。

如图 7-4-4(a) 所示，K 口无气控信号时，A 口与 O 口相通，A 口进气。

如图 7-4-4(b) 所示，在 K 口有气控信号时，P 口与 A 口接通，A 口有气体输出。

边学边做

1. 请手绘各种单向阀的图形符号。

____

2. 液压阀中有没有梭阀？

____

3. 液压阀中有没有快排阀？

____

4. 请结合图 7-4-3，简述快排阀的工作原理。

____

回顾思考

本案例公交车车门启闭气动系统中，有没有单向阀、换向阀？请对照系统图说一说它们具体属于什么种类的？

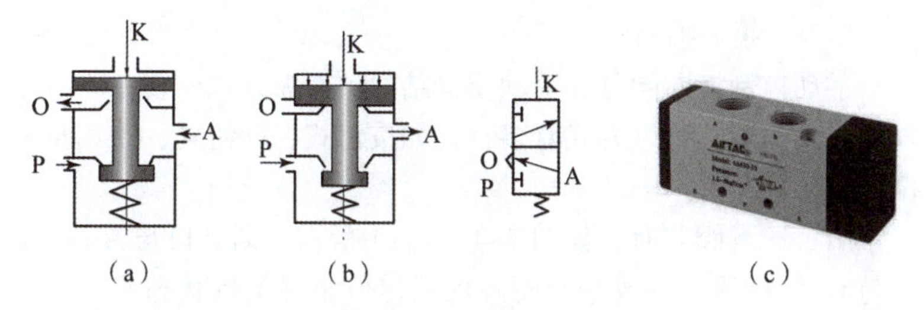

图 7-4-4　两位三通单气控加压式换向阀的结构原理、符号和外形

（a）结构原理；（b）符号；（c）外形

2. 电磁控制换向阀

直动式电磁换向阀（图 7-4-5）利用电磁力直接推动阀杆（阀芯）换向，根据操纵线圈的数目——单线圈或双线圈，可分为单电控和双电控两种。

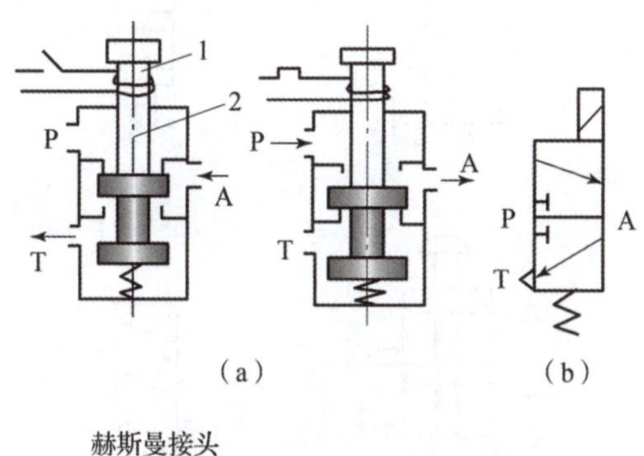

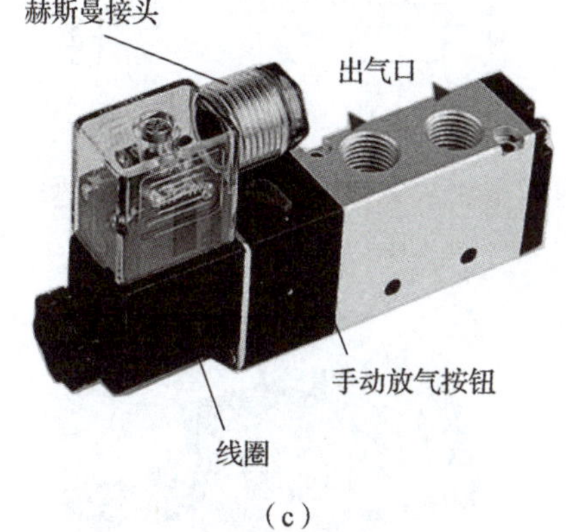

（c）

1—电磁铁；2—阀芯。

图 7-4-5　直动式单电控电磁阀的结构原理、符号和外形

（a）结构原理；（b）符号

直动式单电控电磁阀的工作原理是电磁线圈未通电时，P 口不通、A 口不通，A 口、T 口相通；通电时，电磁力通过阀杆推动阀芯向下移动时，使 P 口、A 口接通，T 口与 P 口不通。这种阀阀芯的移动靠电磁铁，复位靠弹簧，换向冲击较大，故一般制成小型阀。若将阀中的复位弹簧改成电磁铁，就成为双电控直动式电磁阀。

边学边做

1. 请手绘各种换向阀的符号。

2. 请结合图 7-4-5，简述直动式单电控电磁阀的工作原理。

3. 手动控制换向阀

手动控制换向阀分为手动及脚踏两种操纵方式，其主体部分与气控阀类似，操纵方式有多种，如按钮式、旋钮式、锁式及推拉式等。

用手压下阀芯时，如图 7–4–6（a）所示，则 P 口与 A 口、B 口与 O_2 口相通。手放开，而阀依靠定位装置保持状态不变。当用手将阀芯提起时，如图 7–4–6（b）所示，则 P 口与 B 口、A 口与 O_1 口相通，气路改变，并能维持该状态不变。手动控制换向阀的外形如图 7–4–7 所示。

思考讨论

有一木工车间用的气动系统中，某手动换向阀换向失灵，无论是手压还是脚踩都不能动作，请与同学讨论，故障可能的原因有哪些？

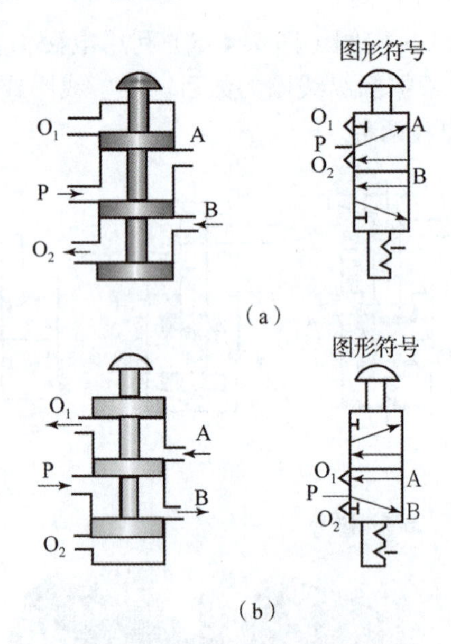

图 7–4–6　手动控制换向阀的结构原理和符号

（a）压下阀芯；（b）提起阀芯

图 7–4–7　手动控制换向阀的外形

4. 机械控制换向阀

机械控制换向阀（图 7–4–8）又称行程阀，多用于行程程序控制，作为信号阀使用。通常依靠凸轮、挡块或其他机械外力推动阀芯，使阀换向。

当机械凸轮或挡块直接与滚轮 1 接触后，通过杠杆 2 使阀芯 5 换向。其优点是减少了顶杆 3 所受的侧向力；同时，通过杠杆传力也减少了外部的机械压力。

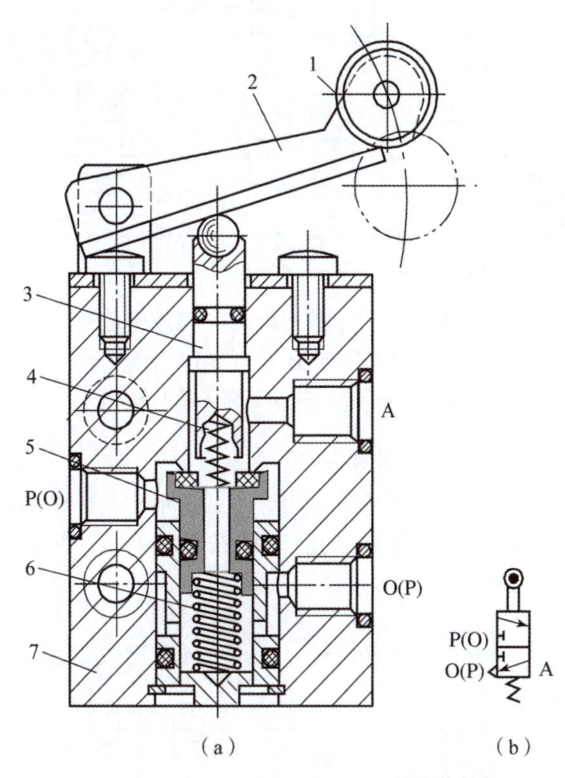

1—滚轮；2—杠杆；3—顶杆；4—缓冲弹簧；
5—阀芯；6—密封弹簧；7—阀体。

图 7–4–8　机械控制换向阀的结构和符号
（a）结构；（b）符号

技术提醒

气动系统的工作温度不超过 55℃，气源气压控制在 0.4~0.6 MPa。换向阀密封圈工作温度不超过 250 ℃，使用寿命约 150 万次或 18~24 个月。气动系统的气缸、磁性开关、电磁阀、气动软管使用时间不宜超过 15 个月，并应配置相应的备件，以便及时更换。

步骤 2：搭建往复回路

下面我们应用方向控制阀来搭建一种气动系统回路——往复回路。本项目所举的公交车车门气动控制系统就是最典型的应用方向控制阀的气动系统。

一、一次往复运动回路

图 7–4–9 所示为行程阀往复运动回路，按下手动换向阀 2，有压气体经手动换向阀 2 作用于气控换向阀 3 左侧，气控阀换向，有压气体经气控换向阀 3 进入气缸 5 的无杆腔，活塞杆伸出，当到达行程阀 4 时，行程阀 4 被触发，有压气体经行程阀 4 作用于气控换向阀 3 右侧，气控换向阀 3 换向，有压气体经气控换向阀 3 进入气缸 5 的有杆腔，活塞杆缩回，完成一次往复运动。其中，气控换向阀 3 具有自保持功能。手动换向阀 2 按下，气控换向阀 3 换向后，要松开手动换向阀 2 使其自动复位。

边学变练

1. 请手绘一次往复回路系统图。

____

2. 请根据系统图简述一次往复运动回路工作原理。

____
____
____
____

边学变练

1. 请手绘连续往复回路系统图。

2. 请根据系统图简述连续往复运动回路工作原理。必要时可用彩笔描红。

微课助力

往复回路：

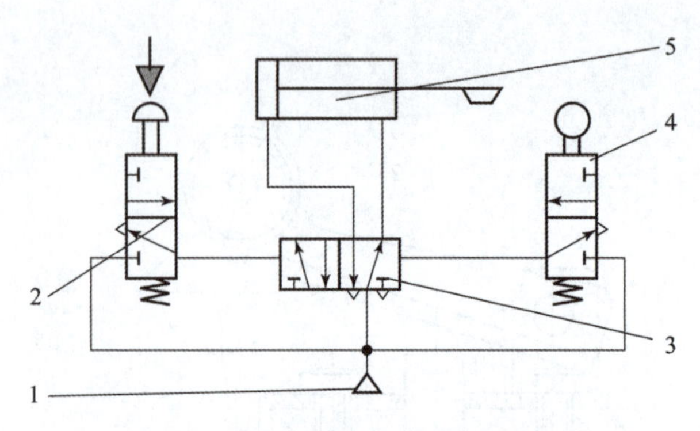

1—气源；2—手动换向阀；3—气控换向阀；4—行程阀；5—气缸。

图 7-4-9　行程阀往复运动回路

二、连续往复运动回路

在图 7-4-10 所示气动系统中，气缸 5 的活塞退回，处于左行，当行程阀 3 被活塞杆上的活动挡铁 6 压下时，气路处于排气状态。

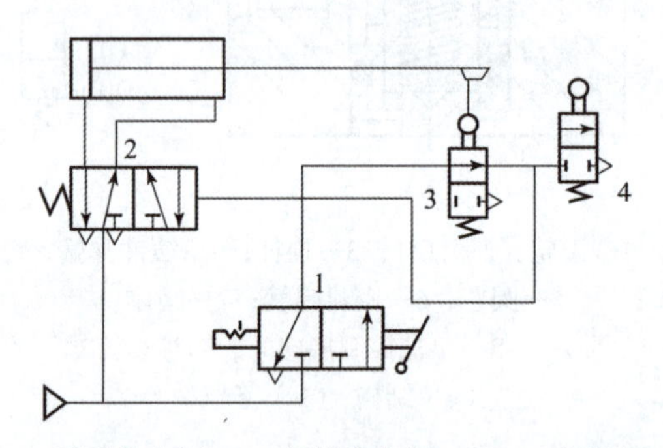

1—手动换向阀；2—气控换向阀；3，4—行程阀。

图 7-4-10　连续往复运动回路

操作手动换向阀 1 的手柄，手动换向阀 1 换向，高压气体经行程阀 3，使气控换向阀 2 换向，气缸活塞杆外伸，行程阀 3 复位，活塞杆挡块压下行程阀 4 时，气控换向阀 2 换至左位，活塞杆缩回，行程阀 4 复位，当活塞杆缩回压下行程阀 3 时，气控换向阀 2 再次换向，如此循环往复。

拓展任务

气动换向阀最容易出现的主要故障为动作不良、泄漏，主要原因为压缩空气中的冷凝水、尘埃、铁锈、润滑不良、密封圈品质差等。在一辆按规范保养的公交车车门启闭系统中，近期出现操纵气动开关后，车门启闭不彻底、不能到达预定极限位置的情况，请根据表 7–4–2 所列换向阀的故障及排除方法，分析可能的故障点、故障原因，并说明对应的排除方法。

表 7–4–2　换向阀的故障及排除方法

故障	原因	排除方法
阀不能换向	1. 润滑不良，滑动阻力和始动摩擦力大	1. 改善润滑
	2. 密封圈压缩量大或膨胀变形	2. 适当减少密封圈压缩量，改进配方
	3. 尘埃或油污等被卡在滑动部分或阀座上	3. 清除尘埃或油污
	4. 弹簧卡住或损坏	4. 重新装配或更换弹簧
	5. 控制活塞面积偏小，操作力不够	5. 增大活塞面积和操作力
阀泄漏	1. 密封圈压缩量过小或有损伤	1. 适当增加压缩量，或更换受损坏密封件
	2. 阀杆或阀座有损伤	2. 更换阀杆或阀座
	3. 铸件有缩孔	3. 更换铸件
阀产生振动	1. 压力低（先导式）	1. 提高先导操作压力
	2. 电压低（电磁阀）	2. 提高电源电压或改变线圈参数

任务总结评价

请根据个人学习情况做出评价（表 7–4–3）。

表 7–4–3　个人学习评价表

序号	任务	分值	完成情况记录		
			自评	组评	师评
1	课前任务完成情况	10			
2	对单向阀的认知	15			
3	对换向阀的认知	20			
4	对一次往复回路的认知	15			
5	对连续往复回路的认知	15			
6	拓展任务掌握情况	10			
7	系统思维习得情况	15			
总　分		100			

任务 5　认识压力控制阀

课前学习资源

减压阀：

温故知新

1. 在液压部分，你学过的压力控制阀都有哪些？其符号是什么样的？

____

____

2. 请简要回答液压系统中减压阀、溢流阀、顺序阀是如何区分的。

____

____

____

任务描述

气动压力控制阀在气动系统中主要起调节、降低、稳定气源压力和控制执行元件的动作顺序、保证系统的工作安全等作用。本任务主要为认识常用的气动压力控制阀而设置。

任务目标

知识目标：

1. 掌握减压阀的工作原理及符号；
2. 掌握溢流阀的工作原理及符号；
3. 掌握顺序阀的工作原理及符号。

能力目标：

1. 能够根据需求选用压力控制阀；
2. 能够区分减压阀、溢流阀、顺序阀的异同。

素质目标：

1. 善于在压力和束缚下工作和生活；
2. 体验气动系统不同环节的压力工况，积累实操经验。

任务内容

步骤 1：认识减压阀。

步骤 2：认识溢流阀。

步骤 3：认识顺序阀。

提前了解

气动系统不同于液压系统。每一个液压系统都自带液压源，也就是液压泵；而在气动系统中，一般由空气压缩机先将空气压缩，储存在储气罐内，然后经管路输送给各个气动装置使用。而储气罐的空气压力往往比各台设备实际所需要的压力高些，同时其压力波动值也较大。因此，需要用减压阀（调压阀）将其压力减到每台装置所需的压力，并使减压后的压力稳定在所需压力值上。

有些气动回路需要依靠回路中压力变化实现控制两个执行元

件的顺序动作，所用的这种阀就是顺序阀。顺序阀与单向阀的组合称为单向顺序阀。

所有的气动回路或储气罐为了安全起见，当压力超过允许压力值时，需要实现自动向外排气，这种压力控制阀叫安全阀（溢流阀）。

步骤 1：认识减压阀

减压阀有时称为调压阀。减压阀的作用就是将较高的输入压力调到执行机构所需的压力，并能保持输出压力稳定。

直动式减压阀（图 7–5–1）靠阀口的节流作用减压，靠膜片上力的平衡作用来稳定输入压力，调节按钮可调节输出压力，能使出口压力降低并保持恒定。

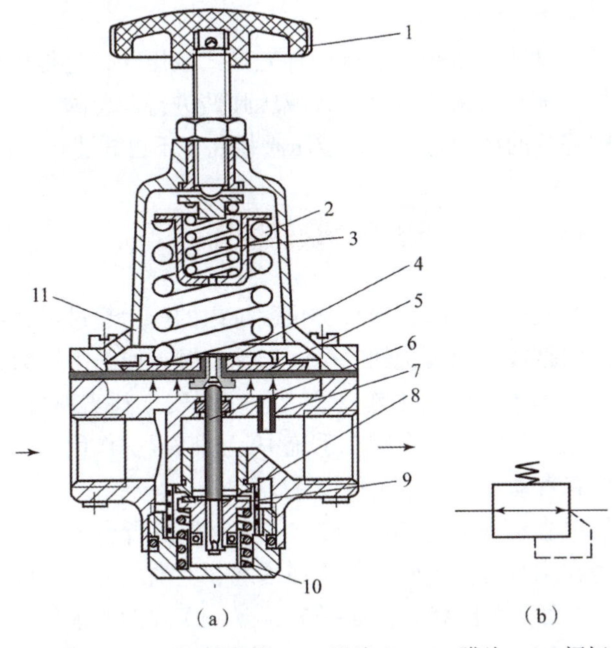

1—手柄；2，3—调压弹簧；4—溢流口；5—膜片；6—阀杆；7—阻尼孔；8—阀芯；9—阀座；10—复位弹簧；11—排气孔。

图 7–5–1　直动式减压阀的结构和符号

（a）结构；（b）符号

减压阀的工作原理：当阀处于工作状态时，调节手柄 1，压缩调压弹簧 2、3 及膜片 5，通过阀杆 6 使阀芯 8 下移，进气阀口被打开，有压气流从左端输入，经阀口节流减压后从右端输出。输出气流的一部分由阻尼孔 7 进入膜片气室，在膜片 5 的下方产生一个向上的推力，这个推力总是企图把阀口开度关小，使其输出压力下降。

当输入压力发生波动时，如输入压力瞬时升高，输出压力也随之升高，作用于膜片 5 上的气体推力也随之增大，破坏了原来

正确释压

类似于减压阀，调压弹簧也是有承受的压力范围的，如果超压，减压阀将达不到平衡状态，不能实现调压的目的。

生活中我们也会遇到方方面面的压力，如升学的压力、工作的压力、竞争的压力等。有压力才能产生动力。遇到压力我们要学会正确面对，缓释超常的压力，让自己的身心处于正常的能够充分产生动力的状态下。

技术提醒

1. 请手绘减压阀的符号。

____

2. 请结合图 7–5–1，简述直动式减压阀的工作原理。

____
____
____
____

的力的平衡，使膜片 5 向上移动，有少量气体经溢流口 4、排气孔 11 排出。在膜片上移的同时，复位弹簧 10 使输出压力下降，直到新的平衡为止。重新平衡后的输出压力又基本上恢复至原值。

调节手柄 1 使调压弹簧 2、3 恢复自由状态，输出压力降至零，阀芯 9 在复位弹簧 10 的作用下，关闭进气阀口。这样，减压阀便处于截止状态，无气流输出。

QTY 型直动式减压阀的调压范围为 0.05~0.63 MPa。为限制气体流过减压阀所造成的压力损失，规定气体通过阀内通道的流速在 15~25 m/s。

安装减压阀时，要按气流的方向和减压阀上所示的箭头方向，依照分水滤气器、减压阀、油雾器的安装次序进行安装。调压时应由低向高调，直至规定的调压值为止。阀不用时应把手柄放松，以免膜片经常受压变形。

除了直动式减压阀，还有一种先导式减压阀，它是使用预先调整好的压缩空气来代替直动式减压弹簧进行调压的，其调节原理和主阀部分的结构与直动式减压阀相同，不再详述。

步骤 2：认识溢流阀

溢流阀又称安全阀，用来防止系统内的压力超过最大许用压力以保护回路或气动装置的安全。当储气罐或回路中压力超过允许压力时，为了系统的工作安全，往往用安全阀实现自动排气，使系统的压力下降。安全阀在系统中起过载保护作用。安全阀的常见类型有直动式、先导式和膜片式等。

我们以直动式安全阀（图 7-5-2）为例进行讲解。当系统中气体压力在调定范围内时，作用在活塞 3 上的压力小于弹簧 2 的压力，活塞处于关闭状态，如图 7-5-2（a）左图所示。当系统压力升高，作用在活塞 3 上的压力大于弹簧的预定压力时，活塞 3 向上移动，阀门开启排气，如图 7-5-2（a）右图所示。

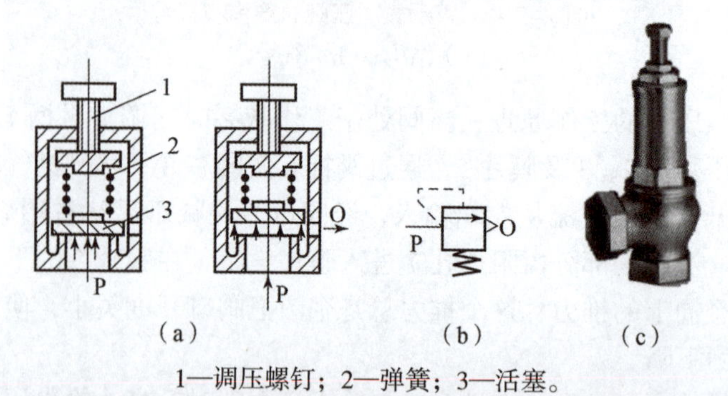

1—调压螺钉；2—弹簧；3—活塞。

图 7-5-2　直动式安全阀的结构原理、符号和外形

（a）结构原理；（b）符号；（c）外形

边学边做

1. 请手绘溢流阀的符号。

____

2. 液压系统中有没有溢流阀？与气动系统的溢流阀有何区别与联系？

____

3. 请结合图 7-5-2，简述溢流阀的工作原理。

____

讨论思考

为什么溢流阀又称之为安全阀？

____

步骤 3：认识顺序阀

顺序阀（图 7–5–3）是依靠回路中压力的作用而控制执行元件按顺序动作的压力控制阀，它根据弹簧的预压缩量来控制其开启压力。当输入压力达到或超过开启压力时，顶开弹簧，于是 P 口到 A 口才有输出，反之 A 口无输出。

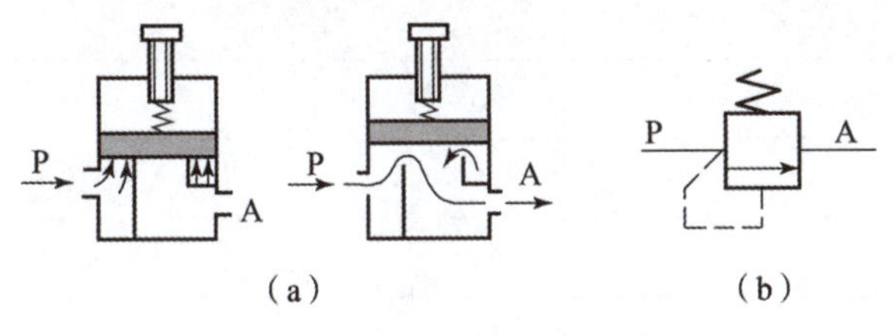

图 7–5–3　顺序阀的结构原理和符号

（a）结构原理；（b）符号

顺序阀一般很少单独使用，往往与单向阀配合在一起，构成单向顺序阀，如图 7–5–4 所示。当压缩空气由左端进入阀腔后，作用于活塞 3 上的气压力超过压缩弹簧 2 上的力时，将活塞顶起，压缩空气从 P 口经 A 口输出，此时单向阀 4 关闭。反向流动时，输入侧排气变成排气口，输出侧压力将顶开单向阀 4 由 O 口排气。调节阀体上的手柄可以改变顺序阀的开启压力。

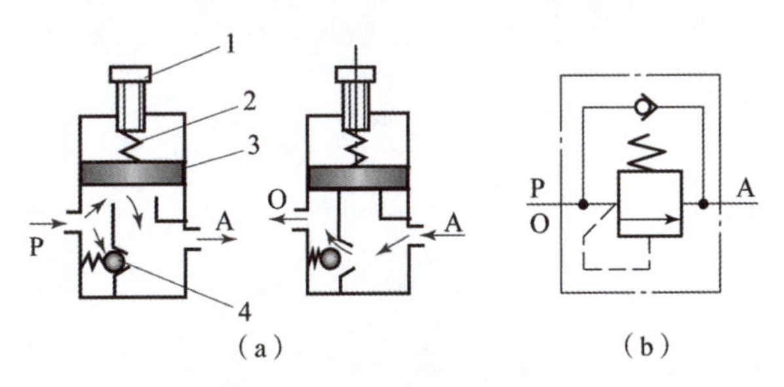

1—调压螺钉；2—弹簧；3—活塞；4—单向阀。

图 7–5–4　单向顺序阀的结构原理和符号

（a）结构原理；（b）符号

边学变练

1. 请手绘顺序阀、单向顺序阀的符号。

2. 请简要说明液压单向顺序阀和气压单向顺序阀的异同。

拓展任务

选用气动溢流阀、减压阀、顺序阀，需要考虑多种因素，最主要的因素有流量、压力、温度等。请查阅相关资料，走访生产企业，说明如何合理选用气动溢流阀、减压阀、顺序阀。

任务总结评价

请根据个人的实际学习情况做出评价（表 7–5–1）。

表 7–5–1　个人学习评价表

序号	任务	分值	完成情况记录		
			自评	组评	师评
1	课前任务完成情况	10			
2	对减压阀的认知	15			
3	对溢流阀的认知	20			
4	对顺序阀的认知	15			
5	对单向顺序阀的认知	15			
6	拓展任务掌握情况	10			
7	抗压能力习得情况	15			
总　分		100			

任务6　搭建顺序回路、同步回路

任务描述

如果一个气动系统中有多个气缸或多个气动马达，它们的动作要么需要按照一定的顺序进行，要么需要同步进行，因而就有了顺序回路和同步回路。本任务主要为搭建顺序回路和同步回路而设置。

任务目标

知识目标：

1. 掌握顺序回路的组成和工作原理；
2. 掌握同步回路的组成和工作原理。

能力目标：

1. 能够自主搭建顺序回路；
2. 能够自主搭建同步回路。

素质目标：

1. 培养和提升系统思维；
2. 锤炼理论联系实际、分析问题和解决问题的能力。

任务内容

步骤 1： 搭建顺序回路。
步骤 2： 搭建同步回路。

步骤 1：搭建顺序回路

由两只、三只或多只气缸组成并按一定顺序动作的回路，称为多缸顺序动作回路。在一个循环顺序里，若气缸只做一次往复，称之为单往复顺序回路。若某些气缸做多次往复，就称为多往复顺序回路。

多缸顺序动作主要有压力控制、位置控制与时间控制三种控制方法。压力控制与位置控制的原理及特点与相应液压回路相同。压力控制主要利用顺序阀、压力继电器等元件，位置控制主要利用电磁换向阀及行程开关等元件。时间控制顺序动作回路多

课前学习资源

搭建顺序回路：

边学边做

液压系统中顺序回路由哪些元件组成？最关键的是什么元件？

____
____
____
____
____
____

循序渐进

子曰："三十而立，四十而不惑，五十而知天命，六十而耳顺，七十而从心所欲，不踰矩。"人的一生是按照时间的顺序一步一步走完的，顺序错不得。气动系统的顺序回路中执行元件的动作次序也错不得。

边学边做

1. 请手绘延时单向顺序动作回路。

______

2. 请结合图 7–6–1，简述延时单向顺序动作回路的工作原理。

______
______
______
______

3. 请手绘延时双向顺序动作回路。

______

4. 请结合图 7–6–2，简述延时双向顺序动作回路的工作原理。

______
______
______

由延时换向阀构成。

图 7–6–1 所示为采用一个延时换向阀 4 控制气缸 1、2 的顺序动作的回路。当二位五通气控换向阀 7 切换至左位时，气缸 1 无杆腔进气、有杆腔排气，实现动作①。同时，气体经节流阀 3 进入阀 4 的控制腔及储气罐 6 中。当储气罐中的压力达到一定值时，阀 4 切换至左位，气缸 2 无杆腔进气、有杆腔排气，实现动作②。当阀 7 在图 7–6–1 所示右位时，两缸同时有杆腔进气、无杆腔排气而退回，即实现动作③、④。两气缸进给的间隔时间可以通过阀 3 调节。

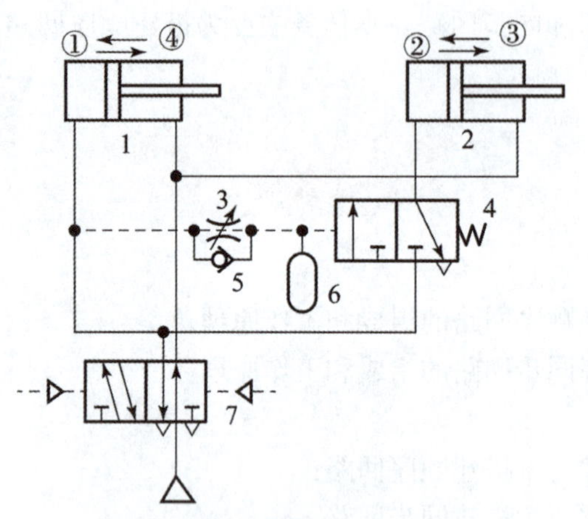

1，2—气缸；3—节流阀；4，7—气控换向阀；
5—节流阀；6—储气罐。

图 7–6–1　延时单向顺序动作回路

图 7–6–2 所示为采用两只延时换向阀 3、4 对气缸 1、2 进行顺序动作控制的回路，可以实现的动作顺序为：①→②→③→④。具体来讲，气控换向阀 5 在左位时，气缸 1 无杆腔首先进气，气缸杆伸出，实现动作①。同时，一路压力气经过节流阀 9，充满储气罐 7 后，克服阀 4 的弹簧力，阀 4 是两位三通换向阀，此时其动作至左位，系统压力气直接通过此阀给气缸 2 无杆腔进气，气缸杆伸出，实现动作②。可以看出，动作①→②的顺序是由阀 4 控制的。

阀 5 在右位，即图 7–6–2 所示位置时，气缸 2 有杆腔首先进气，气缸杆缩进，实现动作③。同时，一路压力气经过节流阀 8，充满 6 号气容后，克服阀 3 的弹簧力，阀 3 是两位三通换向阀，此时其动作至右位，系统压力气直接通过此阀给气缸 1 有杆腔进气，气缸杆缩进，实现动作④。可以看出，动作③→④的顺序由阀 3 控制的。

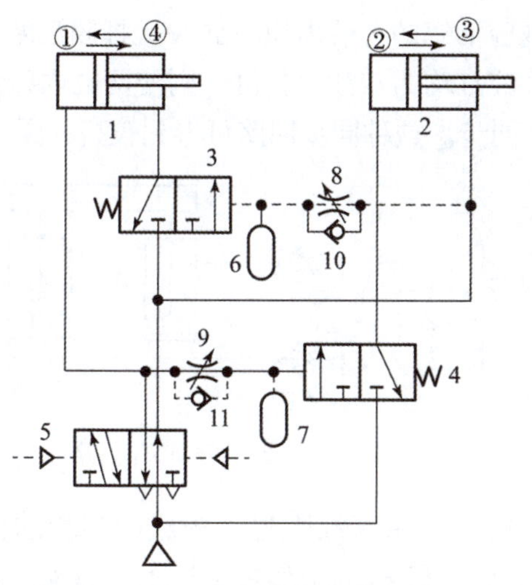

1，2—气缸；3，4，5—气控换向阀；6，7—储气罐；
8，9—节流阀；10，11—单向阀。

图 7-6-2　延时双向顺序动作回路

步骤 2：搭建同步回路

同步回路要求保证两个或两个以上的气缸或气动马达同步动作。如图 7-6-3 所示的双杆缸串联的同步回路，气缸 1、2 均为双出杆气缸，它们的结构、尺寸完全相同，且相互串联。若不考虑泄漏等因素影响，两缸双向运动基本同步。单向节流阀 3 和 4 可以调节双向运动速度。

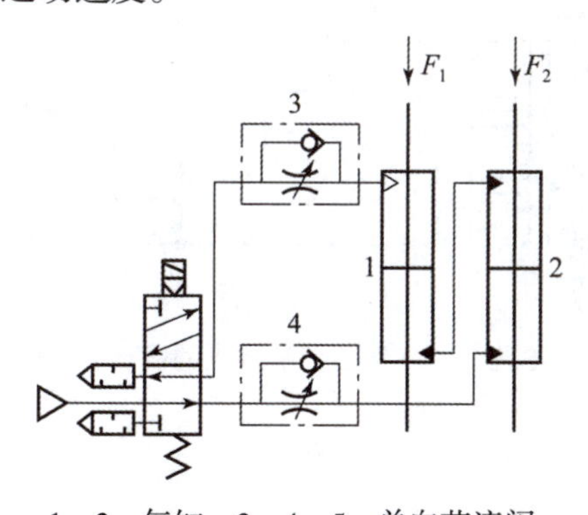

1，2—气缸；3，4，5—单向节流阀。

图 7-6-3　双杆缸串联的同步回路

由于空气具有较大的可压缩性，再加上泄漏等问题，气动系统比液压系统更难保证执行元件的同步动作。人们往往在气动系统实现同步要求时借助液压传动。

图 7-6-4 所示为气液缸同步动作回路，它通过将油液封闭在气液缸内，从而达到两缸的正确同步。由于两个气液缸都是单活塞杆缸，故要做到同步，就要求缸 B 的内径大于缸 A 的内径，而

思考讨论

用气控顺序阀能不能实现顺序控制呢？如果可以，尝试搭建一下。

______

同步何难

要实现严格意义上的同步，从哲学上是不可能的，从技术上也是很难的。两个执行元件都很难，如果更多执行元件呢？就更难。所以我们要经常“喊看齐”，尽可能最大限度地实现“同步”。

边学边做

1. 请识读图 7-6-3 中的元件，并将名称标在图中恰当的位置。

______

______

______

2. 请结合图 7-6-3~ 图 7-6-5 分别简述这些回路的工作原理。

______

______

______

3. 请手绘气动同步回路。

______

且使缸 B 有杆腔活塞的有效面积与缸 A 无杆腔活塞的有效面积相等。若两个气液缸均为双活塞杆缸，则使两缸内径和活塞杆直径相等即可做到同步。这种同步回路可得到较高的同步精度。

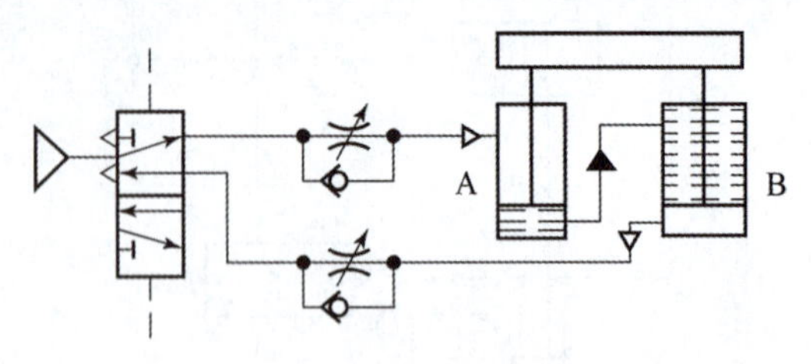

图 7–6–4　气液缸同步动作回路

图 7–6–5 所示为由气液阻尼缸构成的同步动作回路，它可使作用不等负荷 F_1 和 F_2 的工作台水平上下运动。当三位五通换向阀处于中位时，蓄能器自动地通过补油回路给液压缸补充漏失的油液；而当三位五通换向阀处于另两个位置时，补油回路被切断，此时液压缸内部油液交叉循环，保证两缸同步运动。回路中还装有开关 1 和 2，用以排除混入油中的空气。

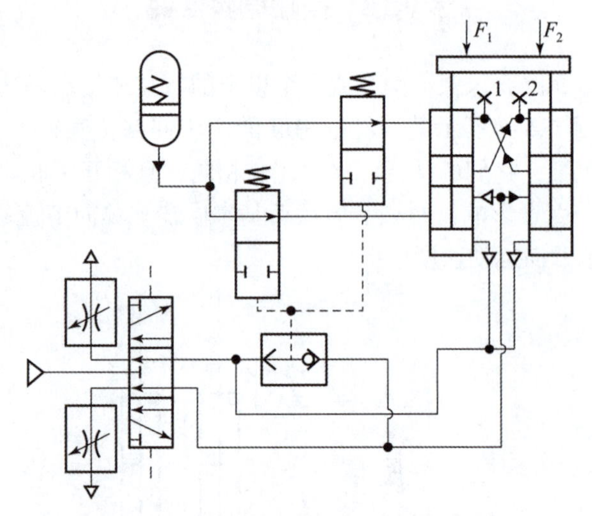

图 7–6–5　由气液阻尼缸构成的同步动作回路

拓展任务

气液增压缸、气液阻尼缸等都结合了气缸和油缸的优点，一般是以压缩空气为动力源，而利用密闭液体能将压强大小不变地向各个方向传递的性质，实现特定的工作目的。请查阅相关资料，并做应用场景调查，列出气液增压缸和气液阻尼缸的选用要点。

请根据个人学习情况完成自我评价（表 7–6–1）。

表 7–6–1　个人学习评价表

序号	任务	分值	完成情况记录		
			自评	组评	师评
1	课前任务完成情况	15			
2	同步回路的认知	25			
3	顺序回路的认知	25			
4	拓展任务掌握情况	20			
5	系统思维习得情况	15			
总　分		100			

任务 7　搭建位置控制回路、安全保护回路

课前学习资源

位置控制回路：

温故知新

1. 液压系统中多个液压缸是怎样串联、并联的？

______

______

______

2. 液压系统中典型的安全保护回路有哪些？

______

任务描述

在气动系统中，气缸通常只有两个固定的定位点。如果要求气动执行元件在运动过程中的某个中间位置停下来，则要求气动系统具有位置控制功能。通常采用的位置控制方式有气压控制方式、机械挡块控制方式、气－液转换方式和制动气缸控制方式等。

由于气动机构负荷的过载、气压的突然降低及气动执行机构的快速动作等原因都可能危及操作人员或设备的安全，因此在生产过程中，常常采用安全保护回路。

本任务主要为搭建位置控制回路和安全保护回路而设置。

任务目标

知识目标：

1. 掌握位置控制回路的组成和工作原理；
2. 掌握安全保护回路的组成和工作原理。

能力目标：

1. 能够自主搭建位置控制回路；
2. 能够自主搭建安全保护回路。

素质目标：

1. 持续提升系统思维；
2. 筑牢底线思维。

任务内容

步骤 1：搭建位置控制回路。

步骤 2：搭建安全保护回路。

步骤 1：搭建位置控制回路

图 7-7-1 所示为串联气缸位置控制回路。在这个气动系统中，气缸是由多个不同行程的气缸串联而成的。换向阀 1、2、3 依次得电和同时失电，可得到四个定位位置（含原位）。具体来

说，图 7–7–1 所示状态是换向阀 1、2、3 全部失电时的状态，此时的位置称为 A。若 1 号换向阀得电，2 号、3 号均失电，气缸杆向前伸出最左端的行程，此时的位置称为 B。类似地，可以得到位置 C、位置 D。

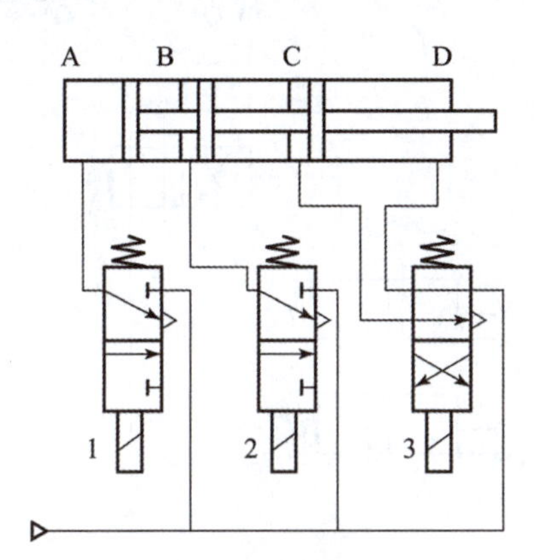

图 7–7–1 串联气缸位置控制回路

图 7–7–2 所示为任意位置停止回路。当气缸负载较小时，可选择图 7–7–2（a）所示回路；当气缸负载较大时，应选择图 7–7–2（b）所示回路。这两种系统中所用三位五通电磁阀的中位机能不一样，图 7–7–2（a）是中位卸压式，也就是系统负载不大时，气缸两腔都卸压，活塞保持此时的平衡位置不动。图 7–7–2（b）是中位保压式，活塞两端均处于高压平衡状态，位置不动。

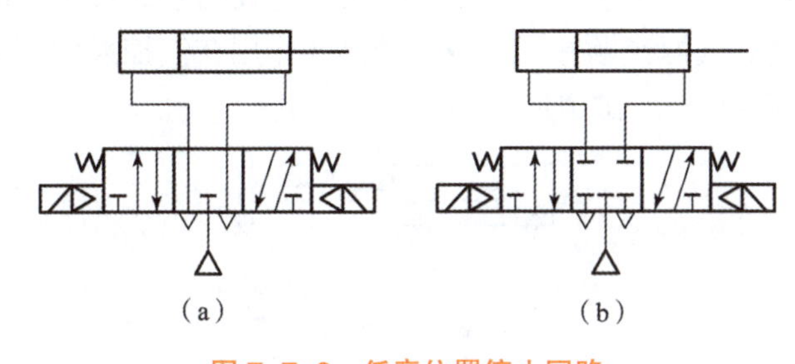

图 7–7–2 任意位置停止回路

（a）中位卸压式；（b）中位保压式

步骤 2：搭建安全保护回路

一、双手同时操作回路

如图 7–7–3 所示，5、6 均为手动换向阀，只有同时按下这两个启动用手动换向阀，气缸才动作，可以对操作人员的手起到安全保护作用。它应用在冲床、锻压机床上，当然，在冲床、锻床上气缸大部分是垂直安装的。

边学边做

1. 请说明图 7–7–2 中三位五通电磁阀的两个中位机能是什么？你还知道换向阀有哪些中位机能吗？

______

2. 请结合图 7–7–1、图 7–7–2，分别简述这些回路的工作原理。

______

3. 请手绘双手同时操作安全保护回路。

______

微课助力

双手操作回路和安保回路：

思考讨论

单向节流阀在双手同时操作安全保护回路常态下是导通的还是截止的？

工程排故

过载保护回路在气动冲床上应用较多。气动冲床发生过载故障后如何排除呢？下面列出常见的故障及其排除方法：

1. 气压太高导致作动不停。解决方法：检查高速冲床气压表压力是否正常，或调压阀是否异常。

2. 内部不清洁，导致作动不停。解决方法：拆卸清洁后即可。

3. 气压太低，导致急停。解决方法：检查高速冲床气压表压力是否正常，或调压阀是否异常。

4. 超负荷电磁阀损坏。解决方法：电磁阀更换新品。

5. 油箱漏油。解决方法：检查高速冲床油箱有无破裂，或螺塞是否没锁紧。

6. 衬料损耗。解决方法：拆卸检查衬料是否有老化损坏情形。

边学边做

1. 根据图 7–7–4，简述该回路工作原理。

____

____

____

2. 根据图 7-7-5，简述该回路的工作原理。

____

____

____

____

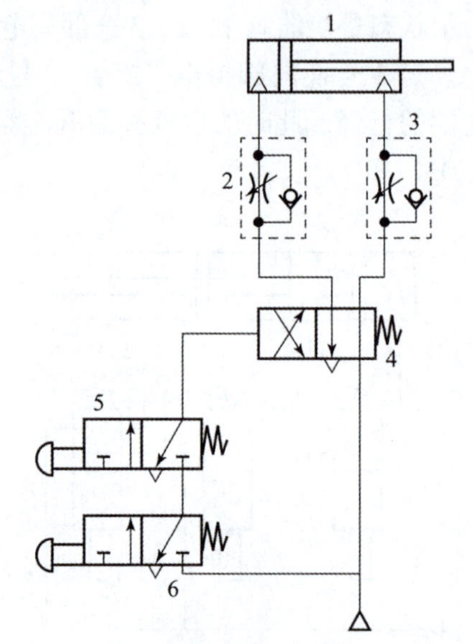

1—气缸；2，3—节流阀；4—两位四通换向阀；
5，6—手动换向阀。

图 7–7–3　双手同时操作回路

二、过载保护回路

图 7–7–4 所示为过载保护回路，这个气动系统中，顺序阀 4 可以实现过载保护的作用。当气控换向阀 2 切换至左位时，气缸 1 的无杆腔进气、有杆腔排气，活塞杆右行。当活塞杆遇到挡铁 5 或行至极限位置时，无杆腔压力快速增高，当压力达到顺序阀 4 开启压力时，顺序阀 4 开启，避免了过载现象的发生，保证了设备安全。气源经顺序阀 4 或门梭阀 3 作用在气控换向阀 2 右控制腔使其复位，气缸退回。

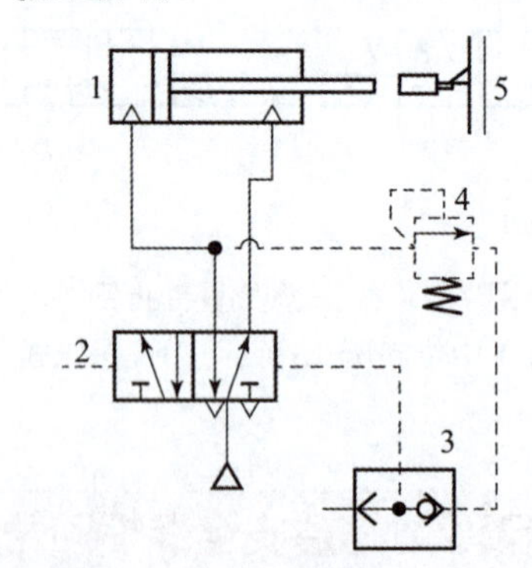

1—气缸；2—气控换向阀；3—或门梭阀；
4—顺序阀；5—挡铁。

图 7–7–4　过载保护回路

三、互锁回路

图 7–7–5 所示为利用三个机动换向阀的互锁回路。气缸 5 的换向由作为主控阀的气控换向阀 4 控制。而气控换向阀 4 的换向

受3个串联的机动三通阀1~3的控制，只有3个都接通时，气控换向阀4才能换向，实现了互锁。

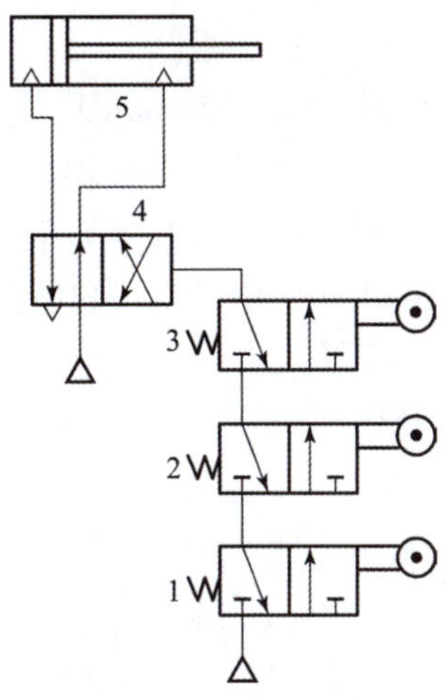

1，2，3—机动互通阀；4—气控换向阀；5—气缸。

图 7-7-5　互锁回路

拓展任务

气动互锁回路的主要作用是在压力、温度、流量等参数发生变化时，通过调节气动阀的开度来保持压力、流量等指标的稳定。气动互锁回路的应用场合非常广泛，如石油化工、电力、冶金、轻工等行业中，实现特定的工作目的。请你查阅相关资料，并做应用场景调查，至少详细列出气动互锁回路的一个应用实例。

任务总结评价

请根据个人学习情况完成评价（表 7-7-1）。

表 7-7-1　个人学习评价表

序号	任务	分值	完成情况记录		
			自评	组评	师评
1	课前任务完成情况	15			
2	对位置控制回路的认知	25			
3	对安全保护回路的认知	25			
4	拓展任务掌握情况	20			
5	系统思维习得情况	15			
总　　分		100			

新技术应用

气动阀岛

“阀岛”一词来自德语，英文名为“Valve Terminal”，由德国FESTO公司发明并最先应用。阀岛由多个电控阀构成，它集成了信号输入/输出及信号的控制，犹如一个控制岛屿。阀岛技术和现场总线技术相结合，不仅确保了电控阀的布线容易，而且大大地简化了复杂系统的调试、性能的检测和诊断及维护工作。借助现场总线高水平一体化的信息系统，两者的优势得到充分发挥，具有广泛的应用前景。

图7–7–6所示为某阀岛系统的结构。

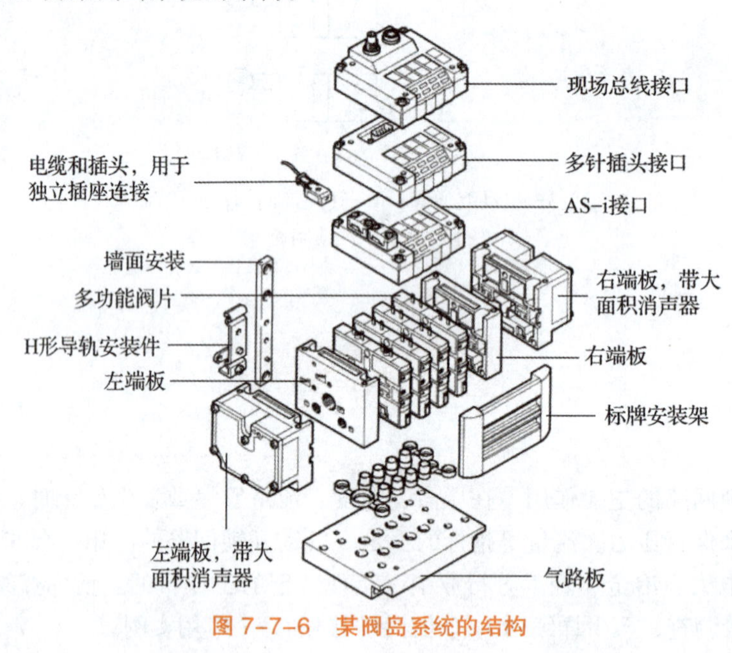

图7–7–6　某阀岛系统的结构

习　　题

一、判断题

1. 快速排气阀的作用是将气缸中的气体经过管路由换向阀的排气口排出的。(　　)

2. 每台气动装置的供气压力都需要用减压阀来减压，并保证供气压力的稳定。(　　)

3. 在气动系统中，双压阀的逻辑功能相当于“或”元件。(　　)

4. 快排阀是使执行元件的运动速度达到最快而使排气时间最短，因此需要将快排阀安装在方向控制阀的排气口。(　　)

5. 双气控及双电控两位五通方向控制阀具有保持功能。(　　)

6. 气压控制换向阀是利用气体压力来使主阀芯运动而使气体改变方向的。(　　)

7. 消声器的作用是排除压缩气体高速通过气动元件排到大气时产生的刺耳噪声污染。(　　)

8. 气动压力控制阀都是利用作用于阀芯上的流体（空气）压力和弹簧力相平衡的原理来

进行工作的。(　　)

9. 气动流量控制阀主要有节流阀、单向节流阀和排气节流阀等，它们都是通过改变控制阀的通流面积来调节流量的控制元件。(　　)

10. 互锁回路属于安全保护回路。(　　)

二、问答题

1. 一个典型的气动系统由哪几个部分组成？

2. 气动系统对压缩空气有哪些质量要求？气源装置一般由哪几部分组成？

3. 空气压缩机有哪些类型？如何选用空气压缩机？

4. 什么是气动三联件？气动三联件的连接次序如何？

5. 题图 1 所示为气动机械手的工作原理图，试分析并回答以下各题。

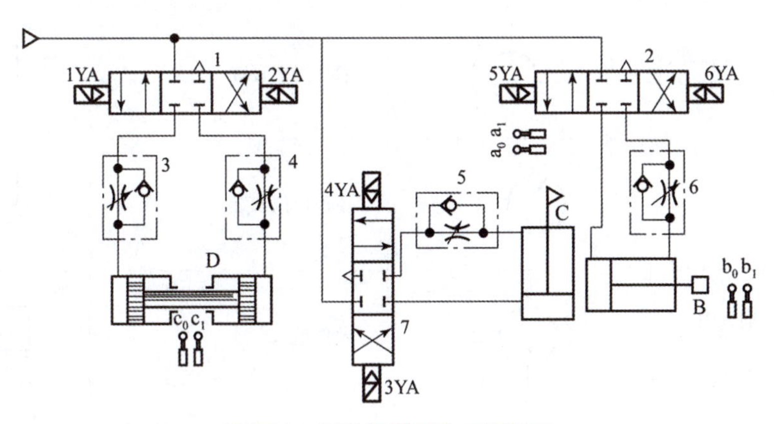

题图 1　气动机械手的工作原理

(1) 写出元件 1、3 的名称及 b_0 的作用。

(2) 填写电磁铁动作顺序表，如题表 1 所示。

题表 1　电磁铁动作顺序

电磁铁	垂直缸 C 上升	水平缸 B 伸出	回转缸 D 转位	回转缸 D 复位	水平缸 B 退回	垂直缸 C 下降
1YA						
2YA						
3YA						
4YA						
5YA						
6YA						

附　　录

附录　常用液压与气动元件图形符号（摘自 GB/T 786.1—2021）

名称	符号	名称	符号
变量泵（顺时针单向旋转）	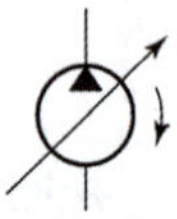	双作用单杆缸	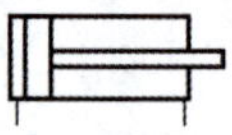
变量泵/马达（双向流动，带有外泄油路，双向旋转）	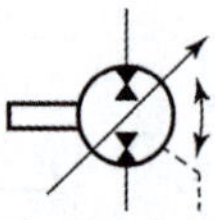	双作用多级缸	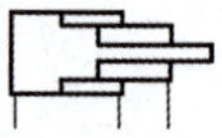
气马达	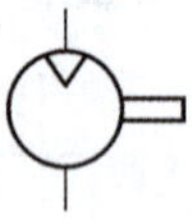	单作用柱塞缸	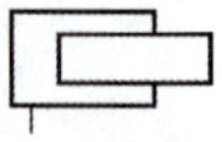
气马达（双向流通，固定排量，双向旋转）	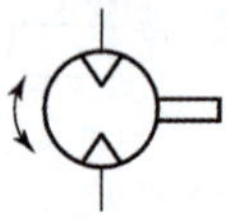	单作用多级缸	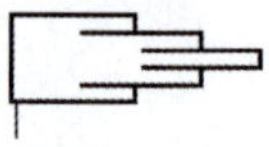
变量泵（双向流动，带有外泄油路，顺时针单向旋转）	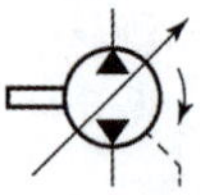	单作用气－液压力转换器（将气体压力转换为等值的液体压力）	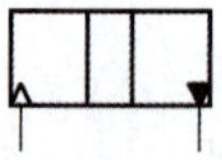
定量泵/马达（顺时针单向旋转）	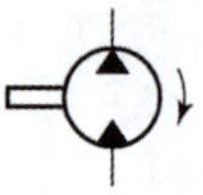	单作用增压器（将气体压力 p_1 转换为更高的液体压力 p_2）	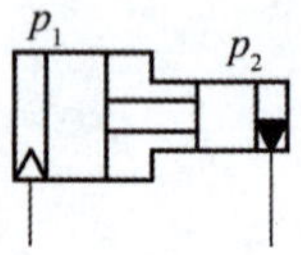 p_1 p_2
空气压缩机	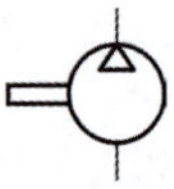	单向阀（只能在一个方向自由流动）	
真空泵	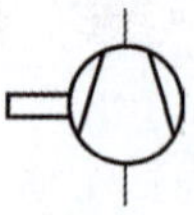	单向阀（带有弹簧，只能在一个方向自由流动，常闭）	
单作用单杆缸（靠弹簧力回程，弹簧腔带连接油口）	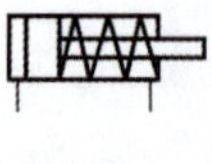	液控单向阀（带有弹簧，先导压力控制，双向流动）	
双作用双杆缸（左终点带有内部限位开关，内部机械控制，右终点带有外部限位开关，由活塞杆触发）	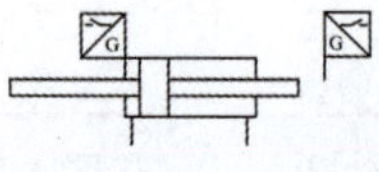	双液控单向阀	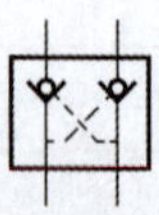

续表

名称	符号	名称	符号
梭阀（逻辑为“或”，压力高的入口自动与出口接通）	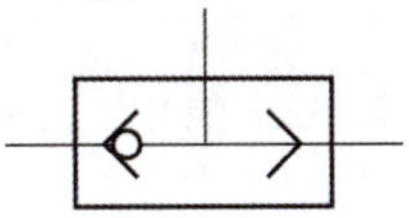	三位五通方向控制阀（手柄控制，带有定位机构）	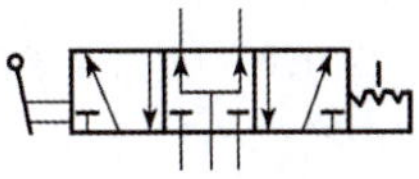
双压阀（逻辑为“与”，两进气口同时有压力时，低压力输出）	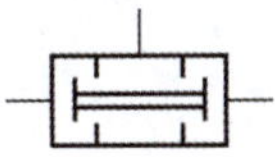	比例方向控制阀（直动式）X10760	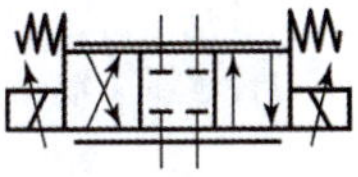
二位二通方向控制阀（双向流动，推压控制，弹簧复位，常闭）	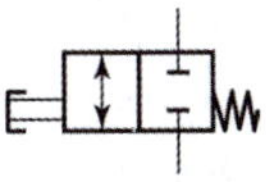	溢流阀（直动式，开启压力由弹簧调节）	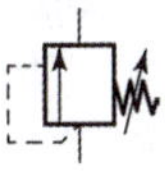
二位四通方向控制阀（电磁铁控制，弹簧复位）	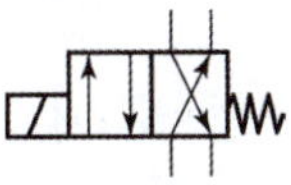	电磁溢流阀（由先导式溢流阀与电磁换向阀组成，通电建立压力，断电卸荷）	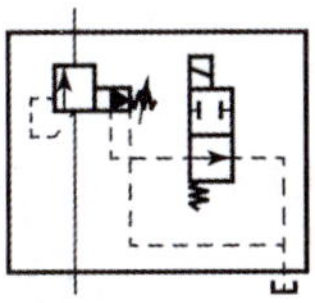
二位三通方向控制阀（单向行程的滚轮杠杆控制，弹簧复位）	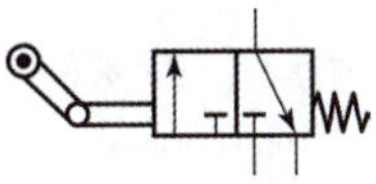	二通减压阀（直动式，外泄型）	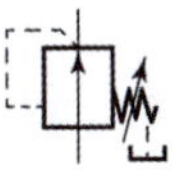
二位二通方向控制阀（电磁铁控制，弹簧复位，常开）	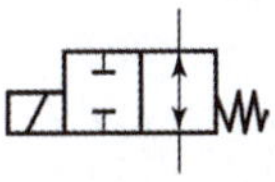	二通减压阀（先导式，外泄型）	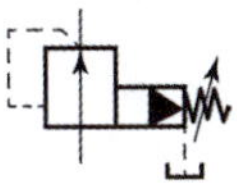
二位三通方向控制阀（单电磁铁控制，弹簧复位）	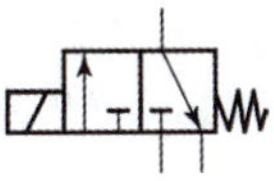	顺序阀（直动式，手动调节设定值）	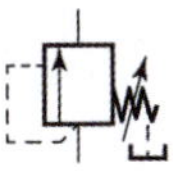
二位四通方向控制阀（电液先导控制，弹簧复位）	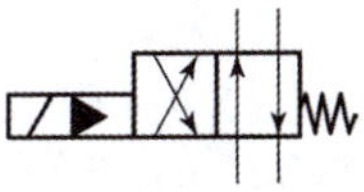	节流阀	
三位四通方向控制阀（双电磁铁控制，弹簧对中）	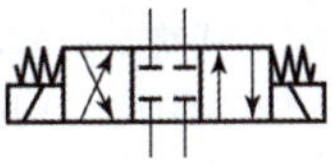	单向节流阀	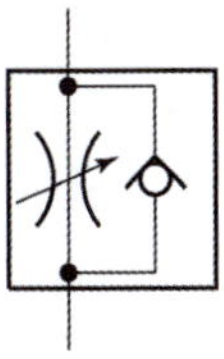
三位四通方向控制阀（电液先导控制，先导级电气控制，主级液压控制，先导级和主级弹簧对中，外部先导供油，外部先导回油）		分流阀（将输入流量分成两路输出流量）	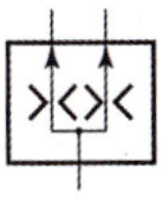
集流阀（将两路输入流量合成一路输出流量）	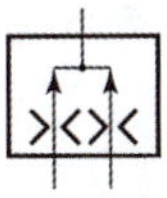	隔膜式蓄能器	

续表

名称	符号	名称	符号
压力开关（机械电子控制，可调节）		活塞式蓄能器	
压力传感器（输出模拟信号）	P	气瓶	
压力表		气动溢流阀（直动式，开启压力由弹簧调节）	
压差表		气动顺序阀（外部控制）	
液位指示器（油标）		气动减压阀（远程先导可调，只能向前流动）	
流量计		快速排气阀（带消音器）	
过滤器		气动减压阀（内部流向可逆）	
不带有冷却方式指示的冷却器		二位五通方向控制阀（单电磁铁控制，外部先导供气，手动辅助控制，弹簧复位）	
采用液体冷却的冷却器		三位五通直动式气动方向控制阀（弹簧对中，中位时两出口都排气）	
加热器		气动比例方向控制阀（直动式）	
温度调节器		气源处理装置	

参考文献

[1] 李新德 . 液压与气动技术[M]. 北京：机械工业出版社，2018.
[2] 毛好喜 . 液压与气动技术[M]. 3 版 . 北京：人民邮电出版社，2022
[3] 刘延俊，薛钢 . 液压系统使用维修与故障诊断[M]. 北京：化学工业出版社，2018.
[4] 崔培雪，安翠国 . 汽车液压与气压传动[M]. 北京：化学工业出版社，2014.
[5] 杨慧敏，楚忠，王华云 . 液压与气压传动[M]. 西安：西北工业大学出版社，2009.
[6] 谢亚青 . 液压与气压传动 [M]. 武汉：华中科技大学出版社，2017.
[7] 张虹 . 液压与气压传动[M]. 北京：电子工业出版社，2016.
[8] 符林芳，高利平 . 液压与气压传动技术[M]. 2 版 . 北京：北京理工大学出版社，2018.
[9] 廖友金，余金伟 . 液压传动与气动技术[M]. 北京：北京邮电大学出版社，2012.
[10] 杨健 . 液压与气动技术[M]. 北京：北京邮电大学出版社，2014.
[11] 时彦林 . 液压传动[M]. 3 版 . 北京：化学工业出版社，2015.
[12] 林喜娜，王强，石磊 . 液压与气动技术[M]. 2 版 . 北京：北京出版集团北京出版社，2020.
[13] 郭文颖，蔡群，闵亚峰 . 液压与气压传动[M]. 北京：航空工业出版社，2017.
[14] 张勤，徐钢涛 . 液压与气压传动[M]. 北京：航空工业出版社，2012.
[15] 李新德，郑春禄，吴立波 . 液压与气动技术[M]. 北京：北京航空航天大学出版社，2013.
[16] 张春东 . 液压与气压传动[M]. 长春：吉林大学出版社，2016.
[17] 张永波 . 汽车故障诊断技术[M]. 北京：北京邮电大学出版社，2013.
[18] 冯锦春 . 液压与气压传动技术[M]. 2 版 . 北京：人民邮电出版社，2014.
[19] 张运真 . 液压与气压传动[M]. 上海：同济大学出版社，2018.
[20] 朱梅，朱光力 . 液压与气动技术[M]. 2 版 . 西安：西安电子科技大学出版社，2007.
[21] 于瑛瑛，王冰，刘丽萍 . 液压与气压传动项目教程[M]. 北京：航空工业出版社，2015.
[22] 单淑梅，孟宪臣 . 液压与气压传动[M]. 长春：吉林大学出版社，2016.